新疆煤田地质局主要成果汇编

XINJIANG MEITIAN DIZHIJU ZHUYAO CHENGGUO HUIBIAN

(2000—2020)

主　编　李瑞明　张国庆　杨曙光　尹淮新　安　庆　熊春雷

副主编　雍晓艰　吉志国　魏聚瑞　李万军　邵洪文　张　希
　　　　孙景龙　吴　斌　董仁廷　贾永勇　王春莲

图书在版编目(CIP)数据

新疆煤田地质局主要成果汇编(2000—2020)/李瑞明等主编．—武汉：中国地质大学出版社，2020.12
ISBN 978-7-5625-4912-3

Ⅰ.①新…
Ⅱ.①李…
Ⅲ.①煤田地质-科技成果-汇编-新疆-2000—2020
Ⅳ.①P618.110.2

中国版本图书馆CIP数据核字(2020)第246848号

新疆煤田地质局主要成果汇编(2000—2020)			李瑞明 等 主编
责任编辑：周 豪	选题策划：毕克成 段 勇 张 旭		责任校对：周 旭
出版发行：中国地质大学出版社(武汉市洪山区鲁磨路388号)			邮政编码：430074
电 话：(027)67883511	传 真：67883580		E-mail:cbb@cug.edu.cn
经 销：全国新华书店			http://cugp.cug.edu.cn
开本：787mm×1092mm 1/16		字数：596千字	印张：23.25
版次：2020年12月第1版		印次：2020年12月第1次印刷	
印刷：武汉中远印务有限公司			
ISBN 978-7-5625-4912-3			定价：238.00元

如有印装质量问题请与印刷厂联系调换

《新疆煤田地质局主要成果汇编(2000—2020)》出版编撰委员会

主　任：王　荣

副主任：石　建　赵　力　张　相　李瑞明　张国庆

委　员：(排名不分先后)

杨曙光	吉志国	张运利	梁雅娟	张　瑜	杨振爽	王新河
苗　圃	韦　波	黄　涛	翟广庆	李晓疆	王月江	杨　亿
秦大鹏	陈　琪	王明升	李正明	陈光国	汤建江	尹淮新
魏聚瑞	王金辉	孙立营	何深平	李洪波	茹克燕·乌买尔江	
李万军	俞　浩	伍继新	敬江宁	雍晓艰	邵洪文	安　庆
孟福印	叶传珍	张　焱	陈　军	卢　锋	李　东	郭　盈
牛金荣	董仁廷	赵新伟	孙兆勇			

主　编：

李瑞明　张国庆　杨曙光　尹淮新　安　庆　熊春雷

副主编：

雍晓艰　吉志国　魏聚瑞　李万军　邵洪文　张　希　孙景龙
吴　斌　董仁廷　贾永勇　王春莲

主要编撰人员：

赵正威	郎海亮	张　伟(综勘队)	张　伟(一五六队)	周梓欣		
张　军	黎立朝	周　军	娄　芳	周　剑	冯　健	豆龙辉
姜　林	付小虎	茹克燕·乌买尔江	胡　永	崔德广	潘晓飞	
彭　柱	唐晓敏	沈冰舰	刘海鹏	唐　亮	陈　超	王俊辉
牛志伟	袁前亮	刘蒙蒙	苟　钊	王　震	张俊涛	杨德志
牛明远	王　博	徐洪涛	韩　江	贾　超	王文波	蔺志伟
黄陆波	李中博	俞　浩	马　婷	付李华	姜　维	祖　虹
夏威威	王敏辉	朱金刚	夏文龙	罗　杰	李赛歌	
程　虹(一六一队)	李卓艺	张小刚	李　玺	杨海峰	毋腾飞	
鲁　臻	张婧蔚	刘建荣	王国华	苏红梅	程　虹(局机关)	
康洪钰	吴　员	伊宏伟	姜璐璐	毕　娟	王启航	吴　刚
陈　鹏	杨明明	胡　博	李建华	薛沂峰	孙思启	王俊彬
董　萍	杨恒新	杜世涛	李文斌			

序

新疆地域辽阔，是中国煤炭资源的富集区，煤炭开采和利用历史悠久，早在2000多年前就有挖煤冶铁的记载。清朝时期，新疆煤炭的开采和利用更加普遍，采煤业主要集中在哈密、伊犁、迪化（今乌鲁木齐）和昌吉一带。中华人民共和国成立以后，随着煤炭需求日益增加，新疆的煤炭开采力度逐渐加大。新疆维吾尔自治区煤田地质局对推动新疆的煤炭资源开发利用起到了关键作用。

新疆维吾尔自治区煤田地质局，成立于1956年，作为新疆第一支专业从事煤炭资源勘查的主力军，60多年来，数代干部职工在"沙海茫茫人罕至，粗砾石土路难驶"的野外环境中，始终秉持"献身煤田地质事业无上光荣"及"三光荣""四特别"的行业奋斗精神，在全区范围内开展煤田地质、水文地质、工程地质、环境地质、灾害地质、煤田灭火、煤层气研发、地球物理、遥感、煤质化验、煤炭科研等工作，取得了大量的地质成果。时至今日，新疆维吾尔自治区煤田地质局先后在准南、吐哈、库拜、伊犁等全疆60个煤田或煤矿点进行了地质勘查工作，发现了准南、大南湖、三塘湖、沙尔湖、库拜等多个大型煤田和煤层气田，累计施工煤炭钻孔1.5万余口，查明煤炭资源储量近2000×10^8 t；施工煤层气井360余口，建成新疆首个煤层气示范工程，探获煤层气资源量2672×10^8 m³；提交各类地质报告1500多件，物探报告100余件，科研成果100多项。荣获国家科技进步二等奖，自治区科技进步一、二、三等奖，中国煤炭工业协会科学技术奖，"全国煤炭工业地质勘查先进单位"，"358先进集体"等奖项。一件件报告是累累的硕果，一座座矿井是荣誉的象征。新疆维吾尔自治区煤田地质局为新疆煤炭勘查开发事业打下了坚实基础，也为国家和地方经济发展做出了重大贡献。

新疆维吾尔自治区煤田地质局的发展史，是艰苦创业、动荡前进、调整充实、改革发展的历史。1955年成立新疆维吾尔自治区，1956年煤田地质人听调进疆，之后转战天山南北，面对恶劣的自然环境、装备物资奇缺的条件、未知的地下资源，老煤田地质人筚路蓝缕，风餐露宿，开启了艰辛的创业之路。新疆维吾尔自治区煤田地质局在曲折中前进，低谷时曾被撤编合并，隶属关系几经变更，在高峰时建成了较为完善的煤田地质勘查系统性技术体系和队伍，职工人数最高达 3116 人。20 世纪 90 年代以来，在经济体制改革和企业转型升级的背景下，新疆维吾尔自治区煤田地质局在地勘行业极度萎缩的情况下，积极融入市场经济，开拓多元化市场，组建了 20 多家实体企业，现今已成为了全局经济发展的又一支柱。煤田地质勘查主业工作在经历了困难时期之后，于 2004 年以提交《新疆哈密大南湖煤田一井田详查地质报告》《新疆哈密大南湖煤田一井田勘探（精查）地质报告》为节点，标志着新疆维吾尔自治区煤田地质局转为以服务地方社会经济发展为重点，先后在准南、吐哈、库拜、伊犁等地区进行了全面深入的煤田勘查工作，为推动乌鲁木齐、昌吉、哈密、吐鲁番、阿克苏、伊犁、塔城等地区工业经济和社会全面发展提供了坚实的能源资源支持。2011 年至今，新疆维吾尔自治区煤田地质局走上了稳定发展的道路，先后在三塘湖、淖毛湖、沙尔湖、巴里坤、和布克赛尔等地区开展了更为深入的煤田勘查工作，大力推动了全区煤层气的勘查与开发，重视拓展了水文地质、工程地质、环境地质、灾害地质、煤田灭火、地理信息、检验测试等领域，为全区资源优势转化提供了较为全面的技术支撑和服务。

"十二五"以来，新疆维吾尔自治区煤田地质局总体实力得到了很大提高，发展的持续性更加突显。通过积极的市场拓展，新疆维吾尔自治区煤田地质局优化了产业结构，市场竞争力进一步得到了强化。技术体系更加完善，除了传统的煤炭勘查技术水平日益提升外，煤层气勘查开发利用技术在全区独树一帜，煤田火区治理技术在探索中实现创新，检验测试技术更加高效、快捷、准确，工程地质技术适用范围持续扩大，其他各相关技术有序发展，共同组成了新疆煤田地质局完善的技术服务体系。人才队伍作用发挥更加明显，队伍年轻化趋势增强，学历、知识水平逐年提升，学习先进技术能力有效强化，青年一代已逐渐成为全局发展的担纲者。设备装备水平不断提高，钻探、实验、物探、测绘、工程施工装备持续更新，生产服务能力有效提升。资质体系门类更加齐全，初步建成了覆盖地质勘查、测量与测绘、地质灾害评价与治理、煤田灭火、岩矿测试、空间规划、建筑工程、认证与信用体系等领域的资质体系，为进一步拓展市场提供了良好的保障。内控制度建设更加完备，技术管理、生产管理、队伍管理、成本管理、绩效管理、保障激励等制度机制建设向前迈了一大步，更加突出了管理的市场化与精细化。党建工作方法方式更加丰富，在坚决贯彻落实党中央和上级党组织的决策部署基础上，结合自身实际，在党员干部学习、教育、激励、创新、廉洁、作风等方面工作上采取了灵活多样的措施，党建成效更上一个台阶。企业文化影响力更加深远，以社会主义核心价值观为基础，以地质勘探行业精神为指导，以全局创新创业历程为依托，以和谐稳定持续发展为方向，以全局干部职工为主体，初步建立了煤田地质局独特的企业文化，为全局发展提供了源源不断的内生动力和精神激励。

岁月不居，时节如流。在新疆维吾尔自治区煤田地质局发展前进的道路中，有感人动情的故事，有可敬可爱的人物，有举步维艰的困境，有千载难逢的机遇，更有利国利民的功绩。

新疆维吾尔自治区煤田地质局多年来各项重大成果的取得，离不开自治区党委、人民政府及上级主管部门的正确领导，离不开各兄弟省局的关心支持，离不开社会各界的关怀与帮助，在此，表示衷心的感谢和诚挚的祝福！同时，对为新疆维吾尔自治区煤田地质局事业发展做出贡献的老前辈们表示崇高的敬意，对奋发拼搏的新时代地质青年们寄予殷切的期望。

2020年，是新疆维吾尔自治区煤田地质局"十三五"规划的收官之年，也是融入自然资源、全面推进企业转型升级和发展的关键之年。本书是新疆维吾尔自治区煤田地质局发展历程中，尤其是近十年来的工作成果展示，是为了使读者深入了解新疆煤田地质局的历史发展、地质勘查、技术手段、科研成果、企业经营、党工团建和企业文化等内容，也是为了进一步总结经验、进一步激励全局干部职工砥砺奋进、乘势而上、再接再厉、再创佳绩！

2021年是中国共产党建党100周年，也是"十四五"规划的开局之年，新疆维吾尔自治区煤田地质局将以满腔热忱，继续为新疆煤炭行业健康、持续、稳定发展做出努力。"千淘万漉虽辛苦，吹尽狂沙始到金"，坚信新疆煤田地质局事业必将蒸蒸日上，奉献精神也将代代相传。

2020年12月22日

前　言

新疆作为祖国的西部边陲，是古代"丝绸之路"的重要通道，是当代"一带一路"倡议的核心区，是国家能源产业西移的重要承接区。新疆地域面积约 $166 \times 10^4 \mathrm{km}^2$，约占全国陆上面积的 1/6，煤炭预测资源总量约 $1.9 \times 10^{12} \mathrm{t}$，占全国预测总资源量的 32.2%，居全国首位，煤层气预测资源总量 $8.87 \times 10^{12} \mathrm{m}^3$，占全国预测煤层气资源总量的 29.52%，位居全国第一。作为一支始建、成长于如此广袤天地和蕴藏丰富煤炭、煤层气资源大地上的专业地勘队伍，新疆维吾尔自治区煤田地质局（以下简称新疆煤田地质局）历届领导班子带领全局干部职工做出了一番成绩。

新疆煤田地质局至今已走过 64 个春秋，其间因国家政策和市场需求等原因，几经机构和队伍的调整变革，在各届领导班子的正确带领下，在广大干部职工的共同奋斗下，逐步从服务于煤田地质勘查的专门性地勘队伍发展壮大到今天集煤田地质勘查、煤层气勘查开发、地质灾害防治、煤田灭火、矿山服务等为一体的综合性地勘单位。同时，城市供暖、机修和油气设备生产销售、物业服务、矿业开发等多元化经济也一步步发展壮大，目前与地勘主业已呈并驾齐驱之势。

本书是自新疆煤田地质局建局以来，首次对一段时期成果的集成，旨在梳理、汇总 2000 年以来，特别是"十二五""十三五"期间新疆煤田地质局取得的主要成果，是读者了解新疆煤田地质局的重要媒介，也期望本书的出版能够使广大读者更好地了解新疆的煤炭和其他矿产资源。

本书编写工作是在收集了大量的地勘和科研报告等资料的基础上开展的。编写全过程由新疆煤田地质局地质科技处组织管理、协调和具体实施，全局各单位及主要处室均不同程度地参与了本书的编写工作。编写工作量大、时间紧、任务重，涉及的专业多、领域多、部门多、人员多，再加上主要编写人员多是从事项目施工的技术人员，只能从施工中挤出时间进行创作，以上种种给全书的编写及统稿带来很大的困难。在李瑞明总工程师的带领下，几经讨论，最终确定提纲，并根据各章节内容进行合理分工，同时为了使全书具有可读性、趣味性，确定了以叙事性为主的文体结构，充分挖掘了工作中有意义的故事。全书成稿后又几经修改、补充，并经主编、副主编审定，最终成稿。

本书内容包括概述、地质勘查、勘查技术能力建设、科研工作、多元化经济发展。其中，地质勘查是第一篇，也是全书的重要部分，共包括煤炭资源潜力评价与勘查工作、非常规气勘查开发、其他地质矿产勘查、地质灾害及矿山服务4章。煤炭资源潜力评价与勘查工作是全书中的重中之重。作为新疆本土主力专业地勘队伍，60多年来，新疆煤田地质局以服务于新疆煤炭工业为己任，煤炭勘查的脚步遍及天山南北，探矿成果丰硕，是大南湖煤田、准南煤田、库拜煤田、吐哈煤田、伊宁煤田、三塘湖煤田、卡姆斯特煤田的主要发现者，是南疆找煤的重要力量，在准东煤田、淖毛湖煤田、和什托洛盖煤田的发现中也做出了积极贡献；"十二五"以来，煤层气勘查开发快速发展为新疆煤田地质局的两大主业之一，新疆煤田地质局在资源潜力评价、科研、煤层气勘查、示范工程建设、地面煤层气开发中均走在前列，是新疆煤层气事业的主力军和领头羊，对推动新疆煤层气产业的发展起到了举足轻重的作用；"十三五"以来，为积极应对地勘市场下滑的局势，新疆煤田地质局积极向相关或大地质领域拓展和发展，特别是煤田灭火、地质灾害防治也迅速发展起来，在单位的产值中占有越来越重要的地位。地热勘查、金属矿勘查、铀矿资源调查、基础地质调查、矿山服务等虽然一直以来在全局产值中所占比例较小，但也取得了一定的成果，技术力量不断提升。第二篇勘查技术能力建设，是新疆煤田地质局主要技术手段的展示，主要从发展历程、装备、资质、队伍建设、技术能力、业绩成果等方面介绍了新疆煤田地质局在钻探、地球物理勘探、测绘、岩矿测试等技术手段的实力，以上技术手段服务于新疆煤田地质局的地质勘查工作，同时也以专项工程施工的形式对外开展技术服务。第三篇科研工作，主要介绍了近十年来新疆煤田地质局在煤炭、煤层气、测绘、矿山服务、岩矿测试等方面开展的理论和技术攻关，开展的科研项目类型有国家科技重大专项、自治区科技重大专项、局三类科研等。新疆煤田地质局非常重视科研工作，值得一提的是，"十三五"国家科技重大专项的承担和顺利开展，是新疆煤田地质局科研实力的证明和提升。第四篇多元化经济发展，主要包括两部分内容，第一部分主要介绍了多元经济发展的过程，重点介绍了乌鲁木齐市西山热力公司、新疆天山地质工程公司等主要多元经济实体的发展壮大过程；第二部分为矿业合作公司，矿业开发是新疆煤田地质局突破"打工经济"，树立"勘查立业""开发富业"的重要抓手，矿业开发以与大企业集团合作成立合作公司的模式开展。

本书是所有编者集体智慧的结晶。本书的编写得到了新疆煤田地质局党委的大力支持和关心，本书的成稿及出版得到了中国地质大学出版社的大力帮助，在此表示衷心的感谢。

本书涉及内容多，参与编写的人员多，书中难免有不当和错漏之处，敬请读者不吝指正。

编者
2020 年 10 月

目 录

概 述 ··· (1)

第一篇 地质勘查

第一章 煤炭资源潜力评价与勘查工作 ··· (17)
  第一节 新疆煤炭资源潜力评价 ·· (17)
  第二节 主要煤炭勘查工作 ·· (73)

第二章 非常规气勘查开发 ··· (130)
  第一节 煤层气勘查开发 ··· (130)
  第二节 其他非常规气勘查 ·· (170)

第三章 其他地质矿产勘查 ··· (174)
  第一节 非煤地质矿产勘查 ·· (174)
  第二节 基础地质调查 ·· (187)

第四章 地质灾害防治及矿山服务 ··· (192)
  第一节 地质灾害防治 ·· (192)
  第二节 煤田灭火 ·· (200)
  第三节 矿山服务 ·· (212)

第二篇 勘查技术能力建设

第五章 钻探 ·· (221)
  第一节 钻探装备建设 ·· (221)
  第二节 钻探施工技术能力 ·· (229)
  第三节 钻探队伍建设 ·· (239)

第六章 地球物理勘探 ··· (241)
  第一节 物探队简介 ··· (241)
  第二节 地震勘探发展及成果 ··· (241)
  第三节 地表电、磁法勘探发展经历及成果 ·································· (247)
  第四节 地球物理测井的发展 ··· (247)
  第五节 取得荣誉及未来发展 ··· (248)

第七章 测绘 ·· (250)
  第一节 测绘工作的发展 ··· (250)
  第二节 测绘工作及成果 ··· (252)

第八章 岩矿测试 ··· (258)
  第一节 业务能力简介 ·· (258)
  第二节 实验测试成果 ·· (261)

第三节　检测技术能力……………………………………………………………(262)
　　第四节　煤层气测试技术…………………………………………………………(265)

第九章　绿色勘查………………………………………………………………………(269)
　　第一节　绿色勘查管理实施办法…………………………………………………(269)
　　第二节　绿色勘查在新疆煤田地质局的实际应用………………………………(273)

第三篇　科研工作

第十章　煤炭及其他固体矿产科研工作………………………………………………(279)
　　第一节　新疆煤炭资源分质利用…………………………………………………(279)
　　第二节　新疆三塘湖煤田煤炭资源赋煤规律与勘查实践………………………(288)
　　第三节　新疆伊宁盆地中生代含煤地层…………………………………………(290)
　　第四节　南疆三地州聚煤盆地形成演化、赋煤规律及选区评价………………(291)
　　第五节　新疆周边国家矿产资源调查研究………………………………………(293)

第十一章　煤层气科研工作……………………………………………………………(296)
　　第一节　新疆准噶尔、三塘湖盆地中低煤阶煤层气资源与开发技术…………(296)
　　第二节　新疆准噶尔盆地南缘煤层气资源评价与勘查开发关键技术与示范…(303)
　　第三节　新疆地区煤与煤层气资源聚集规律及勘查评价………………………(306)
　　第四节　新疆北部煤层气富集规律与勘探开发技术……………………………(307)
　　第五节　新疆阜康区块构造节理填图、煤储层岩石物理与煤层气藏地质研究……(308)
　　第六节　新疆库拜煤区煤层气藏地质研究………………………………………(310)

第十二章　测绘科研工作………………………………………………………………(312)
　　第一节　无人机搭载红外热像仪获取煤田火区红外正射影像服务煤田灭火项目
　　　　　　………………………………………………………………………………(312)
　　第二节　地理信息平台建设服务政府职能部门…………………………………(313)

第十三章　矿山服务科研工作…………………………………………………………(315)
　　第一节　瓦斯治理与高效抽采技术………………………………………………(315)
　　第二节　煤矿充填保水开采技术…………………………………………………(317)
　　第三节　塌陷区地表治理与土地再利用研究……………………………………(320)

第十四章　岩矿测试科研工作…………………………………………………………(325)
　　第一节　新疆煤质数据管理、查询与分析系统…………………………………(325)
　　第二节　煤质综合评价分析系统…………………………………………………(325)
　　第三节　新疆煤炭资源分质利用技术研究………………………………………(326)
　　第四节　改善准东高碱煤结焦特性的技术试验研究……………………………(326)
　　第五节　新疆煤焦油检测实验室建设……………………………………………(327)
　　第六节　叶城县乌夏巴什镇土壤分析及适应性农作物研究……………………(327)
　　第七节　煤样制备减灰器…………………………………………………………(328)
　　第八节　浮沉煤样自动清洗装置…………………………………………………(329)
　　第九节　专利及专著………………………………………………………………(329)

第四篇　多元化经济发展

第十五章　多元化经济 ……………………………………………………………（335）
　　第一节　多元经济发展沿革 ………………………………………………（335）
　　第二节　在融入地方经济中发展壮大 ……………………………………（336）
　　第三节　以市场为导向,继续推动实体经济可持续发展 ………………（345）

第十六章　矿业合作公司 …………………………………………………………（347）
　　第一节　矿业合作公司概述 ………………………………………………（347）
　　第二节　矿业公司发展目标 ………………………………………………（347）

结语与展望 …………………………………………………………………………（349）

主要参考文献 ………………………………………………………………………（351）

概 述

一、历史沿革

新疆维吾尔自治区煤田地质局（以下简称新疆煤田地质局）发展历史经历了四个重要的时期。

1. 成立时期

1956年10月，东北煤田第一地质勘探局一〇七勘探队、测绘大队三分队和峰峰地质调查三分队调入新疆，成立了新疆地质勘探局，组建了新疆维吾尔自治区第一支从事新疆煤炭资源勘查的专业地质队伍。

2. 壮大时期

1958年6月至10月，新疆地质勘探局先后成立了一五六队（乌鲁木齐西郊老君庙）、一五七队（石河子）、一五八队（伊犁伊宁市）、一六一队（哈密三道岭沙枣泉）及煤田勘探修理厂（乌鲁木齐西郊马料地）。1960年，随着国民经济的发展，国家对资源的需求加大和对地质勘查工作要求的提高，新疆地质勘探局再次进行了调整扩充，扩充后共有11个地质勘探队、1个中心修理厂、1个中心化验室，有27台钻机，职工由初建时的511人发展到3116人。

3. 整合时期

1962年8月，根据国家煤田地质队伍的调整布局，煤田地质队伍压缩合并，按新疆维吾尔自治区南北疆工作分布，新疆地质勘探局保留了一五六队和一六一队两支队伍，将一五七队、一六〇队、二〇九队、煤田勘探修理厂并入一五六队，一五八队并入一六一队，按大区划分隶属西北煤田地质勘探局，新疆地质勘探局随之撤消，职工队伍减少至1199人。1969年11月，根据中国人民解放军煤炭工业部决定，西北煤田地质勘探局撤销，一五六队、一六一队由新疆维吾尔自治区重工业局（1979年2月改称煤炭工业局，1983年5月改称煤炭工业厅）和煤炭部地质局双重领导。

1978年10月，根据自治区人民政府新革发〔1978〕30号，组建了新疆煤田地质勘探公司，为副厅级全额预算管理的事业单位，隶属于中国煤田地质总局和原新疆维吾尔自治区煤炭工业厅双重领导。公司组建后，下属有一五六队、一六一队、水文队、物探队、煤田灭火工程处和综合试验室六家单位。后煤炭工业部关于精简机构、紧缩地质经费的规定精神，将煤田地质勘探公司所属物探队人员和设备，分别合并到水文地质勘探队、一五六队和一六一队，由四队一室，调减为三队一室，职工人数由"六五"期末的1752人，调减到"七五"期间的1714人。

4. 发展时期

1990年，新疆煤田地质勘探公司更名为新疆维吾尔自治区煤田地质局。1998年8月，按照《国务院关于改革国有重点煤矿管理体制有关问题的通知》（国务院国发〔1998〕22

号），实行属地化管理，下放至新疆维吾尔自治区，隶属新疆维吾尔自治区煤炭工业管理局。1993年4月，根据中国煤田地质总局全国煤田地质工作会议加快内部结构调整步伐的要求，分流人员324人，占总局核定分流人员总数430人的75.3%，三个队原有科室38个，调整为23个，原有机关工作人员235人，调整为151人。局机关原有处室14个，调整为7个。

2002年4月10日，自治区编制委员会批准煤田地质局机关内设机构办公室（党委办公室）、综合计划处、财务审计处、地质科技处、安全勘查技术处、宣传教育处、组织人事处7个职能处室机构，批准设立机关党委、纪委（监察室）、离退休人员管理处，批准设立局机关服务中心。2007年自治区机构编制委员会对自治区事业单位机构编制清理规范，批复煤田地质局机关"综合计划处"更名为"发展规划处"、"离退休人员管理处"更名为"老干部工作处"，增设"新疆维吾尔自治区煤田地质局煤层气研究开发中心"，精简事业编制341名。2014年3月，根据自治区分类推进事业单位改革工作领导小组分类改革方案，将煤层气测试中心与综合实验室组建为"新疆维吾尔自治区煤炭煤层气测试研究所"，调整后所属事业单位机构数由11个调整为10个，核减1个；后"老干部工作处"又更名为"离退休干部工作处"；事业编制总数由1415名核减为1335名。2016年再次进行了小幅度的核减。

2018年12月，按照自治区机构改革工作的安排部署，原自治区煤炭工业管理局被撤销并整体划入自治区发展和改革委员会，新疆煤田地质局暂由自治区发展和改革委员会代管。

2019年8月，根据自治区机构改革工作部署，新疆煤田地质局及所属的9个事业单位正式划入自治区自然资源厅管理。同时，根据自治区党委机构编制委员会新党编委〔2019〕27号，新疆煤田地质局事业单位机构数保持不变，事业编制数核减122名。表0-1为新疆煤田地质局名称变革及历任党政正职领导一览表。

表0-1 新疆煤田地质局名称变革及历任党政正职领导一览表

历史阶段	名称	党政正职领导	
		党委（支部）书记	局长（经理）
1956—1962年	新疆地质勘探局	李树荣	李树荣
1962—1978年	整合时期，无党政正职		
1978—1990年	新疆煤田地质勘探公司	王守义、戚文宪	薛云龙、葛传盛
1990至今	新疆煤田地质局	王振亭、张旗、王永柱、任玉桃、王荣	崔士富、何深伟、李凤义

二、组织机构与人员编制

目前局机关内设机构11个，分别为办公室（党委办公室）、组织人事处、纪委（监察室）、工会、机关党委、宣传教育处、离退休干部工作处、安全勘查技术处、财务审计处、地质科技处和发展规划处（图0-1）。全局共有9个事业单位，分别为一五六煤田地质勘探队、一六一煤田地质勘探队、综合地质勘查队、煤炭科学研究所、煤炭煤层气测试研究所（自治区煤炭产品质量检测中心）、煤层气研究开发中心、煤炭综合勘查院、煤田地质信息中心、机关服务中心。事业编制总数为1079名。

一五六煤田地质勘探队：成立于1956年，公益二类事业单位，主要承担国家和自治区基础性、公益性煤田、煤层气、煤炭伴生矿及非常规能源等地质调查、资源勘查勘探工作；

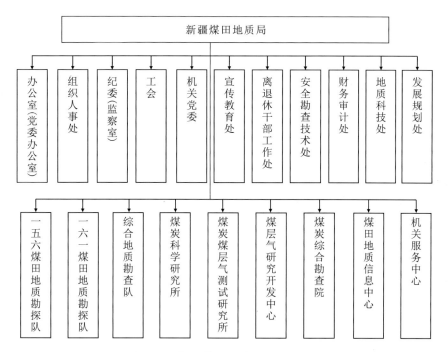

图 0-1　新疆煤田地质局组织架构图

承担灾害地质勘查与防治、煤田灭火等工作。

一六一煤田地质勘探队：成立于1958年，公益二类事业单位，主要承担国家和自治区基础性、公益性煤田、煤层气、非常规能源勘查及研究工作；承担煤炭矿产资源调查与勘探、灾害地质防治、环境地质勘查及煤田灭火等工作。

综合地质勘查队：成立于1978年，公益二类事业单位，主要承担国家和自治区基础性、公益性煤炭、煤层气等资源的调查与勘查工作；承担水工环地质调查、灾害地质防治、地质测绘、物探、遥感及煤田灭火等工作。

煤炭科学研究所：成立于1959年，自治区唯一一家煤炭科研机构，主要承担煤矿开采方法、通风安全、防火灭火及煤化工和煤的综合利用等研究；承担煤炭技术的科研、开发、合作和交流等工作。

煤炭煤层气测试研究所：成立于1958年，公益二类事业单位，前身为新疆煤田地质局综合实验室，是全区最完整、最权威的煤产品分析检测单位与煤层气检测中心，承担煤层气井开发中综合录井、试井、煤样采集及煤炭与煤层气、页岩气、油页岩相关指标的检测检验以及自治区质监局授权的煤产品质量监督和检测工作。

煤层气研究开发中心：成立于2007年，公益一类事业单位，主要承担国家和自治区煤层气基础性、公益性调查与勘查工作；负责煤层气技术的科研、开发、交流与合作；研究拟定自治区煤层气测试、施工标准。

煤炭综合勘查院：成立于1997年，公益二类事业单位，承担国家和自治区基础性、公益性和战略性煤田地质勘查和煤炭资源储量的预测工作；承担煤炭资源及伴生矿的研究、开发和利用工作。

煤田地质信息中心：成立于2006年，公益一类事业单位，主要承担全区煤田地质信息管理与应用工作。

机关服务中心：成立于2002年，不分类事业单位，主要职责是承担局机关的后勤服务等工作。

三、业务板块

新疆煤田地质局是新疆从事煤田地质勘查的主力队伍，在全区范围内开展煤炭、煤层气、地热等矿产资源勘查开发工作，开展水文地质、工程地质、环境地质调查及勘查工作，开展灾害地质、煤田灭火勘查、设计及施工工作，开展煤产品、煤层气测试化验和煤炭科研工作，参与自治区煤炭、煤层气及相关矿产的中长期勘查规划的编制，负责煤田地质队伍、煤田地质国有资产的管理。主要秉承"稳煤、强气、拓新"的发展理念，总体上分为以下七大板块。

①地质勘查：主要是指运用地质钻探、槽探、地球物理勘查、测量、测试化验、综合研究分析等手段和方法在全疆范围内承担煤炭、金属、非金属等矿产资源评价、勘查及基础地质调查工作；开展以煤炭资源为主的矿产资源勘查、测试化验基础理论与技术的科研与交流、相关规范制定、中长期规划的编制工作。

②煤层气勘查开发：主要是指运用钻井、地球物理勘查、测试化验、储层改造、排采、地面设施及输气管网建设、综合分析研究等手段和方法在全疆范围内承担煤层气勘查与开发利用工作；开展煤层气基础理论与技术的科研与交流、相关规范或标准的制定、中长期规划的编制工作。

③地质环境保护与治理：主要包括在全疆范围内承担塌陷、边坡、废旧矿山等地质灾害的危险性评估、勘查、设计、施工及监理等工作；开展煤田（煤矿）灭火勘查、设计、施工等工作。

④测量与测绘：承担控制测量、地形测量、规划测量、建筑工程测量、线路与桥隧测量等工程测量工作，承担地理国情普查、"三调"、土地确权、地籍调查及无人机航测等工作。

⑤矿业开发与矿山服务：通过合作形式推进矿业开发，建立合作公司23个，形成年产能 600×10^4 t，一定程度上增加了新疆煤炭产能和产量；积极为矿山企业在矿井开采、安全通风、矿山治理、防火等方面提供技术支撑。

⑥拓新发展：树立"大地质"服务理念，积极开展地热、城市地质、旅游地质、农业地质、工程地质等勘查工作，成立了地热研发中心、城市地质咨询服务中心、旅游地质咨询服务中心等专业机构。

⑦多元经济：多元化发展是新疆煤田地质局长期坚持的发展方向。目前，全局多元化发展板块涉及城市供暖、布草洗涤、机修、运输、兰炭加工、饲料生产销售、物业服务、油气设备生产销售、压缩天然气（CNG）、砂石料供应等市场业务。

随着市场经济的发展和煤田地质工作管理体制改革的深化，新疆煤田地质局进一步明确了资源保障、技术支撑、服务社会的定位，由传统的资源勘查向多功能转变，已发展成为集煤炭勘查、煤层气勘查开发、地质环境保护与治理、测量/测绘、矿业开发与矿山服务、测试化验、城市地质、旅游地质、农业地质等为一体的综合勘查队伍。专业特性和服务功能的强化，使煤田地质工作对自治区经济建设和社会发展的作用进一步彰显。

四、成果应用

新疆煤田地质局进疆60多年来，充分发挥自身地质技术优势，在煤田地质勘查、地球物理勘探、煤层气勘查评价、测绘、煤炭科研、煤化工、煤质测试分析研究等领域取得了巨大的成就，为加快全区矿产资源勘查开发，推动资源优势转化为经济优势做出了重要贡献。先后在准南、吐哈、库拜、伊犁等全疆60个煤田或煤矿点进行了地质勘查工作，累计施工煤炭钻孔 1.5×10^4 口，探获煤炭资源量 3000×10^8 t；施工各类煤层气井360余口，建成新疆首个煤层气示范工程，探获煤层气资源量 $2672.23 \times 10^8 \mathrm{m}^3$，提交各类地质报告1500多件。发现了准南、大南湖、三塘湖、沙尔湖、三道岭、库拜等多个大型煤田和煤层气田，成果广泛应用于神华新疆能源公司、潞安集团新疆能源公司、徐矿集团、鲁能集团、庆华集团等建设自治区大中型矿山的公司，为自治区优势资源的转化利用做出了重要贡献，为自治区煤炭工业、煤层气产业发展做出了积极贡献。

2003年由新疆煤田地质局一六一煤田地质勘探队承担的哈密大南湖一区煤田地质勘查，为山东鲁能集团提交了 72×10^8 t 煤炭资源储量，从此拉开了大企业、大集团进驻新疆、参与新疆发展建设的新一轮高潮，为自治区新型工业化建设做出了重大贡献。

2012年，新疆国土资源厅利用新疆煤田地质局三塘湖煤炭勘查成果，公开挂牌出让三塘湖煤田3个区块的探矿权，是新疆首次有偿出让特大整装煤田探矿权，出让资金320亿元，出让基准价平均每吨2.17元，推进了自治区煤炭资源有偿使用，加速推进了矿业权市场化建设。

2015年，新疆煤田地质局建成了新疆首个煤层气开发利用先导性示范工程——阜康白杨河煤层气开发利用先导性示范工程，产能 $3000 \times 10^4 \mathrm{m}^3/\mathrm{a}$，实现了新疆煤层气的首次小规模开发利用，证明了新疆丰富煤层气资源开发利用的可行性，在全疆煤层气勘查开发中起到引领和示范效应。该项成果获得2016年十大地质科技进展。

2016年，"新疆准噶尔、三塘湖盆地中低煤阶煤层气资源与开发技术"项目进入"十三五"国家科技重大专项——大型油气田及煤层气开发项目，新疆煤田地质局作为项目牵头单位，成为新疆乃至全国煤炭地勘单位首次承担国家科技重大专项的单位，标志着新疆煤田地质局向重大和前沿科技领域的迈进。

目前，新疆煤田地质局全局运营经济实体20个，依托主业、行业和地缘优势纷纷进行市场开拓，向社会提供就业岗位500多个，收入占全局对外创收的40%。

新疆煤田地质局大力响应中央号召，秉持"绿水青山就是金山银山"的发展理念，以地质工作为依托深度融入生态环境建设，积极开展地质灾害勘查及治理、煤田灭火、城市地质、农业地质、地理信息、地热勘查开发等工作，为美丽新疆建设做出了积极贡献。

五、装备与资质

（一）装备

目前，全局拥有钻探、实验、物探、测绘仪器及各类大中型工程勘察施工设备4000余台（套）。

1. 钻探设备

煤田钻探以XY-5、XY-6型煤田岩心钻机为主，装配有CSD1800A履带式全液压岩心钻机、CMR1000 多功能地表取心钻机，可以施工 1500m 以内煤田钻孔；煤层气钻井依托 ZJ-30 钻机、SMJ5510TZJ15/800Y 液压动力头钻机，可施工 2000m 以内煤层气井，配合 2 台 XJ40 修井钻机完成煤层气修井工作。图 0-2 为新疆煤田地质局部分钻探设备。

ZJ-30钻机

CSD1800A履带式
全液压岩心钻机

XJ40修井钻机

SMJ5510TZJ15/800Y液压动力头钻机

图 0-2　新疆煤田地质局部分钻探设备

2. 物探设备

拥有 428XL 地震数据采集系统 2 套、DSU1 数字检波器 2000 道、DU 模拟检波器主频 10HZ/60HZ 各 2000 道、高精度质子磁力仪 8 套、WDJD-4 多功能数字直流激电仪 1 套、加拿大凤凰公司 V8 多功能电法工作站 1 套、WDJS-3 数字直流激电接收仪 1 套等先进物探设备，可开展固（气）体矿产勘查、地球物理勘查等相关工作。图 0-3 为新疆煤田地质局部分物探设备。

V8多功能电法仪

WDJD-4多功能数字直流激电仪

428XL地震仪器

图 0-3　新疆煤田地质局部分物探设备

3. 测绘遥感设备

装备 UV16 电动航测版轻型固定翼无人机 1 架、FlyDog 微型固定翼无人机 1 架、中海达 6 轴轻型旋翼无人机 1 架、大疆精灵 4 Pro 1 架、大疆精灵 4 RTK 1 架、备机 4 架，并且装配有 iCam Q5 mini 5 镜头倾斜相机，地面分辨率 2.5cm。可开展地形图测量、道路测量、土方测量以及各类航空测绘任务。图 0-4 为无人机野外施工作业照片。

4. 化验检测设备

化验检测设备以自治区质监局授权的煤产品质量监督和检测工作为主，煤层气测试化验方面主要是煤层气井综合录井、试井、煤样采集、含气量测试等设备和仪器。矿山检测相关

图 0-4 无人机野外施工作业照片

设备包括煤矿机械及矿山电气自动化检测、煤矿瓦斯分析测试、煤炭化工研究检测、洁净煤技术研究等设备和仪器。

5. 煤层气排采集输装备

拥有煤层气自动化排采系统，通过总控室计算机对现场的运行设备进行监测和控制，实现数据采集、设备控制、参数调节、各类信号报警及数据远传、集中管理等各项功能。

建成阜康及米东 2 座集气站，在建库拜煤层气集气站 1 座，装配有螺杆压缩机、LNG 煤层气液化装置等，形成了煤层气集输管网。如图 0-5 为新疆煤田地质局煤层气集气站部分集输装备。

中控室　　　　　　　　　　　　净化除尘设备

螺杆式压缩机　　　　　　　　　工艺区管汇

图 0-5 新疆煤田地质局煤层气集气站部分集输装备

(二) 资质

1. 地质勘查领域

拥有固体矿产勘查、气体矿产勘查、地球物理勘查、地质钻探、重磁电法等甲级资质，拥有区域地质调查、水文地质、工程地质、环境地质调查等乙级资质。

2. 工程测量、测绘领域

拥有控制测量、地形测量、规划测量、建筑工程测量、市政工程测量、线路与桥隧测量、矿山测量等工程测量甲级资质，拥有测绘航空摄影、无人飞行器航测、摄影测量与遥感、测绘航空摄影、地理信息系统工程、不动产测绘等乙级资质。

3. 地质灾害评价与治理领域

拥有地质灾害危险性评价、地质灾害治理工程设计、勘查、施工、监理乙级资质。

4. 煤田灭火领域

拥有煤田灭火勘查、设计、施工资质，为全国第二家拥有煤田灭火资质的单位。

5. 岩矿测试领域

拥有全疆唯一一家完整且权威的煤、煤产品及煤层气检测结构，另外，还拥有安全评价机构、安全生产检测检验机构、职业卫生技术服务机构乙级资质。

6. 国土空间、规划领域

拥有土地规划乙级资质，拥有土地调查资质。

7. 建筑工程领域

拥有房屋建筑工程施工总承包、地基与基础工程专业承包三级资质。

8. 认证与信用体系

拥有健康、安全与环境体系（HSE）认证，环境管理体系认证，质量管理体系认证，职业健康安全管理体系认证，3A 企业信用等级证书等。

各单位资质具体见表 0-2。

六、人才队伍建设

按照《新疆维吾尔自治区煤田地质局"十二五"人才队伍建设规划》和《新疆维吾尔自治区煤田地质局"十三五"人才队伍建设规划》的要求，新疆煤田地质局党委逐年加大人才队伍建设的工作力度，建立健全了人才队伍建设规章制度，通过校园招聘、面向社会公开招聘、委托地勘类院校举办攻读地勘类专业研究生班、鼓励职工在职学习提升学历等措施，人才队伍年龄结构、知识结构、专业结构不断优化，为煤田地质事业健康可持续发展奠定了坚实的基础。

2011—2020 年，全局通过校园招聘、面向社会公开招聘、高层次人才引进等方式，累计招聘 243 人，其中研究生 18 人，大学本科 176 人。

局党委不断建立健全职工继续教育、学历教育、培训管理制度，提高了职工素质。一是与中国地质大学和西安科技大学联合举办了两期在职攻读硕士研究生班，共有 31 名职工取得硕士毕业证。2013 年和 2015 年争取到国家人社部高级研修班培训项目，邀请国内知名专

表 0-2 新疆煤田地质局资质情况统计表

单位	资质名称
一五六队	拥有气体矿产勘查、固体矿产勘查、地质钻探、凿井工程 4 项甲级资质，区域地质勘查、地质灾害危险性评估、地质灾害工程施工、土地规划 4 项乙级资质，水文地质调查、工程地质调查、环境地质调查和地质灾害工程监理、测量 3 项丙级资质，以及健康、安全与环境体系（HSE）和环境管理体系 2 项认证
一六一队	拥有气体矿产勘查、固体矿产勘查、地质钻探、凿井 4 项甲级资质，区域地质调查、水文地质调查、工程地质调查、环境地质调查、地质灾害危险性评估 5 项乙级资质，地质灾害防治工程勘查、设计、施工 3 项丙级资质，测量 1 项丁级资质
综合地质勘查队	拥有地球物理勘查、重磁电法、固体矿产勘查、地质钻探、测绘、凿井工程 6 项甲级资质，气体矿产勘查、遥感地质测绘、地质灾害危险性评估、地质灾害防治工程设计、地质灾害防治工程勘查、地质灾害防治工程施工、土地规划 7 项乙级资质，水文地质调查、工程地质调查、环境地质调查和液体矿产勘查 4 项丙级资质，以及健康、安全与环境体系（HSE）认证，环境管理体系认证，职业健康安全管理体系认证，质量管理体系认证和安全生产许可证 5 项认证
煤炭科学研究所	拥有职业卫生技术服务机构、安全评价机构资质 2 项乙级资质和煤矿生产能力核定、计量认证证书、采煤方法改造及科研、矿井瓦斯等级鉴定、司法鉴定许可 5 项认证
煤炭煤层气测试研究所	拥有地质实验测试（岩矿鉴定、岩矿测试）1 项甲级资质和环境管理体系认证、检验检测机构认证、资质认定授权书、职业健康安全管理体系认证、质量管理认证体系、中国合格评定国家认可委员会实验室认可证书 6 项认证
煤层气研究开发中心、煤炭综合勘查院	固体矿产勘查、气体矿产勘查 2 项乙级资质

家学者来新疆煤田地质局传授国内外前沿地质、煤层气新理论和新技术，每次培训近百人，提高了新疆煤田地质局专业技术人员的专业水平。二是自 2017 年起，累计委派 3 批共 37 人次前往其他省局、各地州发改委、自然资源局等单位进行挂职学习，同时委派多人前往自治区自然资源厅、财政厅、自治区有关领导小组办公室进行业务学习和锻炼，达到了促进行业交流、提升专业技术人员综合素养、加强项目拓展能力的目的。三是按照"十三五"人才发展规划要求，选拔了 3 批共 77 名"卓越工程师"、78 名"复合型人才"，表彰了 10 名拔尖人才。四是按照自治区高层次人才文件要求，在全局范围内开展了高层次人才选拔，共选拔出 86 名高层次人才。截至目前，全局有 1 人享受国务院政府特殊津贴，5 人入选自治区天山英才工程培养人选，4 人入选自治区少数民族科技骨干培养计划，多人入选自治区相应专业专家库，提升了新疆煤田地质局的社会影响力和知名度。

新疆煤田地质局认真贯彻执行《干部选拔任用工作条例》，不断优化党管干部的方法，做好干部培养、推荐、选拔任用和管理工作，注重从基层选拔、培养干部，从具有"访惠聚"驻村、支教等工作经历的职工队伍中选拔干部，推进领导班子和领导干部队伍年龄、性别、知识等结构的优化。

截至 2020 年初，全局共有在职职工 796 人，离退休职工 1311 人。在职职工中管理岗 81 人，专业技术人员 414 人，工勤技能人员 301 人。图 0-6 为新疆煤田地质局专业技术人员分布及学历结构图。

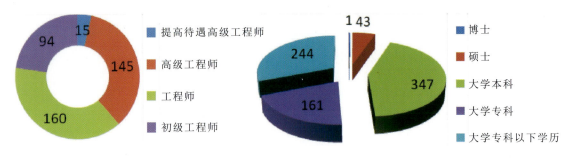

图 0-6　新疆煤田地质局专业技术人员分布及学历结构图

七、荣誉奖章

新疆煤田地质局取得的成绩，得到了上级部门和社会各界的好评，获得了众多的奖励和荣誉。

奖励方面：参加的"西北地区煤与煤层气协同勘查与开发的地质关键技术及应用"项目荣获 2018 年国家科学技术进步二等奖；参加的"西北生态脆弱区煤与煤层气资源勘查开发研究"项目荣获中国煤炭工业协会 2017 年科学技术一等奖；主持的"新疆北部煤层气富集规律与勘探开发技术"项目获得 2018 年自治区科技进步一等奖；主持的"新疆地区煤炭与煤层气资源聚集规律及勘查评价"项目获得 2013 年自治区科技进步一等奖；主持的"新疆阜康市白杨河矿区煤层气开发利用先导性示范工程"项目获得国土资源部 2016 年度"十大地质科技进展"奖。此外，还获得自治区科技进步二等奖和三等奖 10 余个，原国土资源部科学技术奖 5 个，国家发展和改革委员会能源局科学技术奖 1 个，中国煤炭工业协会科学技术奖、优秀报告奖、新发现矿产资源奖近 100 余个。图 0-7 为新疆煤田地质局部分获奖证书。

荣誉方面：先后荣获了原煤炭部"功勋单位"、原国土资源部"全国先进勘查单位"、中国煤炭工业协会"全国煤炭工业地质勘查先进单位"、"全国文明单位"、自治区人民政府"开发建设新疆奖状"、"358 先进集体"等光荣称号，下属一五六队、一六一队、综合地质勘查队三个地质勘探队均获得了原国土资源部"百强地质队"荣誉；涌现出一大批"全国五一劳动奖章""建设开发新疆奖章""黄汲清奖""最美地质人""金银锤奖"获得者。

八、企业文化与党建工作

60 多年来，"以献身地质事业为荣、以找矿立功为荣、以艰苦奋斗为荣"的地质"三光荣"精神激励着一代又一代"新疆煤田地质人"，为地质找矿事业立下了汗马功劳，为国家和地方经济发展做出了突出贡献。60 多年的风雨征程，新疆煤田地质局积淀了深厚的文化底蕴和丰富的文化内涵，在改革发展的浪潮中，在经济发展方式转变的挑战下，局党委紧扣"围绕发展抓党建，抓好党建促发展"的理念，不断梳理整合、创新发展，培养孕育了富有时代气息、行业特色的先进的企业文化，推动了改革发展，事业激流勇进，切实提高了创新力、社会影响力和核心竞争力，为新疆煤田地质局成为地勘行业的中流砥柱，实现持续健康发展提供不竭动力。

图 0-7 新疆煤田地质局部分获奖证书

局党委全面贯彻落实党的建设总要求，结合地勘单位的工作特性和行业管理特点，夯实党建基础，提升党建科学化水平，在实践中摸索出了新时代适应煤田地质行业特色的党建及企业文化工作模式。

（一）"党建引擎"彰显成效

抓牢党建"方向盘"。以习近平新时代特色社会主义思想为指导，全面贯彻落实新时代党的建设总要求，全面从严治党，忠实履行管党治党责任，牢固树立"党建抓实就是生产力，抓细就是凝聚力，做强就是战斗力"的理念，把学习抓在平常、融入经常，领导带头、以上率下、上下联动，不断为党员领导干部铸魂补钙、立根固本。

抓牢队伍"领头雁"。明确党委书记是"第一责任人"，把全面从严治党的政治责任牢牢抓在手上、扛在肩上，并通过"中心组学习常态化、领导干部讲党课常态化、深入开展调查研究常态化"等手段，抓牢领导干部这个"关键少数"。

抓实党建工作"主阵地"。高质量推进"三化"建设。一是党组织生活正常化。各基层党组织从党内活动阵地的"硬件"和党员队伍建设的"软件"两处着手，规范开展"三会一课"，并对各党支部组织生活制度执行情况进行严格考核，确保党内学习活动正常开展。二是党支部建设标准化。对各级党组织在党务公开、党员发展、党员党费收缴等方面进行规范管理，让每个党支部都成为坚强堡垒。三是党内学习制度化。借力新媒体，推行党员"每天半小时"学习制度，每天通过微信群推送学习信息，推动党员学习制度化、常态化、日常化。

抓活党建"活动载体"。为了强化党建活动的吸引力，结合新形势、新任务，围绕地勘行业特点，开展了一系列具有煤田地质特色的活动。开展"党员政治体检"，结合岗位职责量身打造"政治体检表"，查摆问题、制订整改清单、实行销号管理；开展"党员积分制"，从党员"德能勤绩廉"方面,量化考核指标,实现党员日常管理有标准、有考核、有提升;开展党员讲微党课活动。要求每一名党员上一堂"短小精悍"的"微党课"。通过身边人讲党课增强党员教育的实效性;强化党员廉政意识,对照《党政领导干部纪律处分条例》查摆风险点,达到廉政教育融入岗位、融入到日常、抓在平常。

(二) 党建扶贫攻坚克难

新疆煤田地质局党委聚焦聚力总目标,紧紧围绕自治区党委"1+3+3+改革开放"总体部署,深化"访惠聚""1+2+5"目标任务,认真履行社会责任,当好后盾,在维护社会稳定、推进脱贫攻坚、做好群众工作、建强基层组织上综合发力,夯实了稳定根基,形成了脱贫合力,凝聚了党心民心,建强了基层战斗堡垒,做出了落实总目标的富有煤田地质人特色的合格答卷。

按照自治区党委的安排部署,自2014年开始组建"访惠聚"工作队(组)、选派驻村工作队员。目前共3个"访惠聚"工作队、6个深度贫困村第一书记,近十年来,选派驻村帮扶、脱贫攻坚干部累计达到120人次。先后帮扶克孜勒苏柯尔克孜自治州阿克陶县、乌恰县2个深度贫困村整体脱贫;自2017年以来,帮扶喀什地区叶城县乌夏巴什镇9个深度贫困村,目前已有8个村退出贫困村行列,2020年底达到全部摘帽。

(三) 项目资金帮扶,促村民拔掉"穷根子"

局党委从人、财、物上对"访惠聚"驻村工作予以全力支持和保障。近5年来,投入帮扶资金累计600万余元。2017年投入50万元建成一座长52m、宽3m横跨河道的"民族团结桥",结束了36户105名农牧民趟水过河的历史;2018年投入40万元为村民购买扶贫驴;2019年投入70万元进行羊、牛、鹅扶贫项目,促农增收;2020年,加大对未脱贫村和定点帮扶村的脱贫力度,投入35万元,扩大传统牛、羊养殖规模,促进传统养殖规模化;投入80余万元,助力"美丽乡村"基础设施建设,为帮扶村修建路灯、帮扶村委会硬化路面、建篮球场、修厕所、建村警务站等;持续开展"微帮扶"促农脱贫。开展"十小工程"、为村工程队购买搅拌机、孵蛋鸡、播种机等工程设备;持续开展"授之以技"的帮扶。每年邀请农科院专家在春耕时节组织村民对杏树、核桃树进行嫁接、除虫、施肥等技术指导;每年购买核桃、杏仁、苹果等当地农副产品,促农致富,购买农副产品的经费达到260万余元。

(四) 心系民生,温暖民心

民生连民心,枝叶总关情。自2017年以来,开展"民族团结一家亲"活动,组织188名结亲干部零距离与亲属同吃同住同学习同劳动同联谊,民族团结联谊活动达千余场次,常态化与群众同吃同住同劳动同学习,在真情融入中加强与广大群众的血肉联系,在潜移默化中拉近与群众距离、增进彼此情谊。连续3年邀请了7批共107名职工亲属赴乌鲁木齐访亲,持续把讲党课、共度传统节日、大宣讲、发声亮剑、送党报等具体工作融入亲戚双方的交流交融中,真正做到了让民族团结看得见、摸得着。

党的十九大报告明确提出"让改革发展成果更多更公平惠及全体人民"。要坚持"经济发展与和谐民生并重,职工利益无小事"的理念,切实保证改革发展成果更多更公平惠及职工,职工幸福指数大幅提升。全局各级坚持感情暖人,关心关怀职工利益,以日常救助、金秋助学、"两节"慰问、"冬送温暖、夏送清凉"等形式进行慰问帮扶。同时,加强党内关怀,进一步细化完善政治激励、精神激励、谈心谈话、结对帮扶、走访慰问、扶贫济困等制度。通过企业文化建设，来为职工创建一个和谐的工作生活环境。例如，每年开展群团知识活动，书画、娱乐以及体育等娱乐活动等，组织群众兴趣社团，例如建立太极拳、瑜伽、乒乓球兴趣班等；坚持改革成果与职工共享，践行"人民对美好生活的向往就是我们的奋斗目标"的共产党人的承诺。致力改善职工居住环境，截至目前，一五六队、一六一队、综合地质勘查队花园式小区投入使用，七栋高层居民楼拔地而起，小区内职工活动中心、篮球场、羽毛球场、乒乓球馆应有尽有。

第一篇
地质勘查

第一章 煤炭资源潜力评价与勘查工作

第一节 新疆煤炭资源潜力评价

一、新疆煤炭资源预测

新疆煤炭资源丰富，自 20 世纪 50 年代至今，开展过 4 次全国性煤炭资源预测，煤炭资源预测量均排名全国第一。新疆 4 次煤炭资源预测工作全部由新疆煤田地质局完成。

(一) 第一次新疆煤炭资源预测

1960 年，新疆煤炭工业管理局地质勘探局（新疆煤田地质局前身）完成了新疆第一次煤炭资源预测。数据截至 1959 年，全疆共划分了 4 个一级地层（构造）区、10 个二级地层（构造）区、25 个含煤区、27 个煤田、42 个煤田预测区，煤炭预测总量 4.80×10^{12} t，占全国煤炭预测总量 14.12×10^{12} t 的 34%。但受当时技术等因素影响，预测数据偏大。

(二) 第二次新疆煤炭资源预测

1987 年，新疆煤田地质勘探公司（新疆煤田地质局前身）完成了新疆第二次煤炭资源预测。数据截至 1981 年，编者主要为张宏达、朱星南、丁荣秋、张庆贵、李宇昌等。新疆主要构造体系划分为天山纬向构造带、昆仑纬向构造带、西域系、欧亚"山"字形东翼及反射弧、阿尔泰构造带、阿尔金构造带、帕米尔"歹"字形构造带、和田弧、乌恰构造带、塔里木地块，划分了含煤单元及预测区，共划分 4 个含煤区、12 个煤田、6 个煤产地、21 个矿点、36 个预测区。全疆预测面积 9.62×10^{4} km²。煤炭预测总量 1.61×10^{12} t，约占全国煤炭预测总量 5.06×10^{12} t 的 32%。其中，查明资源量 342×10^{8} t（截至 1986 年底），1000m 以浅资源量 9739×10^{8} t，1000~2000m 资源量 6357×10^{8} t。炼焦用煤 202×10^{8} t，南疆三地州预测资源量 0.31×10^{8} t。存在问题为勘查程度较低，划分的预测区较多。

(三) 第三次新疆煤炭资源预测

1994 年，新疆煤田地质局完成了新疆第三次煤炭资源预测。数据截至 1992 年，编者主要为雷冠华、贾洪斌、樊新忠、王俊民、张运中、杨惠康等。本次工作采用的大地构造理论依据，是以多旋回槽台说为主，板块学说为辅，主要构造体系划分为天山-兴蒙褶皱系、秦祁昆褶皱系、滇藏褶皱、塔里木地台，划分了含煤单元及预测区，共划分 27 个含煤盆地、32 个煤田、25 煤矿点、47 个预测区。全疆预测面积 7.77×10^{4} km²，煤炭总量 1.91×10^{12} t，约占全国煤炭总量 5.57×10^{12} t 的 34%。其中，查明资源量 949×10^{8} t（截至 1992 年底），煤炭预测总量 1.82×10^{12} t，300m 以浅资源量 2070×10^{8} t，300~600m 资源量 3180×10^{8} t，600~1000m 资源量 5352×10^{8} t，1000~1500m 资源量 4170×10^{8} t，1500~2000m 资源量 3410×10^{8} t。炼焦用煤 202×10^{8} t，南疆三地州预测资源量 51×10^{8} t。存在问题为勘查程度较低，划分的预测区较多。

(四)第四次新疆煤炭资源预测(新疆煤炭资源潜力评价)

2010年,新疆煤田地质局完成了新疆第四次煤炭资源预测(新疆煤炭资源潜力评价)。数据截至2009年,编者主要为王俊民、阿布里提甫·肉孜、李瑞明、姜云辉、田继军、王雁飞、林志平、李赛歌、魏发团、祖浙江、杨曙光等。主要构造体系划分4个一级大地构造单元、10个二级构造单元及45个三级构造单元。依据区域地质、构造特征及煤田分布特征,将其归纳为4个构造单元、13个赋煤带、60个煤田(煤产地、煤矿点)。全疆预测面积$6.95\times10^4 km^2$,煤炭总量$1.90\times10^{12}t$,约占全国煤炭预测总量$5.90\times10^{12}t$的32%。其中,查明资源量$2312\times10^8 t$(截至2009年底),煤炭预测总量$1.67\times10^{12}t$,600m以浅资源量$4620\times10^8 t$,600~1000m资源量$4193\times10^8 t$,1000~1500m资源量$4269\times10^8 t$。1500~2000m资源量$3611\times10^8 t$。炼焦用煤$209\times10^8 t$,南疆三地州预测资源量$9\times10^8 t$。存在问题为深部收集石油资料少。

二、新疆煤炭资源潜力评价主要成果

新疆煤炭资源潜力评价属全国煤炭资源潜力评价的一部分,按照全国煤炭资源潜力评价办公室的指导和要求,2007年5月,国土资源部印发了《全国煤炭资源潜力预测评价技术要求》(试用版),2010年10月,中国煤炭地质总局印发了《全国煤炭资源潜力评价技术要求》,新疆煤炭资源潜力评价是在这两个技术要求的原则下开展工作。工作起止时间为2007年5月—2010年12月,利用资料截止时间为2009年12月底,形成主要成果如下。

(一)区域地层

依据《新疆维吾尔自治区岩石地层》(1999),按地层层序由老至新,将地层特征简述如下。

1. 太古宇(Ar)

太古宇为区内最古老的地层,出露在阿尔金山北坡、天山库尔勒—库鲁克塔格一带。地层由灰白色蚀变辉石麻粒岩、紫苏辉石麻粒岩、灰色紫苏黑云透辉麻粒岩、深灰色条纹状角闪紫苏斜长麻粒岩、透辉石斜长变粒岩、黑云母斜长片麻岩及混合岩组成,地层视厚度大于5000m。

2. 元古宇(Pt)

1)古元古界(Pt_1)

古元古界在全区露头零星分布,且面积也不大,塔里木盆地周边的山区中出露较多。在塔里木盆地北缘一带,称为兴地塔格群,岩性以片麻岩、片岩、混合岩及千枚岩类岩石为主,夹大理岩、石英岩等;塔里木盆地南缘—西昆仑为埃连卡特群、米兰群、库拉那古群。岩性主要为浅红色花岗片麻岩、贯入片麻岩、石榴石黑云母斜长片麻岩、绿泥石石英片岩、角闪片岩、二云母长石片岩、石英岩及大理岩等。地层厚度23 566~27 491m。

2)中元古界(Pt_2)

(1)长城系(Ch)

长城系分布于中南天山、塔里木盆地周缘和西昆仑等地,岩石组合类型有碎屑岩组合(杨吉布拉克群、贝克滩组)、变沉积碎屑岩组合(特克斯群、阿克苏群、红柳泉组)、石英岩-大理岩组合（波瓦姆群、赛图拉群）。分布于星星峡至库米什一线的星星峡为一套深变质的片麻岩、混合岩和大理岩。地层厚度4112m。

（2）蓟县系（Jx）

蓟县系各地层分区几乎均有分布，岩石组合类型主要为碳酸盐岩组合（库松木切克群、科克苏群、塔昔达坂群、平头山组），碳酸盐岩-变沉积碎屑岩组合（卡瓦布拉克群、爱尔基干群、木孜萨依组、桑侏塔格群）。地层厚度1500～13 913m。

3. 新元古界（Pt_3）

1）青白口系（Qb）

青白口系分布于中南天山、北山和塔里木盆地南缘，岩石组合类型与蓟县系相似，也为碳酸盐岩组合（开尔塔斯群、库什台群、冰沟南组、平洼沟组）和碎屑岩-碳酸盐岩组合（帕尔岗塔格群、博查特塔格组、苏玛兰组、苏库罗克组、乱石山组、小泉达坂组、岔沟泉组）。

2）震旦系（Z）

震旦系集中分布于中天山、库鲁克塔格、柯坪和铁列克等地区。各地区冰碛岩广泛发育。

3）震旦系—下寒武统（$Z—\in_1$）

震旦系—下寒武统分布于阿尔泰山西北哈拉斯一带，为一套厚度巨大、岩性单一、薄—中厚层状、浅变质的灰绿色、浅绿色砂岩和粉砂岩的不均匀互层。地层厚度7759m。

4. 古生界（Pz）

1）寒武系（$\in$）

寒武系主要分布在果子沟、库鲁克塔格、北山、卡瓦布拉克和柯坪地区。

寒武系为一套浅海碳酸盐岩建造。岩性是灰色薄层状灰岩、泥灰岩夹厚层状泥质及硅质条带状灰岩。

2）奥陶系（O）

奥陶系分布范围主要在柯坪、博罗科努山、库鲁克塔格、昆仑山、阿尔金山等地。前三者地层出露发育较好。岩性以细碎屑岩、硅质岩、碳酸盐岩为主，火山岩很少见。

3）志留系（S）

志留系除阿尔金山外，其他地区均有不同程度的分布，而以沙尔布尔提山、中南天山一带发育较好。沉积特征是阿尔泰山、东准噶尔地区为中深—浅变质的碎屑岩夹碳酸盐岩组合，以含图瓦贝为特征。而准噶尔地区以火山碎屑岩为主。天山、北山、柯坪多为陆源、火山兼备的碎屑岩夹碳酸盐岩、火山岩组合，火山碎屑岩见于北山、天山，南天山地区志留纪地层可见变质岩。喀喇昆仑山地区为浅变质的碎屑岩、碳酸盐岩组合。

4）泥盆系（D）

泥盆系出露广泛，阿尔泰、准噶尔、北天山地区发育齐全，沉积连续，接触关系清楚，化石丰富。既有海相沉积，也有陆相沉积，海相火山岩、火山碎屑岩广泛分布。天山以南主要分布在南天山、塔里木盆地周缘及昆仑山和喀喇昆仑山。其岩性和生物特征方面与北天山均有明显差异。泥盆纪早中期几乎均由火山岩、火山碎屑岩组成，晚期为陆相、海陆交互相碎屑岩沉积。南天山地区泥盆纪地层中碳酸盐岩极为发育，次为海相碎屑岩，局部见有火山岩和火山碎屑岩。塔里木盆地周缘，岩性单一，均为陆相、海陆交互相碎屑岩。昆仑山、喀喇昆仑山以碎屑岩为主，夹火山岩和碳酸盐岩。地层厚度1670～8000m。

5）石炭系（C）

石炭系出露范围广泛，在准噶尔盆地周缘、天山、塔里木盆地西南缘及昆仑山、喀喇昆仑山均有大面积分布，准噶尔—天山地区岩性复杂，海相火山岩极为发育。岩性主要为碳酸盐岩，其次为碎屑岩，火山岩极为罕见。地层厚度300～3000m。

6）二叠系（P）

二叠系主要分布在大、中盆地的边缘及昆仑山东段、喀喇昆仑山，而以准噶尔盆地南缘较为集中。以滨海相、海陆交互相火山碎屑岩、碎屑岩及陆相火山岩为主，只有昆仑山、喀喇昆仑山为海相碎屑、碳酸盐岩夹火山岩。地层厚度2000～6000m。

5．中生界（Mz）

中生界主要为陆相地层，仅塔里木盆地西南缘、喀喇昆仑山、昆仑山东段等地见有海相地层出露。陆相地层以各大盆地边缘出露为好，各地地层建造、古生物面貌有很大的相似性。

1）三叠系（T）

三叠系以昆仑山为界，大致可分为两种沉积区，其北为陆相沉积区，其南为海相沉积区，陆相三叠纪地层均为内陆相盆地沉积，以红色碎屑岩为主。北疆集中分布在准噶尔盆地及其周缘、天山山间盆地及吐鲁番盆地，南疆分布在南天山一带。在准噶尔盆地及其周缘、天山山间盆地及吐鲁番盆地为河流相、河湖相的以红色为主的砾岩夹泥岩、岩屑砂岩、细砂岩、粉砂岩、泥质粉砂岩沉积，地层厚度119～710m。南天山的库车、拜城、乌恰一带，称俄霍布拉克群（$T_{1-2}E$），为一套以粗碎屑岩为主的沉积，主要岩性为红色、灰绿色砾岩、砂砾岩、粗砂岩、细砂岩、泥质粉砂岩，地层厚度548～592m。海相三叠纪地层分布于喀喇昆仑、木孜搭格地层区，总体上缺沉下三叠统及部分中三叠统。在喀喇昆仑地层区河尾滩群（T_2H）为灰岩、生物灰岩、粉砂岩、细砂岩、硅质岩、硅质灰岩、白云岩、泥灰岩等，含双壳类、掘足类、菊石、珊瑚、棘皮类、腕足类等，上覆克勒青河群（T_3K），为一套细碎屑岩沉积，以细砂岩、粉砂岩、千枚化砂岩、板岩、页岩呈不均匀互层并夹灰岩，含掘足类、双壳类及植物化石，地层厚度三百余米至数千米不等。

2）侏罗系（J）

侏罗系以陆相沉积为主，在北准噶尔地层分区、南准噶尔-北天山地层分区、中天山-马鬃山地层分区，以下侏罗统八道湾组（J_1b）及中侏罗统西山窑组（J_1x）为主要含煤地层，即准噶尔盆地、吐哈盆地、伊宁盆地、三塘湖盆地及北部山区下侏罗统—中侏罗统的一套陆相含煤碎屑岩，称水西沟群（$J_{1-2}SH$），其自下而上分为：八道湾组、三工河组（J_1s）、西山窑组（J_2x）；将该地层区域中侏罗统—上侏罗统一套不含煤的杂色碎屑岩，称为艾维尔沟群（$J_{2-3}A$），其自下而上分为3个组，即头屯河组（J_2t）、齐古组（J_3q）、喀拉扎组（J_3k）；将卡拉麦里地区整合于西山窑组之上的一套绿色、红色碎屑岩，即富含硅化木树干的中—晚侏罗世地层，称为石树沟群（$J_{2-3}S$），其层位相当于头屯河组、齐古组。在南天山地层分区、塔里木盆地西南、西昆仑地层分区早—中侏罗世的一套湖沼相含煤碎屑岩，称为叶尔羌群（$J_{1-2}Y$），其自下而上由莎里塔什组（J_1s）、康苏组（J_1k）、杨叶组（J_2y）、塔尔尕组

(J_2t) 组成，以康苏组、杨叶组为含煤沉积。该群在阿尔金山、喀拉米兰、木孜塔格地区因资料所限未细分为组，以叶尔羌群（$J_{1-2}Y$）代之。在上述地层区域晚侏罗世一套红色山麓河流相粗碎屑岩，称为库孜贡苏组（J_3k），与下伏叶尔羌群（$J_{1-2}Y$）整合接触。

在塔南地层分区及东昆仑地层分区，早—中侏罗世一套含煤碎屑岩沉积，称为大煤沟组（$J_{1-2}d$）；其晚侏罗世一套杂色或红色粗碎屑岩夹细碎屑岩的沉积，称为采石岭组（J_3c）。

在塔里木盆地北缘库车—拜城一带早—中侏罗世为一套河湖相、沼泽相交替沉积的含煤和油页岩的碎屑岩，称为克拉苏群（$J_{1-2}K$），其自下而上分为：塔里奇克组（J_1t）、阿合组（J_1a）、阳霞组（J_1y）、克孜勒努尔组（J_2k），均为含煤沉积。焉耆盆地哈满沟组（J_1h）、塔什店组（J_2ts），为含煤地层。

海相侏罗纪地层仅分布于喀喇昆仑及东昆仑地层区，含煤性微弱或不含煤。巴工布兰莎群（J_1B）分布于皮山县巴工布兰莎群东西向的苏多河尾滩及喀喇昆仑山红其拉甫—西洛克宗山一带且岩相变化不大，与下伏中泥盆统落石沟组（D_2ls）、上覆龙山组（J_2l）不整合接触，为一套海陆交互相沉积，岩性为砂质页岩、砂岩、粉砂岩、灰岩、鲕状灰岩、燧石灰岩及沥青质灰岩序列，地层厚度1320～1500m。龙山组分布于喀喇昆仑山一带的萨利吉勒南库勒湖西、克勒青河上游林济塘等地。为与下伏巴工布兰莎群不整合、与上覆红其拉甫组（J_3h）整合接触的一套浅海相碳酸盐岩夹碎屑岩，局部夹火山岩，地层厚度811.2～3 124.8m。红其拉甫组为分布于塔什库尔干塔吉克自治县塔什库尔干河一带及喀喇昆仑山铁隆滩西的库勒湖西。整合于龙山组之上，不整合于铁隆滩群（K_2T）之下的一套浅海相沉积，岩性为灰岩，偶夹粉砂岩、石英矿岩。采石岭组分布于若羌县西南索尔库里的阿拉巴斯套一带，为整合或不整合于大煤沟之上，不整合于犬牙沟群或新地层之下的一套杂色岩系或红色沉积的粗碎屑岩夹细碎屑岩及灰岩的地层，地层厚度2000m。

陆相侏罗纪地层在天山以北地区由八道湾组、三工河组组成，其下部的八道湾组为全疆主要含煤地层之一。在天山南麓库车—拜城一带由塔里奇克组、阿合组和阳霞组组成；在塔里木盆地西南至昆仑山地区，由莎里塔什组、康苏组组成；焉耆盆地一带为哈满沟组；喀喇昆仑山一带为巴工布兰莎群。八道湾组与下伏地层小泉沟群（$T_{2-3}X$）多为平行不整合，与上覆三工河组整合接触，为产于这两套碎屑岩地层间的一套河流沼泽相地层，含动植物化石，含煤的碎屑岩沉积为灰白色、灰绿色砾岩，砂岩和灰绿色、灰黑色泥岩及含煤层的岩石序列，下以灰白色底砾岩与小泉沟群分界，上以灰绿色泥岩、砂质泥岩及碳质页岩的出现与三工河组分界。在准噶尔盆地西北缘和什托洛盖一带，岩性为砾岩夹砂岩、泥质粉砂岩、泥岩夹煤层，地层厚度714～738m；克拉玛依一带为河流—沼泽相的沉积，主要为砾岩、砂岩、泥质夹煤层，地层厚度60～229m。准噶尔盆地南缘为湖沼相的砾岩、砂岩、泥岩夹煤层，在阜康县一带，含可采煤层1～24层，可采总厚度12～68m。乌鲁木齐河以东含可采煤层4～18层，平均可采厚度7～28m；准噶尔盆地东缘沙丘河背斜轴部及帐篷沟背斜两翼为灰色碎屑岩，地层厚度6.6～120.24m，含煤1～2层，累计可采厚度0.83～7.68m；北庭含砾5～8层，累计煤层厚度24.52～26.65m。

吐哈盆地的北缘桃树园一带地层夹石英斑岩；哈密三道岭含可采煤层2～3层，可采厚度18.7～43m；克尔碱含可采煤层1～4层，可采总厚度2.6～8m；在七泉湖为泥岩、粉砂岩夹砂岩、煤线；吐鲁番以西北为砾岩、泥岩夹石英斑岩、煤线；艾维尔沟岩性变粗，为砾岩、粗砂岩、泥岩含可采煤层12层，可采总厚度37m，地层厚度539m。伊宁盆地主要发育在南、北缘，北缘为粉砂岩、泥岩，含可采煤层140层，可采煤层最后可达134m，平均为51.65m；在伊南岩性以砾岩、砂岩、粉砂岩、泥岩互层，石油钻孔控制可采煤层5层，煤层累计厚度51.9m。八道湾组地层厚度281～340m。三工河组为整合覆于八道湾组之上、西山窑组之下的一套灰绿色湖沼相沉积，岩性主要以湖相灰色、灰绿色砂岩、粉砂岩、泥岩为主，夹砾岩、泥灰岩、煤线或薄煤层，在山间盆地则以粗碎屑为主，地层厚度148～882m。塔里奇克组分布于库车—拜城一带，与下伏地层（T_3）平行不整合，岩性主要为灰白色、浅灰色、灰黄色、黄绿色砂岩、砾岩、粉砂岩夹碳质泥岩、煤层等，地层厚度170～400m。本组为主要含煤地层之一，含可采煤层2～12层，可采煤层平均厚6.37～33.73m。

阿合组分布于天山南麓库车—拜城一带，为整合于塔里奇克组之上、阳霞组之下的一套河流相、河流三角洲相的碎屑岩，交错层理发育。岩性主要由灰白色、灰色砾岩、砾状砂岩夹砾岩，地层厚度330m。阳霞组分布于天山南麓库车—拜城一带，为阿合组之上、克孜勒努尔组之下的一套湖沼、泥炭沼泽相碎屑岩，岩性为灰绿色细粉砂岩、灰黑色泥岩、碳质泥岩及煤层，含煤3～9层，其中可采煤层1～9层，可采总厚度9.60m。地层厚度101.39～623m，一般厚200～400m。哈满沟组（J_1h）分布于焉耆县东南博斯腾湖一带，为整合于小泉沟群之上、塔什店组之下的一套河湖相的粗、细相间的碎屑岩，含煤3～11层，煤层总厚0.82～20.06m，可采煤层2～8层，可采总厚度1.95～19.75m，地层厚度320～414m，代表该区早侏罗世的沉积。莎里塔什组分布于塔里木盆地西南缘的乌恰、叶城、和田等，为整合下伏于康苏组之下的一套湖沼相粗碎屑岩，底界常常不整合于古生界之上，含植物化石及孢粉，地层厚度500～2480m。康苏组分布于塔里木盆地西南缘及昆仑山麓，为整合于莎里塔什组之上、杨叶组之下的一套湖沼相含煤碎屑岩，岩性为灰绿色、灰色砂岩、砂砾岩与泥岩互层，夹碳质泥岩及煤层，地层厚度216～915m，是本区主要含煤地层之一，含可采煤层4～5层，可采厚度3.0～7.5m。大煤沟组分布于若羌县索尔库里以南的阿拉巴斯套一带，与下伏地层不整合接触，与上覆采石岭组整合或不整合接触。下部以灰黑—黑色碳质页岩及土黄色页岩为主，上部为黄绿色、灰绿色、灰色砾岩、粗砂岩、砂岩及灰黑色碳质泥岩互层状，并夹可采煤层。地层厚度1144m。

中侏罗统在天山以北地区主要分布于准噶尔盆地、吐哈盆地、伊宁盆地及天山北部，由西山窑组、头屯河组组成，其下部的西山窑组为全疆主要含煤地层之一。在天山南麓库车—拜城一带由克孜勒努尔组和恰克马克组组成。在塔里木盆地西南至昆仑山地区，由杨叶组、塔尔尕组组成；焉耆盆地为塔什店组。西山窑组岩性为浅—深灰色、局部夹紫红色细碎屑岩和煤层、碳质泥岩、菱铁矿等，在山间盆地中则有较多的砾岩。乌鲁木齐一带含可采煤层30余层，可采总厚182.82m；阜康一带含可采煤层5层，可采煤层平均厚28层；玛纳斯地区可采煤层有10层，可采煤层平均22～46m；在准东煤田西山窑组含B煤组，其滴水泉矿区含可采煤层2～5层，累计煤层厚度4.5～12.8m，平均8.65m。五彩湾矿区控制地层厚度36.92～197.92m，平均136.m，可采煤层1～3层，累计可采厚度1.17～87.36m，平均54.83m。大井矿区控制地层厚度18.86～176.69m，平均99.42m，含可采煤层1～4层，累计可采厚度1.12～82.07m，平均51.04m。西黑山矿区控制地层厚度197.74m，含可采煤层7层，累计可采厚度18.46～72.6m，平均49.77m。梧桐窝子矿区含可采煤层11层，累计可采厚度14.25～17.16m，平均15.71m。北庭预测区含可采煤层3层，累计煤层厚度3.75～5.25m；在托里铁厂沟一带，含可采煤层18层，可采煤层平均厚34m；在伊犁盆地北缘含可采煤层11层，可采煤层平均厚40.6m；南缘含可采煤层13层，可采煤层厚47m；伊参1井可采煤层6层，厚27.5m，吐哈盆地克尔碱地区含可采煤层8层，可采煤层平均厚29m；七泉湖、煤窑沟含可采煤层8层，可采煤层厚43m；特别要指出的是大南湖区含可采煤层18～24层，可采煤层厚178m；沙尔湖区可采煤层16层，可采煤层厚174m，其中一单层煤厚146m。地层总厚137～980m，最厚可达1200m。

中侏罗统上部地层在准噶尔、伊犁、吐哈盆地称头屯河组（J_2t），岩性主要为湖相、河流相的灰绿色砂岩、杂色泥岩、砂质泥岩夹砾岩、泥灰岩、菱铁矿，少量薄煤层或煤线，在山区粗碎屑岩增多，地层厚度200～650m，吐哈盆地中侏罗统岩性为以紫红色、棕红色、灰绿色泥岩为主夹灰白色砂岩、砂质泥岩等，含薄煤层，地层厚度164m，深部石油钻探厚200～500m。鄯善县七克台为湖沼相的灰绿色、深灰色、灰色、紫褐色泥岩，夹灰白色砂岩及煤层，地层厚度120m，深部厚400m左右。克孜勒努尔组分布于库车—拜城一带，整合于阳霞组之上，地层厚度486～843.3m。克孜勒努尔组下段岩性为浅灰黄色、灰白色、灰绿色砂岩、砂质泥岩、粉砂岩，夹薄煤层、碳质泥岩，地层厚度97～403m。阳霞区含可采煤层9层，可采煤厚5.7～19.5m，平均9.7m。阿艾区含可采煤层11层，可采煤厚7.5m。克孜勒努尔组上段岩性为灰色、灰白色、灰绿色砂岩、粉砂岩，夹砾岩、含碳质泥岩、煤层、煤线等，地层厚度200～843m。阳霞区含可采煤层9层，可采煤厚12～17.37m，平均14.62m。阿艾区含可采煤层11层，可采平均煤厚13.1m。铁列克区含可采煤层2～3层，可采煤厚1.1～3.4m。

恰克马克组分布于库车—拜城一带，整合覆于克孜勒努尔组之上，地层厚度100～178m。为一套湖沼相杂色含脊椎、介形虫油页岩层的细碎屑岩。与天山北麓头屯河组层位、塔里木西南缘塔尔尕组层位相当。塔什店组分布于焉耆盆地东南博斯腾湖以西一带，是一套整合于哈满沟组之上的湖沼相碎屑岩沉积，主要岩性为砂岩、粉砂岩、泥岩及煤层、菱铁矿结核层，地层厚度515～1035m。杨叶组分布于塔里木盆地西南缘的阿尔金—昆仑—托云一带，为整合于康苏组之上、塔尔尕组之下的一套湖沼相含煤碎屑岩沉积，具3个由细到粗的沉积旋回。岩性由黄绿色、浅黄色、灰绿色砂岩、泥岩、粉砂岩夹砾岩、泥灰岩、碳质泥岩、煤层等组成，地层厚度1000m。在乌恰一带含可采煤层3层，平均厚2.7m；在艾格留姆含可采煤层4～7层，平均厚度8.7m；在和田杜瓦含可采煤层2～3层，可采厚度8.52～65.5m。

塔尔尕组分布于塔里木盆地西南缘的阿尔金—昆仑—托云一带，属中侏罗世晚期的沉积，为整合于杨叶组之上、库孜贡苏组之下的一套杂色细碎屑岩，以泥岩为主夹砂岩、泥灰岩等，以底部砾岩层与下伏杨叶组分界，顶部以库孜贡苏组的红色粗碎屑岩出现为分界。该组在乌恰县以东的康苏、杨叶等地被剥蚀。以小黑孜威—库孜贡苏河口外一带最佳，厚80～533m。依其岩性及生物组合可与库车的恰科马克组、天山北麓的头屯河组对比。

上侏罗统在天山以北地区主要分布于天山北麓、准噶尔盆地、吐哈盆地、伊宁盆地及天山南麓库车—拜城，由齐古组、喀拉扎组组成。在塔里木盆地地层区、南天山地层分区、西昆仑地层区、木孜塔格地层区为库孜贡苏组；齐古组为整合于头屯河组之上、喀拉扎组之下的一套湖相沉积。在准噶尔盆地南缘，为湖相的以红色为主的砂、泥岩，局部夹凝灰质砂岩，地层厚度144～724m；盆地北缘中央为灰色、红色砂岩夹泥岩，地层厚度73m。在吐哈盆地主要分布在鄯善—三间房一带，主要为一套河湖相砂质泥岩、泥岩夹砂岩及粉砂岩，地层厚度704m。在库车以西的阿瓦特河—克孜勒努尔沟一带，主要岩性为砂质泥岩夹泥岩与粉砂岩薄层，地层厚度300m。喀拉扎组多整合于齐古组之上（个别处为不整合）、不整合于上覆吐古鲁群（K_1T）之下，为一套山间河流相红色粗碎屑岩沉积。很多地区缺失本组沉积，在准噶尔盆地该组主要分布在克拉玛依、玛纳斯和阜康以南，岩性以砾岩或砂岩为主，粒度由东向西变粗，在克拉玛依一带地层厚数十米。在吐哈盆地该组主要分布在鄯善、三间房、野马泉和梧桐窝子一带，岩性由砾岩、砂岩和砂岩、泥岩组成，地层厚度35~655m。

南天山拜城以西的卡普沙浪河与库车以西的克孜勒努尔沟一带，主要岩性为一套河流相的红色碎屑岩，由含砾砂岩、细砂岩组成。厚度一般10~40m。库孜贡苏组分布于南天山地层分区的乌恰县库孜贡苏河—小黑孜威—托云一带，塔里木盆地地层区的和田县皮息、叶城县依格孜牙—吐依洛克、若羌县艾西、阿尔金及昆仑山的喀拉米兰一带。其与下伏叶尔羌群（$J_{1-2}Y$）整合接触，以一套红色山麓河流相粗碎屑岩为主，夹砂岩及少量砂质泥岩，地层厚度160~1100m。

3）白垩系（K）

白垩系分布于各大盆地和部分山间盆地边缘，为陆相沉积。在塔里木南缘、喀喇昆仑山一带有海相地层分布。

（1）海相白垩纪地层

喀喇昆仑地层区称为铁龙滩群（K_2T），在西昆仑地层区、塔南地层分区、塔里木盆地地层区及南天山地层区，称为英吉莎群（K_2Y）。铁龙滩群分布于和田县新藏公路甜水海滨站东南阿沙依湖西南之阿克赛钦的铁龙滩及洛克宗山一带，为灰岩及杂色生物灰岩夹泥灰岩、砂岩、砾岩及石膏。含双壳类、珊瑚、腹足类及海胆，地层厚度1967m，在洛克宗山一带地层厚度大于540m。英吉莎群主要岩性为灰绿色泥岩、灰岩、红色生物灰岩和红色膏泥岩及石膏层，下与克孜勒苏群（K_1KZ）陆相碎屑岩整合接触，上被阿尔塔什组不整合或平行不整合覆盖。该群自下而上分为库克拜组（K_2k）、乌依塔克组（K_2w）、依克孜牙组（K_2y）、吐依洛克组（K_2t）。地层厚度394~479m。

（2）陆相白垩纪地层

天山以北地区：①清水河组（K_1q）分布于准噶尔盆地南缘乌苏—吉木萨尔一线，为一套灰绿色泥岩、砂质泥岩与砂岩互层，下与喀拉扎组不整合接触，上与呼图壁河（K_1h）紫红泥岩、砂质泥岩整合过渡。在沙湾县紫泥泉子厚144m，阜康县大红沟总厚203.9m。②呼图壁河组分布于昌吉河—吐谷鲁河一带，由紫红色、暗紫色、浅褐色砂质泥岩、泥质粉砂岩为主夹灰绿色薄层砂岩、泥灰岩、灰岩组成的一套湖相地层序列。下与清水河组浅黄色砂岩分界，上与胜金口组灰绿色、黄绿色砂质泥岩分界，均为整合接触。③胜金口组（K_1sh）分布于准噶尔盆地南缘和吐哈盆地，主要岩性为灰绿色泥岩、砂质泥岩及薄层粉砂岩，含菱铁矿及石膏脉，地层厚度15~139m。④连木沁组（K_1l）主要分布于准噶尔盆地南缘和吐哈盆地，岩性为湖相棕红色砂质泥岩夹灰绿色细砂岩条带，地层厚度22~509m。⑤三十里大墩组（K_1s）主要分布于吐哈盆地，主要岩性为红色砂岩、砂质泥岩夹砾岩。底部常见灰绿色砾岩。下与齐古组或喀拉扎组不整合或平行不整合接触；上与胜金口组灰绿色粉砂岩整合接触。地层厚度一般为53~810m。

塔里木盆地库车—拜城一带：①亚格列木组（K_1y）岩性主要是浅紫色、灰紫色砂岩、砾岩，具交错层理。与下伏喀拉扎组平行不整合或不整合，与上覆舒善河组（K_1s）整合接触，本组含介形虫和鱼类化石。②舒善河组岩性主要为棕红色、棕黄色、灰—灰绿色泥岩、砂质泥岩夹杂色泥岩、砂岩条带。产介形类化石，与上、下地层均呈整合接触，地层厚度855.3m。③巴西改组（K_1b）岩性为一套以棕红色砂质泥岩为主夹砂岩，产轮藻及介形虫化石，与上覆巴什基奇克组（K_2b）整合接触。地层厚度366.7m。

南天山地层分区及塔里木西南缘：克孜勒苏群岩性为棕红色、淡棕色为主的块状交错层石英砂岩、泥质砂岩、砂岩，中夹棕红色砂质泥岩和灰绿色薄层粉砂岩及不规则的砾岩、砾状砂岩，下部夹砂岩，底部为暗棕色砾岩。以灰白色交错层的石英砂岩与上覆的英吉莎群整合分界，与下伏库孜贡苏组不整合或平行不整合接触。地层厚度1300m。

北准噶尔及准噶尔地层分区：①东沟组（K_2d）与上覆紫泥泉子组整合或平行不整合，与下伏连木沁组整合接触的灰棕色、灰红色、砖红色砾岩夹红褐色砂质泥岩、砂岩、粉砂岩，为富含钙质及少量钙质结核的一套河流相地层序列。②红砾山组零星出露于准噶尔盆地西北缘、北缘及东北缘，下部为湖滨相石英粗砂岩、砂砾岩夹砂质泥岩，含钙质结核；上部为浅湖相砂质泥岩夹钙质砂岩和砾岩。地层厚度73～101m。在砂质泥岩中含软体动物、恐龙蛋壳碎片及介形类等化石。

南准噶尔-北天山地层分区：①库穆塔格组（K_2k）仅分布在火焰山及鄯善以南库姆塔克，为一套橘黄色、棕红色具交错层理的块状细砂岩，偶夹红色薄层泥岩及透镜体，底部有蓝灰色细砾岩为标志层。与上覆的苏巴什组（K_2s）为平行不整合或不整合接触，与下伏的吐古鲁群为整合或平行不整合接触。②苏巴什组分布范围同库穆塔格组，岩性为棕红色和灰白色砂岩、褐红色砂质泥岩、灰白色及暗灰色砾岩，与上覆台子村组平行不整合接触，与下伏库穆塔格组为平行不整合接触。地层厚度163～215m。

塔里木地层分区的库车—拜城一带：巴什基奇克组，主要岩性为紫色红色砂岩、砾岩夹泥岩、粉砂岩。与上覆库姆格列木群平行不整合接触，与下伏卡普沙良群整合接触，以其底部紫红色砾岩与卡普沙良群分界。

6．新生界（Cz）

新疆的古近系、新近系发育齐全，分布广泛，尤以盆地和山前地区发育最佳。古近纪，海相环境较晚白垩世有所扩大。而第四系均为陆相沉积，分布极为普遍，成因类型繁多，生物化石却较少。

1）古近系

陆相地层广泛分布于准噶尔、塔里木、吐哈等地，阿尔金山一带也较发育。海相地层主要分布在南天山西段、塔里木盆地西南缘的山前地带，喀喇昆仑山地区有零星分布。

在准噶尔盆地及伊宁盆地自下而上由紫泥泉子组（$E_{1-2}z$）、安集海河组（$E_{2-3}a$）、昌吉河群（E_3NC）的沙湾组（E_3N_1s）组成。岩性属河湖相红色为主的砂质泥岩夹砂岩，灰绿色泥岩夹泥灰岩、薄层砂岩及介壳层的沉积序列，底部为砾岩或灰质砾岩，地层厚度400～1800m。吐哈盆地由台子村组（E_1t）、巴坎组（E_2b）组成，为厚层棕红色中砂岩、砾岩夹砂质泥岩及砾岩互层的含石膏脉的河湖相沉积。地层厚度65.3～230m，与下伏地层假整合接触。

在南天山、阿尔金山一带为库姆格列木群（$E_{1-2}K$），由塔拉克组（E_1t）、小库孜拜组（E_1x），上覆苏维依组（E_1s）。塔拉克组为一套白云岩、白云质泥岩、泥灰岩、石膏组成的潟湖沉积，与下伏地层不整合接触。小库孜拜组岩性为以红色为主的钙质泥岩、粉砂岩、泥灰岩夹石膏及碎屑岩的潟湖相沉积。苏维依组为一套褐红色砂岩、粉砂岩、泥岩互层的潟湖相沉积序列，地层厚度 156～836m。

塔里木盆地西南缘的山前地带及喀喇昆仑山地区由喀什群（EK）的阿尔塔什组（E_1a）、齐姆根组（$E_{1-2}q$）、卡拉塔尔组（E_2k）、乌拉根组（E_2w）、巴什布拉克组（$E_{2-3}b$）组成。岩性为一套潟湖相、海相沉积的碎屑岩建造。喀什群（EK）地层厚度 733～1325m。

2）新近系

①分布范围基本同古近系，在准噶尔盆地由塔西河组（N_1t）、独山子组（N_1d）组成。塔西河组为一套河湖相灰绿色泥岩夹砂质泥岩夹砂岩、泥灰岩，夹薄层介壳灰岩，含丰富的介形类、双壳类、腹足类及鱼类化石，地层厚度 300m，与下伏沙湾组整合接触。独山子组为以碎屑岩为主，夹泥岩的河流相沉积，地层厚度达 1966m。

②吐鲁番盆地由桃树园组（E_3N_1t）、葡萄沟组（N_2p）组成。桃树园组由河湖相、山麓河流相泥岩、砂质泥岩、砂岩和砾岩组成，部分夹石膏层，地层厚度 55～450m。葡萄沟组由一套河湖相砂岩、砂质泥岩和砾岩组成，含介形类化石。

③在南天山、若羌一带，新近系由吉迪克组（N_1j）、康村组（$N_{1-2}k$）、库车组（N_2k）组成。吉迪克组为一套红色泥质砂岩、泥岩互层，夹粉砂岩及石膏层，地层厚度 270～1000m。康村组为灰褐色砂岩夹砾岩、粉砂岩、泥岩条带的沉积序列，含介形虫，地层厚度 101～750m。库车组为砂质泥岩、泥质粉砂岩夹砂岩及砾岩的河流三角洲沉积，含介形虫，地层厚度 1000～2893m。

④塔里木盆地西南缘的山前地带，喀喇昆仑山地区由乌恰群（E_3N_1W）的克孜洛依组（E_3N_1k）、安居安组（N_1a）、帕卡布拉克组（N_1p）组成，其上覆阿图什组（N_2a）。乌恰群（E_3N_1W）为以陆相碎屑岩为主的一套沉积序列，夹薄层石膏，含介形类化石，地层厚度 1980～6000m。阿图什组以湖相沉积为主，以泥岩、粉砂岩、砂岩为主，地层厚度 3000m。

3）第四系（Q）

第四系广泛分布于大、中型盆地，较大河流的两岸及冰川脚下等。

（1）更新统（Qp）

①下更新统（Qp_1）以暗灰色、灰色砾岩层为主，一般厚度 1000～1500m，最厚可达 3400m，多分布于高山山麓地带，在罗布泊一带有湖相地层；在山区冰川脚下有冰碛石；含脊椎化石 *Equussanmeniensis*。

②中更新统（Qp_2）主要为冲洪积物，分布于大型盆地周边古老的倾斜平原上和河床高阶地上。岩性为分选差、半胶结的浅灰色粉砂岩，泥岩夹硬砂岩，岩砾、黄色砂土、亚砂土、黏土等，厚度不超过 60m。产脊椎动物化石 *Equuspadoelolxdon*；介形虫 *Limnocythere dabioa*，*Cypridebis* sp.，在古冰川脚下有冰碛石，由漂砾、含砾砂质黏土组成。在湖泊附近有含钾盐、镁盐、芒硝的黏土层。

③上更新统（Qp_3）主要为戈壁滩上的洪积砾石层，风成黄土和风成砂。在昆仑山山区有基性、中基性火山喷发岩，一般厚 10～40m，最厚可达 200m，在部分湖泊附近有湖相沉积。

（2）全新统（Qh）

全新统主要为风积物，尤以塔里木盆地、准噶尔盆地分布最广，在库木库里洼地有世界海拔最高的沙漠风积物。成分主要为石英、长石，但各地矿物成分和相对含量具差异性。风成砂的砂丘类型繁多，高度不等，最高可达百余米。在昆仑山阿什库勒一带有现代火山堆积层，岩性为多气孔的玄武岩，厚1~150m。

（3）其他类型的沉积物

其他类型的沉积物主要包括现代河谷内的冲积层、现代冰川的堆积层、现代湖泊附近的沉积物、盐碱地及沼泽的化学沉积等。总体上这些沉积物厚度变化大，因地而异。

（二）区域构造

1. 新疆大地构造位置及背景

新疆地处亚欧大陆腹地，毗邻青藏高原，地跨"三山（阿勒泰山、天山、昆仑山）两盆（准噶尔盆地、塔里木盆地）"，大地构造位置及背景是西伯利亚板块、哈萨尔斯坦-准噶尔板块、塔里木-华北板块、华南板块的结合部位，是连接亚洲东、西部的中间地域。新疆大地构造复杂，煤炭资源丰富，是研究亚洲大陆地质构造和各类矿产资源的关键地区。

板块构造理论划分新疆大地构造单元均以3条缝合带为界线，即2004年12月由地质出版社发行的《中国新疆及邻区大地构造图》；另为新疆地质矿产勘查开发局划分4个一级大地构造单元、10个二级构造单元及45个三级构造单元，成果以《新疆大地构造单元划分及其特征》一文刊载于第六届天山地质矿产资源学术讨论会论文集（2008年11月）。通过认真对比研究前述两种分划，总体上大同小异，均较为合理地解释了新疆地质构造的演化，后者更结合新疆已有地质资料，将复杂的造山活动遗迹进行了有序的时空配置，为新疆地层区划及成矿带划分提供依据，故本次新疆煤炭资源潜力评价引用该研究成果。

2. 新疆大地构造单元划分及构造格局

新疆大地构造单元划分及构造格局详见图1-1。

3. 赋煤单元划分

新疆区域辽阔，煤炭资源丰富，含煤盆地多，面积大。本书依据区域地质、构造特征及煤田分布特征，将其归纳为4个构造单元，13个赋煤带，60个煤田（煤产地、煤矿点），见表1-1。

1）赋煤构造单元的基本特征

（1）天山-兴蒙造山系

天山-兴蒙造山系位于塔里木-华北陆块群之北，西伯利亚大陆块群之南，由古生代多岛弧盆系及一系列结合带和前南华纪—震旦纪裂解地块镶嵌组成的复杂的构造区域。从更广的视野，国内大多数学者称其为古亚洲洋构造域或中亚构造域，国际上称其为中亚造山带或阿尔泰造山系。天山弧盆系与西准噶尔弧盆系是李春昱所称的哈萨克斯坦中间板块向东延展的一部分，其中的裂离地块是源自西伯利亚大陆块还是其他大陆尚有争议，而伊犁地块基底和盖层与塔里木有一定的相似性。

天山、准噶尔、吐哈、北山广泛发育的石炭纪双峰式火山沉积岩系、富碱中酸性侵入岩，以及早二叠世含铜镍矿的幔源基性—超基性侵入杂岩，在东北地区，叠加了类似科迪勒拉大陆边缘大兴安岭的三叠纪—侏罗纪的火山-沉积岩系及同时代大面积的花岗岩侵入，该造山系另一个突出特征是在新生代时受印度板块与欧亚大陆板块碰撞影响，在西北地区形成独特的走滑挤压背景下的盆山格局。

（2）秦祁昆造山系

秦祁昆造山系位于康西瓦-木孜塔格-玛沁-勉县-略阳结合带以北，塔里木陆块、华北陆

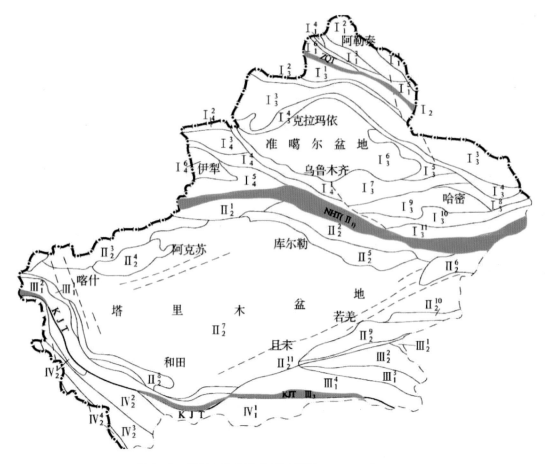

图 1-1 新疆大地构造单元示意图（据董连慧等，2008）

Ⅰ．天山兴蒙造山系；I_1．阿勒泰弧盆系；I_1^1．德伦-诺尔特晚古生代上叠盆地；I_1^2．阿勒泰早古生代山弧带；I_1^3．南阿勒泰晚古生代弧后裂陷盆地；I_1^4．矿区阿勒泰晚古生代成熟岛弧带；I_1^5．额尔齐斯构造杂岩带；I_1^6．卡尔巴-哈巴河晚古生代弧前盆地；I_2．查尔斯克-乔夏哈拉缝合带 ZQT；I_3．准噶尔弧盆系；I_3^1．萨吾尔-二台晚古生代岛弧带；I_3^2．洪古勒楞-阿尔曼太早古生代沟弧带；I_3^3．谢米斯台-库兰卡兹干古生代复合岛弧带；I_3^4．唐巴勒-卡拉麦里晚古生代复合沟弧带；I_3^5．东准噶尔晚古生代陆缘盆地；I_3^6．准噶尔中央地块；I_3^7．博格达晚古生代弧后裂陷盆地；I_3^8．哈尔里克古生代复合岛弧带；I_3^9．吐哈地块；I_3^{10}．大南湖晚古生代岛弧带；I_3^{11}．觉罗塔格晚古生代沟弧带；I_4．伊犁-伊赛克陆块；I_4^1．依连哈比尔尕晚古生代沟弧带；I_4^2．阿拉套晚古生代陆缘盆地；I_4^3．赛里木地块；I_4^4．博罗科努古生代复合岛弧带；I_4^5．阿吾拉勒-伊什基里克晚古生代裂谷系；I_4^6．伊宁中央地块；Ⅱ．塔吉克-塔里木陆块；II_1．那拉提-红柳河缝合带 NHT；II_2．塔里木陆块；II_2^1．东阿莱-哈尔克古生代复合沟弧带；II_2^2．艾尔宾晚古生代残余盆地；II_2^3．阔克塔勒晚古生代陆缘盆地；II_2^4．柯坪前陆盆地；II_2^5．库鲁克塔格陆缘地块；II_2^6．北山古生代裂谷系；II_2^7．塔里木中央地块；II_2^8．铁克里克陆缘地块；II_2^9．阿尔金陆缘地块；II_2^{10}．红柳沟-安南坝早古生代裂陷槽；II_2^{11}．阿帕-茫崖早古生代裂陷槽；Ⅲ．秦祁昆造山系；III_1．昆仑弧盆系；III_1^1．北昆古生代复合沟弧带；III_1^2．中昆仑地块；III_1^3．布尔汗布达地块；III_1^4．昆南古生代复合沟弧带；III_1^5．柴达木微地块；III_1^6．柴达木中央地块；III_2．祁曼塔格古生代复合沟弧带；III_3．康西瓦-鲸鱼湖缝合带 KJT；Ⅳ．西藏三江造山系；IV_1．巴颜喀拉地块；IV_1^1．二叠纪-三叠纪陆缘盆地；IV_2．羌塘弧盆系；IV_2^1．塔什库尔干陆块；IV_2^2．阿克赛钦古生代陆缘盆地；IV_2^3．喀喇昆仑中生代陆缘盆地；IV_2^4．乔戈里地块

表 1-1 新疆赋煤构造单元划分表

构造单元	赋煤区	赋煤带	评价煤田（煤产地、煤矿点）	矿区（Ⅳ级）	
天山-兴蒙褶皱系	西北赋煤区	准北赋煤带	喀尔交煤矿点		
			吉木乃煤矿点		
			塔城煤矿点		
			和布克赛尔-福海煤田	和布克赛尔东矿区	福海矿区
			托里-和什托洛盖煤田	和布克赛尔矿区	额敏矿区
				托里矿区	克拉玛依北矿区
			克拉玛依煤田	和布克赛尔南矿区	克拉玛依矿区
		准南赋煤带	准南煤田	四棵树矿区	玛纳斯矿区
				乌鲁木齐矿区	阜康矿区
				水西沟矿区	
			达坂城煤田		
			后峡煤田	南玛纳斯矿区	呼图壁矿区
				昌吉矿区	后峡矿区
				黑山矿区	
		准东赋煤带	卡姆斯特煤田	富蕴矿区	福海东矿区
			准东煤田	滴水泉矿区	五彩湾矿区
				大井矿区	将军庙矿区
				西黑山矿区	老君庙矿区
				彩南矿区	北庭矿区
		巴里坤-三塘湖赋煤带	喀拉通克煤矿点		
			青河煤矿点	北翼矿区	南翼矿区
			巴里坤煤田	木垒矿区	巴里坤矿区
			三塘湖-淖毛湖煤田	三塘湖矿区	淖毛湖矿区
		伊犁赋煤带	温泉煤矿点		
			库铁尔煤矿点		
			伊宁煤田	伊宁东矿区	霍城矿区
				伊宁矿区	察布查尔矿区
			尼勒克煤田	胡吉尔台矿区	塘坝矿区
				可尔克矿区	阿拉斯坦矿区
				尼勒克矿区	
			新源-巩留煤田	新源矿区	巩留矿区
			昭苏-特克斯煤田	昭苏矿区	特克斯矿区
			巩乃斯煤产地		

续表 1-1

构造单元	赋煤区	赋煤带	评价煤田（煤产地、煤矿点）	矿区（Ⅳ级）		
天山—兴蒙褶皱系	西北赋煤区	吐哈赋煤带	艾维尔沟煤产地	艾维尔矿区	鱼儿沟矿区	
				二道沟矿区		
			托克逊煤田	托克逊北矿区	吐鲁番北矿区	
			鄯善煤田	科克牙矿区	科克牙东矿区	
				地湖矿区	地湖东矿区	
			哈密煤田	哈密矿区	木垒东矿区	
			吐鲁番煤田	托克逊矿区	吐鲁番矿区	
				鄯善矿区		
			沙尔湖煤田			
			大南湖-梧桐窝子煤田	大南湖矿区	大南湖西矿区	大南湖东二矿区
				大南湖东三矿区	大南湖东一矿区	梧桐窝子矿区
			野马泉煤矿点			
		中天山赋煤带	巴音布鲁克煤田	巴音布鲁克西矿区	巴音布鲁克东矿区	
			焉耆煤田	和静矿区	和硕矿区	
				焉耆矿区	库尔勒矿区	
				博湖矿区		
			库米什煤田	库米什一矿区	库米什二矿区	
				库米什三矿区	库米什四矿区	
	塔里木陆块	塔北赋煤带	温宿煤田	苛岗矿区	阿托依纳克矿区	
				博孜墩矿区	破城子矿区	
			库拜煤田	铁列克一矿区	铁列克二矿区	
				铁列克三矿区	铁列克四矿区	
				铁列克五矿区	铁列克六矿区	
				铁列克七矿区	阿艾一矿区	
				阿艾二矿区		
			阳霞煤田			
			沙井子煤矿点			
		罗布泊赋煤带	罗布泊煤田			
		塔西南赋煤带	乌恰煤田	康苏矿区	其克里克矿区	
				托云矿区	莎里拜矿区	
				阿克吐玛扎矿区		
			阿克陶煤田	克孜勒陶矿区	赛斯特盖矿区	
				库斯拉甫矿区	托库孜阿特矿区	
				霍峡尔矿区		
			莎车-叶城煤田	喀拉图孜矿区	许许矿区	
				普萨矿区		
			依格孜牙煤矿点	杜瓦煤矿点		
			布雅煤产地	普鲁煤矿点		
			民丰煤矿点	玉立群煤矿点		
		塔东南赋煤带	且末煤矿点	阿羌煤矿点		
			若羌煤矿点			

续表 1-1

构造单元	赋煤区	赋煤带	评价煤田（煤产地、煤矿点）		矿区（Ⅳ级）
秦祁昆褶皱系		吐拉赋煤带	白干湖煤产地	吐拉煤矿点	
			伊吞泉煤矿点	嘎斯煤矿点	
			阿牙库煤矿点		
青藏褶皱系	滇藏赋煤区	喀喇昆仑-昆仑赋煤带	叶城203煤矿点	半西湖煤矿点	
			喀拉米兰煤矿点	鲸鱼湖煤矿点	
			平湖煤矿点	库牙克煤矿点	

块以南的带状区域，包括红柳沟-拉配泉-北祁连结合带、北祁连弧盆系、中南祁连弧盆系、疏勒南山-拉脊山结合带、阿中地块、阿帕-茫崖-柴北缘结合带、柴达木地块、西昆仑弧盆系、东昆仑弧盆系、秦岭弧盆系、大别-苏鲁地块、康西瓦-南昆仑-玛多-略阳结合带等次级单元。晚寒武世—奥陶纪秦祁昆构造区受原特提斯大洋岩石圈向北俯冲以及古亚洲洋向南俯冲双重制约。部分地区石炭纪—二叠纪时期在碰撞后地壳伸展背景下形成裂陷盆地或小洋盆。晚古生代末—三叠纪东昆仑带受控于洋壳俯冲消减形成陆缘弧造山岩浆弧。晚三叠世已出现向伸展体制转换。

（3）青藏褶皱系

青藏高原及三江地区近20多年的研究取得了一系列进展和成果。该区北以康西瓦-木孜塔格-玛沁-勉县-略阳结合带为界，南抵锡伐利克后碰撞压陷盆地带。包括巴颜喀拉地块、三江弧盆系、羌塘弧盆系、班公湖-怒江-昌宁-孟连结合带、拉达克-冈底斯弧盆系、雅鲁藏布江结合带、喜马拉雅地块、保山地块等次级单元。

（4）塔里木陆块区

塔里木陆块区主体相当于晋宁造山事件转化为相对稳定的大陆块，由前南华纪变质基底和南华纪及其以后的沉积盖层组成。前新元古代的地质记录，由于中、新生代以来的强烈沉降，主要出露于周边的基底逆冲推覆带。所有中元古代及其以前的地层均发生强烈变质变形变位。新元古代塔里木陆块区的沉积特征与扬子陆块的南华系和震旦系相似且可比，均发育南沱期冰碛层。震旦纪时主体为初始碳酸盐岩台地，但在边缘发育多层双峰式成分特征的火山岩。与扬子陆块新元古代时先裂解后有"冰盖"及台地的构造层序特征有明显的差异。

寒武纪—早奥陶世时发育退积式镶边碳酸盐岩台地，台缘斜坡为细屑浊积岩与含包卷构造的硅质岩，中晚奥陶世淹没碳酸盐岩台地，出现夭折前陆盆地，石炭纪时又显示了阶梯式海侵台地，中二叠世中西部有大规模玄武岩喷发，晚二叠世时的陆相磨拉石表现为前陆盆地的构造古地理格架。中生代时转变为内陆盆地，晚白垩世和古近纪时有海相沉积，现今的盆地面貌形成于新近纪。

2）赋煤带构造特征

（1）准北赋煤带

准北赋煤带位于准噶尔盆地北侧，东西向开阔褶皱发育，呈北东东向多字型斜列展布，长360~500km。

盆地西缘克-乌断裂带是一个隐伏的推覆构造，全长250km，北东向穿过煤田东侧。断裂带由三部分组成，西南段为红山咀断块区，中段为克-乌冲断带，东北段为乌尔禾红旗坝冲断-推覆带。中段克乌断裂上盘由石炭系浅变质岩组成，成层性完整，构造简单，显示从北西向东南推覆的特征，断裂下盘主要是二叠系、三叠系和下侏罗统。石炭系顶面构造比较简单，上覆较薄的侏罗系至白垩系。克-乌带是该冲断-推覆带的第二次活动，它由几条断面北倾、上陡下缓的犁式断裂组成，早—中侏罗世地层被断开，石炭系—中生界断块依次向南东呈阶梯状降下。克-乌带二叠纪地层主要分布在下盘，反映为克-乌断裂的第一次推覆，第二次活动只是加强和延续。

（2）准南赋煤带

准南赋煤带位于准噶尔盆地南侧，主要含煤地层为早中侏罗世水西沟群的下侏罗统八道湾组、中侏罗统西山窑组。

乌鲁木齐以西，伊连哈比尔尕山前分布着三排较为完整的褶皱构造，总的特征是近盆地边缘背斜紧闭，两翼倾角大、幅度大，远离边缘则背斜平缓，两翼倾角小、幅度变小。这一特征可能与伊连哈比尔尕山前冲断-推覆带有关。冲断-推覆带北侧，地层呈单斜状向北倾斜。

阜康矿区，博格达山前分布10多个背斜。除两个背斜由第三系（古近系＋新近系）组成外，其他均由中生界及二叠系组成。一般表现为长轴或短轴状，多数伴有向斜构造。背斜一般南翼缓、北翼陡，轴部发育纵向逆冲断层。在近阜康断裂附近的古牧地背斜以及近二台古隆起附近的三台构造群，局部地层陡立，甚至倒转，断层多，构造复杂。

乌鲁木齐矿区，侏罗纪地层构成一个不对称的线型褶曲，北东东向延伸，长28km，轴部发育区域性走向压扭性断裂，以及派生的北西西向剪切平推断裂群。褶皱与断裂反映由南向北挤压特征，如白杨南沟倒转背斜、八道湾向斜及芦草沟两岸、红沟沟口的地层倒转，以及向北逆冲的乌鲁木齐东山、白杨南沟和碗窑沟等逆断层。

（3）准东赋煤带

准东赋煤带位于准噶尔盆地东部，扩及东侧克拉美丽山区，东端至巴里坤。聚煤期后经历了多次构造运动，准东主要为北西西向开阔褶曲，呈北西西向斜列展布，西部有三排北东东向构造，斜列展布。煤田北部发育卡拉麦里深断裂，在隆起和深断裂的双重影响下，煤田内发育有一系列垂直于深断裂的向斜构造和鼻状构造。煤田构造整体上成并列式、不对称、开扩性的褶曲形态。

（4）巴里坤-三塘湖赋煤带

三塘湖盆地位于新疆的东北部，北与蒙古接壤，南隔巴里坤盆地和巴里坤山，与吐哈盆地相望，盆地呈北西-南东向条带状夹持于莫钦乌拉山与大哈甫提克山-苏海图山-额仁山-克孜勒塔格山之间，东西长约500km，南北宽40～70km，面积约23 104km²。

三塘湖盆地是一个中新生代山间坳陷盆地，由北而南可划分为东北冲断隆起带、中央坳陷带、西南逆冲推覆带3个一级构造单元。

中央坳陷带即侏罗纪含煤盆地，边缘被南面的石头梅断裂（西段为2009年煤田预查时的二维地震确定的，东段为1∶20万区调所定的石头梅断裂、下柳树泉断裂）和北面的汉水泉断裂（相当于1∶20万区调所定的三塘湖盆地中央复活断裂）控制，总体呈西窄东宽（15～35km）、北西向延伸的楔形，沉积较厚和较完整的中新生代盖层（3500m），面积约0.8km²。受北西向和北东向两组断裂的控制，坳陷内形成雁状排列的次一级凹凸相间的构造格局。中央坳陷带由西向东可进一步划分为库木苏凹陷、巴润塔拉凸起、汉水泉凹陷、石头梅凸起、条湖凹陷、岔哈泉凸起、马郎凹陷、方方梁凸起、淖毛湖凹陷、韦北凸起、苏鲁克凹陷 11 个二级构造单元，表现为以侏罗系—新近系为主的中新生代地层，形成一系列隐伏线状、短轴状、箱状宽缓褶皱，局部为穹隆，地层倾角一般在 20°以内。

(5) 伊犁赋煤带

伊犁赋煤盆地位于新源以东，西至中哈边界，并延伸至哈萨克斯坦境内。南、北分别与科古琴山、博罗科努山及哈尔克山、那拉提山为邻，呈近东西向展布、东窄西宽的楔形，面积约 20 000km²。伊犁赋煤带内分 4 个凹陷，即伊宁、昭苏、特克斯和尼勒克。南以那拉提深断裂与哈尔克山复背斜为界，北以尼勒克深断裂与博罗科努复背斜为界。盆内有伊宁、昭苏、尼勒克煤田和可尔克煤产地。划分为 3 个构造单元：①伊宁-喀什河-巩乃斯河坳陷，其为伊宁盆地的主体，北西西向分布，中新生代地层褶皱宽缓，东西向断裂发育，北东向、北西向后期断裂也较发育；②昭苏-特克斯坳陷，包括昭苏、特克斯坳陷，北东东向，侏罗系出露于北缘山前一带；③昭苏-特克斯隆起，侏罗纪时可能为水下隆起，后期抬升，接受剥蚀，现代仅保留零星的侏罗纪煤系。

(6) 吐哈赋煤带

吐哈赋煤带位于新疆东部、天山山脉之中，呈近东西向狭长扁豆状，面积约 49 000km²，是我国海拔最低（−155m，艾丁湖）的内陆山间盆地。含煤地层与准噶尔盆地相同。主要煤矿区为哈密、三道岭和艾维尔沟。

吐哈盆地以北天山海西褶皱带为基底。北部构造复杂，边缘具推覆构造，南部构造较简单。侏罗纪坳陷幅度，西深东浅，北深南浅，自北而南，隆、坳相间，自西而东，波台相连。大型断裂分布在北部。

主体构造线为东西向，总体显示为一个大的箕状向斜构造。北部边缘区可见不完整的次级背斜和向斜褶曲，坳陷内褶皱、断裂构造不发育。北缘大断裂和东部断陷、南缘断裂为基底断裂，侏罗纪时表现为同沉积断裂，后期多次活动。尤其是北缘大断裂向南逆掩推覆。根据电法、磁法、重力、地震等资料，可将盆地划分为吐鲁番坳陷、哈密坳陷和一些次级构造。两个坳陷分别深 6000～7000m 和 4000～5000m。吐鲁番坳陷 3 个次级构造单元为：①北部凹陷，为吐-哈盆地主要聚煤区之一，侏罗系厚 1000m 以上。基盘凹凸不平。②中部凸起，侏罗纪时与北部凹陷共同接受沉积，侏罗系厚 1000m 以上，含煤性也较好；中、新生代地层发育较完整。凸起是喜马拉雅运动的产物，从上新世开始，形成中央背斜带，由数个背斜组成，背斜南翼多受逆冲断层切割。③艾丁湖斜坡，也是吐-哈盆地的主要聚煤区之一，侏罗系厚 1000m 左右，含煤性很好，由于斜坡凹凸不平，各处沉积厚度不尽相同，并有多个沉积中心。托克逊地区侏罗系厚度大于 2000m。中、新生代地层发育完整，呈宽缓单斜，各系之间多为整合接触。

(7) 中天山赋煤带

①尤尔都斯盆地，为北西西向菱形，面积约 8000km²。主要有巴音布鲁克煤田。巴音布鲁克煤田位于那拉提山南坡，尤尔都斯山间坳陷中，呈北东东-南西西向展布。构造形态整体上为一复式向斜的断褶构造，地貌特征南北两侧均为高山区，中部为低山和尤尔都斯草原。南部的大尤尔都斯断陷为一向东南倾斜的复式向斜，中部为断隆构造，北部小尤尔都斯断陷为一向西南倾斜的复式向斜。整个坳陷受断裂控制。

盆地近东西向展布，是盆地形成以来断裂长期活动的结果，而呈菱形是聚煤期以后又叠合北东向、北西向断裂所致。发育在盆地北缘的水西沟群主要受东西向和北东向构造控制，以东西向为主，煤系呈带状展布，与盆地方向一致。在巴音布鲁克、戈伦唐古之间，志留系逆冲于煤系之上。

②焉耆盆地，呈北西西向展布，近菱形，面积为1100km²。盆内有哈满沟矿区和塔什店煤矿区。据重力资料将盆地构造单元划分为北部和静坳陷（深5000m），中部焉耆隆起（深2500m），南部六颗树坳陷（深3200m）。下、中侏罗统克拉苏群由塔什店组、克孜勒努尔组、哈满沟组、阿合组、阳霞组组成，仅哈满沟组、塔什店组含煤。

位于坳陷西南边缘的哈满沟矿区和塔什店矿区，断裂比较发育。塔什店矿区内为轴向北西的复向斜构造；断裂较多，南缘的逆掩断层延伸数百千米，元古宇及二叠系向北东逆掩于煤系及新生代地层之上；东北面的逆冲断层亦走向北西，下更新统西域组砾岩向北东逆冲于中更新统之上；另一条向北东推覆的逆掩断层，推覆距离大于5km。

③库米什盆地，北西走向，长约200km。据重力资料计算，盆地基岩埋深较浅，侏罗系埋深不会超过1500m（盆地东部）。

库米什煤田位于喀拉塔格-克孜勒塔格山北坡的库米什坳陷中，呈北西西向展布。地貌特征为北部高山，中部库米什谷地，南部苏克苏克丘陵带。构造形态为并列式向斜构造，在苏克苏克地区呈一向北倾斜的不对称开阔型向斜褶皱，北侧被断裂切割。

（8）塔北赋煤带

受燕山运动和喜马拉雅运动的影响，位于塔北的煤系普遍发生较强形变和位移，苏维依坳陷内侏罗纪煤系及相邻三叠系、白垩系和古近系形成四排东西向褶皱构造，自北向南，第一排为北部单斜带，由13个短轴背、向斜组成，盆地北侧的天山布古鲁压扭性断裂，把二叠系逆掩于中、新生代地层之上；第二排是以线型为主的9个背斜组成的背斜构造带；第三排为秋立塔克复式褶皱带，由17个箱形背、向斜组成，中部背斜被东西向逆断层切割，西部背斜为盐丘刺穿；第四排由6个平缓背斜组成。随着这些褶皱带强度自北向南由强到弱，煤系形变也由强变弱，除局部为断层切割外，煤系保存完好。越向塔里木盆地内部，构造运动的影响越弱。

（9）罗布泊赋煤带

罗布泊赋煤带位于塔里木盆地东部沙雅—尉犁—楼兰古城一带，呈北西西-南东东向展布，长750km，面积约$17×10^4km^2$。大地构造属于孔雀河斜坡、满加尔凹陷等构造单元。受天山南麓深断裂、阿尔金山北缘断裂、北民丰-罗布庄断裂、塔里木河断裂等联合控制。该赋煤带中含1个煤田，即罗布泊煤田。

（10）塔西南赋煤带

新生代地层形成向南收敛、向北敞开的四排构造带，褶皱成箱状，向昆仑构造带方向，褶皱渐趋紧密，断裂发育，背斜多被断裂切割。北端的乌恰凹陷，煤系与盖层构成复向斜构造，受东、西两侧北北西向断裂影响而复杂化。

（11）塔东南赋煤带

塔东南赋煤带位于昆仑山内江格萨依煤盆地，构造变动较强烈，以断裂为主，数条北东向压扭性大断裂形成地堑和地垒，控制中、新生代地层展布。煤系构造以断裂和平缓褶皱为主，压扭性断裂走向和褶皱轴向多平行于坳陷轴向。盆地被切割成几个孤立的小断陷盆地，中、新生代地层亦形成强烈褶皱或被断裂切割，地层发生倒转，断层多为左旋压扭性质，构造线为北东东向。

（12）吐拉赋煤带

吐拉赋煤带地处东昆仑山北部褶皱带，东以新疆、青海两省（区）行政区划为界，南以康西瓦拉-鲸鱼湖巨型断裂构造带为界，北与塔东南赋煤带相邻，东宽西窄。含煤地层零星分布于白干湖一带，现有白干湖煤产地、吐拉煤矿点、伊吞泉煤矿点、嘎斯煤矿点和阿牙库煤矿点等。含煤地层为早、中侏罗世大煤沟组。

（13）喀喇昆仑-昆仑赋煤带

喀喇昆仑-昆仑赋煤带位于塔里木盆地阿尔金山以南，昆仑山山脉和喀喇昆仑山山脉之中。含煤盆地相对来说都比较小，零星面积稍大、含煤性较好的有克孜勒陶山间坳陷、古尔嘎坳陷等。含煤地层时代为中生代三叠纪、侏罗纪，后期构造演变强烈，以挤压、褶皱、隆起为主要特征。

（三）岩浆岩

新疆侵入岩较发育，分布面积占基性岩区面积的15%～20%。依据《全国第三次煤炭资源预测与评价》（1994年12月），将其划分为6个侵入期，分别是元古宙、加里东期、海西期、印支—燕山期和喜马拉雅期。海西期侵入岩分布最广，出露面积占侵入岩出露面积的80%，并沿阿尔泰山、准噶尔、天山、昆仑山呈带状分布。本节将岩性分为五大类，即酸性、中性、碱性、基性、超基性。

1. 元古宙侵入岩

元古宙侵入岩分布于南天山的库鲁塔格、昆仑山西段北坡、阿尔金山主山脊一带，以酸性为主，另有中酸性、超基性、基性等。

①酸性侵入岩，主要以片麻花岗岩、黑云母斜长花岗岩、二云母斜长花岗岩为主，其次为花岗闪长岩、钾质花岗岩等，岩石混合岩化强烈，片麻构造发育。②中性侵入岩，主要为闪长岩、石英闪长岩等。③基性侵入岩，岩性主要为辉长岩、辉绿岩、灰绿玢岩等。④超基性侵入岩，岩性主要为纯橄榄岩、橄榄辉绿岩、斜辉橄榄岩等，未见碱性侵入岩。

2. 加里东期侵入岩

加里东期侵入岩分布范围不广，主要为酸性、基性—超基性。

①酸性侵入岩，主要分布于阿尔泰山、准噶尔的北塔山、卡拉麦里山东段、天山西段的科古琴山一带、南天山东段及昆仑山阿尔金山等地，主要岩性为黑云母斜长花岗岩、黑云母花岗岩、富斜花岗岩、花岗闪长岩、石英二长岩等。②中性侵入岩，主要为闪长岩、石英闪长岩等，分布范围不广。③基性侵入岩，主要分布在西准噶尔山区，在昆仑山也有分布。岩石类型有辉岩、闪长岩、白辉长岩、辉长岩等。④超基性侵入岩，主要在西准噶尔山区，岩石以斜辉橄榄岩、纯橄榄岩为主，其次有单辉橄榄岩、二辉橄榄岩等。

3. 海西期侵入岩

新疆主要分布的海西期侵入岩以酸性、中酸性为主，其次为基性—超基性。

①酸性侵入岩，岩性主要为黑云母花岗岩、片麻状黑云母斜长花岗岩、斜长花岗岩、钾质花岗岩、花岗闪长岩，其次为二长花岗岩、花岗斑岩、花岗细晶岩等。②中性岩类，岩性主要为闪长岩、石英闪长岩、闪长玢岩、安山玢岩等。③基性岩类，岩性主要为辉长岩、辉

长闪岩等。④超基性侵入岩，岩性主要为纯橄榄岩、斜长辉橄榄岩、二辉橄榄岩等。

4. 印支期侵入岩

印支期侵入岩仅见于昆仑山西段康西瓦断裂带两侧，以中酸性为主，主要岩性有花岗岩、闪长岩、二长花岗岩、黑云母花岗斑岩等。

5. 燕山期侵入岩

燕山期侵入岩主要分布在阿尔泰、昆仑山、阿尔金山等地，其中阿尔泰山的酸性侵入岩分为岩株、岩脉，形成含有稀有金属的伟晶岩脉，是钾、铍、铌、钽、云母等的主要含矿母岩，主要岩性为二云母花岗岩、白云母电气石花岗岩、花岗伟晶岩。在昆仑山、阿尔金山地区主要为中酸性的黑云母二长花岗岩、花岗闪长岩、钾长花岗岩及闪长岩等。

6. 喜马拉雅期侵入岩

喜马拉雅期侵入岩仅在西南天山的乌恰—阿合奇一带有分布，以碱性辉长岩及辉长岩类为主。

新疆主要成煤时期是侏罗纪，而当时基本上没有岩浆活动，其后的岩浆侵入多发生在南天山、阿尔金山、昆仑山等地，对侏罗纪含煤地层影响不大。仅在乌恰煤田托云煤矿发现侏罗纪煤系地层有侵入岩体，对煤层、煤质无明显的影响。石炭纪含煤地层因分布局限，多无工业开采价值，未开展过专门的煤炭地质勘查工作，侵入岩对其直接破坏作用不清。二叠纪含煤地层除了在哈尔交煤矿受侵入岩影响外，其余矿点煤系地层中未见有侵入岩。

（四）含煤地层

新疆聚煤作用从古生代石炭纪到中生代侏罗纪均有发生，其中含煤地层与煤层主要分布在早、中侏罗世地层中，且出露面积大、分布广、煤层层数多、单层厚度及资源潜力大，是主要的评价对象。其他时期如石炭纪、二叠纪、三叠纪地层中含煤地层与煤层分布少，煤层不稳定，多为薄煤层及煤线，多不具工业开采价值。鉴于以上特点，本次工作重点是对早、中侏罗世含煤地层与煤层进行对比、划分和资源潜力评价。而对其他时期的含煤地层与煤层，依据现有资料进行一般性叙述。

1. 准噶尔盆地北部含煤地层

岩石地层区划为北疆-兴安地层大区北疆地层区的阿勒泰地层分区和北准噶尔地层分区。含煤地层分布在准噶尔盆地北部的阿勒泰地区、塔城地区及克拉玛依市的部分地区。含煤地层为下二叠统卡拉岗组和中、下侏罗统水西沟群，中二叠统西山窑组和下二叠统八道湾组。

1）二叠纪含煤地层

二叠纪含煤地层在南北疆均有出露，在北疆一般多见于西准噶尔界山的北部，以喀尔交矿区、扎河坝矿区为代表，岩性为黄褐色火山角砾岩、紫色薄层状凝灰岩、碳质页岩、煤、紫红色火山角砾岩、流纹岩、霏细斑岩、灰褐色安山玢岩、灰绿色含砾粗砂岩等。

2）侏罗纪含煤地层

含煤地层主要为下侏罗统八道湾组和中侏罗统西山窑组，岩性为灰白色、灰绿色、灰黑色砂岩，泥岩，碳质泥岩夹煤层，以泥炭沼泽和湖相沉积为主。主要分布在塔城地区的托里县铁厂沟、和丰县和什托洛盖和克拉玛依市等地区。

（1）八道湾组

本组分布于和什托洛盖盆地边缘，其他煤田少有出露，其岩性为灰绿色、灰白色砾岩，含砾砂岩；砂岩的块状层为灰色泥岩、粉砂岩、碳质泥岩的不等距韵律状交互层；含多层可采煤层，有时夹不规律的菱铁矿、灰白色凝灰岩、叠锥状薄层泥灰岩，厚347m。

(2) 三工河组

三工河组连续沉积于八道湾组之上，岩性为黄褐色、黄绿色砂岩与砂质泥岩不均匀互层夹碳质页岩、煤线或薄煤层，下部夹较多的砾岩。其岩石类型以具水纹理的泥岩及砂质泥岩为主，部分呈灰绿色，不少剖面风化后呈红色或杂色（称虎皮层）。该组厚度变化为334～798m。

(3) 西山窑组

西山窑组为主要的含煤地层，各煤田均有出露，分布于和什托洛盖-铁厂沟盆地。该组为一套湖泊三角洲-河流相-泥炭沼泽相含煤碎屑岩沉积，岩性为黄褐色、灰白色、灰黄色砂岩，灰色砂岩，砾岩，煤层及菱铁矿。顶部偶有土黄色、红色砂质泥岩出现。与上覆头屯河组（J_2t）为整合接触或平行不整合，与下伏三工河组为整合接触。该组厚度变化为447～1318m。

2. 准噶尔盆地南部含煤地层

准南煤田地层从古生界到中、新生界均有分布，含煤岩系主要为中生界侏罗系，含煤地层为下、中侏罗统水西沟群的八道湾组和西山窑组。地层特征为以乌鲁木齐为中心，分吉木萨尔小区、玛纳斯地层小区。

1) 吉木萨尔小区

(1) 八道湾组

本组分布较广泛，由乌苏四棵树开始向东延续到黄山-二工河向斜一带，东部在吉木萨尔水西沟一带出露。主要是湖沼相的灰白色、灰绿色砂岩，灰黑色、暗灰色、紫红色泥岩互层夹砾岩，煤层，碳质泥岩、菱铁矿层，煤层有自燃烘烤层。富含植物及双壳化石，与下伏三叠系一般为整合接触，在石场沟背斜为不整合接触，也有断层接触。吉木萨尔县南水西沟剖面总厚669.1m。

(2) 三工河组

三工河组分布于乌鲁木齐以东至阜康黄山一带，东部则出露在吉木萨尔南水西沟沿岸。主要是滨湖相灰绿色、灰白色砂岩，灰绿色、灰褐色砂质泥岩互层夹薄煤层及砾岩，含植物化石。本组岩性变化比较显著，总的趋势是向东变粗，三工河剖面以砂、泥岩交互层为主，向东到泉水沟（即小泉沟）出现厚砂岩，有砾岩夹层，至东部的水西沟则呈砂岩与泥岩的互层，厚度由西向东减薄，在224～766m之间。

(3) 西山窑组

西山窑组分布于阜康县白杨河，向西延至乌鲁木齐，在三工河—水磨河一带发育良好。主要是沼泽相灰绿色、灰白色砂岩，粉砂岩，灰绿色、灰黑色泥岩，煤层及菱铁矿层，富含植物、孢粉化石。由于煤层自燃形成烘烤层，并夹杂色条带泥岩、砂质泥岩，厚度向东变薄。本组岩性比较稳定，煤层发育在下部，厚度自东向西加厚，小泉沟达1000m，一般在167～831m，总的厚度变化为167～1000m。

2) 玛纳斯地层小区

(1) 八道湾组

八道湾组分布于头屯河沿岸的山麓带，并向西经呼图壁河、玛纳斯河延至紫泥泉子，再向西见于南安集海与托斯台两地，主要岩性是湖沼相灰白色、灰绿色砾岩，砂岩，灰绿色、灰黑色泥岩夹煤层，含植物及双壳化石。与下伏地层一般为整合接触，局部为假整合接触。本组岩性比较稳定，在托斯台地区，底砾岩为灰白色，厚50m，其上砂岩也呈灰白色，向东则呈灰绿色，厚度以玛纳斯—紫泥泉子为最大，达625m，一般厚度在100～261m左右，由此向西厚度减薄，向东减薄后在头屯河又增大，厚度区间100～622m。

（2）三工河组

三工河组分布于头屯河沿岸至托斯台的山麓带，在玛纳斯河最厚。主要岩性是湖相的灰黄色、灰绿色泥岩，砂岩夹碳质泥岩，叠锥灰岩，含植物及双壳类化石。本组岩性比较稳定，特征明显，是侏罗系的标准层，在托斯台剖面上夹有叠锥灰岩，厚度玛纳斯河—紫泥泉子最大，由此向东、向西变小，一般在300m左右，厚度区间148～882m。

（3）西山窑组

西山窑组分布范围主要为头屯河—托斯台山麓带，为湖沼相的含煤地层，岩性为灰色、灰绿色砂岩，砾岩，灰绿色、灰黑色泥岩，碳质泥岩夹煤层，菱铁矿薄层，富含植物及双壳类化石。本组岩性比较稳定，为砂岩、砾岩、泥岩夹煤层。煤层则主要发育在头屯河—紫泥泉子一带，厚度以玛纳斯至紫泥泉子为最大，近1000m，向东、向西递减，西部颗粒变粗，砾岩显著增加，一般厚度在137～980m之间。

3. 准噶尔盆地东部含煤地层

准噶尔盆地东部含煤地层位于新疆北部准噶尔盆地的东部，包括昌吉州的阜康市、吉木萨尔县、奇台县、木垒县及阿勒泰地区的福海县和富蕴县，属北疆地层区。煤层均赋存于中生界侏罗系水西沟群中，是典型的内陆盆地沉积。岩石组合主要为各种粒级的碎屑岩、泥岩夹少量的泥灰岩、菱铁矿、石膏及天青石，普遍含可采煤层。由于各盆地发育时间不统一及后期构造运动改造，地层保存的完整情况及厚度有差异，但有工业价值的煤层均发育于下侏罗统八道湾组、三工河组及中侏罗统西山窑组中。

1）八道湾组

下侏罗统八道湾组出露于盆地北缘沙丘河背斜轴部及帐篷沟背斜两翼、卡姆斯特煤田东部。根据二维地震勘查和煤田钻探资料显示，准东煤田各含煤区的深部均发育该组地层，为一套河湖相沉积。岩性以灰色、深灰色、灰绿色的泥质粉砂岩，粉砂质泥岩，细砂岩，泥岩为主，夹少量的粗砂岩、中砂岩、碳质泥岩、煤层、煤线及菱铁矿、泥灰岩透镜层。底部具巨厚层状含玛瑙砾岩，与下伏的三叠系呈角度不整合接触，局部区域直接超覆于古生界之上。地层厚度6.60～294.85m，沿走向由西向东有减薄的趋势，沿倾向由盆地边缘至盆地中心厚度增大，粒度变细，博格达山前坳陷中本组含煤5～18层，累计厚度达26.65m；克拉麦里山前坳陷中，本组含煤1～4层，累计厚度7m，沙帐凸起构造单元中含煤性好于东部。

2）三工河组

地表沿盆地北部边缘呈连续条带状展布，二维地震及钻探勘查成果表明各煤矿区本组地层稳定，是一套以湖泊相为主的细碎屑岩及少量化学沉积岩的不含煤沉积。岩性以灰绿色、灰色、浅灰色泥质粉砂岩为主，夹细砂岩、泥灰岩、菱铁矿、叠锥灰岩、煤线、薄煤层；岩层中水平微细薄层理发育。底部为一层砾岩或含砾粗砂岩，与下伏八道湾组整合接触，局部地段直接超覆于三叠系或古生界之上。地层厚度69.74～190.67m。该组地层厚度稳定，特殊的细碎屑岩岩性组合及平行微细层理是划分侏罗系上、下含煤组的标志层。

3) 西山窑组

中侏罗统西山窑组仅在盆地北缘三工河组内侧出露,但在整个煤田各含煤区内均有发育,是准东煤田最主要的含煤地层,为一套河流沼泽相沉积。主要岩性为浅灰色、灰白色、灰绿色粉砂岩,泥质粉砂岩,粉砂质泥岩,细砂岩,中砂岩,煤层韵律性不明显互层,夹泥岩、菱铁矿透镜体。在西北部沙丘河地段和东部老君庙地段局部呈红色、褐红色杂色色调。下段粒度较细,夹泥岩,含碳质泥岩及薄煤层,煤层多不具工业价值。中段以粉砂岩为主,煤层主要赋存于该段,含1~7层可采煤层;各煤矿区煤层的层数和厚度差异较大,含煤性最好的区段是克拉麦里坳陷中段的大井矿区,煤层层数少,但单层厚度大,达70~90m;向东虽煤层层数增加,单层厚度变薄;南部的北庭矿区含煤3层,累计厚度5.25m,含煤性明显差于克拉麦里坳陷中段诸煤矿区。上段为中砂岩、含砾砂岩、粉砂质泥岩及碳质泥岩、薄煤层或煤线,煤层也多不具工业价值。底部具有一厚层状砾岩、砂砾岩或砂岩,与下伏的三工河组呈整合接触,局部可见冲刷接触。控制地层厚度15.00~290.35m。具由盆地边缘至盆地中心粒度变细、地层厚度增大的规律。

4. 巴里坤-三塘湖含煤地层

巴里坤-三塘湖含煤地层位于新疆北东部,分布于哈密地区巴里坤县、伊吾县、阿勒泰地区富蕴县、青河县以及昌吉州奇台县、木垒县的部分地区。岩石地层单位属北疆地层区阿勒泰地层分区和北准噶尔地层分区。含煤地层除喀拉通克煤矿点为上二叠统扎河坝组外,其他含煤地层为下、中侏罗统水西沟群八道湾组、三工河组、西山窑组,其中三工河组不含可采煤段地层。

1) 扎河坝组

以富蕴县扎河坝煤矿地层为代表,分述如下。

上段:上部岩性为泥岩、细砂岩、煤层、粉砂岩,颜色为灰色、灰绿色、灰黄色、黑色,含菱铁矿,煤层共计6层,编号为1~6号,地层厚100m。中部岩性为泥岩、粉砂岩互层,含叠锥灰岩,地层厚240m。下部以粉砂岩、泥岩为主,呈浅灰色、灰色,底部以细砂岩为主,含菱铁矿,地层厚23~60m。

2) 水西沟群

在地表零星出露于三塘湖盆地西北段库木苏凹陷、东段马郎-淖毛湖凹陷北部及石头梅凸起南部。根据钻孔岩心揭示的岩石组合特征、含煤性及取得的孢粉成果,将三塘湖盆地地表及深部侏罗系划分为下侏罗统八道湾组和三工河组、中侏罗统西山窑组和头屯河组。

(1) 八道湾组

总体上为一套河湖沼泽相含煤沉积。下部主要为河流相灰白色砂砾岩、粗砂岩夹粉砂岩、泥岩;上部为河流相及沼泽相灰色、灰黑色粗砂岩,中砂岩,厚粉砂岩,泥岩,夹煤层,三塘湖中部石头梅及其以东至淖毛湖为湖沼相灰色粉砂岩或泥岩夹薄煤层、煤线,含煤性由东至西变差。上部含煤1~6层,总厚0.71~57.58m,平均厚20.21m,厚煤层主要分布于三塘湖盆地汉水泉凹陷的北部。在马郎凹陷一带底部为较稳定的灰白色砾岩层,与下伏中上三叠统小泉沟群整合接触,在凸起处往往超覆于石炭系、二叠系之上。钻孔揭露地层最大厚度为532.82m,西部地层厚度比东部大。

(2) 三工河组

下侏罗统三工河组主要为湖相灰绿色、黄绿色、灰色细砂岩，粉砂岩，泥岩，碳质泥岩，局部夹煤线或薄煤层，常见水平纹理及微波状层理；底部多以灰绿色、灰白色中粗砂岩、砂砾岩、砾岩，与下伏八道湾组整合接触。钻孔揭穿地层最大厚度291.74m，由西向东，地层厚度逐渐变薄，薄煤层或煤线渐少。该组含煤1~14层，厚度范围0.35~13.85m，平均2.33m。

（3）西山窑组

中侏罗统西山窑组在地表零星出露于三塘湖盆地西段库木苏凹陷、中段石头梅凸起南部及西段马郎-淖毛湖凹陷北部。上部为河湖相黄绿色、灰绿色、灰色砂砾岩，中粗砂岩，细砂岩夹粉砂岩，泥岩，局部可采煤层、薄煤层、煤线及菱铁矿薄层。下部主要为湖沼相灰色、灰黑色中细砂岩，粉砂岩，泥岩，夹粗砂岩、砾岩，含煤1~18层，厚度范围0.85~51.53m，平均厚20.06m。底部以较稳定的灰白色粗砂岩、砾岩层与下伏三工河组整合接触。钻孔揭露地层最大厚度833.08m，凹陷部位厚度较大，一般在700m以上，凸起部位厚度多在300m以下。

（4）头屯河组

中侏罗统头屯河组在地表零星出露于三塘湖盆地西段汉水泉凹陷北部、东段马郎-淖毛湖凹陷北部，为河湖相杂色碎屑岩。岩性主要为灰绿色、红褐色细砂岩，粉砂岩，砂质泥岩，夹砾岩，碳质泥岩，底部多以砾岩、粗砂岩，与下伏西山窑组整合接触。汉水泉钻孔揭露地层最大厚度为745.17m，一般为200~500m，总体呈西厚东薄特点。

5. 伊犁含煤地层

地层单元位于新疆西部（伊犁盆地），含煤地层为下中侏罗统水西沟群（$T_{1-2}S$），广泛分布于伊宁盆地南、北翼，尼勒克、昭苏诸多煤田。岩性主要是灰绿色、灰白色砂岩，砾岩，灰绿色、灰黄色、少量棕红色泥岩，灰黑色碳质泥岩，夹煤层及菱铁矿为主，属河流沼泽相而以湖沼相为主，富含植物化石，少量双壳类化石，厚度在122~1684m之间，与下伏中上三叠统小泉沟群为整合接触，局部为假整合或不整合接触，与石炭系、二叠系不整合接触。该群依据岩性、植物群及含煤性，分为下侏罗统八道湾组、三工河组和上侏罗统西山窑组。

1）八道湾组

岩性为灰绿色、灰白色砾岩，含砾砂岩。砂岩的块状层为灰色泥岩，泥岩、粉砂岩、碳质泥岩的不等距韵律状交互层；含多层可采煤层，有时夹不规则的菱铁矿，灰白色凝灰岩，叠锥状薄层泥灰岩，为冲积扇、扇三角洲、河流、湖沼相沉积为主，各地的差别仅是河道砂砾岩的多少和总厚度的大小不同而已。与上覆西山窑组（J_2x）为整合接触，与下伏小泉沟群为整合或平行不整合接触，地层厚636~1032m。

2）三工河组

三工河组连续沉积于八道湾组之上，各煤田均有发育，除伊宁煤田含薄煤层外，其他地区不含煤层。岩性为灰绿色、灰色，风化后呈灰黄色的片状泥岩，夹薄—厚层状中细砂岩、叠锥状泥岩、透镜状菱铁矿、少量灰白色薄层凝灰岩；砂、泥岩亦呈韵律状交互结构，顶部和八道湾组一同组成下侏罗统的粗—细—粗的巨型旋回，其岩石类型在大部分地区以具水纹理的泥岩和砂质泥岩为主，部分呈灰绿色，不少剖面风化后呈红色或杂色（称虎皮层）。伊宁煤田北缘界梁子厚度58.69m。

3）西山窑组

西山窑组为主要的含煤地层，各煤田均有出露，是主要的含煤层组。该组为一套湖泊三角洲—河流相含煤碎屑岩沉积的灰绿色、灰白色砂岩，砂砾岩，砾岩与灰色泥岩，黑色碳质泥岩的韵律状交互层，夹薄层透镜状菱铁矿、铁质砂岩和灰色凝灰岩。与上覆头屯河组为整合接触或平行不整合，与下伏三工河组为整合接触。地层厚度一般在600~980m。

6. 吐-哈盆地含煤地层

吐-哈盆地含煤地层位于新疆东部，包括吐鲁番地区、哈密地区。侏罗系是盆地内发育最全、分布最广的唯一含煤地层。在盆地周边及中央火焰山一带均有出露。主要为河湖相的碎屑岩与河沼、湖沼相煤系建造，岩性主要为砂砾岩、砂岩、泥岩及煤层，与下伏地层呈整合或平行不整合接触。下侏罗统分为八道湾组和三工河组；中侏罗统分为西山窑组和头屯河组（三间房组和七克台组），中侏罗世晚期的一套碎屑岩在吐-哈盆地北部目前划定为三间房组和七克台组，在南部为头屯河组；上侏罗统分为齐古组和喀拉扎组。下中侏罗统八道湾组、三工河组与西山窑组合称水西沟群，通常认为是吐-哈盆地的侏罗纪煤系地层，在盆地内分布最广。

1）八道湾组

露头主要见于盆地西北部的伊拉湖、柯尔碱、桃树园、七泉湖、柯克亚等地。根据物探和钻孔资料分析，八道湾组仅分布于吐鲁番凹陷和哈密凹陷中部，尤以托克逊凹陷最为发育。为一套下粗上细的含煤碎屑沉积，垂向上交替重叠，呈湖沼相煤系与砂岩的互层，岩性主要为黄褐色、灰白色、灰绿色砾岩，砂砾岩，砂岩，及灰绿色、灰色、灰黑色粉砂岩，砂质泥岩，碳质泥岩的不均匀互层，夹煤层、煤线及菱铁矿，其底部有多层砾岩、砂砾岩。盆地内该组沉积主要发育河流相的扇三角洲沉积体系，包括辫状河三角洲和曲流河三角洲，凹陷的中心部位有湖沼相沉积。盆地北缘向南，岩性由粗变细，沉积物主要来自南部的觉罗塔格山。地层厚度变化较大，在北部边缘一带，西部的柯尔碱厚480m，中部桃树园厚43m，七泉湖厚325m，东部柯克亚368m，呈现两头厚、中部薄的特点。另据石油勘探资料，八道湾组在台北凹陷内最大厚度达800m，托克逊凹陷厚200~400m，哈密凹陷厚度达700m。八道湾组是在盆地不断向外扩张的背景下所接受的一套以粗碎屑岩为主的含煤沉积。印支运动曾使盆地基底抬升，导致了盆地沉降之后所沉积的八道湾组厚度的不均一性。就整个北部而言，由于基底隆起，沉积缺失，煤层稳定性稍差。柯尔碱含煤4~12层，煤层总厚8.5~18.13m；桃树园只含薄层煤及煤线；七泉湖含煤2层，煤层总厚24m；柯克亚含煤4~7层，煤层总厚14.75m。该组在柯克亚一带与下伏上三叠统郝家沟组整合接触，其余地段均超覆于石炭系或二叠系之上。

2）三工河组

三工河组分布范围与八道湾组大体一致，略有扩大，主要出露于北部柯尔碱、桃树园、七泉湖、柯克亚、中部的红胡子坎—五道沟一带，南部在艾丁湖西南、沙尔湖东北也有零星出露，多数地区表现为与八道湾组连续沉积，仅在北部边缘局部地段及南部超覆不整合于石炭系、二叠系之上。

岩性为以灰色调为主的湖相砂泥岩，夹有煤线或薄煤层，其下部为浅灰色砂岩、砂砾岩、砾岩，上部为灰绿色、灰黄色粉砂质泥岩夹叠锥灰岩及菱铁矿透镜体，风化后呈褐色，夹黄色条带，似虎皮色，俗称"虎皮层"。北部地区岩性粒度较粗，中下部多块状砂砾岩和砂岩，向上变细，其余地区总体较细。含丰富的小型铁化木及双壳类、介形类化石。地层厚度以北部柯克亚至煤窑沟一带最大，厚293～368m，向西、向东、向南厚度变小，西部艾维尔沟厚163～213m，柯尔碱厚76～158m，七泉湖厚117m，东部三道岭一带厚59～180m。中部红胡子坎厚80～120m。南部的沙尔湖厚200m，大南湖厚度大于128m。

3）西山窑组

露头主要见于盆地的边缘地区和中部凸起，如西部的伊拉湖、柯尔碱，北部的桃树园、七泉湖、煤窑沟、柯克亚，中部的苏巴什、鄯善、七克台，东部的三道岭，南部的艾丁湖、沙尔湖、大南湖、骆驼圈子、梧桐窝子及野马泉。在吐鲁番凹陷，连续覆于三工河组之上，在哈密凹陷、沙尔湖凹陷、大南湖凹陷一带超覆于上古生界之上。西山窑组为一套河流、湖泊以及三角洲沼泽相碎屑沉积，岩性主要以灰色、浅黄绿色、灰绿色、灰白色砂岩，粉砂岩，泥岩互层及暗色泥岩、碳质泥岩和煤层为主，夹砾岩和菱铁矿。地层厚度670.17～1561m，总体呈北薄南厚、西薄东厚的趋势。

4）头屯河组

头屯河组分布于沙尔湖及大南湖一带，为一套河湖相杂色碎屑岩，与下伏中侏罗统西山窑组呈整合接触。厚度42.02～365.72m，由北向南，地层由厚变薄。

7. 中天山含煤地层

岩石地层单位区划为塔里木-南疆地层大区中南天山-北山地层区南天山地层分区的萨阿尔明地层小区及克孜勒塔格地层小区。含煤地层为克拉苏群，为一含碎屑岩沉积，属河流、河漫、湖泊及泥岩沼泽相，地层平均厚度391.41m，以含煤为特点，共含煤层7组，该含煤地层自下而上划分为哈满沟组和塔什店组。

1）哈满沟组

下侏罗统哈满沟组全区发育，地表无出露，控制厚度1.24～195.66m，未见底界，岩性为灰白色、灰绿色砂砾岩，粗砂岩夹粉砂岩，泥岩，煤层。其上部为灰白—灰绿色厚层状砂砾岩、粗砂岩，岩石粒度粗，不含可采煤层，是地层和煤层对比的重要标志。与下伏古生界不整合接触。

2）塔什店组

中侏罗统塔什店组隐伏于古近系、新近系、第四系之下，为主要含煤地层。岩性主要有深灰色、灰黑色细砂岩，粉砂岩，夹泥岩，碳质泥岩及煤层，局部夹灰白色中砂岩、粗砂岩、砂砾岩。砂砾岩为灰白色，成分单一，以长石、石英为主；粉砂岩、泥岩多为灰黑色，富含有机质及植物化石。含4个煤组。地层厚度256.75～515.00m，与下伏哈满沟组呈整合接触。

8. 塔里木盆地北部含煤地层

塔里木盆地北部含煤地层位于塔里木盆地北部，包括轮台县、库车县、拜城县、温宿县、柯坪县以南地区。岩石地层单位区划为塔里木-南疆地层大区塔里木地层区的塔北地层分区及塔里木盆地地层分区。含煤地层主要为下、中侏罗统克拉苏群塔里奇克组、阿合组、阳霞组、克孜勒努尔组。侏罗纪含煤地层主要岩性为灰白色砾岩或中—粗粒砂岩、黄绿色粉砂岩，砂质泥岩或黑色碳质页岩夹煤线互层。在克孜勒努尔、塔里奇克、舒善河、吐格尔明夹可采煤层。含植物化石。

1）塔里奇克组

塔里奇克组出露于塔克拉克至克孜勒努尔沟的北单斜带及吐格尔明背斜的东高点。该组由3个由粗到细的旋回构成，主要岩性为灰白色砾岩或中—粗粒砂岩、黄绿色粉砂岩，砂质泥岩或黑色碳质页岩夹煤线互层。在克孜勒努尔、塔里奇克、舒善河、吐格尔明夹可采煤层。含植物化石。库车县塔里奇克沟剖面总厚228.78m，温宿县小台兰煤矿剖面厚44.02m。

2）阿合组

该组由河流相的砾岩、砂砾岩、砂岩组成，西薄东厚，变化不大，分布普遍，层理发育，局部有铁染现象和方解石脉充填。与下伏地层为整合接触，一般厚度59.0m。库车县库车河阿合剖面岩石粒径变粗，主要为河流相或河流三角洲相斜层理发育的块状粗砂岩、砾状砂岩。主要岩性为浅灰绿色砾状砂岩，交错层发育，含植物化石。一般厚度200～300m，最大厚度517.6m。

3）克孜勒努尔组

克孜勒努尔组主要分布在塔里木盆地北缘的温宿县、拜城县、库车县境内，岩性为灰绿色粉砂岩、黑色碳质页岩、灰白色石英砂岩夹煤层，与下伏地层为整合接触，产丰富的植物、双壳和介形虫化石。一般厚500～600m，最厚870m。

9. 罗布泊含煤地层

罗布泊含煤地层位于新疆东部，塔里木盆地以东。岩石地层单位区划为塔里木-南疆地层大区塔里木地层区塔北地层分区库鲁克塔格地层小区。含煤地层为克拉苏群。

克拉苏群：零星分布在罗布泊以北，玉尔衮布拉克以南一带，为内陆湖泊相沉积。主要为淡灰色、橙黄色砂岩和粉砂岩的不均匀互层，夹少量灰色薄层泥质岩、黑色碳质页岩和菱铁矿透镜体。一般厚300～400m。

该盆地含煤地层是下、中侏罗统塔里奇克组及克孜勒努尔组，盆地北部据跃参1井和沙参1井资料，塔里奇克组地层是东薄西厚，岩石粒度向西变粗，暗色泥岩减少。跃参1井揭示的含煤岩系均是湖泊相的粉砂岩、泥质岩夹碳质泥岩及煤层，煤层总厚1.25m。

盆地东部有4个石油钻孔见煤，即铁2井、铁1井、英1井、阿南1井，在铁1井及英1井中，含煤岩系厚度338～803m，含煤3～10层，煤层总厚度可达26～68m，粒度下粗上细，英1井中含砾较多；在铁2井和阿南1井中，砾岩含量较少，粗砂岩增多，主要以细碎屑岩为主。两孔含煤岩系厚度分别为603m、279m，各含煤4层。

10. 塔里木盆地西南部含煤地层

塔里木盆地西南部含煤地层出露于乌恰县、阿克陶、莎车和田等地，岩石地层区划为塔里木-南疆地层大区塔里木地层分区塔里木盆地地层分区，含煤地层为下侏罗统康苏组和中侏罗统杨叶组。岩性为灰绿色、灰色砂砾岩与泥岩互层，夹碳质泥岩、薄煤及煤层，含有少量双壳类和丰富的植物化石，厚142～1500m，不整合在下伏地层之上。

1）康苏组

康苏组岩性主要为灰黑色泥岩，中夹碳质泥岩、粉砂岩、碳质泥岩、灰色石英细砂岩，底部为厚层状粗粒砂岩、砂砾岩层，含可采煤层。地层厚度57～1500m。

2）杨叶组

杨叶组分布于乌恰县盐场与康苏河之间、黑孜苇、托云牧场一带及莎车县艾格留姆煤矿区和和田布雅煤矿点等地，岩性由灰色、灰白色、灰黑色薄层状砂岩，粉砂岩，薄层碳质泥岩及煤层组成，厚160～1030m。

11. 塔里木盆地东南部含煤地层

含煤地层分布于且末县及若羌县以南地区。地层单位区划属塔里木-南疆地层大区塔里木地层区塔里木盆地地层分区的且末地层小区和若羌地层小区。含煤地层为下中侏罗统叶尔羌群康苏组和杨叶组。地层以湖相和山麓河流相沉积为主，主要岩性为灰白色砂岩、砾岩、粉砂岩、泥岩夹煤层和煤线。

1）康苏组

康苏组为主要含煤地层，该套地层出露于区域大部分地带，但就其含煤性来说，在煤炭沟至其格里克煤矿一带含煤性较好。该套地层下部为一套河流-沼泽相沉积，主要岩性为灰白色砂岩、砾岩、粉砂岩、泥岩夹煤层和煤线。上部为一套河流相沉积，主要岩性为灰绿色、灰黄色砾岩，砂岩，粉砂岩局部夹煤线。砾岩成分复杂，主要为石英岩及各种片麻岩，棱角状—半圆状，泥砂质胶结，向上变为细砾岩、砂岩互层，顶部细砂岩含炭及植物化石碎屑。下部地层在煤炭沟至其格里克煤矿一带出露较为完整。含煤7～9层。其中真厚度大于1m的煤层有4层。上部地层仅在克其克江格萨依以东出露较好。区域内地层厚度为300m，与上覆杨叶组为整合接触。

2）杨叶组

该套地层主要分布于克其克江格萨依至江格萨依，和其格里克煤矿—红柳沟一带，出露面积较小。该组地层为一套以湖相和山麓河流相为主的灰绿色、黄绿色、暗棕红色泥质粉砂岩，砂岩，砾岩的沉积。该套地层在克其克江格萨依一带出露最厚，厚度大于1000m。与下伏康苏组为整合接触。可见厚度794m。

12. 吐拉盆地含煤地层

吐拉盆地位于若羌县以南、青海柴达木盆地以西。含煤地层零星分布于白干湖一带，现有白干湖煤产地、吐拉煤矿点、伊吞泉煤矿点、嘎斯煤矿点和阿牙库煤矿点等。岩石地层区划为华北地层大区秦祁昆地层区东昆仑-中秦岭地层分区，新疆部分为东昆仑地层分区。含煤地层为下、中侏罗统大煤沟组，是一套含煤陆相沉积。

大煤沟组：分布于若羌县索尔库里以南的阿拉巴斯套一带，与下伏地层不整合接触，与上覆采石岭组整合或不整合接触。下部以灰黑—黑色碳质页岩及土黄色页岩为主，上部为黄绿色、灰绿色、灰色砾岩，粗砂岩，砂岩及灰黑色碳质泥岩互层状，并夹可采煤层。地层厚度1144m。

13. 喀喇昆仑山-昆仑山含煤地层

喀喇昆仑山-昆仑山含煤地层位于新疆南部高海拔地区的喀喇昆仑山-昆仑山山脉。含煤地层为下中侏罗统叶尔羌群和巴工布兰莎群。

1）叶尔羌群（$J_{1-2}YR$）

叶尔羌群主要分布于小区东部，喀拉米兰河及乌鲁格河的上游一带。为灰色、浅灰绿色微片理化中—厚层钙质砂岩，硬砂岩与薄—中层粉砂岩、页岩不均互层，夹碳质页岩及菱铁矿扁豆体。厚3000m。往东，在乌鲁格河上游一带，本群中火山物质增加，夹有火山碎屑岩，且岩层普遍片理化，含植物化石。厚度变小为589m。

第一章 煤炭资源潜力评价与勘查工作

2）巴工布兰莎群（$J_{1-2}BG$）

巴工布兰莎群主要分布在西洛克宗山的界山达坂、克什尔村、喀拉山及叶尔羌河上游的马雷克恰—塔格一带。在界山达坂一带为褐色砾状砂岩及褐灰色灰岩。往西，在克什尔村一带相变为灰绿色、黑色砂岩，粉砂岩，泥岩与灰色、紫色、黄色厚层灰岩不均互层，夹碳质粉砂岩、鲕状灰岩、燧石灰岩及沥青质灰岩，厚约1320m。到喀拉山一带，为浅灰色含砾砂岩与黑色页岩；到马拉克恰塔格一带，本群中上部为绿灰色、紫色、黑色碳质页岩，泥岩夹少量泥质灰岩及煤线，下部为砖红色砾岩、砂砾岩及褐黄色粗粒长石砂岩，含植物化石，厚650m。超覆不整合于石炭系之上。

（五）煤炭资源潜力预测成果

1. 预测区的分布、面积、预测的煤类和资源量

新疆煤炭资源分布在全疆13个赋煤带的60个煤田（煤产地、煤矿点）136个预测区内，其中早石炭世煤矿点3个、晚石炭世煤矿点1个、早二叠世煤矿点2个、晚三叠世煤矿点2个，共8个预测区；早—中侏罗世52个煤田（煤产地、煤矿点）共128个预测区。早—中侏罗世煤田（煤产地、煤矿点）是本次煤炭资源潜力评价预测工作的重点对象。

本次未对早石炭世—晚三叠世8个煤矿点进行预测，原因为煤矿点的资料未能收集到，加上煤矿点地处高海拔地区，地质研究程度较低。

在早—中侏罗世52个煤田（煤产地、煤矿点）128个预测区中，参与本次评价预测的煤田（煤产地、煤矿点）有35个，共111个预测区；17个煤矿点（预测区）因分布零星、范围小、煤层不稳定、含煤性差、地质工作程度太低等，资源潜力预测依据不足，不参与本次潜力评价。在参与评价预测的35个煤田（煤产地、煤矿点）111个预测区中，系本次预测成果的有34个煤田（煤产地、煤矿点）共110个预测区，利用第三次煤田预测成果的煤田1个共11个预测区（克拉玛依煤田）。预测总面积$6.95 \times 10^4 km^2$，煤层埋深0～2000m，预测总资源量$1.668 \times 10^{12} t$，资源丰度$1758.11 \times 10^4 t/km^2$，预测煤类以长焰煤等低阶烟煤为主（占预测资源量的85.76%），气、肥、焦等中阶炼焦用煤较少。

不同煤类、埋深、类别、等级汇总对比见表1-2～1-6。

表1-2 不同煤类汇总对比表

煤类	资源量/($\times 10^4 t$)	占比/%
无烟煤	18 508.19	0.01
贫煤	182 086.15	0.11
贫瘦煤	22 164.19	0.01
焦煤	1 803 514.66	1.08
肥煤	252 456.28	0.15
气肥煤	3 154 846.42	1.89
气煤	18 305 477.40	10.97
气煤	6 856.00	0.004
弱黏煤	150 649.63	0.09
不黏煤	63 899 048.53	38.30
长焰煤	75 385 897.48	45.19
褐煤	3 637 025.97	2.18

表1-3 不同埋深汇总对比表

深度/m	资源量/（×10⁴t）	占比/%
0~600	46 085 908.48	27.63
600~1000	41 934 210.60	25.14
1000~1500	42 684 078.46	25.59
1500~2000	36 114 333.36	21.64

表1-4 不同级别汇总对比表

资源量分级	资源量/（×10⁴t）	占比/%
可靠级（334-1）	62 073 101.65	37.21
可能级（334-2）	24 834 922.77	14.89
推断级（334-3）	79 910 506.48	47.90

表1-5 不同类别资源量汇总对比表

资源量分类	资源量/（×10⁴t）	占比/%
有利的（Ⅰ类）	61 509 959.04	36.87
次有利的（Ⅱ类）	42 777 566.55	25.64
不利的（Ⅲ类）	62 531 005.31	37.49

表1-6 不同分类资源量汇总对比表

资源量分类	资源量/（×10⁴t）	占比/%
优等（A）	61 726 714.18	37.00
良等（B）	36 669 430.78	21.98
差等（C）	68 422 385.94	41.02

2. 主要预测成果

参与潜力评价的35个煤田（煤产地、煤矿点）分布在全疆14个赋煤带中。

1）准北赋煤带

准北赋煤带地处准噶尔界山山间坳陷西段及塔里木盆地西北缘，分布范围较大，由多个大小不等的山间坳（断）陷盆地组成。含和布克赛尔-福海煤田、托里-和什托洛盖煤田、克拉玛依煤田和喀尔交煤矿点、吉木乃煤矿点、塔城煤矿点，其中喀尔交煤矿点、吉木乃煤矿点、塔城煤矿点不参与本次评价预测。

（1）和布克赛尔-福海煤田

和布克赛尔-福海煤田位于克布克谷地，为一隐伏煤田，煤田东西长188.6km，南北平均宽约16.46km，面积3 418.13km²。隶属和布克赛尔蒙古自治县、福海县。

区内中部有国道217通过，其他地段公路较少，但因地势较平坦，汽车能够通行，交通较方便。

煤田呈北东东—东西向展布，地形为西高东低，海拔480~1000m，边缘为丘陵，中部

第一章　煤炭资源潜力评价与勘查工作

为荒漠平原,气候属内陆荒漠气候,干旱炎热少雨,多见西北风。

预测区自然地理条件差,地质研究程度很低,主要为区域地质调查工作。本区进行了1:20万区域地质调查、1:50万水文地质调查、1:5万煤炭资源远景调查,对本区煤炭资源赋存情况进行了研究和探讨。

预测区大地构造位置在准噶尔界山褶皱带,西准噶尔界山山间断(坳)陷,福海山间坳陷内,受萨乌尔断裂、布伦托海断裂控制。主要由布伦托海断裂、和布克赛断陷、色米斯台断隆等组成,下中侏罗统零星出露在断隆上,大部分地区被第四系超覆。侏罗系为一不对称的向斜,向东倾没并被布伦托海断裂破坏。

预测区含煤地层埋深多在1000m以深,推测以西山窑组为主,岩性为砂岩、砂砾岩、泥岩夹碳质泥岩、煤线,可见底,层厚843m。由于煤田出露地层少,工作程度低,没有详细的煤层资料,只能参考邻区煤层厚度8.21m。

预测区煤质变化不大,为低—中水分,低—特低灰分、高挥发分、低硫、特低磷、较低熔灰分、高—特高发热量、富油,预测煤类以气煤为主体。是优质的火力发电煤,也可作为工业锅炉用煤及民用煤。

和布克赛尔-福海煤田预测总面积3 418.13km²,煤层埋深1000～2000m,预测资源量366.21×10⁸t(占煤田总资源量的100%),资源丰度1 071.38×10⁴t/km²,预测煤类为气煤。

和布克赛尔-福海煤田资源量虽然较丰富,丰度值相对较高,按埋深预测煤类较高,但勘查程度和研究程度很低,资源量分等为差,可靠性低。

(2) 托里-和什托洛盖煤田

托里-和什托洛盖煤田位于西准噶尔界山的白杨河谷地,托里盆地之中,东西长约307km,南北宽15.66～58.98km。隶属托里县、额敏县、和布克赛尔蒙古自治县、福海县。

国道217从本区中部通过,并与由本区通往各县的公路相连,区内各矿点之间都有简易公路相通。

煤田地势为北高南低的缓斜坡,地貌形态主要为丘陵和戈壁,覆盖区海拔一般都在500m以下,露头区一般都在1000～2000m左右,气候以干燥多风、降雨量少的天气为主。年降水量在200mm以下,年平均气温4.4～10.8℃。常年流水的河流有白杨河,流速可达1m/s;布尔阔台河、铁厂沟河,年平均流量0.24～0.76×10⁸m³。该煤田现有勘查区(井田/煤矿)14处,其中勘探(精查)区3处,详查区6处,普查区5处。

本区域位于阿尔泰构造带与北天山构造带之间的准噶尔盆地西端。由于整个区域受控于阿尔泰构造带与北天山构造带,产生次一级构造,形成多个山前洼地、盆地、褶曲与断裂,和什托洛盖凹陷盆地就是其中之一,其构造线方位与构造带方位基本一致。

预测区含煤地层为八道湾组和西山窑组,煤层多集中在中下部,上部含薄煤层或煤线。

八道湾组共含煤10～30层,其中可采煤层2～15层,煤层总厚8.99～41.77m;可采煤层总厚2.85～30.18m,平均总厚2.86～9.52m。

西山窑组共含煤11～34层,其中可采煤层7～13层,可采煤层总厚12.79～37.88m,平均总厚5.49～18.30m,煤层由西向东变化较大。

托里-和什托洛盖煤田煤层层数多,厚度较大,结构较复杂—复杂,是较稳定煤层。根据煤质分析结果,各可采煤层煤质变化不大,其煤质为低水分、中灰分、高挥发分、低有害元素、中发热量、不具黏结性及结焦性的长焰煤及不黏煤。区内煤层煤质变化较小，煤质好，有害元素含量较低，发热量较高，为良好的民用及工业动力用煤。主要煤质指标如下。

西山窑组：灰分一般17.47%，发热量一般21.1MJ/kg，硫分一般0.3%。

八道湾组：灰分一般16.87%，发热量一般21.22MJ/kg，硫分一般0.32%。

托里-和什托洛盖煤田预测面积8 495.49km²，煤层埋深0~2000m，预测资源量929.22×10⁸t（占煤田总资源量的90.87%），资源丰度1 093.78×10⁴t/km²，以长焰煤为主。

八道湾组：预测面积4 324.47km²，煤层埋深0~2000m，采用煤厚2.86~9.52m，预测资源量248.60×10⁸t，以长焰煤为主。

西山窑组：预测面积4 171.02km²，煤层埋深0~2000m，采用煤厚5.49~18.30m，预测资源量680.62×10⁸t，以长焰煤为主。

托里-和什托洛盖煤田煤质以优质长焰煤为主体，资源量分级以可靠级为主，远景区分类以有利的为主，资源分等及开发利用前景以优等为主。综上所述，托里-和什托洛盖煤田资源潜力较佳。

(3) 克拉玛依煤田

克拉玛依煤田位于准噶尔盆地西北边缘，东西长约200km，南北平均宽250km。属克拉玛依市、和布克赛尔蒙古自治县管辖。

216国道从克拉玛依市通过，并从乌鲁木齐市至阿勒泰市横穿而过，交通方便。

煤田位于准噶尔盆地的西北部，地势北高南低，一般海拔300~700m，地貌多为戈壁，东部有白碱地。气候炎热干燥少雨，降雨量在50mm以下，年平均气温5~7.5℃，多风。区内无常年性流水，暴雨后仅在沟谷有短暂的洪水流过。

1955年，西北地质六三一队在准噶尔盆地西北部及和什托洛盖一带进行了1∶20万和1∶50万地质测量及石油普查工作。1998年一六一队在该区开展了煤矿勘查工作。

克拉玛依煤田大地构造位置在准噶尔盆地的西北缘，呈北东向展布，煤田北部有达布而特深断裂，中南部有克-乌断裂带，是由多条平行的逆断层、逆掩断层组成，煤田受其影响，地层一般为向南东倾斜的单斜层，倾角5°~12°，而克-乌断裂带除具有同生断裂性质外，还具有推覆特征。其断面为上陡下缓，凹面向上的弧形，倾向北西，倾角上部为50°~60°，中部为25°~35°，下部为15°~20°。

预测区煤层赋存于西山窑组和八道湾组。

西山窑组：含煤2~13层，煤层总厚4.3~22m。

八道湾组：共含煤1~7层，煤层厚0.8~30m，可采煤层2~6层，可采厚2.7~9.8m。

本区煤层层数多，厚度较小，根据煤质分析结果，各可采煤层煤质变化不大，其煤质为低—中水分，低—中灰分、低硫、特低磷、较低熔灰分、中—高发热量、不具黏结性的长焰煤。是优质的火力发电煤，也可作为工业锅炉用煤及民用煤。

西山窑组：灰分一般9.68%、发热量一般24.56MJ/kg，硫分一般0.43%。

八道湾组：灰分一般9.68%，发热量一般24.01MJ/kg，硫分一般0.43%。

克拉玛依煤田预测面积8 096.57km²，煤层埋深0~2000m，预测资源量429.73×10⁸t，资源丰度530.75×10⁴t/km²，煤类为长焰煤。

八道湾组：预测面积3 864.65km²，煤层埋深0~2000m，采用煤厚2.50m，预测资源量130.06×10⁸t。

西山窑组：预测面积 4 231.92km²，煤层埋深 0～2000m，采用煤厚 5.26m，预测资源量 $299.67×10^8$ t。

克拉玛依煤田以往地质成果很少，勘查程度较低，自第三次煤炭资源预测后煤田勘查及研究工作较少，本书基本沿用了第三次煤田预测的资料，虽然增加了深部的预测资源量，但都是推测的，依据缺乏可靠性，资源潜力不明，因而其资源潜力难以作出更深的评价。

2）准南赋煤带

准南赋煤带以天山北麓、准噶尔盆地南缘的天山北坡经济带为主，包括北天山山脉喀拉乌成山中的阿什里-后峡谷地和博格达山南麓的柴窝堡盆地，呈近东西向展布。含准南、达坂城、后峡煤田。

(1) 准南煤田

准南煤田位于天山北麓、准噶尔盆地南缘的天山北坡经济带，西起乌苏四棵树，东到吉木莎尔县水西沟。东西长 450km，南北宽平均 11.49km。属乌苏、沙湾、玛纳斯、呼图壁、昌吉、乌鲁木齐、米泉、阜康、吉木莎尔等县（市）管辖，地理位置优越。

该区地貌总体为低山丘陵，局部为中低山地；沟谷发育，有数条常年性河流；气候属大陆性干旱气候，昼夜温差较大。

以乌鲁木齐市为枢纽，吐-乌大高速公路、312 国道、乌-奇公路、准东铁路、阜康小龙口铁路专线东西向纵贯全区，101 省道由乌鲁木齐直通沙湾巴音沟与 217 国道相接，216、217 国道分别经乌鲁木齐市、奎屯市和独山子南北向横穿全区；煤田内的任意矿点都有公路相通，交通方便。

准南煤田绝大多数矿区已开展了普查以上程度的地质工作，由煤田、地矿等多家单位完成的地质报告有数十件。

准南煤田位于准噶尔盆地南缘，大地构造为北天山前陆盆地。煤田南部为一系列逆冲推覆构造。煤田构造线自西向东由北西向转为北东向，构造形态由西向东发育有大小不等、形态各异的构造群，依次为东西向展布的托斯特构造群、玛纳斯褶曲、北西西向—东西向喀拉扎、头屯河-板房沟褶断构造、西山褶断束、东山褶断束、阜康褶断束、吉木萨尔褶断束等。褶曲轴面多南倾、多紧闭型褶皱、波峰较窄、波谷稍宽，局部倒转。总之，燕山运动及喜马拉雅运动强烈改变了原始成煤的赋存状态，伴随大型褶曲（褶皱）生成而产生一系列规模化走向逆断层，亦派生众多小型褶曲、各种走向小型褶皱、断裂，形成现今总体上褶曲、单斜、断裂控煤的构造特征。

准南煤田含煤地层为西山窑组和八道湾组。

八道湾组煤层在全区稳定性稍差；共含煤 2～33 层，富煤带位于阜康小龙口—白杨河一带，可采煤层总厚达 50m，厚煤层多集中于该组中、下部，上部以薄煤层为主。煤层总的变化趋势为东厚西薄。

西山窑组含煤 4～56 层，可采煤层 3～47 层，富煤带位于硫磺沟—阜康一带，可采煤层总厚可达 184.09m，单层厚度最大在芦草沟可达 50m，主要煤层多集中于该组中、下部。

八道湾组煤层属低灰—中灰分、低硫分煤；发热量一般 28.16～26.52MJ/kg，东高西低。西山窑组煤层属低灰—低中灰煤、低硫分煤；发热量 29.54～25.32MJ/kg。

八道湾组煤类在东部的水西沟为气煤和长焰煤；阜康一带以气煤为主，不黏煤、气肥煤、长焰煤较少；中部的乌鲁木齐一带以长焰煤、弱黏煤为主，唯大甫沟井田为气煤和气肥煤；头屯河以西直至西端四棵树，都是长焰煤类，局部有不黏煤。

西山窑组在整个煤田以低变质的长焰煤、不黏煤为主体，局部地区为气煤（芦草沟、乌鲁木齐西山等）。

准南煤田预测面积 3 364.20km²，煤层埋深 0~2000m，预测资源量 626.27×10⁸t，资源丰度 1 861.58×10⁴t/km²。

八道湾组预测面积 1 960.21km²，煤层埋深 0~2000m，采用煤厚 2.25~54.67m，预测资源量 262.86×10⁸t。

西山窑组预测面积 1 403.99km²，煤层埋深 0~2000m，采用煤厚 4~124.98m，预测资源量 363.41×10⁸t。

准南煤田是新疆五大煤田之一，是本次新疆煤炭资源潜力评价工作的典型示范区；该区地质资料丰富，地质研究程度高。预测成果表明，准南煤田预测面积大，潜在资源量丰富，煤炭资源丰度值较高，煤质较好。预测煤类以长焰煤为主体，气煤次之；预测资源以优等和良等为主。综上所述，准南煤田煤炭资源潜力较大。

（2）达坂城煤田

达坂城煤田位于乌鲁木齐市区东南 90km 处的博格达山南麓，西起柴窝堡，东至达坂城区东沟乡，南、北均以八道湾组（J_1b）底界为界，东西长约 100km，南北宽 15~27km，面积约 583.39km²，属乌鲁木齐市达坂城区管辖。

"吐-乌-大"高等级公路、312 国道东西向横贯煤田南部，煤田东部县乡道路较多，交通十分方便。

煤田为丘陵地带，地势总体北高南低，东高西低，海拔 1320~1365m；为典型的大陆性气候，夏热冬寒，多风少雨。年最高气温为 40.6℃，最低气温为 26.3℃，平均气温为 5.5℃；年均降水量约 60.7mm，蒸发量约 2 745.3mm；年均无霜期 150d，最大积雪深度 11cm，冻土深度 1.0~1.4m。

勘查程度局部区域为预查程度，少部分区域开展了详查、勘探。

达坂城煤田位于北天山褶皱带中部柴窝堡中新生代凹陷区东部，属天山纬向构造带体系；北为博格达复背斜，南为阿拉套复背斜，构造线以东西向展布为主，北东-南西向次之。

达坂城煤田含煤地层主要为西山窑组，八道湾组仅零星分布。煤层平均总厚 37.52~180.83m，可采煤层平均总厚 29.30~31.71m，西山窑组在东炭厂、白杨沟向斜北翼见可采煤层 12 层，可采总厚 24.74m；南翼见可采煤层 10 层，可采总厚 16.76m；东湖仅见上部煤层，含可采煤层 2 层，总厚 5.58~28.24m；盐湖化工厂见煤厚 12.5m，坂房沟在断层边缘出露一煤层，厚 20m；兰州湾共见可采煤层 7 层，煤层平均总厚度 37.52m，可采煤层平均总厚 29.30m。

西山窑组煤层为特低灰—中灰分、高挥发分、高热值—中热值、特低硫分的长焰煤。

灰分一般 8.5%~16.01%，发热量一般 23.13~28.44MJ/kg，硫分一般 0.19%~0.5%。

达坂城煤田预测面积 583.39km²，煤层埋深 0~2000m，可采煤层厚 5.26~24.57m。预测总资源量 115.75×10⁸t。

（3）后峡煤田

后峡煤田位于北天山山脉喀拉乌成山中的阿什里-后峡谷地，西起玛纳斯，东至托克逊县通盖煤矿区，北以下侏罗统底界为界，南部以 F_1 断层为界，东西长约 120km，南北宽 20~40km，面积约 1 911.37km²，呈北西西—东西向斜列展布。属昌吉回族自治州、乌鲁木齐县、托克逊县管辖。

216 国道纵贯煤田中部，各矿点都有简易公路与 216 国道相连，西部有森林公路通往各处，交通方便。

后峡煤田位于天山腹地，属中高山地带，地形起伏较大，一般海拔 2000m 左右。气候为森林潮湿带，植被普遍，雨多雪少，年降雨量 618.85mm；最高气温 26℃，最低气温 −26℃。

勘查程度局部区域为普查程度，少部分区域开展了详查、勘探。

后峡煤田是一个以上古生界碎屑岩为基底的中新生代山间盆地，短轴褶皱较多，沿走向弯曲扭褶形态复杂。发育的断裂系统呈现出分支、复合、交叉、弯曲状，局部见有张开和收敛特点的帚状断裂系统，多为逆断层和逆掩断层。

后峡煤田含煤地层为八道湾组和西山窑组。八道湾组含煤 15 层，可采煤层 3~7 层，可采总厚 6.81~19.42m，主要可采煤层较稳定，是后峡煤田的主要含煤地层。西山窑组含煤 7~15 层，可采煤层 5~9 层，可采厚度 15.1~40.78m。

后峡煤田的煤为高特低灰—高灰分，中高—高挥发分煤，有害元素含量低，特高热值。主要煤质指标如下。

西山窑组：灰分 14.9%~16%，发热量 23.43~26.41MJ/kg，硫分 0.49%~0.51%，为长焰煤。

八道湾组：灰分 13.37%~20.37%，发热量 27.32~29.34MJ/kg，硫分 0.2%~0.49%，为长焰煤和气煤。

后峡煤田预测面积 1 911.37km²，煤层埋深 0~2000m，潜在资源总量 $261.31×10^8$t。

八道湾组：预测面积 1 166.30km²，煤层埋深 0~1500m，采用煤厚 1.44~31.52m，潜在资源量 $71.97×10^8$t。

西山窑组：预测面积 745.07km²，煤层埋深 0~2000m，采用煤厚 5.80~46.36m，潜在资源量 $189.34×10^8$t。

勘查程度局部为普查、详查、勘探程度。资源潜力较佳。

3）准东赋煤带

准东赋煤带位于准噶尔盆地东缘，呈北西-南东向展布；西起福海县境内的煤层尖灭点到克拉麦里山西端的三台镇；东部北段至 F_1 断层，南段与巴里坤煤田相望；南与准南煤田相望，南界山脉为东西向的东天山的博格达山。该赋煤带包含卡姆斯特和准东两大煤田。

(1) 卡姆斯特煤田

卡姆斯特煤田位于准噶尔盆地东北缘，呈北西-南东向展布；煤田西起福海县境内的煤层尖灭点，东至 F_1 断层，北、南部以下侏罗统（J_1s）底界为界，东西长约 160km，南北宽约 100km，面积约 5 374.11km²，属福海县、富蕴县管辖。

216 国道从本区中部穿过，228、320 省道从本区东部通过；区内地形平坦，除沙丘、沙垅外，一般均可通行汽车；交通比较方便。

盆地为沙丘、沙垅地形，一般海拔在 600~1200m 之间，东南方最高可达 1371m，相对高差不大。

卡姆斯特煤田属大陆干旱荒漠气候，年温差和昼夜温差变化很大；年平均降水量106mm，年蒸发量1202～2382mm；冰冻期5.5个月，冻土最大深度1.3m。

区内地表无常年水流，夏季降雨形成的暂时性水流多向南排泄于沙漠中，部分在低洼地汇集蒸发，形成平坦的淤积泥板地。

勘查程度局部区域为普查程度，少量区域开展了详查、勘探。资源潜力较佳。

卡姆斯特煤田大地构造单元属于准噶尔地块（Ⅱ级构造单元）东北缘克拉麦里山前坳陷（Ⅲ级构造单元）。位于准噶尔盆地东北缘，为一复式向斜盆地，南缓北陡，不对称开阔褶曲，北侧被乌伦古深断裂及次一级断层切割，南侧则被卡拉麦里深断层切割，呈北西西向展布。

含煤地层为八道湾组和西山窑组。西山窑组煤层多产于下部，就全区而言，煤层稳定性较好，且含煤情况西段好于东段，含煤9层，可采2～5层，厚5.5～24.00m。就全区而言，沿走向变化不大，属稳定性较好的煤层。由西向东，地层、煤层逐渐变薄。煤层总体结构简单—较简单。在216国道以西出现几个富煤带，有煤层层数增多、厚度增大的趋势，向北向南很快变薄直到尖灭。八道湾组含煤性由东向西逐渐变好。可采2～9层，可采煤厚为7.65～14.40m。

主要煤质指标如下。

西山窑组：灰分12.34%～19.2%，发热量22.45～28.54MJ/kg，硫分0.18%～0.5%。

八道湾组：灰分10.67%～16%，发热量24.56～28.9MJ/kg，硫分0.16%～0.51%。

卡姆斯特煤田煤质变化不大，煤种单一，为长焰煤及不黏煤。其中，八道湾组为长焰煤，西山窑组为不黏煤。

卡姆斯特煤田预测面积5 374.11km²，煤层埋深0～2000m，预测总资源量629.34×10^8t，资源丰度1 171.07×10^4t/km²。

八道湾组：全区发育，预测面积4144km²，煤层埋深0～2000m，可采煤厚4.53～13m，资源量294.67×10^8t。

西山窑组：仅在煤田南部发育，预测面积1 230.10km²，煤层埋深0～2000m，可采煤厚18.20～20.57m，资源量334.67×10^8t。

卡姆斯特煤田潜在资源量大、丰度值较高、资源量以优、良等为主；预测煤类为长焰煤且煤质较好。综上所述，卡姆斯特煤田资源潜力较好。

（2）准东煤田

准东煤田位于准噶尔盆地东部，东西长约226km，南北最大宽126km，面积约20 818.95km²。属昌吉回族自治州吉木萨尔县、奇台县和木垒哈萨克自治县管辖。

216国道、228省道由五彩湾矿区东部南北向纵贯矿区；盆地南缘303省道东西向横穿煤田，西与"吐-乌-大"高速公路相连，分别与216国道与228省道交汇；区内地势平坦，大部分地区一年四季汽车可通行，矿区内外交通便利。

准东煤田北界为北西走向的克拉麦里山，南界为东西向的东天山博格达山前断裂带，二者在木垒县城东北部胡乔克处交会；西界由拉麦里山西端的滴水泉沿216国道向南至吉木萨尔城西的三台镇，与准噶尔盆地中心相接，整体呈东窄西宽的三角形，区内地势平坦。

勘查程度大部分区域为普查程度，局部区域开展了详查、勘探。资源潜力较好。

准噶尔聚煤盆地发育于准噶尔中央地块之上，为新生代坳陷盆地，盆地内广泛地分布着新生代地层，仅在盆地边缘有古生代和中生代地层出露。准东煤田位于准噶尔盆地的东部，呈三角形。大地构造单元属准噶尔地块东部隆起区。由起始于不同时代，一直长期持续活动的周缘山系向盆内推覆挤压及盆地板内存在的东西向挤压推覆，在时间上穿插或同时活动，时强时弱联合作用形成了隆坳相间的构造格局。边缘盆山的耦合作用大于盆地板内的强度，形成的构造线主要是东西向或北西西向，是划分煤田构造单元的基础。盆地板内东西向挤压形成一系列北东向断裂是划分煤田及构造单元的依据。

含煤地层为八道湾组和西山窑组。中—上侏罗统底部石树沟群下亚群（$J_{2-3}S^1$）含煤性最差，煤层不具工业价值。八道湾组含煤1~2层，以薄—中厚煤层为主，一般不含夹矸或含1~2层夹矸，五彩湾矿区含煤性较佳，老君庙矿区最差，具由西向东聚煤性变差的趋势。

西山窑组是准东煤田主要含煤组，以稳定—较稳定的厚—巨厚煤层为主，全区可采。五彩湾地区含煤层数少，单层厚度大，含煤系数40%~60%；东部地区含煤层数多，单层厚度小，含煤系数10%~30%。

八道湾组属特低硫—低硫分、特低灰—中灰分，中—特高热值煤、高挥发—特高挥发分煤。

西山窑组属低硫—特低硫分、特低灰—中灰分，高热值煤、中高挥发分煤。

八道湾组煤类为长焰煤；西山窑组煤类为不黏煤。

准东煤田预测面积20 818.95km²，煤层埋深0~2000m，预测资源量3 527.54×10⁸t，资源丰度1 639.06×10⁴t/km²。

八道湾组预测面积10 338.41km²，煤层埋深0~2000m，采用煤厚1.13~20.44m，预测资源量1 086.75×10⁸t，资源丰度1 051.18×10⁴t/km²。

西山窑组预测面积10 480.54km²，煤层埋深0~2000m，采用煤厚4.05~73.86m，预测资源量2 440.79×10⁸t，资源丰度2 328.88×10⁴t/km²。

准东煤田煤层厚、煤质好、资源丰度高、开发条件良好，外部环境优越，资源潜力大。

4）巴里坤-三塘湖赋煤带

巴里坤-三塘湖赋煤带地处准噶尔界山山间坳陷东段，含青河煤矿点、巴里坤煤田、三塘湖-淖毛湖煤田和喀拉通克煤矿点，其中喀拉通克煤矿点不参与本次评价预测。

（1）青河煤矿点

青河县煤矿点位于阿勒泰地区青河县境内卡拉塔斯盆地青格里河北岸，距青河县城公路里程约80km。属于新疆阿勒泰地区青河县。

在其北2~5km处有320省道通过，并有数条简易公路与煤炭资源潜力评价区相通，交通条件较为便利。

该区属于大陆性寒温带寒冷干旱气候，夏季短促凉爽，冬季寒冷，四季不太分明，年平均气温0℃，最低气温出现在每年1月，月平均气温−23.5℃，极值气温−49.9℃；最高气温出现在每年7月，月平均气温18℃，极值气温34.3℃；年降水量266mm，年蒸发量1 266.1mm，无霜期88d。

青格里河是该区唯一常年流水的河流，主流和支流均发源于阿尔泰山南麓，以冰雪融化水、大气降水、泉水为主要补给源。

本区所在区域进行了1:20万地质测量，现有煤田地质报告2件：《青河县卡拉塔斯煤矿地质普查报告》和《青河县第一煤矿详查地质报告》。

预测区为一不对称向斜构造，地层走向基本呈北西-南东向，向斜南翼地层倾角 7°～5°，中部靠近向斜轴部地层倾角最大，且有倒转现象。北翼地层倾角 15°～20°。区内褶曲构造发育，并以北部向斜为主体构造，该向斜构成了该区基本构造框架。在向斜南翼发育有与向斜轴线近平行排列的次级褶曲和断裂构造。

含煤地层为西山窑组（J_2x）。含煤 37 层，煤层厚度 0.68～7.95m，其中可采煤层 1～5 层，可采厚度 1.53～6.88m。其余均为零星可采或不可采煤层。

青河煤矿点主要煤质指标为，灰分一般 15.83%，发热量一般 30.67MJ/kg，硫分为 0.32%。煤层具富灰、特低硫、中磷、中—高发热量。可采煤层均为气煤，可作为动力用煤、炼焦用煤及民用煤。

青河煤矿点预测面积 18.33km²，煤层埋深 0～600m，采用煤厚 1.53～5.34m，预测资源量 6 643.70×10⁴t，资源丰度 362.45×10⁴t/km²，青河煤矿点预测面积小、潜在煤炭资源量少、资源丰度低，潜在资源量以推断级、不利类为主，远景为差等；煤层埋深在 600m 以浅。

（2）巴里坤煤田

巴里坤煤田位于青河、奇台、木垒、巴里坤县境内，呈北西-南东向展布，东西长 242.11km，南北宽约 23.68km，属青河、奇台、木垒、巴里坤县管辖。

省道 228、236 分别从煤田的西边、东边经过，有数条县乡道南北向纵穿煤田内部，区内地势平坦，交通较为方便。

巴里坤煤田地处东天山北侧梅钦乌拉山脉以北，由北塔山南麓普迪苏谷地、段家地-东泉谷地等组成，为小型山间盆地。区内地势西南高、北东低，海拔 1700～1160m，地表多被第四系覆盖；矿区内及其附近无地表水体，仅有零星泉眼出露。

巴里坤地区属典型的大陆性气候，夏季酷热、冬季寒冷、降水稀少、蒸发强烈、气候干燥；干旱、大风、冻害等自然灾害多发。

勘查程度局部区域为详查、勘探程度。资源潜力较好。

巴里坤煤田地处东准噶尔界山褶皱带与北天山褶皱带的复合处，为一对称式紧闭的复式向斜盆地。其北缘被巴里坤北山逆掩断层所切割，南缘为一逆断层所控，向斜轴部次级逆断层发育；盆地中央为一排长垣构造。

巴里坤煤田含煤地层为西山窑组，共含煤 15 层，煤层总厚 13.02～154.72m，平均 55.96m，其中可采煤层 6 层，可采煤厚 28.01～52.25m。

区内煤层以不黏煤为主，在其东区煤层中偶尔夹有 1/3 焦煤；西区 A2 煤层是以长焰煤为主体的巨厚煤层，局部夹有气煤和弱黏煤的分层，总体为低—特低灰、特低硫、低磷、高—特高热值的富油煤，是优良的工业用煤、制取兰炭用煤、化工用煤、炼油用煤，其间的气煤可作为炼焦配煤。主要煤质指标如下。

灰分 25.89%，发热量 28.45MJ/kg，硫分 0.75%。

巴里坤煤田预测面积 1 605.34km²，资源埋深 0～2000m，采用煤厚 3.71～46.78m，预测资源量 315.4×10⁸t，巴里坤煤田潜在资源量较大，丰度值较高，煤类为不黏煤，局部为气煤，但由于埋深较大，资源量以差等为主。

（3）三塘湖-淖毛湖煤田

三塘湖-淖毛湖煤田位于东天山北麓，北邻蒙古国中低山区，西南与巴里坤含煤盆地隔山相望，南部与哈密市相望，呈北西-南东向条带状展布，东西长约338.76km，南北平均宽约65.49km，属巴里坤哈萨克自治县三塘湖乡和伊吾县淖毛湖镇管辖。

区内以县乡道及戈壁沙滩的便车道为交通主线，向南与302、303省道相接，外部交通条件良好。

区内以戈壁荒漠为主，地形起伏不大，属强烈的风蚀残丘地貌，海拔300~1000m；地势呈南北高、中部低、东西长的洼地。

本区属典型大陆性干旱气候，常年少雨多风，夏季炎热，冬季严寒，温差较大；年均蒸发量（1716mm）是降水量（199mm）的112倍，最大积雪厚度0.24m；年无霜期最长175d。

勘查程度大部区域为详查程度，局部区域开展了勘探。资源潜力较好。

预测区北西向展布的恰乌卡尔-吉尔嘎啦深断裂和纳尔得曼、北塔山深断裂控制了煤盆的形态和范围，也就是通常所说的东准噶尔界山褶皱带和北天山褶皱带的复合处，属于三塘湖山间坳陷的北缘部分。

西部三塘湖预测区自上而下为C组煤、B组煤、A组煤。

C组煤层：见煤1~9层，可采1~7层，厚度0.30~43.4m，平均厚度7.87m，结构简单，含夹矸1~2层。该组煤层间距较小，煤层变化较大，在条湖凹陷渐变为几层0.1~0.5m的薄煤层。

B组煤层：该组煤层仅在40~56线北部发育，不稳定。含煤7~20层，可采2~6层，厚度4.45~15.15m，平均厚度11.33m，结构简单，不含夹矸或含夹矸1~2层。

A组煤层：煤层层数较多，全区发育，见煤3~19层，可采2~13层，见煤厚度为8.9~57.45m，平均厚度为29.30m，结构简单—中等，不含夹矸或含夹矸1~6层。东部淖毛湖预测区全区含煤7层，煤层平均总厚度约56.54m，其中可采煤层2层，不可采煤层5层，可采煤层平均总厚度17.66m；煤层厚度大，结构简单，属稳定—较稳定煤层。

西部三塘湖预测区煤质变化较小，以高发热量、较低有害元素的不黏煤为主，弱黏煤较少，是优质的动力燃料、煤化工及民用煤。

东部淖毛湖预测区各可采煤层煤质变化较小，煤层具有低中灰—低灰分，高—特高挥发分，特低硫，特低磷，中—高热值，不具黏结性，煤类为长焰煤，是优质的动力燃料、煤化工及民用煤。主要煤质指标：灰分8.79%~14.13%，发热量26.49~29.36MJ/kg，硫分0.41%~0.54%。

三塘湖-淖毛湖煤田预测面积5 134.36km^2，煤层埋深0~1000m，煤厚可采用0~600m。采用相应块段工程点的算数平均值，1000m以深采用相应块段工程点的算数平均值乘以相应的系数，煤厚最终采用为10.07~39.16m。煤层的视密度为1.29~1.33g/cm^3，预测资源量估算采用地质块段法。潜在煤炭资源量1 568.44×10^{8}t，资源丰度3 054.80×10^{4}t/km^2。

三塘湖-淖毛湖煤田属尚未开发的煤田，潜在煤炭资源量大，丰度值高，煤质优良，资源量以优等为主。

5）伊犁赋煤带

呈近东西向，西宽东窄向西敞开的三角形展布，南以那拉提-红柳河巨型韧性剪切带、混杂推覆构造带为界，东西长约460km，南北最大宽约200km，面积约4600km^2。含伊宁煤田、尼勒克煤田、新源-巩留煤田、昭苏-特克斯煤田、巩乃斯煤产地、温泉煤矿点、库铁尔煤矿点,其中温泉煤矿点和库铁尔煤矿点不参与本次评价预测。

(1) 伊宁煤田

伊宁煤田位于伊犁哈萨克自治州州直区的北西部,东西长约124km,平均宽约53km,总面积约4 230.46km²。属新疆维吾尔自治区伊犁哈萨克自治州管辖。

主要交通线有312、218国道,精伊霍铁路和乌伊空运线。乡镇公路或简易公路与省道或国道相连,交通尚可。

该煤田位于天山西部,东、南、北三面环山,呈东窄西宽的三角形,地势由东向西倾斜,海拔500~2035m,属寒温带半干旱大陆性气候,夏季短,冬季长;阳光充足,相对湿度低,蒸发量大;日温差大,无霜期较短,年平均气温8~9℃,年蒸发量1259~2381mm。

伊宁煤田大部分地带工作程度较高,新疆煤田地质局几十年来做过大量的煤炭资源调查工作,在1994年编制完成"新疆第三次煤炭资源预测与评价"项目,提交了《新疆伊宁煤田北缘霍城—曲鲁海找煤地质报告》《新疆伊宁煤田霍城县—伊宁县普查找煤报告》《新疆察布查尔县加格斯台—红海沟找煤地质报告》等。另外,其他部门也做过了一些区域性矿产调查工作。煤田已有勘查区(井田/煤矿)31处,其中勘探(精查)区2处,详查区18处,普查区3处,简测区8处。

伊宁盆地位于天山地槽西段,属中生代沉积盆地,大地构造为三排并列式呈东西—东偏北向展布的复式向斜盆地。北部为开扩式不对称向斜、背斜,并发育有北西西向逆断层和次级北东向、北西向两组平推断层;南部为急倾斜—缓倾斜的单斜构造,伴有小的褶曲,发育有东西向逆断层。

西山窑组煤层在本区南部发育,含煤7层,煤层最大总厚度为55.42m,可采煤3~6层,可采厚度19.54~43.08m,煤层为稳定—不稳定。

三工河组含煤性差,多为薄煤层及煤线,含煤1~4层,编号为13~16号煤层,煤层最大厚度2.94m,平均厚度1.67m,除13号煤层可采外,其他煤层均不可采。

八道湾组含煤性较好,共含煤4~13层,最大总厚度74.22m,可采厚度18.36~73.16m,含煤系。该煤层为主要煤层,以东西方向展布,厚度大且稳定。

伊宁煤田煤类以长焰煤为主,少部分为不黏煤。主要为特低灰—中灰、高挥发分、特低—低硫、特低磷、特低—低氯、高碳、中高热值、较低—较高软化温度、低油—高油。可用于动力燃料、煤化工原料及民用。主要煤质指标如下。

西山窑组:灰分4.5%~12.87%、挥发分37.61%、发热量23.85~26.42MJ/kg、硫分0.18%~0.60%。

八道湾组:灰分4.52%~12.87%、挥发分多大于37%、发热量23.85~26.42MJ/kg、硫分0.18%~0.60%。

伊宁煤田预测面积4 230.46km²,煤层埋深0~2000m,潜在资源量2 134.37×10⁸t,资源丰度5 045.24×10⁴t/km²。

八道湾组:全区发育,预测面积2 193.86km²,煤层埋深0~2000m,采用煤厚18.26~73.12m,预测资源量1 212.78×10⁸t(占总量的56.76%),资源丰度5 528.04×10⁴t/km²。

西山窑组:全区发育,预测面积2 036.60km²,煤层埋深0~2000m,采用煤厚19.54~43.08m,预测资源量921.59×10⁸t,资源丰度4 525.15×10⁴t/km²。

综上所述,伊宁煤田预测面积大、潜在资源丰富、资源丰度值高,煤田资源潜力大。

(2) 尼勒克煤田

尼勒克煤田位于北天山西段伊犁盆地的喀什河谷地中,西起尼勒克河县,东至阿拉斯坦,南、北以下侏罗统底界为界,东西长约160km,面积约952.9km^2,隶属尼勒克县。

315省道东西向横贯全区,西与218国道、东与218国道相接,各采、探矿权区均有简易公路与之相连,交通较为方便。

煤田内地势东高西低,北高南低,海拔1000~3400m,为低—高山区;属北温带大陆性气候,具山区气候特征;日照时间长,光热资源丰富,年均降水量377.6mm,无霜期短;最大积雪深度约2.4m,最大冻土深度1.5m左右;年温差和昼夜温差大(-26℃~30℃),平均温度6.2℃。

工作区内进行过1:20万区域地质测量工作、煤炭资源远景调查、煤田地质勘查和地球物理调查工作,提交磁法成果报告2件,二维地震成果报告1件,各类煤田地质勘查报告及资料6件。

尼勒克煤田区域构造位置处于天山纬向构造带西段的尼勒克断陷盆地。盆缘东西向断裂带控制了中、下侏罗统的沉积,侏罗系呈高角度不整合于石炭系-二叠系之上,盆地南北两侧发育东西向的高角度逆冲断层。煤田内断层、褶皱发育,主要构造线多呈东西向展布。

含煤地层为八道湾组及西山窑组。

八道湾组在尼勒克煤田西区、东区均有分布。东区含煤共8层,煤层编号从上到下依次为A8~A1号,共分为3组:A1~A2号煤组、A3~A5号煤组、A6~A8号煤组。东区八道湾组地层厚度160~335.52m,平均厚度271.50m。煤层平均总厚82.78m,可采总厚68.36m。

西区含煤共7层,煤层编号从上到下依次为A7~A1号,共分为3组:A1~A4号煤组、A5号煤组、A6号煤组。西区八道湾组地层平均厚度为430m,煤层平均总厚25.62m。

西山窑组含C组煤,煤层总厚11.36~66.63m,平均总厚45.43m;西山窑组地层平均厚度330m,煤层部分区域在近地表火烧严重。

尼勒克煤田煤类以长焰煤为主,占煤田总量的70.31%,气煤占煤田总量的23.24%,焦煤占煤田总量的6.44%。主要煤质指标如下:

西山窑组:灰分5.90%~15.09%,发热量25.49~26.65MJ/kg,硫分0.10%~0.45%;浮煤挥发分产率36.92%~38.61%,属高挥发分煤。

八道湾组:灰分11.64%~15.9%,发热量23.81~29.78MJ/kg,硫分0.1%~0.49%。浮煤挥发分产率36.92%~38.61%,属高挥发分煤。

尼勒克煤田预测面积952.94km^2,煤层埋深0~2000m,预测总资源量310.18×10^{8}t,资源丰度3 254.93×10^{4}t/km^2;

八道湾组:全区发育,预测面积683.25km^2,煤层埋深0~2000m,采用煤厚8.02~61.10m,预测资源量131.884×10^{8}t,资源丰度1 930.26×10^{4}t/km^2,预测煤类为长焰煤、气煤、焦煤。

西山窑组:仅在胡吉尔台、塘坝两个预测区发育,预测面积269.69km^2,煤层埋深0~2000m,采用煤厚39.26~59.06m,预测资源量178.29×10^{8}t,资源丰度6 610.93×10^{4}t/km^2,预测煤类为长焰煤。

尼勒克煤田潜在资源量大、丰度值较高、资源量分等以优等为主;预测煤类以长焰煤为主体，气、焦煤次之，煤质较好。尼勒克煤田资源潜力较佳。

(3) 新源-巩留煤田

新源-巩留煤田位于伊犁河谷中部巩乃斯河流域的新源、巩留县境内，西距伊宁市约84km；呈近东西向长条状展布，西宽东窄；东西长约144.08km，南北平均宽约19.66km，属新源县、巩留县管辖。

煤田以公路交通为主，218国道东西向横穿全区，316省道与之相接，交通条件良好。煤田属山间丘陵地貌，海拔900～1260m，相对高差350m。煤田属北温带大陆性半干旱气候，四季分明，气候湿润，年均气温7.9℃，无霜期约148d；年均降水量275.7～497.1mm，蒸发量1401.7～1354.7mm。

该煤田以往开展的煤田地质工作很少，地质研究程度较低；煤田地质工作多集中在邻区的察布查尔锡伯自治县境内，开展了普查、预查工作，提交普查报告1件、概查工作总结1件、小煤矿预查地质报告1件。

伊宁含煤盆地位于伊犁沉降带内，主要构造为三排并列式北西西—东西向复式向斜盆地，新源煤田在沿伊犁河谷分布的第二排构造带内，为一向斜构造，南翼陡、北翼缓，向西倾没；短轴褶皱较为发育。

含煤地层为八道湾组，全区含煤1层，结构简单，稳定—较稳定，煤厚1～4.5m。

区内煤层煤质为特低灰—低灰、中高挥发分、特低硫、低磷、中高发热量的长焰煤，是优质的动力燃料和民用煤。主要煤质指标为：灰分16.47%，发热量24.73MJ/kg，硫分0.52%。

新源-巩留煤田本次预测面积735.19km^2，预测深度1000～2000m，采用煤厚1.50m，潜在煤炭资源量15.06×10^{8}t，资源丰度204.91×10^{4}t/km^2，预测煤类为弱黏煤。

该煤田资源潜力不佳。

(4) 昭苏-特克斯煤田

昭苏-特克斯煤田位于伊宁盆地南部西段的特克斯河流域，东起特克斯县城，西至国境线，北距昭苏县城约12.5km处，南达特克斯河以北，呈西宽东窄的不规则形状，总体呈北东向展布，东部近东西向；东西长66.08～100.14km，南北宽12.64～46.64km，面积约为1582.55km^2，隶属昭苏县、特克斯县。

220、237省道贯穿全境并与218国道相接，各县市之间有公路相通，交通运输方便。

煤田属中高山区，南低北高，海拔1800～2270m；属寒温带亚干旱气候，年均气温3.3～5.8℃，年均降水量383.9～492.2mm，年均蒸发量为1245.1～1370.8mm，年均无霜期96～132d。

评价区以往的地质研究程度较低，主要以区域地质调查为主，通过路线地质、区域地质调查等工作，提交了1:20万区域地质调查报告和《乌宗布拉克煤矿普查物探勘察成果报告》。2005年，新疆煤田地质局一六一煤田地质勘探队在乌宗布拉克煤矿开展了详查工作，并提交了详查地质报告。前人在该区带先后发现了红那海沟（即昭苏煤矿）、乌苏布拉克、军马场、吾乐塔木、齐旅再克等一系列煤矿（点），但对有些矿点的评价工作开展较少。

昭苏-特克斯煤田地处纬向构造带和西域系联合控制的伊犁沉降带内，主要构造形迹为一复式向斜，轴向北西-南东，褶皱长7～8km，宽3～4km。

昭苏-特克斯煤田含煤地层为西山窑组（J_2x），西山窑组含可采或局部可采煤层5层，厚度 5.83～10.10m。

主要煤质特征为中水分、低中灰分、中高挥发分、中—中高热值、低硫、低磷、特低氯，二级含砷煤。煤类为长焰煤。主要煤质指标如下：灰分 8.94%，发热量 23.37MJ/kg，硫分 0.34%。

昭苏-特克斯煤田预测面积 1 582.55km²，赋存深度 0～2000m，可采用煤厚 4.78～7.96m，预测总资源量 117.95×10⁸t，资源丰度 745.32×10⁴t/km²。预测煤类为长焰煤。

昭苏-特克斯煤田属开发程度不高的煤田，资源以差等为主。

（5）巩乃斯煤产地

和静县巩乃斯煤产地位于和静县城西北约160km处的巴音布鲁克煤田北部、巩乃斯林场东南部，东西长30km，南北平均宽1.58km，隶属和静县。

218国道东西向横穿全区并与216、217国道相接，东距南疆铁路巴仑台镇火车站约130km，交通条件尚可。

煤产地位于那拉提山南坡，地势东高西低，海拔2277～3642m；属大陆性高寒气候，终年有降雪、降雹、降雨现象；区内沟壑发育，常年流水。

煤产地地质工作程度低，主要地质成果：1975—1977年，新疆地质局区域地质测量大队对该区进行了1∶20万地质调查；2007年8月，新疆煤炭综合勘查院提交了该煤产地地质工作总结，对该区是否有进一步开展地质工作的价值进行了评价。同年，该院提交了该煤产地马萨特萨拉煤炭资源预查工作成果。

煤产地地处那拉提山南坡、南天山纬向构造带之尤路都斯山间坳陷中，构造发育程度中等；主体特征为一近东西走向的不对称背斜构造，两翼地层南缓北陡：南翼地层南倾，倾角45°～55°；北翼地层北倾，倾角65°～81°。中南部为一南倾的贯穿全区的边界逆断层（F₄），产状（173°～190°）∠（40°～60°），深部切割含煤地层，地层总体延续，断距不清。

含煤地层为八道湾组，共含煤3层，即A1～A3号煤层，煤层平均厚14.78m，有效厚度平均为9.26m。

煤质为低—中灰分、高挥发分、中—高硫分、中高发热量煤。煤类为长焰煤。

巩乃斯煤产地预测面积32.97km²，煤层埋深0～1000m，煤厚采用为3.70～10.90m。预测潜在煤炭资源量2.94×10⁸t，资源丰度890.32×10⁴t/km²，预测煤类为长焰煤。

巩乃斯煤产地预测面积不大，资源量以差等为主。

6）吐哈赋煤带

吐哈赋煤带位于新疆东部，其南为依连哈比尔尕山和觉罗塔格山；北部为博格达山和巴里坤中—低山。盆缘断裂控制含煤盆地范围和几何形态。西起艾维尔沟，东到野马泉，东西长730km，南北最大宽150km，一般宽110km，面积约8km²。含艾维尔沟煤产地、托克逊、吐鲁番、鄯善、哈密、沙尔湖、大南湖-梧桐窝子、野马泉煤田（煤产地）和煤矿点，其中野马泉煤矿点因含煤地层分布面积小，不参与本次评价预测。

（1）艾维尔沟煤产地

艾维尔沟煤产地位于吐哈盆地的西部边缘，西起恩科特地区煤层自然尖灭点，东至二道沟东部老地层。南、北部以中侏罗统底界为界，东西长约25km，南北宽约5.80km，隶属乌鲁木齐市达坂城区。

103省道南北向纵贯煤产地东部北与亚欧大陆桥、吐-乌-大高等级公路、312国道、216

国道相接，南与301省道相接；东南向与国铁南疆干线鱼尔沟火车站有14km铁路专线相连；交通便利。

艾维尔沟煤产地处天山低山区，呈东西狭长的沟谷地貌，地势西高东低，南、北、西三面环山，谷底较为平缓，海拔2050～2825m，最大高差775m。煤产地属大陆性干旱—半干旱气候，冬夏、昼夜温差大，最低气温-26.1℃（1月），最高气温30.5℃（7月），年均气温4.1℃；冻土深度1.5～2m，冬季少雪；年均降水量152.2mm，年均蒸发量2 105.4mm。艾维尔沟河全长70km，由西向东贯穿煤产地。

勘查程度大部区域为详查程度，局部区域开展了勘探。

艾维尔沟煤产地为一近东西走向的南倾单斜构造，地层倾角东缓西陡，并伴有缓波状的构造形态和局部的褶曲，区内构造中等—较复杂，断裂发育，地层倾角18°～45°。含煤地层在走向上和倾向上变化不大。

含煤地层为八道湾组和西山窑组。八道湾组共含煤14层，煤层总厚3.63～81.86m，平均32.28m。西山窑组含煤约15层，可采及局部可采煤层2～3层，往艾维尔沟预测区东西两侧及深部变薄至尖灭，煤层厚度0.83～6.38m。

八道湾组煤种类别齐全，由东向西分别为气煤、肥煤、焦煤、瘦煤。主要煤质指标如下：灰分13.37%～20.37%，发热量25.98～29.34MJ/kg，硫分0.2%～0.49%。浮煤挥发分34.87%～41.48%，角质层厚度26.0～32.0mm。

西山窑组以低变质的长焰煤、不黏煤为主体，变质程度从东到西逐渐增高。主要煤质指标如下：灰分14.9%～16%，发热量23.43～26.41MJ/kg，硫分0.49%～0.51%。浮煤挥发分20.31%～26.77%。

艾维尔沟煤产地预测面积187.11km²，煤层埋深0～2000m，潜在资源量$42.59×10^8$t。

八道湾组全区发育，预测面积121.36km²，埋深0～2000m，采用煤厚12～29.16m，预测资源量$37.41×10^8$t，预测煤类为气煤、肥煤、焦煤。

西山窑组仅在艾维尔沟预测区发育，预测面积65.75km²，煤层埋深0～2000m，采用煤厚3.18～6.35m，预测资源量$5.18×10^8$t，预测煤类为长焰煤、不黏煤。

艾维尔沟煤产地资源潜力较好。

（2）托克逊煤田

托克逊煤田位于吐哈盆地南部，西起博斯坦5号井，东至七泉湖区，南、北部以八道湾组底界为界，东西长160km，南北最大宽约30km，面积约1 262.24km²；隶属托克逊县、吐鲁番市。

兰新铁路、312国道、314国道横贯煤田中部，煤田以南约2km为托克逊火车站，交通方便。

煤田地处吐鲁番盆地西北边缘的低山丘陵地带，地势西北高、东南低，邻近最高山峰海拔1900m；呈沙漠、戈壁地貌景观。大陆性气候：冬季干燥少雪，夏季酷热少雨，冬夏温差较大-17.7℃～42.2℃；年蒸发量5 826.2mm，降水量仅为0.8mm；最大冻土深0.86m。4～5月为风季，最大风速约40m/s。

工作区内进行过1∶20万区域地质测量工作、煤炭资源远景调查、煤田地质勘查工作；共提交区域地质调查成果资料3件，各类煤田地质勘查报告18件，煤炭资源远景成果资料3件。

托克逊煤田以一系列向斜构造为主，如克尔碱的东西向箱式向斜，小草湖—昭和泉一带的东西向褶曲、向斜、鼻状构造，七泉湖一带的东西向不对称向斜，煤窑沟向斜，桃树园子柯克亚向斜等。以上褶曲构造均受博格达南麓逆断层控制。

含煤地层为西山窑组、八道湾组。

西山窑组煤层多产于下部，共含煤9层，煤层较稳定，可采煤层总厚4.09～18.93m。

八道湾组西部煤层多，厚度大，煤质好，煤层较稳定，可采煤层总厚0.79～29.48m。

托克逊煤田的煤层煤种单一，为长焰煤。主要煤质指标如下。

西山窑组：灰分10.01%～13.24%、挥发分15.63%～51.23%、发热量25.87～27.9MJ/kg、硫分0.1%～0.52%；

八道湾组：灰分10.09%～14.61%、挥发分14.67%～54.72%、发热量25.56～28.11MJ/kg、硫分0.1%～0.51%。

托克逊煤田预测面积1 262.24km^2，煤层埋深0～2000m，预测总资源量175.63×10^{8}t，资源丰度1 391.42×10^{4}t/km^2。预测煤类为长焰煤。

八道湾组全区发育，预测面积683.31km^2，煤层埋深0～2000m，采用煤厚1.93～14.94m，预测资源量47.34×10^{8}t，预测煤类为长焰煤。

西山窑组（J_2x）全区发育，预测面积578.93km^2，煤层埋深0～2000m，采用煤厚6.78～26.60m，预测资源量128.29×10^{8}t，预测煤类为长焰煤。

托克逊煤田资源潜力较好。

(3) 鄯善煤田

鄯善煤田位于鄯善县，东西长约150km，南北平均宽约70km，隶属鄯善县库米什镇。

兰新铁路、312国道东西向横穿煤田，多条县乡道南北向纵贯煤田，交通便利。

鄯善煤田地处吐哈盆地中西部，属典型的砂岩侵蚀地貌，北部为低、中山区，南部为南湖大戈壁，地势北高南低，西高东低。气候属大陆性干旱气候，四季分明，夏季炎热少雨，冬季寒冷少雪，冬夏两季漫长，年温差及昼夜温差大（-22℃～45℃），年平均气温12℃；年均降水量34.8mm，蒸发量2500mm，无霜期190d；最大冻土深度1.17m。灾害性天气有大风、扬沙和沙尘暴等。

勘查程度大部区域为详查程度，局部区域开展了勘探。

鄯善煤田地处吐鲁番盆地中央隆起带东部的七克台背斜北翼，呈近东西向延伸的北倾单斜，发育有北东向和北西向斜交断层；近轴线位置受区域断层切割，使南翼地层地表未出露。

该煤田含煤地层为八道湾组和西山窑组。八道湾组含煤5层，其中1层局部可采，4层不可采。西山窑组含煤8层，其中可采、大部分可采煤层6层，煤层总厚4.00～31.85m，平均厚18m。

煤质主要为低—中水、低灰分、高挥发分、低硫分、高发热量、富油煤。煤类为长焰煤，是优质的动力燃料及民用煤。西山窑组主要煤质指标如下：灰分8.93%，发热量30.28MJ/kg，硫分0.53%。原煤挥发分38.84%，浮煤挥发分36.34%；黏结指数0。

鄯善煤田预测面积589.68km^2，煤层埋深0～2000m，潜在资源量124.44×10^{8}t，资源丰度2 110.26×10^{4}t/km^2。预测煤类为长焰煤。

鄯善煤田潜在资源量较大，资源量以差等为主。

（4）哈密煤田

哈密煤田位于吐哈盆地东部，以三道岭矿区为中心，西以鄯善煤田为界，东至哈密市南东，呈近四边形展布，东西长138.2km，南北平均宽87.26km，面积6 039.72km²，隶属哈密市。

兰新铁路、312国道从煤田通过，三道岭矿区有1km左右铁路专线直达柳树泉火车站，各矿区间有县乡公路及简易公路相通，交通方便。

哈密煤田地处东天山南麓的洪积冲积扇的戈壁滩上，海拔800～1400m，属典型的大陆性干旱气候，干燥少雨，光照丰富，年、日温差大，冷暖多变，降温迅速，蒸发强烈，年均气温9.9～11.4℃，年均降水量26～35mm，蒸发量2626～2800mm，无霜期218d。区内多以东北风为主，平均风速3～4m/s，最大风速可达26.4m/s。

哈密煤田以往地质研究程度较高，从新中国成立至今，为适应国民经济发展对煤炭资源的需求，煤炭、石油、地矿等部门在该区开展了不同勘查阶段的煤田地质勘查工作，三道岭煤矿区已成为新疆重要的煤炭基地，以往地质工作成果主要有《三道岭竖井详查勘探报告》《三道岭井田浅部补充勘探资料》《三井田精查地质报告》。

哈密煤田位于辽墩凸起和哈密凹陷内，为一组开阔型向背斜；受天山纬向构造带影响，南、北扭应力的作用及古近纪晚期喜马拉雅运动改造，形成了大致平行天山山脉的东西向二级褶皱单元，产生了次一级波状起伏；区域内褶皱简单、断裂发育，主要有西山背斜、哈密向斜等，南部和北部均发育逆断层，并破坏切割了煤系地层。

哈密煤田含煤地层为八道湾组，可采煤层集中于八道湾组中段，含煤5～7层，主要可采煤层2～4层，煤层厚0.7～27.8m，煤层较稳定、结构较简单。

区内煤质变化小，各可采煤层为特低灰分、中高挥发分、特低硫、高发热量的不粘煤，是良好的动力燃料及民用煤。八道湾组主要煤质指标如下：灰分12.24%，发热量23.06MJ/kg，硫分0.31%。挥发、黏结指数0，角质层厚度为0。

哈密煤田本次预测面积6 039.72km²，煤层埋深0～2000m，采用煤厚9.15～11.44m，预测资源量744.35×10⁸t，资源丰度1 232.42×10⁴t/km²，预测煤类为不黏煤。

哈密煤田资源潜力较好。

（5）吐鲁番煤田

吐鲁番煤田位于吐哈盆地的西南缘，西起阿拉沟沟口，东至F_2断层；南、北部以中侏罗统底界为界；东西长212km，南北平均宽约17.2km，属托克逊县、吐鲁番市、鄯善县管辖。

兰新铁路、312国道从煤田北部沿东西向横穿，"吐-乌-大"高等级公路、南疆铁路均由吐鲁番境内起始，煤田西部有202省道、301省道纵贯南北，东部有数条县乡与国道、铁路相交，外部交通条件较好。

地貌为丘陵、戈壁斜坡平原、盐碱地，地势南高北低，一般海拔-100～750m，煤田中部北侧的艾丁湖最低点海拔为-154m。吐鲁番为典型的大陆性气候，干旱、少雨、冬寒夏热（-18.8℃～46℃），年均降雨量10～20mm，蒸发量高达3 067.2～4 169.1mm。

工作区内进行过1：20万区域地质测量工作、煤炭资源远景调查、煤田地质勘查工作，提交了区域地质调查成果资料2件，二维地震成果报告2件，各类煤田地质勘查报告4件，煤炭资源远景成果资料1件。

吐鲁番煤田地处吐哈盆地西南缘，由一系列东西向展布的向斜凹陷组成，由西至东为阿拉沟断陷、伊拉湖凹陷、艾丁湖凹陷等。阿拉沟断陷地层倾角较大，伊拉湖和艾丁湖凹陷为开阔型褶曲。南部有次级褶曲存在。

含煤地层为西山窑组，煤层多产于该组下部。含煤4~5层，煤层稳定—较稳定，结构简单—较简单；煤层总厚12.57~27.89m，平均总厚20.23m；可采煤层总厚5.74~20.50m，平均总厚13.12m。

煤质变化不大，属特低—低灰分、低硫分，煤种以长焰煤为主，褐煤次之。西山窑组主要煤质指标如下：灰分11.09%~28.6%，发热量22.41~27.91MJ/kg，硫分0.34%~0.91%，挥发分39.73%~49.56%。

吐鲁番煤田预测面积3 618.63km^2，煤层埋深0~2000m，采用煤厚1.71~30.50m，预测总资源量589.48×10^{8}t，资源丰度1 629.02×10^{4}t/km^2。预测煤类为褐煤、长焰煤。

吐鲁番煤田预测资源量较大，丰度值较高，资源潜力较好。

（6）沙尔湖煤田

沙尔湖煤田西与吐鲁番煤田相邻，东西长166km，南北平均宽约40km，面积627km^2，近东西向展布，隶属鄯善县、哈密市。

兰新铁路、312国道于煤田以北20km处经过；除西部的库木塔格沙漠交通困难外，煤田内县乡道、简易公路四通八达，交通方便。

沙尔湖煤田地势南高北低、西高东地，海拔186.8~1 116.08m，相对高差一般小于50m，大部为戈壁沙漠，南部为低山丘陵；属典型的大陆性气候；日照时间长，冬夏、昼夜温差大（-31~50℃），年均气温12℃，日温差25℃；年降雨量6~10mm，蒸发量2983mm，工作区内进行过1:20万区域地质测量工作、煤炭资源远景调查、煤田地质勘查工作。提交了区域地质调查成果资料1件、区域重力工作成果报告1件、煤田地质勘查报告3件、煤炭资源远景成果资料1件。

沙尔湖煤田构造位置处于哈密-吐鲁番断凹中的沙尔湖隆起、沙尔湖浅凹陷，构造形态呈北西西向延伸的复式向斜；南部断层较多，多为南倾的高角度正断层。

含煤地层为西山窑组，含可采煤层多达25层，一般8~14层；可采煤层厚度2~158.78m。

煤种单一，属特低—低灰分、低硫分、高挥发分的褐煤—长焰煤，以长焰煤为主，是良好的动力燃料及民用煤。西山窑组主要煤质指标如下：灰分15.98%~25.89%，发热量21.4~25.52MJ/kg，硫分0.5%，挥发分37%~40%。

沙尔湖煤田预测面积627km^2，煤层埋深0~1000m，煤厚采用77.65~187.35m。预测资源量916.68×10^{8}t，资源丰度1.46×10^{8}t/km^2。预测煤类为褐煤、长焰煤。

沙尔湖煤田潜在资源量大，资源丰度极高，预测煤类以长焰煤为主体。预测资源量全为优等。沙尔湖煤田资源潜力极佳。

（7）大南湖-梧桐窝子煤田

大南湖-梧桐窝子煤田位于哈密市南60km，东西长约240km，南北宽10~30km，隶属哈密市。

312国道由煤田东部通过，西部有哈-罗公路通过，交通方便。煤田内地势平坦，海拔450~800m。

煤田内勘查程度大部分为普查程度，局部开展了详查、勘探。

大南湖-梧桐窝子煤田位于哈密盆地南湖隆起南缘的沙尔湖-大南湖坳陷的东部，坳陷走向近东西，中部宽，向东、西变窄。中部侏罗系出露良好，构造呈近东西向的复式向斜，两翼地层产状平缓，地层倾角一般 3°～20°，发育次一级的舒缓波状背、向斜；东端梧桐窝子附近倾角达 60°。断裂不甚发育，主要断裂为北东向斜切含煤地层的正断层，倾向南东，倾角 72°～85°。

含煤地层为西山窑组，共含煤层 1～29 层，煤层总厚度 36.47～143.99m，平均厚度 93.20m。其中可采（含局部可采）煤层 20 层，可采累计厚度 28.48～133.12m，平均 79.28m。

煤田各可采煤层煤质变化较小，均属特低灰—低灰分、高挥发分、中—中高发热量、特低硫—低硫分、特低磷—低磷。各可采煤层均属低变质阶段的长焰煤。

大南湖-梧桐窝子煤田预测面积 2 157.40km²，煤层埋深 0～1500m，采用煤厚 0.98～65.39m，潜在资源量 694.04×10⁸t，资源丰度 3 217.30×10⁴t/km²。

大南湖-梧桐窝子煤田潜在资源量大，丰度值高，以优等为主；预测煤类为长焰煤，煤质较好；具有较大的资源潜力和良好的开发条件。

7）中天山赋煤带

中天山赋煤带位于南疆北部的山间盆地，由尤尔都斯、焉耆、库米什 3 个含煤盆地组成，北以那拉提-红柳河巨型韧性剪切、混杂推覆构造带为界；东西最长约 600km，南北最宽约 100km，含巴音布鲁克、焉耆、库米什三大煤田。

（1）巴音布鲁克煤田

巴音布鲁克煤田位于巴音郭楞蒙古自治州和静县境内，东西长 150km，南北平均宽 8.87km，隶属和静县。

218 国道横贯煤田北部及东部并与 216、217、314 国道，301、305 省道相交接，217 国道南北向纵穿矿区西部，交通比较方便。

煤田地处开都河上游、尤尔都斯盆地北缘，海拔 2200～2700m，呈湿地特征，年均温度 10℃左右，温差较大（-30～35℃）；能坦萨拉（河）和拉尔敦赫尔萨拉（河）近东西向流向开都河。

中天山赋煤带局部开展过普查工作。

巴音布鲁克煤田地处尤尔都斯主向斜北翼的巴音布鲁克复式背斜，背斜轴东西两端翘起，中部下凹；背斜两翼地层均以褶皱的形态展布，地层产状南陡北缓，南翼倾角 40°～55°，北翼倾角 25°～45°。煤田发育有 5 条主要断层。

煤田含煤地层为中侏罗统克孜勒努尔组（J_2k），共含煤 1～3 层，煤层总厚 2.16～2.90m，其中 1 号、2 号煤层为主要可采煤层，稳定—较稳定，结构简单。

煤质为低—中灰分、高挥发分、富油、较高发热量煤。主要煤质指标为：灰分 15.8%，发热量 30.54MJ/kg，硫分 0.42%。

各煤层均为气煤，可作为炼焦配煤。

巴音布鲁克煤田预测面积 1 331.26km²，煤层埋深 0～2000m，采用煤厚 2.77～3.47m，潜煤炭资源量 54.47×10⁸t，资源丰度 409.17×10⁴t/km²，预测煤类为气煤。

巴音布鲁克煤田预测煤类为气煤，预测资源以差等为主，因而勘查开发及资源潜力评价受限。

(2) 焉耆煤田

焉耆煤田位于库尔勒市以北的博斯腾湖盆地和库米什凹陷中，西起和静县，东至和硕县，南、北以下侏罗统底界为界，东西长约180km，南北宽20～40km，隶属库尔勒市、焉耆县、和静县、和硕县、博湖县。

218国道、南疆铁路从煤田西部经过，314国道从煤田南部经过并北与312国道、西南与218国道、南疆铁路相交，煤田内亦有县乡道及简易公路相连，交通较为便利。

煤田总体为一山间盆地，东部为低山丘陵区，海拔1000～1500m；气候夏热冬寒，年降雨量50～80mm，蒸发量2 506.5mm；气温－16℃～38.3℃，年均气温8～13℃，冻土深度5～41cm。

该煤田进行过1∶20万区域地质测量工作。煤田地质勘查工作提交普查-勘探报告15件，勘查工作主要集中在煤田西南缘的他什店、哈满沟一带。

焉耆煤田区域构造的基本形态为复向斜构造，介于两条北西向大断裂之间，即南侧的库尔勒大断裂、北缘的虎拉山大断裂。

该煤田地处我国西北地区中、新生代中小型沉积盆之一的焉耆盆地，为东西向展布的菱形，具"两坳一隆"的构造格局，自南而北依次为博湖坳陷、焉耆隆起、和静坳陷。博湖坳陷又分为北部凹陷、中央构造带和南部凹陷；受辛格尔深断裂影响，煤田为开阔式箱式褶皱。

焉耆煤田含煤岩系为下中侏罗统克拉苏群（$J_{1-2}KL$），共含煤13组，其中塔什店组含7个煤组（达20层），煤层平均总厚14.27m。煤组稳定性较好。哈满沟组含煤地层面积和可采面积小，煤层不稳定，故不在本次预测之列。

焉耆煤田煤质为低灰分、低硫分、高挥发分、高—特高热值煤。煤类为长焰煤、气煤。主要煤质指标为：灰分10.09%～17.65%，发热量23.91～27.88MJ/kg，硫分0.1%～0.5%；挥发分42.08%～52.39%。

焉耆煤田预测面积5 467.49km^2，煤层埋深0～2000m，采用煤厚8.36～11.94m，预测资源量719.78×10^{8}t，资源丰度1 316.47×10^{4}t/km^2。煤质较好。预测煤类为长焰煤、气煤。

焉耆煤田煤炭资源丰富，煤类以气煤为主，资源丰度值较高，故焉耆煤田资源潜力较好。

(3) 库米什煤田

库米什煤田位于托克逊县库米什镇东南直距约60km处，东西长150km，南北平均宽9.31km，隶属托克逊县库米什镇。

314国道从库米什镇通过，库米什-马兰煤矿的简易公路从煤田内穿过，交通条件尚可。

煤田地处天山中段的库鲁克山和觉罗塔格山之间的低山及山间凹地，地势东高西低，南高北低，海拔878～1370m，属典型的大陆性气候，干旱、少雨、多风、温差大（－28.9℃～42.9℃）；年均降雨量63.9mm，蒸发量高达3 090.1mm；区内无常年性流水。

煤田勘查程度低，只做过小范围详查、勘探。

库米什煤田大地构造位处辛格尔塔格断裂以北的天山褶皱带中的南天山向斜褶皱带，由一系列北西西走向的短轴背向斜组成，呈似隔挡式构造；基底隆起处多形成背斜，基底凹陷处则多为向斜。

库米什煤田含煤地层为克孜勒努尔组，含煤层数多，煤层厚度较大，煤层较稳定；煤层总厚15.13～38.44m，平均厚30.10m，所含21层煤中，可采煤层6层；可采煤层平均厚度6.56～22.87m。

各可采煤层煤质为低—中水、特低—低灰分、高挥发分、低硫分、特低磷、高—特高发热量、富油煤。主要煤质指标：灰分0.8%～11.5%，发热量24.2～27.3MJ/kg，硫分0.64%～1%。

煤类为长焰煤—不黏煤，是优质的动力燃料及民用煤。

库米什煤田预测面积1 399.71km²，煤层埋深0～2000m，采用煤厚2.16～14.60m，预测资源量174.19×10⁸t，资源丰度1 244.44×10⁴t/km²，预测煤类为长焰煤、不黏煤。

库米什煤田预测面积大、煤炭资源丰富、资源丰度较高；煤层为中等厚度、结构简单—较简单、稳定型的优质燃料动力用煤；差等资源量较多，故资源潜力欠佳。

8）塔北赋煤带

塔北赋煤带位于天山南麓、塔里木盆地北缘，东起轮台阳霞，西至温宿以北，东西长400km，隶属温宿县、拜城县、库车县、轮台县。为侏罗纪煤田，含温宿、库拜、阳霞三大煤田和沙井子煤矿点，其中沙井子煤矿点不参与本次评价预测。

（1）温宿煤田

温宿煤田位于新疆南部的阿克苏地区温宿县境内北部山区，南距温宿县、阿克苏市约85.95km；台兰河纵贯煤田中部。范围东起木扎特河，西至库玛拉克河；北以三叠系郝家沟组（T_3h）顶界为界，南以上侏罗统底界为界；东西长约93km，南北宽2.00～6.5km，属温宿县。

314国道和南疆铁路从煤田南边50～60km处通过，有数条县乡道和简易公路与煤田相通，外界交通较为便利。

温宿煤田地处西天山山前的中低山区。西部（苛岗）为小型山间盆地，海拔2100～2400m，冲沟狭窄、陡立呈"V"字形。东部地势北高南低、西高东低，海拔达1942～4000m；植被发育、沟谷纵横、地形复杂。

煤田属中温带大陆性干旱气候且具有典型的山地气候特点：气温−16℃～34℃，日照充足，无霜期218d；年均降水量77.9mm，年均蒸发量1 550.9mm；灾害性天气有雪灾、冰雹、洪灾和沙尘暴。

温宿煤田内共提交地质报告、资料7件。

温宿煤田大地构造位处塔里木地台北缘与天山纬向构造带的结合部，划属库车山前凹陷四级构造单元中西部。煤田构造特征东、中、西部各异，东部为一总体南倾的急倾斜单斜构造，倾角40°～70°，局部地层倒转；地层走向近东西，在博孜墩煤矿西部至青松建化煤矿东部有两处较大规模的向南转折。中部构造比较简单，主要为阿托依纳克背斜，断层发育。西部基本为一南倾的单斜构造，走向近于东西；地层倾角东陡西缓，一般倾角57°。

温宿煤田含煤地层为克孜勒努尔组（J_2k）、阳霞组（J_1y）和塔里奇克组（J_1t）。该煤田共含有4～8层主要可采煤层。其中，克孜勒努尔组1～3层（C煤层），煤层可采厚度为2.17m；阳霞组3层（B煤层），厚度2.75～4.64m；塔里奇克组2层（A3、A5煤层），厚度1.2～8.09m。

克孜勒努尔组 C1 煤层：焦煤；中灰、低硫、低磷、高发热量，主要煤质指标如下：灰分 23.56%～29.11%、原煤挥发分率 17.90%～36.62%、浮煤挥发分率 18.20%～36.78%、发热量 25.04～35.76MJ/kg、硫分 0.61%～2.22%；黏结指数 39～98.9、角质层厚度 12～22mm。

阳霞组 B1 煤层：长焰煤、肥煤、无烟煤（WY），主要煤质指标如下：灰分 8.87%～12.5%、原煤挥发分率 15.21%～22.26%、浮煤挥发分率 14.10%～18.76%、发热量 27.13～41.48MJ/kg、硫分 0.42%～3.89%、黏结指数 0～2。

塔里奇克组 A3、A5 煤层：贫煤、瘦煤、无烟煤；低灰、特低硫、特低磷、高发热量，主要煤质指标如下：灰分 6.29%～14.84%、原煤挥发分率 16.70%～44.15%、浮煤挥发分率 12.77%～31.26%、发热量 29.97～34.85MJ/kg、硫分 0.47%～0.62%、黏结指数 1～101。

温宿煤田预测面积 185.46km^2，煤层埋深 0～2000m，潜在资源量 11.88×10^{8}t。预测煤类以炼焦用煤为主。

塔里奇克组：在温宿煤田中东部的阿托依纳克、博孜墩、破城子 3 个预测区发育，预测面积 64.10km^2，煤层埋深 0～2000m，预测资源量 5.18×10^{8}t，预测煤类为贫瘦煤。

阳霞组：在温宿煤田中西部的苛岗、阿托依纳克、博孜墩 3 个预测区发育，面积 58.06km^2，煤层埋深 0～2000m，预测资源量 4.10×10^{8}t，预测煤类为长焰煤 1.78×10^{8}t，肥焦煤 4 759.34×10^{4}t，无烟煤 1.85×10^{8}t。

克孜勒努尔组：仅在温宿煤田中部的阿托依纳克、博孜墩 2 个预测区发育，预测面积 63.30km^2，煤层埋深 0～2000m，预测资源量 2.60×10^{8}t，预测煤类为焦煤 2.60×10^{8}t。

温宿煤田预测煤类为长焰煤、肥煤、焦煤、瘦肥煤、贫煤、无烟煤，以炼焦用煤为主；预测资源以差等为主。

（2）库拜煤田

库拜煤田位于拜城、库车县境内北部山区，距阿克苏市约 150km，中心位于拜城县托克逊煤矿。西起木扎特河，东至喀拉库勒；北以三叠系郝家沟组（T_3h）顶界为界，南以上侏罗统（J_3）底界为界；东西长约 200km，南北宽 2.00～6.5km，面积约 1250km^2；行政区划隶属库车县、拜城县。

314 国道和南疆铁路从煤田南边 50～90km 处通过，217 国道南北向纵贯煤田东部，307 省道横穿拜城盆地并东与 217 国道、西与 314 国道相交；有数条县乡道和简易公路与评价区相通，交通条件较为便利。

煤田内地形起伏较大，海拔 1510～3100m，植被不发育，呈戈壁荒漠景观。属中温带大陆性干旱气候：冬夏较长，春秋较短，冬寒夏凉，昼夜温差大，气温−32～37.4℃；年均降水量 94.9mm，年均蒸发量 1 538.2mm，无霜期 167d，最大冻土深度 1m。灾害性天气有风灾、冰雹、沙尘暴。

库拜煤田煤炭资源丰富，勘查开发活动持续高涨；至 2009 底，提交了各类地质报告 33 件。

库拜煤田总体为一南倾的单斜构造，地层走向近东西，地层倾角 30°～85°，具东陡、西缓、中部直立倒转的变化规律，断层不发育；较大的断层为煤田西部的库拜北部逆断层，东西向延伸 40km，断层面北倾、倾角 60°左右，断距大于 500m，对煤系地层没有影响。

库拜煤田含煤地层为克孜勒努尔组、阳霞组和塔里奇克组，塔里奇克组含煤层2～15层，编号自下而上为A1～A15，煤层结构简单至中等；煤层平均总厚28.99m，可采煤层平均总厚26.76m，其中大部分可采和零星可采煤层9层（A1～A9）。

阳霞组含煤1～6层，自下而上编号为B1～B6，平均总厚4.03m，平均可采总厚2.31m，不含或含夹矸1～2层，结构简单。其中B1～B3为局部可采层。

克孜勒努尔组下部含煤4层，自下而上编号为C1～C4，其中C2为局部可采煤层；煤层厚度0.57～3.15m，平均厚度2.14m。

塔里奇克组A1～A15煤层以中变质程度焦煤为主，气煤次之；局部地段有1/2中黏煤分布。其原煤以高灰分、中挥发分、低硫分、特低磷、特低氯、一级含砷、高热值、强黏结性、含油为特点。主要煤质指标如下：灰分23.14%、发热量26.73MJ/kg、硫分0.53%。

阳霞组B1～B6煤层：为高变质程度的贫煤。其原煤以特低灰、低挥发分、低硫分、特低磷、特低氯、一级含砷、特高热值、无黏结性为特点。主要煤质指标如下：灰分7.99%，发热量32.05MJ/kg，硫分0.62%。

克孜勒努尔组C1～C4煤层：为中等变质程度的肥煤、焦煤。其原煤以中灰分、中挥发分、低硫分、低磷、特低氯、一级含砷、特高热值、强黏结性为特点。主要煤质指标如下：灰分11.51%，发热量33.04MJ/kg，硫分0.56%。库拜煤田预测面积807.73km^2，煤层埋深资源赋存深度0～2000m，潜在煤炭资源量161.32×10^{8}t，预测煤类为焦煤、贫煤。

塔里奇克组全区发育，预测面积581.02km^2，煤层埋深0～2000m，采用煤厚2.77～25.41m，预测资源量146.29×10^{8}t，预测煤类为焦煤。

阳霞组在库拜煤田中西部的铁列克二区至铁列克六区等5个预测区发育，预测面积147.57km^2，煤层埋深0～2000m，采用煤厚2.47～6.49m，预测资源量13.02×10^{8}t，预测煤类为贫煤。

克孜勒努尔组仅在库拜煤田近西端的铁列克二区、铁列克三区2个预测区发育，预测面积79.14km^2，煤层埋深0～2000m，采用煤厚1.08～1.62m，预测资源量2.01×10^{8}t，预测煤类为肥焦煤。

库拜煤田预测面积较大，潜在煤炭资源量较丰富，资源丰度较高，预测煤类为新疆稀缺的炼焦用煤；预测资源以优等和良等为主。库拜煤田资源潜力较佳。

（3）阳霞煤田

阳霞煤田位于天山南麓中段、塔里木盆地北缘的轮台县阳霞镇以北20km处，距轮台县城60km，东西长约64.69km，南北宽3.4～15.1km，面积约340.4km^2，呈北西西向、东部近东西向展布的椭圆状，属轮台县管辖。

314国道、南疆铁路从煤田南部18～20km处通过，煤田内有简易公路与314国道和南疆铁路相通，区外交通便利，区内沿南北向冲沟尚可通行，东西向难以穿越。

煤田地处天山南麓山前中低山区，地势北高南低、西高东低、山势陡峭、沟谷纵横、地形十分复杂，海拔1300～2300m，属暖温带大陆性干旱气候；四季分明、夏热冬寒、降水稀少、空气干燥，气温-25℃～40.1℃；年均降水量75mm，蒸发量3000mm，最大冻土厚度约0.90m。

本区已进行了1∶20万地质测量工作。提交报告6件，其中煤矿检查报告1件、普查报告3件、详查报告1件、勘探报告1件。

阳霞煤田大地构造位处塔里木坳陷北部一个东西向展布的狭长坳陷——库车坳陷，煤田总体构造为北东东—东西—南东东向弧型展布的复式向斜盆地，由侏罗系组成的短轴背斜成排成束、近东西向展布；断裂以高角度北倾走向逆断层为主。

阳霞煤田含煤地层为克孜勒努尔组、阳霞组和塔里奇克组，共含煤22层，煤层较稳定—不稳定，结构简单—复杂，厚度变化较大。其中塔里奇克组含A组煤组2层，可采2层，煤层厚约8.28m。阳霞组含B组煤8层，煤层厚度13.5m。克孜勒努尔组含C组煤14层，可采10层，煤层厚度17.85m。

阳霞煤田各煤层主要煤质特征为中水分、特低—低灰分、中高挥发分、特低硫分、低磷、中高发热量。煤类为不黏煤。主要煤质指标如下。

克孜勒努尔组：灰分10.11%、发热量31.47MJ/kg、硫分0.59%。

阳霞组：灰分7.07%、发热量31.25MJ/kg、硫分0.41%。

塔里奇克组：灰分4.39%、发热量30.96MJ/kg、硫分0.25%。

阳霞煤田预测面积606.09km^2，煤层埋深0~2000m，潜在资源量98.54×10^{8}t，预测煤类为不黏煤。

塔里奇克组：仅在煤田中心地带发育，预测面积75.14km^2，煤层埋深0~2000m，采用煤厚为5.07~6.34m。预测潜在资源量5.80×10^{8}t，预测煤类为不黏煤。

阳霞组：在煤田中部发育，预测面积235.81km^2，煤层埋深0~2000m，煤厚采用为7.92~13.2m。预测潜在资源量33.52×10^{8}t，预测煤类为不黏煤。

克孜勒努尔组：全区发育，是煤田的主体部分，预测面积295.14km^2，煤层埋深0~2000m，煤厚采用为8.40~21.00m。预测资源量估算采用地质块段法。潜在资源量59.22×10^{8}t，预测煤类为不黏煤。

阳霞煤田煤炭资源丰富、资源丰度较高、煤层赋存条件较好。故阳霞煤田资源潜力较佳。

9）罗布泊赋煤带

罗布泊赋煤带位于塔里木盆地东部沙雅—尉犁—楼兰古城一带，呈北西西-南东东向展布，长750km，面积约17×10^{4}km^2。大地构造属于孔雀河斜坡、满加尔凹陷等构造单元。受天山南麓深断裂、阿尔金山北缘断裂，北民丰-罗布庄断裂、塔里木河断裂等联合控制。含1个煤田，即罗布泊煤田。

该煤田侏罗纪含煤地层埋藏较浅，东部有小片侏罗纪地层出露，西南部的孔雀河边有石油钻孔探到侏罗纪含煤地层。

罗布泊煤田预测面积3894km^2，煤层埋深600~2000m，采用资源丰度进行资源量估算，潜在资源量810×10^{8}t，预测煤类为气煤。

虽然罗布泊煤田预测面积大、煤层埋藏浅、资源丰度高（2080×10^{4}t/km^2），预测煤类为气煤，但预测资源均为差等，故该煤田资源潜力难以评价。

10）塔西南赋煤带

塔西南赋煤带位于塔里木盆地西南缘，西以国境线为界，西南以康西瓦拉-鲸鱼湖巨型断裂构造带为界，呈北西-南东向展布；含乌恰、阿克陶、莎车-叶城、布雅4个煤田（煤产地）和依格孜牙、杜瓦、民丰、普鲁煤矿点，其中煤矿点不参与本次评价预测。依次叙述如下。

(1) 乌恰煤田

乌恰煤田位于克孜勒苏柯尔克孜自治州乌恰县境内，煤田中心距乌恰县城西北直距约50km处，东西宽约55km，南北长约75km，隶属乌恰县。

212省道从煤田东侧通过并与314国道、309省道相接，309省道从煤田南部通过经伊尔克什坦口岸伸向国外，有少量县乡道及简易公路可到达到各煤矿区；但煤田内多为中高山区，交通条件总体较差。

乌恰煤田地处天山南脉与帕米尔高原交会处，属中高山区，地势北高南低，西高东低，海拔2100～4500m，地形较复杂，荒山秃岭，植被不发育。为温带大陆性干旱山地气候：寒暑变化剧烈，气温－23.2℃～34.6℃，年均降水量为160mm，蒸发量2570mm，气候干燥；全年无霜期183d，最大冻土深度128cm；春秋季多狂风及扬沙、浮尘天气。

乌恰煤田地勘程度较低，主要为矿产普查和区域地质调查，煤矿地质工作主要针对个别矿点进行，对本次工作具有一定价值的地质资料有13件。

乌恰煤田构造位置处于塔里木盆地西缘帕米尔"歹"字形构造头部、南天山与西昆仑山交汇处；构造单元为塔里木地台西缘与天山褶皱系交会的铁列克坳陷中的康苏盆地。侏罗系总体发育于北西向倾伏的复式背斜的两翼，东翼较陡，北端被库孜贡苏断层切割，南端被第四系覆盖；背斜核部有数条逆断层，切割了煤系地层及煤层。

含煤地层为康苏组（J_1k），共含煤3～11层，其中可采、大部分可采1～3层，煤层单层厚度0.7～5.10m，平均总厚7.45m，煤层结构简单—复杂，煤层较稳定—不稳定，总体连续性差。

各可采煤层主要煤质特征：低—中水分、低—中灰分、低—较高挥发分、低—中硫、高发热量、具黏结性；煤类为较高变质阶段的气肥煤、焦煤；适宜于炼焦，也可作为动力燃料及民用煤。主要煤质指标为：灰分12.11%～22.15%、发热量26.12～31.5MJ/kg、硫分0.63%～0.91%；黏结指数98～100。

乌恰煤田本次预测面积27.55km²，煤层赋存深度0～1500m，潜在煤炭资源量7 664.75×10⁴t，预测煤类为焦煤。

虽然乌恰煤田预测面积不大、潜在煤炭资源量不多、资源丰度不高，但预测煤类为稀缺的焦煤，预测资源量以良等为主。

(2) 阿克陶煤田

阿克陶煤田位于喀喇昆仑山间的小盆地中，呈近南北向长条状展布，隶属阿克陶县。煤田内有小煤矿开采，主要地质报告有3件。

阿克陶煤田含煤地层为康苏组（J_1k）。乌依塔克区小煤窑，含可采煤层3层，煤层总厚1.92m；赛斯特盖区小煤窑，含可采煤层3～4层，煤层总厚8.11～21.2m；库斯拉普区小煤窑，含可采煤层9～13层，煤层总厚6.7m。

以无烟煤为主（占总量的92.91%），不黏煤次之。主要煤质指标为：灰分3.87%、发热量25.12～28.75MJ/kg、硫分0.47%。

阿克陶煤田预测面积96.15km²，煤层埋深0～1500m，潜在煤炭资源量2.38×10⁸t，预测煤类为长焰煤、贫瘦煤、贫煤。差等资源量占总量比例大。该煤田资源潜力欠佳。

(3) 莎车-叶城煤田

莎车-叶城煤田西起叶城县西界，东至叶城县境内的断层，南、北以老山煤层与下伏地层不整合线为界，东西长约 30km，南北宽约 4.5km，属于新疆喀什地区莎车县与叶城县。

煤田地处西昆仑山脉北麓山区，地势南高北低，海拔高程 2200~2800m，植被稀疏，沟谷、陡崖纵横，地形极为复杂。属大陆性干旱气候，气温－22.5~39℃，年降水量 46.4~137mm，蒸发量 1 248.3~2 804.5mm，最大冻土深度 1~1.5m；春、秋两季常有沙尘暴天气。

煤田内局部开展过普查、详查。

莎车-叶城煤田大地构造位处塔里木南缘莎车中新生代坳陷部分，构造线方向以北东-南西向为主；侏罗系形成于以二叠系为基底的山间凹陷中，成煤期后的构造运动使原沉积范围不广的煤系地层又遭严重破坏，现存煤层范围有限，多位于相对孤立的山间小盆地。

区内含煤地层为杨叶组（J_2y）和康苏组（J_1k）。杨叶组：含 7~14 号煤层，仅为局部可采，无全区可采煤层；康苏组：含 1~6 号煤层，其中 6 号为可采煤层，煤层平均厚度 4m。

各煤层主要煤质指标特征：高发热量、中硫分、特低磷、高灰分煤。其中，4 号煤层为富硫煤、6 号煤层为低灰分煤。主要煤质指标如下。

杨叶组：灰分 30%、发热量 30MJ/kg、硫分 2%。

康苏组：灰分 30%、发热量 30MJ/kg、硫分 2%。

煤类为长焰煤，1/3 中黏煤 1 534.90×10^4t，均为较好动力燃料及民用煤。

莎车-叶城煤田预测面积 138.16km^2，煤层埋深 0~2000m，潜在煤炭资源量 4.16×10^8t，预测煤类为长焰煤、焦煤。

康苏组：预测面积 9.29km^2，煤层埋深 0~2000m，预测资源量 1 534.90×10^4t。

杨叶组：预测面积 128.87km^2，煤层埋深 0~2000m，预测资源量 4.01×10^8t。

莎车-叶城煤田预测面积不大，潜在煤炭资源量较少，资源丰度不高，预测煤类以长焰煤为主，预测资源以差等为主。莎车-叶城煤田资源潜力欠佳。

（4）布雅煤产地

布雅煤产地位于和田市以南 120km 处的西昆仑山北麓山间盆地中的喀什塔什乡境内，长约 8.64km，宽约 5.5km，隶属和田县。

216 省道由煤产地直通和田县（市）并与 315 国道相接，并有县乡道通往策勒县，交通较便利。

煤产地地势总趋势西部高、东北低，海拔 2400~3310m；属温带大陆性半湿润—干旱荒漠气候，四季少雨，昼夜温差较大，年平均气温 11.6℃；年降雨量 122.1mm，蒸发量高达 2 083.7mm。

工作区内进行过 1∶20 万区域地质测量工作、煤田地质勘查工作；提交各类煤田地质勘查报告 4 件。

布雅煤产地大地构造位置属两个一级区域构造单元（秦祁昆褶皱系与塔里木地台区），涉及塔里木地台区的次一级构造单元为铁克里克断隆带。煤产地构造较简单，为一倾向南东的缓斜构造，断层不发育，对煤系地层及煤层影响不大。

布雅煤产地含煤地层为康苏组，含可采煤层 3 层，一般以层状产出，煤层总厚平均 9.73m，含煤系数 6.16%；有益总厚平均 9.11m，可采总厚平均 8.71m。煤层自下而上编号为 A1、A2、A3，其中 A2 全区较稳定，为全区主采煤层。A1、A3 属不稳定煤层。

布雅煤产地煤类以不黏煤为主，煤种单一。主要煤质指标如下。

水分 2.24%~7.99%、灰分 15.43%~39.71%、挥发分为 26.03%~41.30%；全硫含

量一般为 0.99%～3.15%；弹筒干基发热量为 18.24～25.25MJ/kg。

布雅煤产地预测面积 44.19km²，煤层埋深 0～2000m，采用煤厚为 0.83～4.19m。预测资源量 $1.66×10^8$t，预测煤类为不黏煤。

和田布雅煤产地虽然预测面积不大，预测总资源量 $1.66×10^8$t，资源丰度值不高；但 600m 以浅资源量占比大，预测资源以优等为主，同时，和田布雅煤产地又处于缺煤地区。故布雅煤产地资源潜力较佳。

11) 塔东南赋煤带

塔东南赋煤带位于塔里木盆地东南缘，为一近东西向展布的窄长盆地区域，盆地东部与吐拉盆地沟通。含且末、阿羌、若羌 3 个煤矿点，均不参与评价预测。

12) 吐拉赋煤带

吐拉赋煤带地处东昆仑山北部褶皱带，东以新疆、青海两省（区）行政区划为界，南以康西瓦拉-鲸鱼湖巨型断裂构造带为界，北与塔东南赋煤带相邻，东宽西窄，呈近东西向展布。含白干湖煤产地及不参与评价预测的 4 个煤矿点，依次为吐拉煤矿点、伊吞泉煤矿点、嘎斯煤矿点、阿牙库煤矿点。

白干湖煤产地位于若羌县城东南约 470km 处，属东昆仑山北部阿牙克库木湖山间凹陷盆地西部，东西长 30km，南北平均宽 4.73km，隶属若羌县。

先由若羌县城沿 315 国道东行 300km 到青海省茫崖镇，再由茫崖镇西进南下 170km 方可到达煤产地，交通极为不便。

煤产地地处内陆高寒地带，平均海拔 4360m，气候干燥严寒，附近无居民点，生活物质需从若羌县供给。距煤产地西北方向 20km 的托格热萨依常年有水。

区内局部开展过预查工作，小范围开展过普查工作。

若羌白干湖煤产地构造位处东昆仑褶皱祁曼塔格褶皱带阿牙克库木湖山间坳陷，侏罗系遭受程度不等的褶皱变形，形成一条近东西向的断裂和褶曲构造。

煤产地含煤地层为大煤沟组（$J_{1-2}d$），含煤 1 层（组），平均总厚 30m，有益总厚平均 22.97m。

主要煤质特征：低—中灰分、高挥发分、低—中硫分、中高发热量。煤类为长焰煤，是良好的动力燃料及民用煤。

白干湖煤产地属新预测区，预测面积 51.35km²，煤层埋深 0～2000m，采用煤厚 4.00～10.00m。预测潜在资源量 $5.05×10^8$t，预测煤类为长焰煤。

白干湖煤产地预测面积不大，潜在资源量欠丰富，煤类为长焰煤；但预测量以差等为主，故开发利用受限，资源潜力欠佳。

13) 喀喇昆仑-昆仑赋煤带

喀喇昆仑-昆仑赋煤带地处康西瓦拉-鲸鱼湖巨型断裂构造带以南的喀喇昆仑-昆仑褶皱带，北与塔西南赋煤带相邻；共含 6 个不参与评价预测的煤矿点，依次为叶城 203 煤矿点、半西湖煤矿点、喀拉米兰煤矿点、鲸鱼湖煤矿点、平湖煤矿点、库牙克煤矿点。

（六）新疆煤炭资源保障程度评价

本次预测 1000m 以浅煤炭资源量为 $8813.50×10^8$t，按分级分等情况，可靠级为 $6199.84×10^8$t；有利的为 $6162.75×10^8$t；优等的为 $6194.69×10^8$t。综合分析，1000m

以浅可靠级开采有利的优等潜在煤炭资源量约 $7000 \times 10^8 t$。到 2050 年，资源量查明程度按 70% 计算，探获资源量按 70% 计算，届时可获得查明资源量约 $3430 \times 10^8 t$。加上已查明保有资源储量 $2295 \times 10^8 t$，可利用资源量为 $5725 \times 10^8 t$。

按 2010—2050 年 40 年间平均产量为 $10 \times 10^8 t$ 计算，按 60% 的回采率、1.5 的储量备用系数，平均每年需消耗资源储量 $25 \times 10^8 t$ 的需求，共需资源储量 $1000 \times 10^8 t$，已查明保有资源储量 $2295 \times 10^8 t$ 是足够的。

如年平均煤炭产量按 $15 \times 10^8 t$ 吨计算，40 年共需消耗煤炭资源储量 $1500 \times 10^8 t$，煤炭资源储量也是有保障的。

需要说明的是，查明资源量中，控制的内蕴经济资源量（332 以上）只有 $457.5 \times 10^8 t$，还需加快勘查工作程度，提高可利用资源量的类别。

第二节 主要煤炭勘查工作

新疆煤田地质局作为新疆煤炭勘查的主力军，60 多年来，几代煤田地质工作者以热爱地质事业为荣，艰苦奋斗、风餐露宿，在天山南北迎风沙、战酷暑，克服了种种恶劣的自然条件，在新疆各大盆地的主要煤田开展了大量的勘查工作，在煤田地质找矿中创造了一个又一个辉煌，探获了丰富的煤炭资源，在准南、吐哈、伊宁、库拜、准东等大型煤田的发现中做出了重要贡献，为自治区范围内的煤矿山建设提供了资源保障，为自治区煤炭工业建设和可持续发展贡献出了重要力量。

特别是，2008 年国土资源部和新疆维吾尔自治区政府制定并签署开发新疆矿产资源的"358"项目战略协议（3 年有眉目，5 年见成果，8 年给国人一个惊喜），对新疆的矿产资源开发具有深远的意义，成为新疆煤炭资源勘查开发的引擎。新疆煤田地质局乘势而为，努力进取，在煤田隐伏区、空白区勘查中，运用大地构造学、层序地层学、同沉积理论进行分析和研究，采用遥感解译、测绘、二维地震、三维地震、机械岩心钻探、地球物理测井、岩矿测试、地理信息系统等综合勘探手段和方法，勘查技术和效率得到大幅提升，发现了三塘湖、艾丁湖、三道岭南、卡姆斯特、尼勒克等数个大型整装煤田，并在南疆找煤中新发现了可观的煤炭资源，为"十二五"以来自治区煤炭工业的快速发展贡献了积极的力量。

一、哈密大南湖煤炭资源勘查

（一）勘查历程及工作背景

1. 概况

大南湖煤矿区位于新疆哈密市南部，距哈密市区 84km（图 1-2），到达该矿区需途经哈密南湖乡，期间为平整柏油路面，从南湖乡到矿区约 50km，有简易公路通行。

行政区属哈密市南湖乡管辖，通往土屋铜矿和罗布泊钾盐简易公路均路经矿区。兰新铁路和甘新公路自北西向东南由矿区东侧经过，距矿区边界约 60km。哈密-罗布泊公路 2003 年 10 月开工建设，现已投入使用，交通较为方便。新疆移动通信公司、新疆电信公司在工业区投资建设移动交换站两座、光纤通信站四所，以满足工业区通讯和数据传输的需求。大南湖移动气象观测站已建成并投入使用。

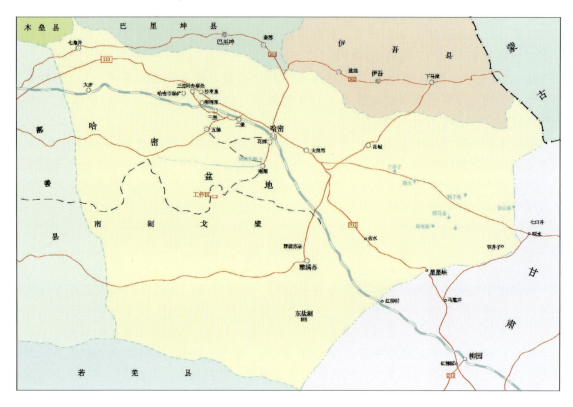

图1-2 大南湖煤田区位图

大南湖煤矿区地处哈密南戈壁，地表呈荒漠戈壁，寸草不生，全年降水量仅25～40mm，全年日照达到3500h，夏季高温，最高气温达43.9℃，地表温度接近60℃，春秋多风，平均风速1.8～2.0m/s，全年平均相对湿度30%～40%，相对湿度≤30%的干燥日100～160d，蒸发强烈，全年平均蒸发量3 064.3mm，哈密市城区最大积雪厚度15.9cm，但矿区内冬季仅阴坡偶见局部有薄层积雪。矿区周边没有地表水系，少地下水。

2. 项目背景

哈密大南湖煤田的勘查历史久远，早在《新疆维吾尔自治区煤田地质勘探史》中就有记载。清朝时期，新疆煤田的开采和利用更加普遍。其采煤业主要集中在哈密、伊犁、乌鲁木齐和昌吉一带。

中华人民共和国成立初期，在计划经济体制作用下，新疆煤田地质局勘查事业稳步发展，期间虽然遇到过挫折和困难，但新疆煤田人不忘初心、不怕困难，迎难而上，克服了各种困难，始终为新疆煤炭事业不懈努力工作。直到2002年11月，党的"十六大"提出要促进经济发展，时任新疆煤田地质局局长的何深伟同志，从全局的长远角度考虑，带领全局干部职工决定对哈密大南湖煤田进行普查立项申请，同时，自治区政府非常重视哈密地区大南湖煤炭资源开发，并且在基础地质工作方面给予扶持，利用有限的地方资源补偿费，于2003年3月下达了"新疆哈密大南湖煤矿区普查"项目任务书，委托新疆煤田地质局承担此项目。

正所谓"山重水复疑无路，柳暗花明又一村"，哈密大南湖项目，是新疆煤田地质局从低谷徘徊近十余年后重新走向辉煌的转折点，同时也是 2002 年《煤、泥炭地质勘查规范》标准颁布实施后，新疆煤田地质局在新疆煤炭领域开展的第一个项目，因此具有重大意义。由此，大南湖煤田规划开发建设也正式拉开帷幕。

3. 工作历程

2003 年 3 月国土资源厅给新疆煤田地质局下达了大南湖煤炭普查项目任务书，2003 年 6 月新疆煤田地质局党委立即抽调各队、各类专业工程技术人员组织成立了"新疆哈密大南湖煤矿区普查项目部"。项目部成员：项目总指挥局长何深伟、副总指挥局总工程师王俊民、一六一队队长陶瑞、一六一队总工程师王宝成、项目负责人张国庆、黄伟等。项目具体实施单位主要为新疆煤田地质局一六一煤田地质勘探队，参与单位有新疆煤田地质局一五六煤田地质勘探队、综合地质勘查队等。《新疆哈密大南湖煤矿区普查设计》编制完成后，自治区国土资源厅以新国土资办发〔2003〕243 号文批准了普查设计。项目组随即开始了普查工作。

项目先锋队员进入工作区，戈壁热浪侵袭，个别队员头晕恶心胸闷，时任一六一队副队长的徐惠忠就是其中一员，在实地踏勘不到 1 千米就中暑晕倒，可他回到驻地稍加休整，便继续带领队员为后续大部队筹备各种物资。"特别能吃苦、特别能战斗"是新疆煤田老前辈们留给后来者的宝贵财富。同年 6 月 9 日起，一六一队、一五六队分别抽调钻机陆续进入现场，历经 3 个多月的施工，各施工单位通力合作，9 月 20 日结束了野外地表地质工作，包括地形地质测量、磁法、槽探、地震等。钻探工作于 10 月 17 日全部结束。

2003 年 8 月初，普查工作进入中期阶段，自治区及哈密鲁能煤电化开发有限责任公司提出了《关于加快大南湖煤田一区 80km^2 范围内开展详查工作》的要求，委托新疆煤田地质局尽快编制哈密大南湖煤田详查设计，由普查直接过渡到详查，同年 11 月 20 日要求提交详查报告，用于编制矿区总体规划，为上报煤电项目建议书提供依据。在普查工作取得初步成果后，项目组选择在有利地段开展详查工作。

新疆煤田地质局此次详查工作可谓是任重而道远，按照指示及业主要求，积极组织工程技术人员重新调整了任务，在分析以往资料及普查取得成果的基础上，编制了《新疆哈密大南湖煤田一区详查设计》。2003 年 8 月 9 日在乌鲁木齐召开了由哈密鲁能煤电化有限公司委托新疆国土资源厅储量评审中心倪斌、林大扬、张子光、时作舟、王虹、王建军、李献水等 13 名联合专家组的评审会议，并批准了《新疆哈密大南湖煤田一区详查设计》。项目组立即组织人员按照设计要求，严格执行相关地质勘查规范，开展大南湖煤田一区详查工作。2003 年 11 月提交了大南湖煤田一区的详查地质报告。

2003 年 12 月哈密鲁能煤电化开发有限公司依据《大南湖煤田一区详查地质报告》《矿区总体规划》和《大南湖一号矿井预可行研究报告》编制了《新疆哈密市大南湖煤田一井田勘探（精查）设计》（以下简称《设计》）。《设计》于 2003 年 12 月 26 日由国土资源部矿产资源储量评审中心进行了评审，并以国土资矿评函〔2004〕1 号文批准了该设计。2004 年 5 月新疆煤田地质局一六一队在新疆煤田地质局的领导下，组建了"哈密市大南湖煤田一井田勘探（精查）项目部"，开展了一井田勘探及报告编制工作。

（二）项目实施

1. 大南湖煤田煤炭资源普查

2003 年 6 月，普查项目正式进入实施阶段。"穷荒绝漠鸟不飞"，项目组成员每日工作于如此环境,可谓是头顶烈日迎风沙,步履维艰车行难。"早上不见日东方,晚归常伴月西窗",技术人员为了加快完成普查工作,在历经3个多月紧张而有序的地质工作后,大南湖普查工作取得了初步成果,为详查工作提供了地质依据。普查工作采用地质填图、物探及钻探等手段,地质填图 37km², 地质剖面4条(总长19.53km),完成9个钻孔,累计进尺4 506.26m,采集各类样品571个(组)。初步查明了含煤地层为中侏罗统西山窑组,了解普查区内构造复杂程度为简单类型,煤层属较稳定煤层,水文地质条件为简单型,工程地质条件属于中等—复杂,获得煤炭资源量(333)为 39.56×10^8 t,平均 1.07×10^8 t/km²,总体来看,普查区资源量大,丰度高,构造简单,煤炭质量符合环保要求,是良好的发电用煤。为进一步开展详查工作奠定了基础。

2. 大南湖煤田一区煤炭资源详查

哈密鲁能煤电化有限公司委托新疆煤田地质局为报告编制单位。"千磨万击还坚劲,任尔东西南北风",在夏季温度高达 45~50℃时,详查工作拉开序幕,高温使得工作板房中安装的空调一度失灵不能使用,恶劣自然环境给详查工作的开展增加了巨大难度。历经3个月艰苦努力后,大南湖详查工作获得了巨大成果,为矿区规划提供了地质依据。详查工作采用地质填图、物探、钻探、遥感及采样等综合地质手段,地质填图 88.27km², 地质剖面4条(总长29.92km),完成22个钻孔,累计进尺 11 699.48m,地震物理点 4431个,采集各类样品 1617 个(组)。经过全体人员的共同努力,顺利完成了详查工作任务,提交《新疆哈密大南湖煤田一区详查报告》。2003年11月28日,国土资源部矿产储量评审中心评审通过了《新疆哈密大南湖煤田一区详查地质报告》,并以国土资矿评储字〔2003〕54号文对该区煤炭地质储量进行了认证。图1-3为大南湖勘查施工现场图。

图1-3 大南湖勘查施工现场图

新疆维吾尔自治区副主席王金祥及各厅局领导、哈密地区各级领导及哈密鲁能煤电化开发有限公司对大南湖煤田开发项目非常重视,在详查工作期间,他们亲自到现场进行视察、指导和慰问(图1-4),对勘查工作给予了充分肯定。

3. 大南湖一井田煤炭资源勘探

大南湖煤田一井田勘探工作区东西长10km,南北宽6.9km,面积69km²。环境异常恶劣,一六一队组织了12台钻机夜以继日地工作。从空中的航空测量到地面的填图、布孔,从轰轰作响的施工钻探现场到摆满尖端仪器的数字成图研究中心,都留下了新疆煤田人不畏艰难、敢为天下先的热血豪情。

勘探工作自 2004 年 5 月 9 日至 2004 年 8 月 15 日全部结束，历时 99d，时间紧，任务重，自然地理环境恶劣，项目参与者付出了巨大的努力。利用钻探、遥感及采样等综合地质手段，完成控制测量 6 个点、1∶1 航空地质填图 30km²、二维地震物理点 4420 个、三维地震物理点 6611 个、1∶5000 地质剖面 31.44km，机械岩心钻探 12 682.19m（23 个钻孔），采集各类样品 1406 个（组）。

图 1-4 领导、专家检查慰问

勘探工作采用综合勘查的方法，其单项工程均提交了总结和报告，其中，磁法、地质填图、槽探等工程均由煤田地质局各施工单位自检，并由煤田地质局各大队组织专家进行验收，经大南湖煤田项目监理及业主检查予以确认，三维地震报告也由哈密鲁能煤电化有限公司聘请专家评议通过，各项钻探工程施工质量，各项原始资料记录验收评级均按规范要求进行，项目监理逐孔检查，认真核实，最后对精查施工的 23 个钻孔进行了评级，特级孔 15 个，甲级孔 6 个，乙级孔 1 个，特甲级孔率 95% 以上，为报告编制提供了可靠的基础资料。

按照施工进度要求，2004 年 8 月 15 日完成勘探（精查）地质报告提交工作。在时间异常紧张的情况下，以王俊民、王宝成、张国庆等为代表的所有技术人员，每天工作时间长达十七八个小时，对数据、图纸逐一进行核对。正是这种"团结拼搏、务实创新、爱岗敬业、开拓进取"的新疆煤田地质精神，最终按时提交了长达 10 余万字、200 余张图纸的综合类《新疆哈密大南湖煤田一井田勘探（精查）地质报告》，并于当年 8 月 21 日在国土资源部矿产资源储量评审中心一次性通过评审。

（三）取得的成果

哈密大南湖煤炭资源勘查自 2002 年 10 月至 2004 年底历时两年多的时间，在新疆煤田地质局党政领导的正确带领下，通过全体项目组人员的共同努力，在哈密大南湖茫茫戈壁战天斗地，开创了新疆隐伏区寻找煤炭资源的先河，并取得了巨大成就。从煤炭地质普查、接续实施详查、最终完成勘探，提交了《新疆哈密大南湖煤田一井田详查地质报告》《新疆哈密大南湖煤田一井田勘探（精查）地质报告》，胜利实现了区域找煤、矿区规划，最终为哈密大南湖煤田一井田矿井建设提供了可靠地质依据，为地区经济发展做出了贡献。

1. 地层

通过哈密大南湖煤炭资源勘查工作，确定了大南湖矿区地层层序，详细划分了含煤地层为中生界侏罗系，自下而上地层层序是：三工河组（J_1s）、西山窑组（J_2x）、头屯河组（J_2t）、第四系（Q）。其中，西山窑组（J_2x）的中段（J_2x^2）为主要含煤地层，也是工作重点，其岩性为灰色、浅灰色、深灰色泥岩，粉砂岩，细砂岩，碳质泥岩及煤层不均匀互层，夹中粒砂岩及砂砾岩。中侏罗统头屯河组（J_2t）主要分布于中部南湖向斜轴附近，岩性主要为紫色、砖红色的泥岩，粉砂岩，细砂岩互层，间夹砂砾岩薄层。底部为杂色泥岩夹泥灰岩透镜体，厚度大于357m。

2. 构造

大南湖煤田属于吐哈盆地东端南缘大南湖盆缘坳陷的一部分，北依沙尔湖隆起带，南以F_1断层与觉罗塔格复背斜相邻。

井田构造较简单，为一走向近东西的宽缓褶曲，断层不发育，且无岩浆岩影响。深部煤层构造主要为一向斜构造，即南湖向斜；南北两侧与之相毗邻的为宽缓的南湖背斜和南湖南背斜。总体构造线方向为近东西向，由北向南，褶皱包括南湖北向斜（W_2）、南湖背斜（M_1）、南湖向斜（W_1）、南湖南背斜（M_2），局部地段还发育有短轴倾伏褶曲。区内北部有6条小断裂，区外南部发育有区域性断裂F_2。区域构造纲要图和一井田构造分布图见图1-5。

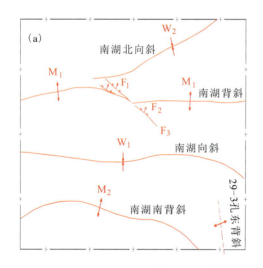 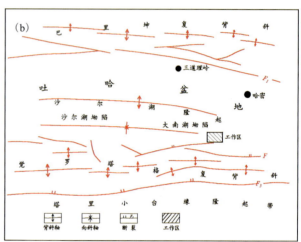

图1-5 区域构造纲要图（a）和井田构造分布图（b）

3. 煤层

井田含煤地层为西山窑组，含煤地层总厚380～650m，平均厚度526m。共含煤29层，所含煤层自上而下编为1～29煤层，煤层总厚度39.56～135.96m，平均厚度96.49m。其中，全区可采煤层6层，煤层总厚度36.55m；大部分可采煤层11层，煤层总厚度43.12m；局部可采煤层6层，煤层总厚度14.38m；不可采煤层6层，煤层总厚度5.75m。

4. 煤质

煤层物理性质基本相似，颜色均呈黑色—褐黑色、棕色、棕黑色、褐红色条痕，上部煤层较松软，易风化，呈粉末状，下部煤层为半坚硬，煤心多呈块状及柱状。

本区各煤层的镜质组最大反射率在0.22%～0.57%之间，平均为0.34%，变质阶段均为0阶段，各煤层属低变质的褐煤阶段，煤质以低水分、特低灰—低灰分、高挥发分、特低—低硫分、特低磷—低磷、低熔灰分、中—中高发热量、含油及富油煤层、低热至较低热稳定性的长焰煤和褐煤为主，有害元素含量相对较低，是优质的火力发电、气化及动力用煤。

5. 水文地质、工程地质、环境地质

井田内煤矿床是孔隙、裂隙充水的矿床。地下水水源以微弱大气降水为主，补给条件

差，含水层组富水性弱。煤系地层岩性多为泥岩，泥质胶结的粉砂岩为主，各含水层组水力联系甚差，第四系覆盖较薄。井田水文地质条件为简单型，环境地质类型属第二类，环境地质质量中等。

6. 煤炭资源量

井田内共获得总资源/储量 $47.92×10^8$ t，其中探明的（预可研）经济基础储量（121b）$8.16×10^8$ t，占总资源/储量 17.0%，探明的（预可研）经济基础储量和控制的（预可研）经济基础储量（121b+122b）$18.86×10^8$ t，占 39.4%，推断的内蕴资源量（333）$24.52×10^8$ t，预测的资源量（334）$3.86×10^8$ t，探明的（预可研）次边际经济资源量（2S22）$0.67×10^8$ t。褐煤资源/储量为 $6.69×10^8$ t，占总资源/储量 14.0%；长焰煤资源/储量为 $41.22×10^8$ t，占总资源/储量 86.0%；另有风氧化带资源量 $0.23×10^8$ t。

7. 煤质分质利用研究

大南湖矿区的煤层中普遍含有较高的腐植酸，尤其是浅部的风化带煤层。腐植酸作为工农业生产中用途广泛的产品，已引起高度的重视。在毗邻矿区北部的哈密市花园乡已有开发提取腐植酸产品的企业，因此该区煤层所含的腐植酸将会有很好的开发利用前景，也将给地区带来可观的经济效益。

从井田煤层赋存的条件分析，属多煤层、厚煤层聚集的含煤地层，具有良好的发展前景，该区煤层发热量值中等，其灰分、硫分及其他有害元素含量均低于国家标准，属环保用煤，是良好的动力用煤原料，非常适合大型、特大型发电。

（四）成果应用及获奖情况

"一份耕耘、一份收获"，21 世纪初，新疆煤田地质局在新疆哈密市大南湖煤田的艰辛付出及取得的巨大成果，轰动了当时、影响着当下。近 20 年，在广袤无垠的戈壁，一座座煤矿平地而起，能源开发规模逐年扩大，丰富的煤炭资源已转化为巨大的经济效益，造福了当地。

截至 2020 年 5 月，哈密市大南湖煤田已先后建成 6 座大型矿井，累计年产能 $3020×10^4$ t，分别是：国网能源哈密煤电有限公司 1 号井，年产 $1000×10^4$ t；国网能源哈密煤电有限公司 2 号井，年产 $600×10^4$ t；国投哈密能源开发有限责任公司 7 号井，年产 $600×10^4$ t；潞安新疆能源有限公司二矿，年产 $220×10^4$ t；潞安新疆能源有限公司露天矿，年产 $300×10^4$ t；潞安新疆化工有限公司砂墩子井田，年产 $300×10^4$ t。

《新疆哈密市大南湖煤田一区详查地质报告》在 2004 年中国煤炭工业协会举办的优质报告评选中，荣获一等奖。

《新疆哈密市大南湖煤田一区详查地质报告》在 2009 年荣获国土资源科学技术奖二等奖。

二、巴里坤县三塘湖煤炭资源勘查

（一）工作背景及勘查历程

1. 概况

三塘湖，这片蕴藏着万顷乌金的戈壁煤海曾经沉寂了上亿年，而在 11 年前的一场煤田勘查大会战，彻底打破了沉寂，从此有了一个特大型整装煤田——三塘湖煤田。

三塘湖盆地坐落于新疆东北边陲、哈密市的北部，与蒙古国毗邻。盆地呈北西-南东向条带状夹持于莫钦乌拉山与大哈甫提克山-苏海图山-额仁山-克孜勒塔格山之间，盆地长度跨越哈密市巴里坤哈萨克自治县三塘湖镇至伊吾县淖毛湖镇，东西长约500km，南北宽40～70km，面积约23 000km²。三塘湖盆地赋存着丰富的煤炭资源，按照赋煤单元和县界划分为三塘湖煤田和淖毛湖煤田。

三塘湖煤田位于三塘湖盆地中央坳陷带西段，巴里坤县北约85km的三塘湖乡北部。地势呈四周高，中间低。最高处为岔哈泉区南部，地面标高为1081m，最低处为汉水泉区东北部，地面标高为490m，相对高差591m，总体地形较为平坦，地表为砾石及砂土，是典型的戈壁滩地貌。气候属典型大陆性干旱气候，常年少雨而多风。年均气温8℃，最高气温40.3℃，最低气温-28.5℃。年均降水量199mm，年均蒸发量1716mm，最大积雪厚度0.24m（图1-6）。

图1-6 三塘湖煤田与淖毛湖煤田位置关系图

千百年来三塘湖一直是生命的禁区，茫茫戈壁如同大海一般。1958年9月25日，爱国将领杨虎城的女儿杨拯陆带着队员到三塘湖盆地进行1∶10万的地质普查。当时正值中秋节前夕，下起了瓢泼大雨，不久雨变成雪，伴着10级狂风肆虐，气温降到了零下十几摄氏度。由于身着单衣，当再次发现他们的时候，身体已经僵硬了，这一年，杨拯陆才22岁，留下了2万多字的地质普查报告。

2. 项目背景

揭开三塘湖煤田的面纱，起源于早年的"358"项目。"358"项目是首次根据一个地区提出的找矿设想，这一模式后来由国土资源部推向全国，从而形成了现在比较完善的战略规划。无疑，"358"项目的提出成为了东疆煤炭资源开发的引擎。

与此同时，煤炭工业发展的路径也逐渐清晰，"十二五"规划确定了我国煤炭建设将控制东部，稳定中部，大力发展西部的总体布局，重点实施煤电项目一体化开发，提高勘查开发规模化和集约化。此举也正契合了东疆煤炭资源开发的整体思路。随着国家能源战略西移格局的形成，打造国家级能源战略基地的规划也变为可能。助推这一思路变为现实的一大外力是在2009年6月18日，兰新二线铁路正式动工，这一标志性工程意味着从这一天起，大规模的"疆煤东运"进入倒计时。

"疆煤东运"战略的推进速度如何，取决于两大因素：一是铁路运力，二是煤炭产能。从这个意义上说，作为煤炭开发基础性工作的煤炭地质勘查，将在"疆煤东运"战略中扮演举足轻重的角色。

如何选区，是当时重中之重，在此之前，新疆煤田地质局在三塘湖仅开展过煤炭资源预测工作，发现了零星的煤层出露，此时的三塘湖作为一个煤炭勘查空白区，并不被许多地质界同仁认可，大家都觉得三塘湖即便是存在煤炭资源，也是埋藏深度超过1000m的，根本不具备开采价值。新疆煤田地质局一六一煤田地质勘探队却存在另外一套见解：三塘湖是一个中新生代的沉积盆地，极为可能埋藏着储量丰厚的煤炭资源。按照同处三塘湖盆地的淖毛湖煤田的研究成果，三塘湖煤田地层沉积时代与沉积环境均符合成煤条件，如果确实存在具有开采价值的煤层，将会是巨大的资源。而且从哈密及三塘湖的区位来看，它们地处新疆的东大门，占据着得天独厚的交通优势。如若发现具有一定规模的煤田，届时可以规划三塘湖、淖毛湖至河西走廊铁路专线，这对哈密地区优势资源转换和在新疆建立国家能源资源战略接替区，有着极其重大的意义。

而当时的淖毛湖煤田煤炭勘查成果已经十分显著，已经发现丰富的煤炭资源，且煤质优良，广汇新能源有限公司正筹备在伊吾县淖毛湖镇建设甲醇、二甲醚、煤制液化天然气等煤化工基地，并且吸引了华电集团、新疆疆纳矿业公司等煤炭企业入驻，煤炭开发利用前景一片大好。

项目负责人吴斌坚信，三塘湖一定具有巨大的潜力。为了寻求有力依据，吴斌带领地质技术成员展开了大量的工作，研究三塘湖的成煤条件，不断地分析地质资料并多次到现场进行踏勘。三塘湖变化多端的恶劣天气，加上戈壁滩极端困难的通行条件，迈出找煤第一步的难度如同登天。由于三塘湖戈壁滩大面积被古近系、新近系和第四系覆盖，寻找出露的基岩无异于大海捞针。2008年寒风刺骨的冬日，一六一队地质员从乌鲁木齐出发奔赴700多千米以外的三塘湖开展实地踏勘。他们用"天上无飞鸟，地上不长草，风吹石头跑，走路不用脚"这句话来形容三塘湖的自然环境。然而恶劣的天气并未能阻挡勘探队员的脚步。功夫不负有心人，通过不懈努力，最终在离三塘湖乡150多千米的库木苏凹陷南部，汉水泉凸起等区域发现煤层出露。最终研究显示，三塘湖煤系地层为中侏罗统西山窑组和下侏罗统八道湾组，对比较可能聚煤的区域进行了初步范围划定，主要寄希望于汉水泉凹陷、库木苏凹陷、石头梅凸起、条湖凹陷、岔哈泉凸起等单元，初步划定勘查面积约6500km^2。

在煤田地质局一系列的努力之后，2008年底自治区启动了"疆煤东运"项目，将三塘湖煤炭资源预查工作列入"358"项目总盘子。按照自治区2008年经济工作会议精神，为实现"疆煤东运"的战略布局，结合国土资源部和新疆维吾尔自治区"358"项目东疆地区煤炭资源勘查，要求在三塘湖区域地质调查、煤田预测的基础上，寻找可进一步普查的大型煤炭资源勘查基地1~2处。自此，三塘湖煤田地质勘查工作正式拉开帷幕。

3. 工作历程

2008年12月26日，"358"项目办公室向国土资源部上报了"关于开展新疆煤炭等优势资源勘查的请示"，预计前期勘查总经费3.24亿元。2009年，"358"项目三塘湖煤田煤炭资源预查工作顺利开展，施工中果然取得振奋人心的成果，发现特大型整装煤田，含煤30多层，煤层单层厚度可达四十多米。自此，新疆煤田地质局为自治区上交了一份满意的答卷。

这无疑给自治区人民打了一针兴奋剂，2011年初，自治区要求在东疆煤炭资源预查的基础上，优选出区域位置佳、煤炭资源丰、开采技术条件简单的区域来加快煤炭资源勘查开发，为此自治区国土资源厅选择以三塘湖煤田为试点，下拨地质勘查基金4.15亿元，由自治区地质勘查基金项目管理中心组织管理，新疆煤田地质局一六一煤田地质勘探队承担，要求在全区开展普查工作，并在普查工作取得初步成果后选择在局部煤层埋藏浅、构造简单、资源丰度大、有利于先期开采的区域开展详查工作，为三塘湖煤矿区远景发展规划提供地质依据。接到任务之后，一六一队迅速组织人员展开野外施工，三塘湖"大会战"正式打响。

2011年7月15日，自治区领导在听取了三塘湖煤田普查进展情况及取得的成果后，时任新疆维吾尔自治区党委书记张春贤和自治区党委提出了在开展普查工作的同时，打破常规、按照自治区对煤炭资源开发的需要，同步开展详查工作，在局部可能适合露天开采的区域开展勘探工作。三塘湖煤田开发早日启动、早日见效，有利地方、效益最大，滚动开发、分步实施，以资源换投资，以资源换收益的创新思路，要求把加快三塘湖煤田开发作为自治区党委推动资源转换的重大战略决策和实现资源惠民强区执政理念的重大突破口。为了认真落实张春贤书记关于三塘湖煤田加快启动的重要指示精神，早日实现自治区党委加快开发三塘湖煤田的重大决策，早日发挥资源惠民强区、支持民生建设的作用，早日推进自治区资源有偿使用制度的重大改革，自治区国土资源厅追加勘查基金5.11亿元，累计9.26亿元，委托新疆煤田地质局一六一煤田地质勘探队在三塘湖煤田全区普查的基础上，优选出资源丰度大、构造相对简单、适宜先期开发的区域（占全区70%）开展详查工作，为三塘湖煤矿区总体发展规划提供地质依据，选择可露天开采的区域开展勘探工作，为矿井建设可行性研究和初步设计提供地质资料。

经过一年艰苦卓绝的工作，在超过4200 km^2 的区域开展普查及局部详查工作，钻探进尺 63×10^4 m，施工钻孔1351个，探获煤炭资源量 550×10^8 t。一六一队总工程师安庆提出，三塘湖"大会战"创下了一次勘探面积最大，一次勘探投入最多，一次"参战"人员、钻机最多，一次提交四个详查、两个勘探地质报告，文字图件数量最多，一次探明资源量最大的全国地质勘探工作"五个第一"记录，出色地完成了自治区党委、政府下达的任务。三塘湖一年工作量，相当于一六一队过去30年国家项目钻探工作量的总和。在时间紧、任务重的情况下，打破常规，科学谋划，细化方案，落实责任，项目组推行了"5+2""白+黑"（5个工作日加2个休息日、白天和晚上）的工作机制，对上千个钻孔、几万组数据科学地进行分析、研究，进行煤层的对比、地层时代的划分，煤层厚度的统计，煤质资料的统计、分析、计算等。圆满地完成了自治区下达的各项任务，为加快三塘湖煤田开发作为自治区党委推动资源转换的重大战略决策和实现资源惠民强区执政理念的重大突破口奠定了基础。

（二）项目实施

1. 三塘湖煤田煤炭资源预查

2009年初，预查项目进入正式实施阶段，新疆煤田地质局、一六一煤田地质勘探队组织最强大的专业队伍，由时任局长何深伟挂帅，时任一六一队队长张相担任总指挥，总工程师张国庆担任副总指挥坐镇现场，综合勘查队普查队队长安庆担任技术指导，由一六一队地质科吴斌担任项目负责人。调集了全局上下全部力量，由煤田地质局下属一六一队负责整个项目、综合勘查队进行全区的二维地震工作，局各处室抽调经验最为丰富的同志驻扎项目部,给予技术上的强劲支撑,组成地质勘查强有力的阵容。

在面积 6 491.5km² 的工作区进行煤炭资源预查,东西跨度大于 200km,困难程度可想而知。三塘湖戈壁滩气候环境极其恶劣,常年大风,戈壁滩飞沙走石,气温变化无常。工作区没有道路,戈壁砾石下面就是松软的沙子,稍不留意车子就陷入困境。为了科学有效地布置钻探工程,大家早出晚归地忙碌奔波于偌大的戈壁无人区。张国庆将图纸挂到自己宿舍,办公不分场合,为了有效指导钻探工作,时刻关注二维地震工程的进展,地震工程每解析完成一条时间剖面,他立即带领吴斌和技术人员进行会议讨论研究,以合理布设钻孔的位置。那段时间,大家都紧绷着神经,一点不敢马虎。

同时,安庆指挥填图小组进行着紧张的地面填图工作,填图工作和地震工程一样,在预查工作中具有非常重要的作用。通过对地表出露的地层界线、构造、岩层产状特征等进行记录,研究地层沉积层序以及煤层的赋存规律等。诺大的预查区,要在短时间内完成填图工作,任务异常艰巨。地质填图组经常早上九点多开始出发,每日在戈壁滩徒步二三十千米,用自己的脚步丈量三塘湖煤田,时常凌晨两三点才能回到项目部。每次出发都要带上水和干粮,午饭就在车上匆匆吃上几口。为了保障后续施工,一六一队华新公司仅仅利用几辆铲车,硬是修筑了一条贯穿东西的主干道路。图 1-7 为三塘湖预查施工现场部分图片。

图 1-7 三塘湖预查施工现场部分图片

经过不懈的踏勘和研究,数十台钻机陆续就位。就在大家焦急地等待一个多月后,捷报从现场钻机传来,第一个钻孔揭露了煤层,煤层厚度数米,还未揭露完全,项目部沸腾了。第一枪打响了,一个又一个钻孔传来喜讯,含煤 30 多层,煤层单层厚度可达 40 多米。张国庆、安庆、吴斌和其他所有同志紧绷的心放下了,终于没有辜负大家的期盼,三塘湖预查圆满结束。整个项目历时一年，完成钻孔 73 个，钻探进尺 54 000 余米，预测煤炭资源量 $1215×10^8$ t。

三塘湖煤炭资源预查，锻炼了一批人，培养出许多优秀的年轻地质技术人员，由于勘查区面积太大，项目负责吴斌挑出李万军、赵正威、单彬、潘晓飞分管汉水泉、库木苏、石头梅、条湖 4 个区来协助他完成任务，之后他们成为 4 个勘查区的项目负责人。

2. 三塘湖"大会战"

三塘湖煤炭资源预查项目的成果成为东疆煤炭资源开发的引擎，为了加快"疆煤东运"战略的推进速度，2011 年初，自治区要求在东疆煤炭资源预查的基础上，优选出区域位置佳、煤炭资源丰、开采技术条件简单的区域来加快煤炭资源勘查开发，为此自治区国土资源厅选择以三塘湖煤田为试点，要求在全区开展普查工作，并选择在局部煤层埋藏浅、构造简单、资源丰度大、有利于先期开采的区域开展详查工作，为三塘湖煤矿区远景发展规划提供地质依据。2011 年 7 月 15 日，自治区领导在听取了三塘湖煤田普查进展情况及取得的成果后，张春贤书记和自治区党委提出了在开展普查工作的同时，打破常规、按照自治区对煤炭资源开发的需要，同步开展详查工作，在局部可能适合露天开采的区域开展勘探工作。

任务重新进行了调整，要在一年的时间内先完成整个三塘湖矿区的普查，然后优选出 4 个勘查区完成详查工作，还要在有利靶区完成局部的勘探工作，这难度是极大的，这么大的整装煤田，一年内从普查到勘探，中国的地质勘查史上几乎从未有过，困难程度简直不敢想象。首先，普查一定要快速，必须打破常规勘查进度，要第一时间依据掌握的普查成果做好详查设计方案，保证详查和普查同步进行。期间涉及到数以万计的地质填图工作资料、数千平方千米的二维地震物探资料、近一千个钻孔的施工及地质编录资料、数万个样品的化验测试成果……并将以上成果综合分析研究，进行庞大的"三边工作"。时间紧急，新疆煤田地质局立即召集局属一六一队、一五六队、综合勘查队成立领导小组，由局长何深伟、局总工程师王俊民任组长，组员为一六一队队长张相、总工程师韦波、安庆、副队长徐惠忠、局地质处处长李瑞明、安全勘查处处长葛江、里提甫、综合勘查队总工程师孟福印、一五六队总工程师张国庆、综合勘查队副队长翟广庆。由张相任总指挥，韦波、徐惠忠、翟广庆任副总指挥，吴斌担任总项目负责人，安庆任技术指导，由李万军、赵正威、单彬、潘晓飞担任分区项目负责人。项目组各成员紧密配合，迅速高效地编制出了施工设计，由"358"项目办公室、自治区国土资源厅、财政厅组织有关专家进行评审后，迅速展开野外施工，继三塘湖煤炭资源预查项目之后，新疆煤田地质局再次奔赴"战场"，投入到三塘湖"大会战"中。

大会战调集了全局力量，召集全国数省地质勘探队伍进行协助施工，共组织疆内外 23 家地勘单位的 5500 余名地质勘探队员，259 台钻机，5 个地震分队，6 个地球物理测井分队，开展野外施工的条件第一时间准备就绪。图 1-8 为三塘湖"大会战"野外工作照片。

在新疆煤田地质局的统一安排下，一六一队副队长徐惠忠带领地质、钻探、后勤等人员奔赴寒风凛冽的三塘湖施工区。2 月的三塘湖气温很低，漫天风沙，遮天蔽日。在这种恶劣的环境下开展工作，极易迷失方向，工作难度极大。经过 2d 的时间，行程超过 800km，徐惠忠带领先锋队员们踏遍了三塘湖施工区的每一个角落。之后的一段时间内，经过多次踏勘和定位，找到了水源地和施工路径，为项目施工提供了必要的条件。经过几周的实地踏勘，他们除了在三塘湖乡建立东部工区指挥部外，还在距三塘湖乡 120km 的水源地建立三塘湖西部工区，并且成立了三塘湖临时党支部。地质勘探施工的蓝图已经绘就，但各种困难接踵

图 1-8 三塘湖"大会战"野外工作照片

而至。首先，三塘湖位于中蒙边界，边防施工手续的问题自然摆在面前。其次，道路交通问题、修路临建安全问题等也困扰着队员们。第三，在茫茫的三塘湖施工区，手机几乎没有信号，这将对开展项目施工带来诸多不便，甚至是直接牵扯到人身安全问题。徐惠忠一边咨询和办理边防施工相关手续，一边和巴里坤县委、县政府，巴里坤移动公司沟通，希望建立移动基站。经过他数次的协调和沟通，三塘湖边防施工手续终于全部办理完毕。与此同时，4座移动基站很快矗立于三塘湖戈壁，手机信号基本覆盖了整个施工区，为后续施工做好了准备。钻探施工的"大会战"，油料供应是关键，徐惠忠与当地政府、石油公司协商，终于在三塘湖西部戈壁滩上建立了加油站，保证了钻探施工的顺利进行。

找到水源、组建西部项目、获得边境施工许可、覆盖通信信号这一系列工作中，每个环节都举足轻重，是正常开展"大会战"的先决条件。在自治区、哈密市、巴里坤县政府及相关部门的支持下，各项工作都顺利完成。

此时的三塘湖异常壮观，钻机布满了整个三塘湖戈壁滩，白天黑夜不间断作业，晚上密集的钻塔灯光点缀着漆黑的夜空，与星光相互辉映。项目部上下工作热情饱满，干劲十足。

时间紧，任务重，面对如此繁重的任务，项目组领导将任务细化，并将任务落实到天，落实到人。三塘湖项目部的工作人员也深知这一点，他们本着服务于生产、服务于大局的意识，昼夜不停地奋战在茫茫戈壁上。从施工前的踏勘到组织落实钻机进场，从协调各种关系为项目服务到落实人员、钻孔，从安排测量、地质、钻探、测井、离场到筹建东、西项目部，从落实整个区域的安全检查工作到处理日常琐碎事务，从项目服务人员的食宿问题到组织野外人员各类文化活动……均建立健全了一整套组织、施工大项目的工作方法和规章制度。

为了做好该项目的施工指导，吴斌同志与项目组成员多次研究，制定出最佳施工方案。他指出："推行细致的技术方案有利于项目质量、安全和文明施工，至于投入要看长远，我们不是做一个项目，而是在做一个市场，大家要树立干一项工程，拓一方市场，树一个品牌的意识。三塘湖项目是自治区重点项目，举世瞩目，不能出现任何的马虎，更不能出现耽误工期的情况。"吴斌在奔赴三塘湖之时，孩子尚未满月，他深知压在他肩上的担子有多重，在做好家人思想工作后，义无反顾地冲向前线。在别人眼中，他是工作狂，时常工作到后半夜。仅仅为了一个钻孔的孔位布设位置更加合理，他可以趴在图纸上研究几个小时。他严谨的工作态度，影响了一批年轻同志，他身上具有别的年轻人少有的缜密思维。

三塘湖全年半数以上为大风天气，夏天的戈壁滩地表温度高达50℃，冬季气温接近零下30℃。项目组各成员恪尽职守，克服重重困难，不怕苦不怕累，在至高的荣誉感和自豪感下，每个人信心满满，充满着干劲。副项目负责人李万军新婚第五天便毅然奔赴三塘湖煤田勘探区，承担起勘查三塘湖技术工作的重任，默默地承受着离别之苦。在他的影响下，各项目组成员2011年平均在野外一线时间超过300天。李万军负责的是西部的汉水泉和库木苏区域，大部分时间在西部工区，作为党支部成员，他工作之余积极组织各种业余活动，在他的建议下修建了篮球场，布置了乒乓球台案，极大的丰富了西部工区的业余生活，使得项目部成员劳逸结合，提高了工作效率。图1-9为三塘湖"大会战"业余生活照。

三塘湖"大会战"对于煤田地质局的年轻人来说，是人生中十分宝贵的机遇，项目负责人和分区项目负责人以及大部分技术人员均为80后。条湖区项目负责人赵正威经过了三塘湖预查的历练，积累了丰富的专业技能和管理经验。煤田地质局决定，将条湖区部分钻探施工交给一五六队来协助完成，赵正威要统筹安排一六一队和一五六队在条湖区的工作，管理着近百台钻机的施工，每日来回奔波于施工现场及两队的项目部，将每日的成果进行汇总开展"三边工作"，使得项目开展有条不紊。单彬和赵正威一同毕业参加工作，通过三塘湖预查项目得到了极大的锻炼，短短几年内成长为三塘湖"大会战"石头梅区项目负责人，由于一年大部分时间在野外，每天忙碌之后才能有短暂的闲暇时间跟未婚妻打个视频电话。库木苏区项目负责潘晓飞，生活中不苟言笑，工作起来也一丝不苟，平时话虽不多，但专业技术本领很强，每次专业方面的讨论都有着独到的见解。周梓欣是煤田地质局年轻的女同志，同为80后，有着扎实的制图功底和项目管理经验，是煤田地质局派来的得力干将。她协助项目组进行各种"三边工作"制图及报告编制工作，在风沙肆虐的环境中，她完全抛开同龄女孩的娇生惯养，像是一朵铿锵玫瑰，为项目部增添了一道靓丽的风景。

自治区领导对这次规模宏大的"大会战"十分重视，时任新疆维吾尔自治区人大常委会主任艾力更·依明巴海、时任新疆维吾尔自治区党委书记张春贤等自治区领导多次亲临现场检查指导工作，对煤田地质局"特别能吃苦""特别能战斗""特别能奉献"的精神进行了高度赞扬。张春贤书记到煤田地质局一六一队看望慰问地质队员，称赞说："你们这支队伍在

图 1-9　三塘湖"大会战"业余生活照

三塘湖能打善冲、令人感动、精神可嘉！充分体现了新疆精神、展现了新疆效率。希望大家再接再厉，加快三塘湖煤炭资源勘查步伐，为新疆'三化'建设作出贡献，在新的一年再立新功！"

2012 年 1 月 22 日是中华民族的新春佳节，自治区党委书记张春贤，人大常委会主任艾力更·依明巴海等领导来到新疆煤田地质局一六一煤田地质勘探队，亲切看望慰问地质勘探队员，与大家一起包饺子、过大年、庆新春（图 1-10）。

图 1-10　领导检查与关怀

新疆经济的跨越式大发展为煤田勘探队伍理清了思路：在新疆煤田地质局党政班子的强有力领导下，形成了一套高效、迅捷、实用的指挥机制，举全局之力，并在其他煤炭地质单位的大力支持下，一六一队精心组织施工，开创了我国煤炭地质勘探史上的一个壮举，史无前例的勘探规模、速度、投资，为中国的煤炭地质事业留下了浓墨重彩的一笔。三塘湖一年工作量，相当于一六一队过去30年国家项目钻探工作量的总和，三塘湖"大会战"也为新疆煤田地质局一六一队赢得了"铁军"的称号，诠释了攻坚克难、百折不挠的拼搏精神；求真务实、科学审慎的探索精神；开拓创新、追求卓越的进取精神；诚信尽责、担当作为的奉献精神。

至2012年7月1日，4个勘查区的详查报告、两个靶区的勘探报告、一个全区的地质总结报告评审顺利通过，这其中包含着煤田地质人付出的艰辛努力和勤劳汗水，丰硕的成果在一项项数据中显示了出来，在一年多的时间内，新疆煤田地质局在三塘湖煤田完成了以下工作：

汉水泉区完成1：2.5万地形地质测量755km^2，1：5000勘探线剖面测量381km，机械岩心钻探132 820.96m，二维地震物理点24 976个，地球物理测井129 910.96m，样品采集测试4547个（组）。

库木苏区完成1：2.5万地形地质测量455km^2，1：5000勘探线剖面测量208.5km，机械岩心钻探75 934.6m，二维地震物理点17 347个，地球物理测井75 436m，槽探2 113.2m^3，样品采集测试1813个（组）。

石头梅区完成1：2.5万综合地质测量200km^2，1：5000勘探线剖面测量13条（147.92km），二维地震物理点10 767个，钻探55孔（34 049.07m），测井55孔（33 579.1m），抽水试验4孔8次，样品采集1119件（组）。

条湖区完成1：2.5万综合地质测量563.73km^2，1：5000勘探线剖面测量62条（786.96km），二维地震测线80条（978.28km、48 030个物理点），钻探224孔（141 996.05m），另勘探孔99个（45 787.06m），测井224孔（135 052.97m），抽水试验9孔18次，样品采集2081件（组）。

（三）取得的成果

2011年5月24日，自治区国土资源厅组织中国地质调查局西安地质调查中心，自治区国土资源厅、地矿局、煤田局有关专家对项目进行了中期监理，对第一阶段野外施工进行第一次现场验收。2011年12月4日—10日自治区国土资源厅组织中国地质调查局西安地质调查中心、新疆地矿局和自治区地质勘查基金项目管理中心等单位的12名专家对三塘湖项目进行了野外监理和综合质量检查验收。监理组对中期成果表示赞扬。图1-11为专家野外检查及现场验收。

至2012年7月，新疆煤田地质局举全局之力，对上千个钻孔的地质编录、测井、煤层、煤质、水文地质、工程地质等庞大的数据进行分析整理，综合研究。最终在短时间内编制完成并提交了汉水泉、库木苏、石头梅、条湖4个勘查区的详查报告；石头梅一区、条湖一区的勘探报告以及三塘湖矿区地质勘查总结报告累计7个地质报告。

本次工作具有非常重要的意义，成果颇丰，对三塘湖煤田在地层和构造、煤层和煤质、水文地质及工程地质、煤炭资源储量等方面均取得翔实的成果。

1. 三塘湖煤田地层

三塘湖盆地地处东天山褶皱带北部，准噶尔盆地东部南缘，地层区划属北疆-兴安地层大区（Ⅰ）北疆地层区（$Ⅰ_1$）北准噶尔地层分区（$Ⅰ_{12}$）北塔山地层小区（$Ⅰ_{12-6}$）。该盆地

图 1-11 专家野外检查及现场验收

经历了泥盆纪—早二叠世的基底形成-雏形盆地发育阶段，晚二叠世以来盆地经历了前陆盆地—坳陷盆地—再生前陆盆地 3 个发育阶段，中生代沉积的侏罗系具有成煤的条件。

三塘湖含煤地层为中侏罗统西山窑组、下侏罗统八道湾组，其中西山窑组为全区主要含煤地层，八道湾组主要分布在汉水泉凹陷、条湖凹陷，为次要含煤地层。三塘湖是一个以二叠纪—中新生代陆相沉积为特点的上叠盆地，地层主要有石炭系、二叠系、三叠系、侏罗系、白垩系、古近系、新近系、第四系。

2. 三塘湖煤田构造

三塘湖盆地表现为在北东向呈隆坳相间的 3 个一级构造单元，由北至南为东北冲断褶皱带、中央坳陷带、西南逆冲推覆带。中央坳陷带由西向东发育有库木苏凹陷、巴润塔拉凸起、汉水泉凹陷、石头梅凸起、条湖凹陷、岔哈泉凸起、马郎凹陷、方方梁凸起、淖毛湖凹陷、苇北凸起、苏鲁克凹陷"六凹五凸"共 11 个次一级构造单元（图 1-12、图 1-13）。

矿区共控制褶皱 30 条，其中向斜 17 条，背斜 13 条；矿区内通过二维、三维地震和钻探共控制断层 401 条，正断层 189 条，逆断层 212 条，矿区构造复杂程度为中等型。图 1-14 为三塘湖煤田构造纲要图。

3. 三塘湖煤田煤层

三塘湖煤田分为库木苏凹陷、汉水泉凹陷、石头梅凸起、条湖凹陷 4 个含煤构造单元，含煤地层为中、下侏罗统。矿区内 1000m 以浅赋煤面积约 1 632.47km²，含煤 41 层，各煤层平均厚 0.6~12.99m，煤层平均总厚 88.64m，侏罗系含煤地层平均厚度约 907m，含煤系数 9.8%；含可采煤层 24 层，各可采煤层平均厚 1.13~13.66m，可采煤层平均总厚 82.24m，含可采煤层系数 9.1%，其中全区可采煤层 1 层，大部可采煤层 10 层，局部可采煤层 13 层。

1) 中侏罗统西山窑组（J_2x）

中侏罗统西山窑组（J_2x）煤层在全区发育，1000m 以浅赋煤面积约 1 352.5km²。含煤 24 层，自上而下编号为 1、2、3、4、5、6、7、8、9、10、11、12、13、14、15、16、17、17 下、18、19、20 上、20、21、22、23、24 号煤层，各煤层平均厚 0.6~12.99m，煤层平均总厚 44.91m。西山窑组含煤地层平均厚度约 590m，含煤系数 8.3%；含可采煤层 13 层，各可采煤层平均厚 1.13~13.66m，可采煤层平均总厚 42.69m。西山窑组煤层在石头梅区厚度大、层数少；其他区煤层层数多，厚度变化大。

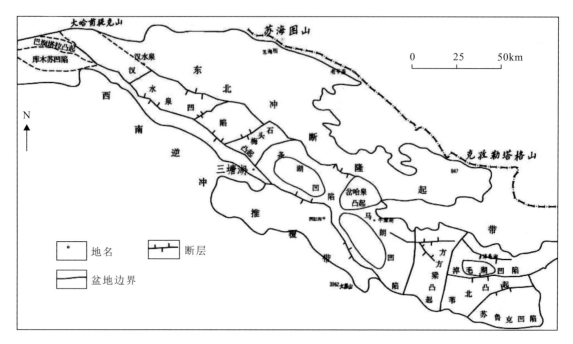

图 1-12 三塘湖盆地构造分区图

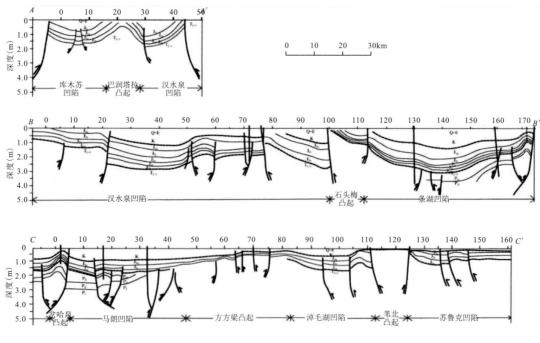

图 1-13 三塘湖盆地走向剖面图

2) 下侏罗统三工河组（J_1s）

下侏罗统三工河组（J_1s）煤层局部发育，含煤 3 层，自上而下编号为 23、24、25 号煤层，各煤层平均厚 0.73~1.04m，煤层平均总厚 2.68m，3 层煤层均为不可采煤层。三工河

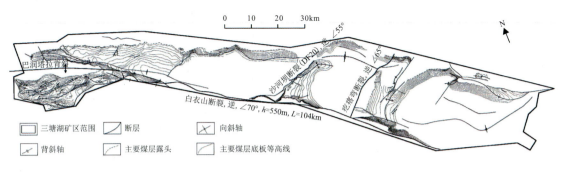

图 1-14 三塘湖煤田构造纲要图

组煤层在汉水泉区和条湖区局部区域发育，见煤点和可采点不连续，零星分布。

3) 下侏罗统八道湾组（J_1b）

下侏罗统八道湾组含煤 14 层，自上而下编号为 26、27、28、29、30、31、32、33、34、35、36、37、41、42 号煤层，各煤层平均厚 0.87～4.58m，煤层平均总厚 40.27m。八道湾组含煤地层平均厚度约 192m，含煤系数 21%；含可采煤层 11 层，各可采煤层平均厚 2.73～4.95m，可采煤层平均总厚 39.55m。八道湾组煤层主要发育在汉水泉区和条湖区，其中汉水泉区为八道湾组上段煤层厚度大、层数多，下段不含煤；条湖区八道湾组上下段均含煤，上段含 2 层可采煤层，下段不含可采煤层；其他区八道湾组不含煤或偶有见煤点。

4. 三塘湖煤田煤质

三塘湖煤田各煤层镜质体反射率 R_o 在 0.36%～0.55%之间，为低煤级煤；各煤层空气干燥基水分在 2.80%～5.21%之间，平均值 3.70%，总体属低水分煤层；各煤层原煤干燥基灰分产率平均 11.68%～18.57%，平均值为 14.94%，总体属特低灰煤—低灰煤层；各煤层的原煤挥发分在 42.64%～50.29%之间，平均值为 47.60%，总体以特高挥发分煤层为主，高挥发分煤层次之；各煤层干燥基全硫含量在 0.38%～0.68%之间，平均值为 0.51%，总体属特低硫—低硫煤；各煤层磷含量在 0.015%～0.098%之间，平均值为 0.045%，以特低—中磷煤为主；各煤层原煤干基高位发热量在 25.77MJ/kg～28.40MJ/kg 之间，平均为 27.13MJ/kg，属中高—高发热量煤；各煤层以中碱煤为主，低碱煤次之，可见少量的高碱煤点；全区含油率较高，各煤层焦油产率在 8.74%～15.84%之间，平均为 13.35%，以高油煤为主，富油煤次之。图 1-15 为三塘湖煤田含油率情况分布图。

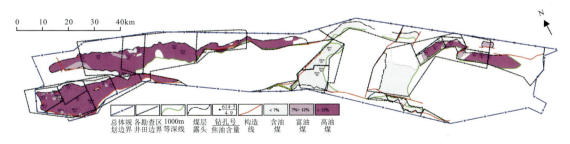

图 1-15 三塘湖煤田含油率情况分布图

当拟定所有煤层灰分为 5%的情况下，本区煤层总体以较难选、难选为主，中等可选次之，易选和极难选煤层为少量；当拟定所有煤层灰分为10%的情况下，本区煤层总体以易选、中等可选为主，较难选、难选次之，极难选煤层少。

煤类为长焰煤、不黏煤，局部有气煤，是良好的民用、动力及化工用煤。

5. 三塘湖煤田水文地质、工程地质、环境地质

三塘湖煤田地貌属戈壁荒漠区，基岩露头较少，第四系覆盖较多，地势较平坦。区内无常年流动的地表水流，气候干燥，蒸发强于降水。矿床充水主要源于大气降水、暂时性地表洪流的入渗补给以及层间补给。属顶底板直接或间接进水、水文地质条件中等的矿床，水文地质勘探类型为二类二型。地层岩性较复杂，地质构造发育，岩体结构以厚层状结构为主，但岩石强度不高，稳固性差，存在软弱夹层和饱水砂岩体，局部地段易发生矿山工程地质问题，各煤层顶底板坚硬程度变化较大，本区工程地质条件为中等型。各煤层甲烷含量普遍小于$1mL/g$，甲烷含量在深部逐渐增加，甲烷含量大于$1mL/g$，煤层瓦斯分带为二氧化碳-氮气带，局部区域为氮气-沼气带。地温梯度变化一般在$1.02\sim2.29℃/100m$之间。矿区内地温梯度无异常区，无热害。环境类型为第二类，地质环境质量中等。

6. 三塘湖煤田煤炭资源量

汉水泉区查明资源量117.39×10^8t，预测资源量50.75×10^8t。库木苏区查明资源量43.71×10^8t。石头梅区查明资源量47.40×10^8t。条湖区查明资源量38.89×10^8t，预测资源量17.25×10^8t。

（四）成果应用及获奖情况

如此丰硕的勘查成果，为新疆经济社会的发展提供了充足的资源保障，为自治区经济发展提供了强有力的支撑。

2012年2月17日，三塘湖煤田汉水泉一号区、汉水泉二号区、条湖一号区3个区块煤炭探矿权以320亿元成功挂牌出让，标志着自治区特大整装煤田开发正式启动，同时自治区煤炭有偿出让使用制度正式实施。这是新疆矿业权有型市场建设，是煤炭公开有偿出让制度进入到了一个历史性的阶段，也是力争把新疆从资源大区向资源强区，把新疆的资源优势变成经济优势的一个举措。

2015年9月22日，自治区人民政府与国家开发银行在北京签署总额200亿元的合作协议，采用政府和社会资本合作（PPP）模式，联合开发哈密三塘湖煤炭资源，为自治区加快推进政府和社会资本合作作出示范。这将有力促进新疆盘活优势矿产资源，推动新疆优势资源转化，筹集资金更好地促进新疆民生建设。

三塘湖的煤炭资源勘查工作，为自治区及地方经济带来突飞猛进的增长，为自治区跨越式经济大发展创造了充分必要条件，也为新疆煤田地质局带来了荣誉，新疆煤田地质局一六一队于2012年4月获得"全国五一劳动奖状"，2012年9月被人力资源和社会保障部、中国煤炭工业协会授予"全国煤炭工业先进集体"荣誉称号，2012年10月被国土资源部授予"全国模范地勘单位"荣誉称号，2013年荣获"全国百强地质队"称号。各种荣誉凝聚着煤田地质局人付出的努力和汗水，所有的光荣与梦想，传承着坚毅和不屈。

新疆煤田地质局依托三塘湖煤炭资源勘查开展的"三塘湖煤田煤炭资源赋煤规律及勘查实践"科研项目获得国家能源局评选的2012年度国家级科技能源进步二等奖。

三塘湖"大会战"所提交的各项地质报告也获得自治区国土资源厅与中国煤炭工业协会

的多项优秀地质报告奖,"新疆巴里坤哈萨克自治县三塘湖矿区煤炭资源普查-勘探项目"获得新疆维吾尔自治区人力资源与社会保障厅及新疆维吾尔自治区国土资源厅2016年度新疆"358"项目优秀成果特等奖。

《新疆巴里坤哈萨克自治县三塘湖矿区石头梅勘查区煤炭详查报告》获得中国煤炭工业协会第十六届优秀报告二等奖。

《新疆巴里坤哈萨克自治县三塘湖矿区条湖勘查区煤炭详查报告》获得中国煤炭工业协会第十六届优秀报告二等奖。

《新疆巴里坤哈萨克自治县三塘湖矿区库木苏勘查区煤炭详查报告》获得中国煤炭工业协会第十六届优秀报告新发现矿产资源报告奖。

《新疆巴里坤哈萨克自治县三塘湖矿区汉水泉勘查区煤炭详查报告》获得中国煤炭工业协会第十六届优秀报告新发现矿产资源报告奖。

《新疆巴里坤哈萨克自治县三塘湖矿区石头梅勘查区煤炭详查报告》获得中国煤炭工业协会第十六届优秀报告新发现矿产资源报告奖。

《新疆巴里坤哈萨克自治县三塘湖矿区条湖勘查区煤炭详查报告》获得中国煤炭工业协会第十六届优秀报告新发现矿产资源报告奖。

2012年至今,新疆煤田地质局一六一队和一五六队,又先后在汉水泉、库木苏、石头梅、条湖等14个井田展开了煤炭地质勘探工作。相继投入社会资金5.63亿元,完成钻探进尺40余万米,为自治区创造了巨大的财富。

三、伊吾县淖毛湖煤炭资源勘查

(一)勘查历程及工作背景

1. 概况

淖毛湖煤田位于三塘湖盆地中央坳陷带东段,南部距离伊吾县64km、淖毛湖镇6km;西部距离三塘湖乡62km;东部距离中蒙边境线约4km;北部为克孜勒塔格山,距离中蒙边境线约42km。淖毛湖和三塘湖同为山前丘陵、戈壁地貌,海拔295m~900m,略低于三塘湖。地势呈南北高,东西低。区内属大陆性温带干旱型气候,降水稀少,风沙大,夏季炎热,冬季寒冷,温差较大,多西北风,是全疆有名的风区之一,八级以上大风日达21d,每年的4~9月为风季,多西北风,一般4~5级,最大可达12级。有时风沙暴成灾。年平均气温约4℃,最高气温约29℃,最低气温约-40℃。年均降雨量106mm,年均蒸发量1844mm。

2. 项目背景

淖毛湖煤田煤炭资源与三塘湖煤田一样丰富,且勘查开发历史比三塘湖煤田要早一些。淖毛湖煤田大部分勘查工作由新疆煤田地质局一六一煤田地质勘探队完成。自2005年起至今,在淖毛湖煤田白石湖、英格库勒、黑顶山、东部勘查一区、东部勘查二区等区域投入大量工作,进行煤炭资源普查、详查、勘探工作。累计施工钻孔1000余个,钻探总进尺47万余米,查明资源量160×10^8t,预测资源量90×10^8t,累计发现资源量250×10^8t。由于其煤层具有厚度大、结构简单、埋深浅、挥发分高、煤质优良等优势,吸引了众多煤炭开发企业及煤化工企业进驻淖毛湖镇。

淖毛湖煤田面积 1200km², 在 20 世纪以前仅做过区域地质测量工作, 20 世纪 90 年代石油部门在本区进行了物探工作。在新疆煤田地质局开展工作之前仅有两个小规模煤矿, 为农十三师淖毛湖农场煤矿及伊吾县煤矿, 生产能力仅 3×10^4 t/a, 大部分区域基本为空白区。

一六一队根据伊吾县煤矿的地质资料分析, 在煤矿周边的大范围区域, 研究了含煤地层和构造形态, 将煤矿周边划为下一步勘查计划。步入 21 世纪后, 在国家政策的引导下, 地质勘查工作开展如火如荼, 由一六一队率先在此区域开展工作。2005 年伊始, 由一六一队地质队员进入淖毛湖煤田进行实地踏勘, 在与当地牧民的交流中获知, 淖毛湖有多处煤层出露地表, 通过这一重大信息, 展开了大面积的踏勘, 发现局部区域地表出露有煤层露头, 由此以分区方式开展煤炭勘查工作。

3. 工作历程

淖毛湖矿区的勘查史并不是像三塘湖一样全区展开, 大体分为先勘查中部, 后连贯东西。

2005 年, 新疆煤田地质局一六一队, 在淖毛湖煤田白石湖勘查区 95km² 范围进行了预查地质工作。施工了少量探槽和钻孔, 揭露可采煤层 3 层, 单层煤厚 20 余米, 预测煤炭资源量 17×10^8 t, 打开了淖毛湖煤田勘查的序幕。之后由一六一队继续在相邻的英格库勒、黑顶山等勘查区进行预普查工作, 均取得良好成绩。2005 年至 2008 年三年时间, 相继完成了淖毛湖煤田中部各勘查区(白石湖、英格库勒、黑顶山等勘查区)的预查至勘探工作, 查明资源量 20 多亿吨。此时, 淖毛湖已然经历了巨大的改变。由于该区煤质优, 挥发分、焦油产率极高, 适宜作为煤化工原料, 吸引了新疆广汇集团、新疆疆纳集团及华电集团英格玛公司的进驻。哈密市及伊吾县政府在淖毛湖煤炭优质资源的优势下, 坚持统筹规划、有序开发、合理布局、规模经营的基本原则, 以需定产、以质定用, 优先建设与煤电、煤化工项目配套或承担"疆煤外运"任务的煤矿, 设计了淖毛湖发展蓝图。

而此时, 不甘已有成绩的新疆煤田地质人, 将眼光放在了淖毛湖煤田的东部空白区。2006 年, 新疆煤田地质局综合地质勘查队在东部空白区做了二维地震工作, 地震资料显示, 该区域具有地表覆盖层浅、煤层埋深浅、地层倾角小等优点。同年, 一六一队选择有利区域布设钻孔 4 个进行验证, 惊喜再次传来, 钻孔揭露煤层 10~12 层, 可采 6~8 层, 煤类为长焰煤。2009 年至 2010 年, 由新疆广汇能源有限公司出资, 由一六一队在 230km² 的淖毛湖东部勘查区展开大规模的勘查工作, 在一年的时间内地质勘查程度要从预查达到详查程度。由此, 一六一队迅速成立领导小组, 组织各专业技术与施工人员 500 余人, 展开了淖毛湖东部大勘查施工。春节刚过完, 队员们就冒着严寒出工了。此时的淖毛湖正值大风季节, 戈壁滩满天飞沙使人不能站立, 寒风携带着砂石, 打在脸上如刀割一般。大家知道工期紧张, 所有人都未有一句怨言, 日复一日坚守在自己的岗位上。

与此同时, 淖毛湖煤田西部地质勘查也有巨大突破, 同为自治区"358"项目东疆地区煤炭资源勘查的子项目, 2009 年三塘湖煤田淖毛湖勘查区(岔哈泉、马郎一带)传来捷报, 发现巨大煤炭资源, 预测煤炭资源量超过 100×10^8 t。自此, 三塘湖煤田和淖毛湖煤田紧密相连, 从茫茫戈壁的无人区, 变身为东西跨越近 400km, 面积 6000km², 蕴藏着宝贵资源的一片煤海。

(二) 项目实施

2005 年至今, 一六一队先后在淖毛湖煤田多个勘查区进行了煤炭资源勘查项目, 分别由柴参军、吴斌、李万军、赵正威、张国强、周璋、赵明等人担任各区项目负责,完成了绝大部分的地质工作。其中影响最大的为2010年淖毛湖东部大勘查。

2010年,一六一队成立淖毛湖东部勘查项目领导小组,由张相担任组长,韦波担任副组长,柴参军担任总指挥及项目负责,赵正威担任技术负责,在一六一队领导的带领下,春节刚过完就开赴淖毛湖战场,开始了紧张有序的工作。

在这一年紧张的战斗中,也涌现出许多个感人的瞬间。202钻机机长宋虎带领他的队伍,创造了拆塔、搬家、安装并当天开钻的纪录,被大家称为"淖毛湖施工区中的一支铁军";黑夜里,帐篷无数次被大风掀起,像风筝一样飞远,项目组第一时间出动车辆对在寒风中瑟瑟发抖的钻机工人展开救援;肆虐的大风将数吨重的活动板房吹得满地打滚,工人们固定完后又回到工作岗位;不间断的工作、拆塔、搬家、安装,钻塔上的工人站着都能睡着……最终,在一年多的时间内,顺利完成钻孔260余个,钻探进尺$13×10^4$m,这创造了一六一队历史上在最短的时间完成最大的任务量的记录。

由于矿方提出,一年时间完成详查工作任务,意味着报告编制时间仅有一个月,如果不能按时完成,每推迟一天,将罚款12万元。面对时间紧、要求高的严峻挑战,地质组没有松一口气,发出"不完成报告编制,决不收工"的誓言。大家齐心协力、通宵达旦地加班,报告编制有序进行,副项目负责人赵正威曾三天内只睡了几个小时。为了使大家保持积极性,领导每天为大家购买宵夜,在大家坚持不懈的努力下,2010年12月28日提前完成报告的编制任务,12月29日从野外收工归队。

(三) 取得的成果

通过本次工作,淖毛湖煤田东部勘查取得了重大地质成果。通过分析基础地质资料、地面地质填图、二维地震和钻探等综合勘查方法的应用,确定淖毛湖煤田含煤地层为中侏罗统西山窑组和下侏罗统八道湾组,全区共发育断层151条,全区含煤39层,可采31层,其中,单孔煤层可采总厚超过100m,淖毛湖煤田东部获得煤炭资源量$56×10^8$t。

1. 淖毛湖煤田地层

淖毛湖煤田分布的地层有石炭系、三叠系、侏罗系、白垩系、古近系、新近系、第四系。主要含煤地层为中侏罗统西山窑组和下侏罗统八道湾组。

中侏罗统西山窑组为矿区东部的主要含煤地层,西部超覆于石炭系之上,东部与下伏三工河组整合接触。该段地层仅在矿区西部以及东一区、东二区发育,其他地区缺失。岩性为湖沼相灰色、灰黑色中细砂岩,粉砂岩,泥岩,夹粗砂岩、砾岩。钻孔揭露地层厚度15.44~596.47m。含厚度0.3m以上煤层(线)10层,其中可采煤层7层。

下侏罗统八道湾组为矿区主要含煤地层,超覆于石炭系之上,分布于矿区的大部分范围。为一套河流相、湖滨相及泥炭沼泽相的沉积,区内已揭露地层厚度40.32~655.81m。区内含厚度0.3m以上煤层共29层,其中可采煤层24层。

2. 淖毛湖煤田构造

淖毛湖可分为3个主要的构造单元:西部整体呈近东西走向、南倾的单斜构造,地层倾角3°~30°;中部整体为一轴向北东的向斜构造,地层倾角自西向东逐渐增大,向斜轴部相对平缓,两翼相对陡立,倾角15°~70°;东部构造形态整体由两个不对称的背斜夹一个不对称的向斜所构成,局部发育有次一级的褶曲。背斜的南翼陡立,北翼较平缓;向斜的南翼较平缓，北翼陡立，倾角5°～70°。

全区发育断层151条。其中，正断层111条，逆断层38条，区域断层2条（据1：20万区域地质调查图）；可靠断层76条，较可靠断层53条，控制较差断层3条，未评级断层19条。落差小于50m断层137条，落差50～100m断层5条，落差大于100m断层9条。

煤系地层中未见岩浆岩。矿区构造复杂程度中等。图1-16为淖毛湖矿区构造纲要图。

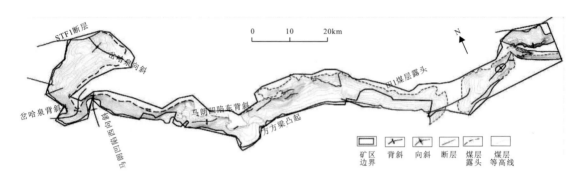

图1-16 淖毛湖矿区构造纲要图

3. 淖毛湖煤田煤层

淖毛湖煤田含煤39层，含可采煤层31层。其中，西山窑组含煤10层，含可采煤层7层，含煤总厚2.70～96.90m，平均厚度41.00m，西山窑组平均厚度305.96m，含煤系数为13.40%。煤层结构简单—复杂，为局部可采的不稳定煤层。八道湾组含煤29层，含可采煤层24层。含煤总厚9.69～83.71m，平均厚度46.70m，八道湾组平均厚度348.07m，含煤系数为13.4%。主要煤层属全区大部可采的较稳定煤层，次要煤层属局部可采的不稳定煤层。

4. 淖毛湖煤田煤质

淖毛湖煤田各煤层的镜质组平均反射率值0.29%～0.45%，煤化程度多属低煤级煤；原煤水分1.76%～7.00%，平均3.37%～5.37%；原煤灰分12.72%～22.39%，平均16.36%，总体属特低灰—低灰煤层；浮煤挥发分33.96%～52.02%，平均39.42%～41.23%，总体属中高—高挥发分煤；原煤全硫0.26%～0.61%，平均0.31%～0.40%，总体属特低硫—低硫煤；原煤磷0%～0.838%，平均0.054%，总体属中—高磷煤；原煤干基高位发热量24.22～28.34MJ/kg，平均24.88～26.99MJ/kg，总体属中—高发热量煤；黏结指数0～102；灰熔融性软化温度1184～1302℃，为低—中等软化温度灰；焦油产率2.00%～24.20%，以含油煤—富油煤为主。图1-17为淖毛湖煤田含油率情况分布图。

淖毛湖煤田各煤层以长焰煤为主，可见少量不黏煤、弱黏煤，在淖毛湖东部勘查区可见少量的气煤及焦煤点。全区各可采煤层煤质变化较小，总体属低水分、特低灰—低灰分、中高—高挥发分、特低硫—低硫分、中磷—高磷、中—高发热量、不具黏结性、含油—富油的动力用煤、民用煤及煤化工用煤。

5. 淖毛湖煤田水文地质、工程地质、环境地质

淖毛湖煤田发育有多条近东西走向的断裂构造，大多数为张性断层-正断层，各断层的阻导水性具有不确定因素。直接充水含水层单位涌水量0.0058～0.3977L/(s·m)，为弱—

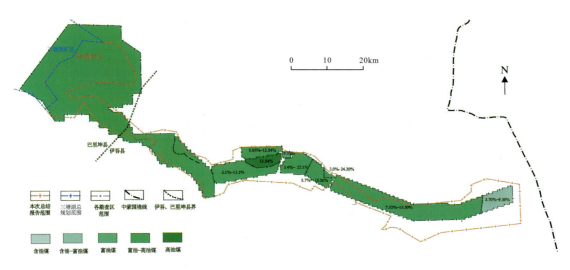

图 1-17 淖毛湖煤田含油率情况分布图

中等富水性含水层。将露天开采煤矿矿区水文地质条件定为一型，将井工矿开采煤矿矿区水文地质条件定为二类二型，即裂隙类中等型。工程地质条件比较复杂，区内工程岩组多属软弱岩石，岩体结构以层状结构为主，但岩石强度不高，稳固性差，存在软弱夹层和饱水砂岩体，局部地段易发生矿山工程地质问题，煤层顶底板岩层抗压强度较小，多为不稳固及稳固性差的顶底板。工程地质条件为层状岩类中等型。瓦斯含量中甲烷一般在 7.24%~99.86% 之间，甲烷含量为 0~4.813mL/g。瓦斯分带主要为二氧化碳-氮气带，东部局部及西部存在氮气-沼气带。各煤层的煤尘均有爆炸性。各煤层均以Ⅱ类自燃煤层为主。地温梯度变化一般在 0.14~3℃/100m 之间。地温梯度无异常，矿区范围无地温异常区。地质环境类型属第二类，即地质环境质量中等。

6. 淖毛湖煤田煤炭资源量

淖毛湖煤田累计估算 1000m 以浅可采煤层资源 $250×10^8$t。

（四）成果应用及获奖情况

淖毛湖煤炭勘查项目获得新疆"358"项目三等奖。

2005 年至今，十多年来，淖毛湖镇发生了巨大的改变，从伊吾县煤矿纳入广汇集团白石湖露天煤矿拉开生产序幕发展至今，广汇矿业公司入驻淖毛湖，已成为一家集煤炭产、运、销、储为一体的大型煤炭企业，同时也已形成煤炭生产、铁路外运、煤炭销售和物流储运"四位一体"的产、运、销、储模式。

2008 年以来，广汇矿业公司年产 $120×10^4$t 甲醇、$80×10^4$t 二甲醚、$5×10^8$m³ LNG（煤基）项目在淖毛湖开工建设，被列为国家《石化产业调整和振兴规划》鼓励的大型煤基二甲醚装置示范工程和自治区重点工程。2012 年 6 月试生产，8 月产出甲醇产品，12 月产出合格 LNG 产品；2016 年实现达产达标；2019 年 3 月，顺利完成项目自主竣工环保验收。广汇矿业公司在淖毛湖一系列创举，展开的是一整条煤炭产业链，同样是在淖毛湖镇工业园区内，兴建了 $1000×10^4$t/a 煤炭分级提质利用项目。

由于淖毛湖煤炭资源优势，广汇集团该项目装置原料煤以公司自有白石湖露天煤矿煤炭产品为主。主要生产工艺是对淖毛湖的块煤资源进行分级提质、综合利用，建立"煤-化-油"的生产模式，即块煤经过干馏生产提质煤和煤焦油。为了使产品更便利地走出去，广汇能源修建一条长约 480km，贯穿河西走廊的"淖柳公路"，直接拉近了淖毛湖煤田至河西走廊的距离，促进国家"西煤东运"战略实施的同时，也使伊吾县乃至哈密地区迎来了煤化工发展的新机遇。

至今，新疆红淖三铁路亦悄然试运营。红淖三铁路计划分两期建设，一期为红柳河至淖毛湖段正线长约 313km，淖毛湖至矿区段约 123km，总投资约 108 亿元；二期为红柳河至淖毛湖复线及淖毛湖至三塘湖铁路。

2020 年 3 月 30 日，作为国家煤炭深加工产业示范项目的低阶煤分级分质清洁高效深加工综合利用产业一体化项目正式开工建设，该项目由伊吾疆纳新材料有限公司承担，计划年产量 550×10^4 t，拉开了新疆哈密北部新型综合能源基地现代新型煤化工产业建设的序幕。

依托疆纳矿业兴盛露天煤矿资源优势、区位优势和交通优势，按照"煤-炭-油-气-电-热-化"产业定位，计划投资 120 亿元建设 550×10^4 t/a 低阶煤分级分质清洁高效深加工综合利用一体化项目。项目符合国家产业政策，是自治区、哈密市"十四五"先导工程煤炭深加工重点项目，也是哈密北新型综合能源基地规划的重要项目之一。项目已列入国家《煤炭深加工产业示范"十三五"规划》后两年新增能源重点工程项目。项目全部建成后可实现产值 80 亿元以上，利税实现 15 亿元，安置就业 2000 多人，将产生良好的经济效益和社会效益，惠及新疆各族人民。

四、伊犁盆地煤炭资源调查

（一）勘查历程及工作背景

1. 概况

伊犁盆地煤炭资源调查区由 4 个子调查区组成，总面积约 9 127.63km²。其中，新源-巩留调查区位于伊犁盆地东部和东南延伸的部分，伊宁县、巩留县及新源县境内，行政区划隶属新疆伊宁县、巩留县和新源县。调查区东西长约 130km，南北宽 5～20km，面积约 2495km²。项目开展期间，根据实际需要经论证后，对调查区范围进行了调整（新国土资阅〔2010〕9 号文件批复），在调查区西部新增约 1528km²，调整后的调查区面积为 4023km²。尼勒克调查区地处喀什河北岸，博罗霍洛山南麓的低山丘陵地带，行政区划隶属尼勒克县。调查区东西长约 40.68km，南北宽约 8.49km，面积为 345.64km²。项目开展期间，根据实际需要经论证后，对调查区范围进行了调整（新国土资阅〔2010〕9 号文件批复），在调查区西部增加约 135km²，调整后的调查区总面积为 475.6km²。昭苏调查区由昭苏煤田及其东南部的特克斯南部调查区组成，位于昭苏县-特克斯县境内，直属伊犁哈萨克自治州管辖，总面积 2 972.07km²，勘查深度不大于 1000m。霍城县清水河调查区位于霍城县清水河一带，行政区划隶属霍城县。调查区东西长约 59km，南北宽约 44.2km，面积为 1 656.92km²。

伊犁地区交通发达。公路、铁路及航班通达或接近调查区，主要交通线有 312、218、217 国道，313、220、316、315、314 省道，精伊霍铁路和乌伊空运线。乡镇公路或简易公路与省道或国道相连，然后直通各调查区。主要河流两岸均有桥梁相通，总体上交通条件便

第一章 煤炭资源潜力评价与勘查工作

利。

调查区位于新疆天山山脉西端，具有典型的干旱气候特征，属寒温带半干旱的大陆性气候。气候特征：夏季短，冬季长；春季升温快但不稳定；秋季降温迅速。一般年份春季长于秋季30天左右。阳光充足，相对湿度低，蒸发量大，全州年蒸发量1259～2381mm。年平均气温为8～9℃，全年以1月（山区2月）最冷，7月最热，气温随地势的增高而渐低，气温变化剧烈，日温差大。无霜期较短。降水量月、季、年度变化率大，山区多于平原，局部地区间差异大。风力因各地地形影响而表现不一。在灾害性天气方面，逢秋末、春初普遍受到冷空气入侵，气温急剧下降，有暴风雪。初冬有霜冻，夏季有暴雨、冰雹、干热风等灾害。

调查区内河流主要为伊犁河，属于内陆河，流入盆地的低洼部位，是新疆水量最大的河流，上游为特克斯河、巩乃斯河和喀什河，在雅玛渡汇合后成为伊犁河，流经伊宁县、伊宁市、察布查尔锡伯自治县和霍城县境，至国界同霍尔果斯河汇合后，注入哈萨克斯坦境内的巴尔喀什湖。

2. 项目背景

为响应自治区"大力实施煤炭优势资源转换战略和大企业大集团战略"的号召，落实自治区"把伊犁地区建设成为重要的能源基地和煤电煤化工基地"的重要指示，伊犁州政府相继引进了国内18家大型企业入驻伊犁，参与以煤炭资源为主的勘查和开发，给伊犁煤炭工业的发展带来了前所未有的良好势头，同时也使得煤炭供需缺口增大，为此，伊犁州恳请自治区人民政府对伊犁州的地质勘查工作给予大力支持。为切实解决伊犁州煤炭资源家底不清、供给不足的问题，自治区国土资源厅提出整合小煤矿、整合探矿权、对资源远景区进行调查和争取利用国家规划区内矿产资源四项措施。其中，非常重要的一项措施就是由自治区财政拿出资金，对伊犁含煤盆地的煤矿远景区（矿业权空白区）开展调查工作，力争在该区实现找煤突破，发现新的煤炭资源，并就该项调查工作做出具体部署。

新疆煤田地质局接到任务后，在利用以往伊犁盆地煤田地质调查成果的基础上，经过分析论证，根据伊犁盆地煤层主要分布规律，再结合已有矿业权空白区分布情况，在伊犁盆地内选定了4个具有调查前景的找矿靶区（4个子项目），分别是伊宁煤田霍城县清水河煤炭资源调查区、尼勒克煤田北部煤炭资源调查区、新源-巩留煤田煤炭资源调查区、昭苏煤田煤炭资源调查区。该项工作总体设计及实施由新疆煤田地质局组织牵头，新疆地质矿产勘查开发局协作承担。2009年4月20日，自治区国土资源厅召开项目工作会议，确定了工作范围、工作周期、预算标准及费用，统一了工程布置原则。4月29日，新疆维吾尔自治区人民政府组织专家及相关部门领导，对设计进行了会审，确定项目名称为"新疆维吾尔自治区伊犁盆地煤炭资源调查"，各子项目为预查，其中新源-巩留、尼勒克区子项目由新疆煤田地质局完成，霍城县清水河区、昭苏区子项目由新疆地矿局第九地质大队完成。调查工作按照"统一规划、统一设计、统一标准、统一实施、统一管理"的五统一原则进行，要求对伊犁盆地煤炭资源进行总体评价。

3. 工作历程

2009年5月20日，自治区人民政府下达《关于同意新疆伊犁盆地煤炭资源调查总体设计书的函》（新政办函〔2009〕99号），承担单位分别有新疆煤田地质局综合地质勘查队、新疆煤田地质局一五六队、新疆地矿局第九地质大队。项目工作周期为3年，即2009年5月—2012年6月。

在自治区人民政府直接领导、自治区国土资源厅具体指导及伊犁州的大力支持下，为确保勘查工作的合理性和野外勘查工作质量，为加快勘查速度、确保调查工作提前完成任务，2009年5月，新疆煤田地质局和新疆地矿局成立了伊犁盆地煤炭资源勘查指挥部，组长为何深伟（自治区煤田地质局局长）、曾小刚（新疆地矿局党组书记），副组长为王俊民（煤田地质局总工程师）、董连慧（新疆地矿局党组成员、总工程师）、李保国（煤田地质局副局长）、李凤义（煤田地质局副局长），成员为韩玉春（煤田地质局财务处长）、张彦（煤田地质局一五六队队长）、李景宏（地矿局第九地质大队队长）、黄涛（煤田地质局综合队队长）、张相（煤田地质局一六一队队长）。领导小组下设办公室，办公室主任由王俊民兼任，办公室成员有李瑞明、周继兵、葛江、高占华、张国庆、翟广庆、徐进、王平等。伊犁盆地煤炭资源调查项目实施中，自始至终得到了自治区人民政府、中国地质调查局西安地质调查中心、自治区国土资源厅、自治区地质基金项目管理中心的悉心指导、监督检查与大力支持，对保证工程质量、全面完成任务提供了保障。

2009—2011年，新疆煤田地质局综合地质勘查队在新源—察布查尔县一带4023km²范围内进行了1∶5万煤炭资源调查评价工作，初步确定了调查区内的地层层序，确定了含煤地层时代，大致了解了调查区内构造形态，初步分析了调查区沉积环境及聚煤规律。区内资源量均位于西山窑组，共求得2000m以浅资源总量$506×10^8$t。

2009—2010年，新疆煤田地质局一五六地质勘查队在尼勒克县一带478km²调查区内经过预查工作，初步确定了预查区地层层序，确定了含煤地层时代；大致了解了预查区构造形态；大致了解了含煤地层的分布范围、煤层层数、煤层的一般厚度和埋藏深度；大致了解了煤类和煤质的一般特征；大致了解了其他有益矿产情况。本次共获得煤炭资源/储量$20×10^8$t，均为预测的资源量。

2009—2010年，新疆地矿局第九地质大队在昭苏县一带2577km²范围内进行了1∶5万煤炭资源调查评价，初步确定了调查区内的地层层序，确定了含煤地层时代，大致了解了调查区内构造形态，初步分析了调查区沉积环境及聚煤规律。区内资源量均为西山窑组煤层资源量，调查区内共求得新增煤炭资源总量$17×10^8$t。

2009—2012年，新疆地矿局第九地质大队在霍城县清水河一带1656km²范围内进行了1∶5万煤炭资源调查评价，初步确定了调查区内的地层层序，确定了含煤地层时代，大致了解了调查区内构造形态，初步分析了调查区沉积环境及聚煤规律。区内资源量均位于八道湾组，调查区内共求得新增煤炭资源共计$6×10^8$t。

（二）项目实施

调查项目于2009年4月开始启动，2009年5月18日开始野外工作，至2011年12月25日全面完成野外地面地质测量、二维地震勘查、钻探、地球物理测井和样品采集等施工任务，于2012年2月底前完成报告编制。

2009年6月，伊犁盆地煤炭资源调查项目进入正式实施阶段，新疆煤田地质局、新疆煤田地质局综合地质勘查队组织强大的专业队伍，由时任局长何深伟挂帅，时任综合地质勘查队队长黄涛担任总指挥，生产副队长翟广庆、总工程师孟福印、普查队长李洪波担任副总指挥坐镇现场，由综合勘查队普查分队张伟担任项目负责。调集了全局上下全部力量，由煤田地质局下属综合地质勘查队负责整个项目，局各处室抽调经验最为丰富的同志驻扎项目部，给予技术上的强劲支撑，组成地质勘查强有力的阵容。

伊犁盆地的绝大部分地表被新生界所掩盖，只有零星的露头，且隐伏区地质构造复杂，在此之前，新疆煤田地质局在伊犁盆地仅开展简单的调查工作，对伊犁盆地内4个煤田的煤层赋存情况的认识仅限于个别零星的露头和小煤矿的现状。项目负责张伟带领项目主要人员对伊犁盆地的成矿环境和以往地质资料进行了认真的研究，结合大量的野外踏勘成果，根据实际的地质、地形情况合理布设勘查手段，针对隐伏区找煤首次采用大规模的二维地震加钻探施工的工作方法。

整个伊犁盆地内的结构为"二山三盆"，在面积9000km²的工作区进行煤炭资源调查，困难程度可想而知。工作区没有道路，山路丘陵众多，有些地方汽车无法到达，需要步行几千米至十几千米方能到达。为了科学有效地布置钻探工程，大家早出晚归地忙碌奔波于偌大的无人区。李洪波将图纸、工程进度牌直接挂到自己的床边，每时每刻都在计算、推演整个项目的工程进度和提前预防可能出现的问题；为了有效指导钻探工作，副总指挥翟广庆时刻关注二维地震工程的进展并及时组织施工队、技术组对地震资料进行现场解释和室内解释，地震工程每解析完成一条时间剖面，他立即带领技术人员进行会议讨论研究，合理布设钻孔的位置，使得资料解释和实际见煤情况误差小于规范要求。图1-18为野外地震施工图。

图1-18 野外地震施工图

同时，李洪波指挥填图小组进行着紧张的地面填图工作，填图工作和地震工程一样，在预查工作中具有非常重要的作用，通过对地表出露的地层界线、构造、岩层产状特征等进行记录，研究地层沉积层序以及煤层的赋存规律等。偌大的工作区，要在短时间内完成填图工作，任务异常艰巨。填图小组人员每天天不亮就赶赴计划好的区域进行填图工作，基本上没有休息时间，重复坐车—填图—吃饭—填图—坐车—整理资料—睡觉的流程，填图小组发扬吃苦耐劳、艰苦奋斗的精神，圆满完成了填图任务。图1-19为野外地质填图工作照片。

在项目全体人员的共同努力下，该项目共完成1∶5万地形地质简测9 127.63km²，开动钻机20余台，施工钻孔43个，完成进尺3.36×10⁴m，实测二维地震测线142条、长2 382.29km，物理点11.48万个，采集各类样品320件。

图 1-19 野外地质填图工作照片

伊犁盆地煤炭资源调查项目的开展，锻炼了一批人，培养出许多优秀的年轻地质技术人员，同时也更进一步汲取了工作中出现的问题，锻炼了各层次技术人员的综合能力。

(三) 取得的成果

新疆维吾尔自治区煤田地质局综合地质勘查队、新疆维吾尔自治区煤田地质局一五六队、新疆维吾尔自治区地矿局第九地质大队以及疆内外多家地勘单位，经过3年多的艰辛与紧张地工作，于2011年底完成了伊犁盆地煤炭资源调查野外工作，并于2012年2月完成了4个子项目调查报告的编制，全面、快速、高效、高质地完成了伊犁盆地煤炭资源调查总体任务，为自治区实施大企业、大集团战略，科学配置区块、引进大企业提供地质依据。本次工作具有非常重要的意义，成果颇丰：重新厘清了调查工作区地层层序和含煤地层时代，进一步了解了各含煤盆地的构造形态、含煤地层分布范围、煤层（组）数、煤层（组）的一般厚度和埋藏深度，了解了煤类和煤质的一般特征、煤层气及其他有益矿产情况，估算了调查区并统计了调查区外的煤炭资源量，对伊宁含煤盆地、尼勒克含煤盆地和昭苏含煤盆地的煤炭资源量进行了汇总，对伊犁盆地沉积演化和聚煤规律进行了专项研究，提高了伊犁盆地煤炭资源勘查及地质研究程度。

1. 伊犁盆地地层

区域出露的地层主要有：古生界的奥陶系、志留系、石炭系、二叠系；中生界的三叠系、侏罗系；新生界的古近系、新近系和第四系。其中古生界石炭系构成了中新生代沉积盆地的基底，新生界构成了含煤侏罗系地层的盖层。

2. 伊犁盆地构造

伊犁盆地处在哈萨克斯坦板块内二级构造单元的伊犁-什塞克微板块之中。盆地基底是元古代变质岩。海西期该区拉张（早期开始、中期最盛、晚期闭合）形成伊犁裂谷，地层主要为下、中石炭统浅海相和海陆交互相火山岩建造，其次为二叠纪陆相火山岩和磨拉石建造。中—新生代发展为山间盆地。图 1-20 为伊犁盆地区域地质构造略图。

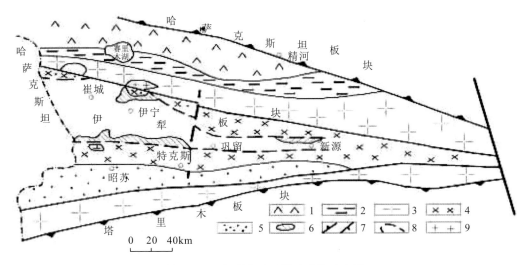

图 1-20 伊犁盆地区域地质构造略图

1. 早古生代弧前隆起；2. 早古生代弧前盆地；3. 早古生代岛弧；4. 晚古生代裂谷系；
5. 晚古生代弧间盆地；6. 古生界露头区；7. 俯冲带及断层；8. 盆地覆盖区；9. 花岗岩

伊犁盆地是天山造山带中的山间盆地，与其直接邻接的南北构造单元分别为哈尔克-那拉提中南天山板块间的早—中古生代碰撞造山带（简称哈-那带）与科古琴-博罗科努早—中古生代陆内造山带（简称科-博带），在大地构造上归属天山造山带中的伊犁-中天山微地块。该微地块总体属哈萨克斯坦-准噶尔板块（包括北、中天山），其南侧与塔里木（包括南天山）板块邻接，呈狭长三角形东西向夹持于新疆中部，向西敞开通向中亚。新疆地处欧亚板块，紧邻印度与西藏板块间碰撞造山带与青藏高原的西北侧，在现今大地构造上占有重要地位（图 1-21）。

3. 伊犁盆地煤田划分

伊犁盆地位于新源以东，西至中哈边界，并延伸至哈萨克斯坦境内。北、南分别与科古琴山、博罗科努山及哈尔克山、那拉提山为邻，呈近东西向展布、东窄西宽的楔形，面积约20 000 余平方千米。内分 4 个凹陷，即伊宁凹陷、昭苏凹陷、特克斯凹陷、尼勒克凹陷。南以那拉提深断裂与哈尔克山复背斜为界，北以尼勒克深断裂与博罗科努复背斜为界。盆内有伊宁煤田、昭苏煤田、尼勒克煤田和可尔克煤产地。划分为 3 个构造单元：①伊宁-喀什河-巩乃斯河坳陷，为伊宁盆地的主体，北西西向分布。中新生代地层褶皱宽缓，东西向断裂发育，北东向、北西向后期断裂也较发育。②昭苏-特克斯坳陷，包括昭苏、特克斯坳陷，北

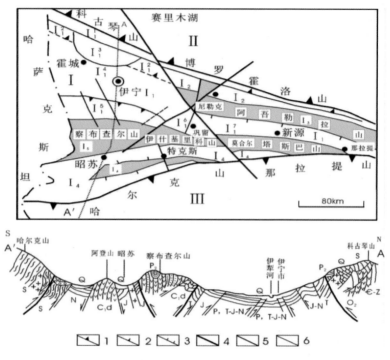

图1-21 伊犁盆地构造区划及盆地结构图

Ⅰ.伊犁盆地；I_1.伊宁-巩乃斯叠合断拗陷；I_1^1.北缘断坡带；I_1^2.北缘同生断陷带；I_1^3.霍城断凸区；I_1^4.中央坳陷带；I_1^5.南部斜坡带和南缘逆冲断阶带；I_1^6.雅玛图-白石墩凸起；I_1^7.巩乃斯凹陷；I_2.尼勒克断陷；I_3.阿吾拉勒断块隆起；I_4.昭苏断陷；I_5.察布查尔逆冲推覆山地；Ⅱ.科古琴-博罗霍洛-依连哈比尔尕早中古生代陆内裂陷造山带；Ⅲ.哈尔克-那拉提早中古生代活动陆缘碰撞造山带；1.一级逆冲断层；2.二级逆冲断层；3.三级正断层；4.一级断层；5.二级断层；6.三级断层

东东向，侏罗系出露于北缘山前一带。③昭苏-特克斯隆起，侏罗纪时可能为水下隆起，后期抬升，接受剥蚀，现代仅保留零星的侏罗纪煤系。

1）基盘构造

盆地基底主要由石炭系、二叠系变质岩系组成。三叠纪以后，在近东西向构造控制下不断沉降，形成近东西向坳陷。盆内南北两侧凹陷较深，中间隆起。

2）聚煤期构造

水西沟群地层总厚505～1520m，分为3个组，下部为不含煤组，与下伏三叠系为过渡关系；中部为不含煤组，湖泊沼泽及泥炭沼泽相沉积。上部为含煤组，河流-湖泊沼泽相沉积。东隆西坳，特别是伊宁市北铁厂沟及南台子一带。盆地北缘含煤12～28层。

在每一个地段（即伊宁、尼勒克、昭苏、特克斯）范围内，相对而言，总有一个区含煤较好，外围含煤较差，说明聚煤时盆内存在多个凹陷。就整个盆地而言，煤系沉积横向变化较大。

早—中侏罗世早期，盆地沉降不均匀，构造活动较强，不利于泥炭沉积。中期，随着构造运动减弱，盆地基底均衡下降，沼泽相发育，沉积了一套湖泊沼泽及泥炭沼泽相地层。晚期，初始沉降幅度变化较大，后趋于稳定，沉积了上部的一套泥炭沼泽相地层。

盆地基底凹凸不平，有多个沉降中心，各处沉降幅度亦有差别。根据各地煤系厚度统计，盆地边线一般厚400～600m，北缘的伊宁北一带可达700～2000m，尼勒克一带可达1300～2000m，南缘及昭苏、特克斯一带为400～500m。聚煤中心主要在盆地的北缘。

岩相分带总体不明显，但每个沉积中心具有一定规律：边缘河流、冲积相发育，煤层薄，含煤性差，中心为湖泊、泥炭沼泽相沉积，煤层厚度大，含煤性好。聚煤中心与沉降中心基本一致。富煤带往往发育在次级隆起两翼的斜坡上。近东西向构造控制聚煤中心及煤系的分布。

3) 煤系后期改造

燕山运动使盆地整体抬升，三叠纪、侏罗纪地层褶皱成宽阔的向斜和背斜，轴向多为近东西，部分地区叠加了北东向、北西向构造。受喜马拉雅运动的影响，断块上升，使伊宁盆地分割呈现代的楔状形态。较大断层为巩乃斯、喀什河、特克斯河3条近东西向断层。

伊宁—巩乃斯一带，为一东窄西宽的近东西向大型宽缓复向斜，冀部倾角北陡西缓。煤系保存较好。北侧由于博罗科努山向南滑动，产生逆掩推覆。伊宁煤田的南、北侧，石炭纪地层逆冲于侏罗纪煤系及古近系之上，煤系呈开阔对称的向斜，核部煤层埋深达1000m以上。

尼勒克一带，煤系位于狭窄复向斜轴部，大致沿喀什河延伸，呈东西向或北西向，受东西向及北西向断裂控制。向斜北翼，煤系大部分被第三纪地层超覆，南翼被断裂破坏。可尔克一带，煤系位于复向斜构造中，呈北西西-南东东向狭长条带状分布，向斜两翼的部分煤系，遭受断裂不同程度的破坏。

阳苏—特克斯一带，煤系呈东西向、北东向展布，受东西向、北东向断裂控制。

伊犁盆地划分为3个含煤构造单元及4个煤田（表1-7）。

表1-7 伊犁煤田构造区划表

Ⅰ级构造单元	Ⅱ级构造单元		Ⅲ级构造单元/煤田（煤产地）、煤矿点	Ⅳ级构造单元/煤矿区
天山-兴蒙造山系（I$_2$）	西北赋煤区	伊塞克-伊犁陆块（I$_4$）	伊犁煤田	伊宁煤田	伊北煤矿区
				伊南煤矿区
			尼勒克煤田	胡吉尔台矿区
				塘坝矿区
				可尔克矿区
				阿拉斯坦矿区
			新源-巩留煤田	新源矿区
				巩留矿区
			昭苏-特克斯煤田	昭苏矿区
				特克斯矿区

上述4个煤田均为伊犁盆地的含煤子盆地，各煤田边界均与其所在构造单元边界一致。图1-22为伊犁盆地中新生代构造单元及赋煤单元平面图。

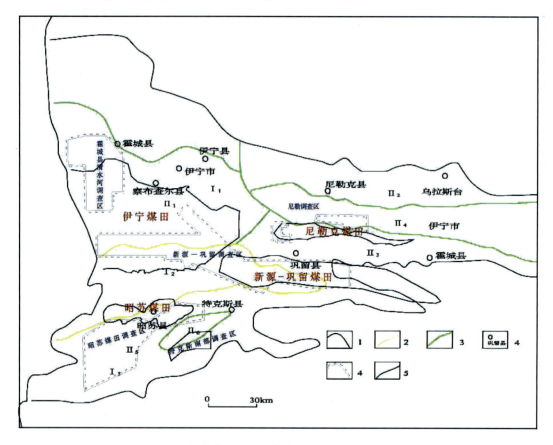

图1-22　伊犁盆地中新生代构造单元及赋煤单元平面图

I_1.北部坳陷带；I_2.中央隆起带；I_3.南部坳陷带；II_1.伊宁凹陷；II_2.尼勒克凹陷；II_3.巩乃斯凹陷；II_4.阿吾拉勒凸起；II_5.昭苏凹陷；II_6.阿登套-大哈拉军山凸起；1.盆地边界；2.坳陷边界；3.凹陷边界；4.城镇名；5.调查区边界；6.煤田边界

4. 伊犁盆地煤质

1）伊宁煤田

（1）伊南煤矿区

伊南煤矿区煤类总体为特低—低灰分、特低—中硫分、低磷、中—特高热值的富油煤。具有抗碎强度高、煤灰不易结渣、化学活性强、半焦产率高、可选性好等特点，可用于发电、气化和民用燃料等。

（2）伊北煤矿区

伊北煤矿区煤类总体为低—中灰分、低—中硫分、特低磷的41号长焰煤。具有富油、中—高热值、较低—中等软化温度灰的特点，可作为工业动力用煤，也可作气化用煤、炼焦用煤等。

2）尼勒克煤田

尼勒克煤田煤类总体为低变质—中变质烟煤，变质阶段为 0~2 阶，煤质特征为特低—中灰分、特低—低硫分、特低—中磷、特低氯、中—特高热值煤。尼勒克煤田发育的长焰煤、不粘煤可作为动力用煤、火力发电用煤、工业及民用煤；尼勒克煤田发育的气煤和焦煤则是较好的炼焦、配焦用煤，也可以用作单煤高温干馏来制造城市煤气和低温干馏炼油原料。

3）昭苏煤田

昭苏煤田西山窑组煤类为低—特低水分、低—中灰分、中高—高挥发分、特低—低硫分、中—高热值、中等软化温度灰、易磨—极易磨、含油—富油煤，为良好的动力燃料用煤、气化用煤和制备煤浆用煤等。

5. 伊犁盆地水文地质、工程地质、环境地质

在盆地的南北山区，以火山岩、灰岩、变质岩及砂岩、砾岩等不同时代的岩层，组成山麓侵蚀剥蚀地区。风化及构造裂隙分布广泛，共同形成了裂隙潜水为主的地区，地下水由大气降水补给，盆地的三周山区成为伊犁盆地的主要补给区。

所有山区裂隙、孔隙裂隙水是大气降水补给，通过沟谷以地表水的形式排泄，并穿过山前不透水地层补给第四系孔隙潜水。低洼地、岩性变化及侵蚀切割给本区的排泄创造了条件。

在排泄方面，主要是地表出露地带的上部风化裂隙发育的潜水，在山前侵蚀沟谷中，部分的裂隙下降泉水补给了地表水和第四系孔隙潜水。伊犁盆地的排泄区为伊犁河。

伊犁地区在长期历史地质时期，沉积了不同的地层和品种繁多的矿产资源，即形成了现在的昭苏煤田、伊宁煤田（包括伊北煤田和伊南煤田）、尼勒克煤田。需要说明的是，本次 4 个子项目——昭苏煤田煤炭资源调查区、新源-巩留煤炭资源调查区、霍城县清水河煤炭资源调查区、尼勒克煤田煤炭资源调查区，主要任务是以最少钻探工程量寻找调查区内的含煤地层和可采煤层埋藏条件及分布规律。收集与该区有关水文地质、工程地质、环境地质和该区区域水文地质补径排条件的资料，根据所施工钻孔的简易水文观测和收集的有关资料，初步了解该区水文地质、工程地质和环境地质条件，并编制《伊犁盆地煤炭资源调查评价》有关水文地质工程中地质和环境地质内容的报告。

6. 伊犁盆地煤炭资源量

通过本次工作对伊犁盆地煤炭资源量进行汇总，对象为西山窑组、八道湾组可采煤层，汇总范围为伊犁盆地可采煤层分布范围，估算深度至 2000m（重点为 1000m 以浅）。将西山窑组赋存的所有可采煤层划分为西山窑煤组，八道湾组赋存的所有可采煤层划分为八道湾煤组，并分伊宁煤田、尼勒克煤田、昭苏煤田、新源-巩留煤田进行估算汇总。

根据伊犁盆地煤炭资源勘查研究程度，将伊犁盆地煤炭资源/储量分为四部分：调查区估算的（334?）、储量核查区与总体规划区统计的各类别资源/储量、矿业权之间空白区估算的（334?）、煤炭潜力评价预测的远景资源量，其中调查区估算范围即为 4 个调查区提交的资源量估算范围（表 1-8）。

本次资源量汇总截止到 2011 年 12 月 31 日。

表 1-8 伊犁盆地煤炭资源量一览表

伊犁盆地1000m以浅资源/储量 $784×10^8$ t	伊宁煤田资源/储量 $565×10^8$ t	调查区估算的（334?）资源量 $78×10^8$ t	霍城县清水河调查区估算的（334?）资源量 $8×10^8$ t
			新源-巩留调查区估算的（334?）资源量 $70×10^8$ t
		调查区外统计的各类别资源/储量 $487×10^8$ t	储量核查区与总体规划区统计的各类别资源/储量 $249×10^8$ t
			矿业权之间空白区估算的（334?）$126×10^8$ t
			潜力评价预测远景区预测的远景资源量（334?）$112×10^8$ t
	尼勒克煤田资源/储量 $208×10^8$ t	调查区估算的（334?）资源量 $17×10^8$ t	尼勒克煤田喀拉图拜西部调查区估算的（334?）$17×10^8$ t
		调查区外统计的各类别资源/储量 $191×10^8$ t	总体规划区统计的各类别资源/储量 $175×10^8$ t
			潜力评价预测远景区预测的远景资源量（334?）$16×10^8$ t
	昭苏煤田资源/储量 $10×10^8$ t	调查区估算的（334?）资源量 $1×10^8$ t	昭苏煤田调查区估算的（334?）$1×10^8$ t
		调查区外统计的各类别资源/储量 $8×10^8$ t	储量核查区保有的各类别资源/储量 $1×10^8$ t
			矿业权之间空白区估算的（334?）资源量 $7×10^8$ t

（四）成果应用及获奖情况

本次工作提交的报告获得新疆维吾尔自治区人力资源与社会保障厅及新疆维吾尔自治区国土资源厅2016年度新疆"358"项目优秀成果二等奖；《新疆伊犁盆地煤炭资源调查总报告》2017年获中国煤炭工业协会第十七届"优质地质勘查报告一等奖"。

新疆伊犁盆地煤炭资源调查，为当地发展煤化工产业以及实施"疆电东送"战略提供了良好的资源保障。据新疆维吾尔自治区国土资源厅规划，从2009年起，国家和自治区总投资1.7亿元对伊犁盆地煤炭资源开展勘查。伊犁盆地是国家煤化工生产基地和新疆五大煤炭基地之一，煤炭资源预测储量达 $3000×10^8$ t。伊犁河年均地表水径流量 $167×10^8$ m³，占新疆地表水资源的19%。伊犁盆地丰富的煤炭资源和水资源，在发展煤电、煤化工等方面具有优势。据伊犁哈萨克自治州煤炭工业管理局统计，截至2011年，伊犁盆地已吸引潞安、庆华、国投等30余家大企业、大集团进驻开发煤电、煤制天然气、煤焦化、煤制烯烃等，申报项目达64个，计划总投资5366亿元。到2020年底，新疆首条横贯天山的750kV超高压输变电工程将建成投运，伊犁盆地将实现"疆电东送"。

五、艾丁湖煤炭资源勘查

（一）勘查历程及工作背景

1. 概况

艾丁湖煤矿区位于吐鲁番市的正南约180°方向，北距吐鲁番市直线距离30km。矿区东西长120～130km，南北平均宽10～20km，面积约1740km^2。行政区划隶属新疆托克逊县、吐鲁番市、鄯善县。

矿区位于吐哈煤田西南边缘的艾丁湖斜坡带，属低山边缘斜坡地带，风蚀戈壁地貌，地表有松散层覆盖，地势南高北低，西高东低，总体平缓，海拔－153～670m，相对高差823m。气候干燥炎热，属极度干旱荒漠气候，夏季酷热少雨，冬季干燥少雪，空气干燥，光照时间长，光热充足，全年平均气温为13.8℃，最高气温超过48℃，最低气温接近－18℃，雨量稀少，全年平均降水量6.3mm，而平均蒸发量高达3744mm。地表植被稀少，呈现岩漠、砾漠景观。位于矿区东北部的艾丁湖海拔－154.4m，是我国的最低洼地，也是世界第二洼地。在地质历史上，它曾经是一个相当大的淡水湖泊，受地质构造活动、气候及人类活动的共同作用，由淡水湖渐变成盐水湖，湖水面也不断缩小。目前湖面以外的近代湖盆东西长约50km，南北宽10km，面积约450km^2。而湖水面仅5km^{2}左右，深不足1m，具典型干旱区湖泊形态特点，形状似一个浅碟子。除艾丁湖外，矿区内无地表水系。所有沟谷均为干沟，切割深度不大，一般深度小于20m，平时无水，暴雨时才有洪流快速通过，并多发生在6—7月。

2. 项目背景

1994年，新疆煤田地质局提交的《第三次新疆煤炭资源预测》显示该区煤炭资源赋存丰富，新疆维吾尔自治区煤田局一五六煤田地质勘探队在充分调查研究的基础上，为寻求煤炭资源新的突破，助力新疆社会和经济发展，自筹资金在艾丁湖矿区开展了前期勘查工作，由此拉开了该区煤炭勘查工作的序幕。

2008年，为配合国家能源战略的实施，推动"西煤东运"计划的顺利开展，新疆"358"项目正式启动，艾丁湖煤田勘查为东疆地区煤炭资源调查项目的子项目之一。新疆"358"项目的启动将艾丁湖矿区煤炭勘查工作推向高潮。

3. 工作历程

随着前期勘查工作的开展，艾丁湖煤田极好的煤层赋存条件给予了一五六队极大的信心，在明确了新疆煤炭探矿权准入条件后，一五六队第一时间申请了艾丁湖煤田的4个探矿权。具体如下：2005年2月申请了新疆托克逊县干沟煤矿探矿权；2006年11月申请了新疆吐鲁番市艾丁湖一区探矿权；2006年11月申请了新疆吐鲁番市艾丁湖二区煤矿探矿权；2006年11月申请了新疆吐鲁番市艾丁湖三区煤矿探矿权。

探矿权证办理完毕后，大范围的勘查工作随即提上日程。为保证项目的顺利实施，一五六队组建了艾丁湖项目部，先后出动人员80名，设备180台，对艾丁湖煤矿区进行预查-勘探工作，提交各类地质报告9件，勘查程度均达到详查及以上程度。

艾丁湖矿区内共计完成工作量：1∶10 000地质测量462.83km^2；1∶10 000地质填图

717.33 km²；1∶5000 剖面测量 695.88km；钻探 320 490.01m（共计 570 孔）；二维地震 33 372个物理点；各类样品 8090 个（组）。

（二）项目实施

2005 年至今，一五六队在艾丁湖煤田多个勘查区进行了煤炭资源勘查项目，完成了绝大部分的地质工作。

截至目前，干沟煤矿已提交详查报告；艾丁湖一区已提交勘探报告；艾丁湖二区已提交勘探报告；艾丁湖三区已提交详查报告；艾丁湖四区已提交详查报告。

（三）取得的成果

艾丁湖煤矿区位于吐哈盆地的西南缘，地表多为第四系覆盖，矿区南部有少量古近系出露，是吐鲁番地区重要的煤炭蕴藏地之一。

1. 地层

矿区内钻孔揭露的地层由老到新：中—上三叠统小泉沟群（$T_{2-3}X$）、下侏罗统八道湾组（J_1b）、下侏罗统三工河组（J_1s）、中侏罗统西山窑组（J_2x）。主要含煤地层为八道湾组和西山窑组。

下侏罗统八道湾组为河流沼泽相沉积。岩性主要为浅灰—深灰色砂岩、砂砾岩及煤层，局部夹碳质泥岩。底部为较厚的砾岩、砂砾岩，中上部为砂岩、粉砂岩、泥岩夹碳质泥岩。该地层平均厚度约 252.32m，与下伏地层呈整合接触。

中侏罗统西山窑组为矿区的主要含煤地层，为湖沼相沉积。岩性主要为浅灰—灰绿色砂岩、砾岩及煤层，局部夹碳质泥岩。顶部、底部均为较厚的粗砂岩、砂砾岩。该地层平均厚度约 189.82m，与下伏地层整合接触。

2. 构造

矿区总体为一缓倾斜的单斜构造，地层大致呈东西走向，倾向北（360°左右），倾角一般在 4°～36°之间。局部有缓波状起伏。一般情况下含煤地层沿走向、倾向产状变化不大，局部地段受构造影响，地层倾角较大，含煤地层内未发现岩浆岩出露或侵入。矿区内断层稀少，构造简单。

F_1 正断层：位于矿区南部，构造线总体呈东西走向，为一区域性正断层。断层断面北倾，倾角约 70°，由于受断层挤压，上盘的侏罗系局部地段被推起，地层角度急剧增大，下盘地层抬升后遭受剥蚀，而后接受古近系、第四系沉积。推测断层断距在 280m 左右。该断层控制程度较低。

3. 煤层

艾丁湖煤矿区含煤地层为中生界中侏罗统西山窑组和下侏罗统八道湾组。中侏罗统西山窑组平均厚度 189.82m，含煤 5 层，编号为 6、7-1、7-2、7-3、7-4 号煤层。煤层平均总厚度 26.38m，含煤系数 13.89%。

下侏罗统八道湾组平均厚度 252.32m，含煤 9 层，编号为 8 上、8 下、9-1、9-2、10-1、10-2、10-3、10-4、11 号煤层，煤层平均总厚 22.73m，含煤系数 9.01%。

4. 煤质

矿区内的可采煤层为低变质煤，变质阶段为 0 阶，煤类为长焰煤和褐煤。煤质特征为特低—中灰分、高挥发分、中—中高硫分、特低—低磷、特低—低氯、高热值、含油、低热稳定性的煤。

矿区内的煤是较好的煤制油原料，也是良好火力发电用煤、工业锅炉用煤和民用燃料。

5. 其他开采地质条件

矿区水文地质类型为孔隙、裂隙类简单型；工程地质类型属层状岩类复杂型。矿区环境地质质量中等。

矿区内各煤层瓦斯分带均属二氧化碳-氮气带。

矿区内各煤层均具有爆炸性，各煤层均属自燃—易自燃的煤。

6. 资源量情况

艾丁湖矿区范围内1000m以浅煤炭资源总量共计140×10^8t。其中查明的煤炭资源量为115×10^8t，预测的资源量25×10^8t。

（四）成果应用及获奖情况

1. 成果应用

在前期勘查工作的基础上，一五六队系统分析、研究资料，编制了《新疆吐鲁番艾丁湖矿区煤炭地质勘查总结报告》，并联合煤炭设计院于2014年9月编制提交了《新疆吐鲁番艾丁湖矿区总体规划》（送审稿）。艾丁湖煤田拟规划10处矿井和1处露天矿，总规模57.2Mt/a。

2. 获奖情况

《新疆吐哈煤田艾丁湖矿区煤炭地质勘查》荣获新疆"358"项目优秀成果二等奖。

《新疆吐哈煤田托克逊县干沟勘查区煤炭详查报告》在中国煤炭工业协会第十七届优秀地质报告评选中，获得优质地质勘查报告一等奖和新发现矿产资源报告奖。

《新疆吐哈煤田吐鲁番市艾丁湖一勘查区煤炭详查报告》在中国煤炭工业协会第十七届优秀地质报告评选中，获得优质地质勘查报告一等奖和新发现矿产资源报告奖。

《新疆吐哈煤田吐鲁番市艾丁湖二区煤炭勘探报告》在中国煤炭工业协会第十七届优秀地质报告评选中，获得优质地质勘查报告二等奖和新发现矿产资源报告奖。

《新疆鄯善县艾丁湖四区煤炭详查报告》在中国煤炭工业协会第十八届优秀地质报告评选中，获得优质地质勘查报告一等奖。

六、三道岭煤炭资源勘查

哈密市三道岭地处新疆维吾尔自治区东部，东天山北麓准噶尔盆地东部南缘（图1-23），境内煤炭资源丰富，煤质优良，区位位置优越，是新疆维吾尔自治区规划的重要煤炭生产基地。

这是一片富有多重意义的土地，说它荒凉，它位于新疆哈密西部戈壁深处；说它幸运，几代职工在这片土地奉献了青春，以双手铸就了今日的戈壁煤城；说它富足，它是国家"十一五"计划配套建设的能源基地，重点保证新疆东部地区和甘肃河西走廊工农业与国防建设的煤炭能源供应，是自治区主要出疆煤生产基地；说它赋予希望，它在开拓中前进，在当今严峻的煤炭市场中迎接挑战，奋力拼搏，书写了一路风雨一路歌，它就是新疆哈密三道岭。

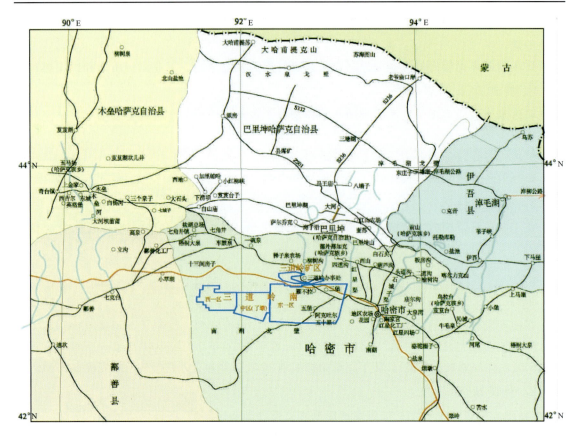

图 1-23 新疆哈密三道岭交通位置图

(一) 三道岭矿区

1. 勘查历程及项目背景

一六一队1958年10月组建于哈密三道岭沙枣泉,三道岭对于新疆煤田地质局很多老同志来说是无比的亲切。20世纪60年代新疆煤田地质局老一辈地勘工作者在戈壁上战风沙、抗严寒、斗酷暑,艰苦奋斗,把三道岭建设成大西北重要的煤炭能源基地,经过45年的地勘工作,三道岭已经成为拥有千万吨以上煤炭生产能力的矿区。

三道岭矿区煤炭矿权均属新疆哈密(煤业)集团有限公司所有,2007年变更为潞安新疆煤化工(集团)有限公司。为满足三道岭矿区矿井产业升级和接续计划,潞安新疆煤化工(集团)有限公司委托新疆煤田地质局在矿区内多个勘查区开展了地质勘查工作。

几十年来新疆煤田地质局在三道岭矿区获得了丰富的勘查经验和成绩,潞安集团委托一五六队和一六一队开展了多个勘查工作,2010年,一五六队在新疆哈密市三道岭砂墩子井田西部煤矿进行普查工作,然后在2012年和2016年分别开展了详查和勘探工作;2008—2018年,一六一队在墩子井田北部和北泉二矿井田进行补充勘探工作。

2. 项目实施

2010—2016年,新疆煤田地质局一五六队在砂墩子井田西部煤矿区分别开展了普查、详查、勘探地质工作,累计完成钻探115孔,总计进尺73 013.11m,地球物理测井

72 598.12m，各类样品 450 件，提交了新疆哈密市三道岭矿区砂墩子井田西部煤矿普查、详查、勘探报告。

2013 年，新疆煤田地质局一六一队在砂墩子井田北部煤矿区进行了详查地质工作，完成固体矿产钻探 14 孔，总计进尺 8 709.44m，地球物理测井 8 619.55m，各类样品 57 件，提交了《新疆哈密市三道岭煤矿区二矿井田勘探报告》。

2008—2018 年，新疆煤田地质局一六一队在北泉二矿井田开展了补充勘探工作，完成机械岩心钻探 56 个钻孔，总计进尺 15 987.41m；地球物理测井 56 个，合计 15 527.86m；各类样品 324 件。

2012 年，根据哈密地区煤炭工业发展需要和自治区煤炭工业"十二五"发展规划要求，统一规划和开发利用三道岭矿区煤炭资源，优化煤炭工业产业结构，积极推进三道岭矿区建设，促进煤炭工业健康有序的发展，提高安全生产水平，加快区域经济发展，需对新疆哈密市三道岭矿区进行总体规划工作，一六一队编写了《新疆哈密市三道岭矿区煤炭地质勘查总结报告》，为矿区总体规划提供地质依据。

3. 取得的成果

1）矿区地层

矿区地层由古生界石炭系、二叠系和中生界三叠系、侏罗系及新生界古近系、新近系、第四系组成。含煤地层为中侏罗统西山窑组。

2）矿区构造

矿区位于哈密盆地的北缘，褶皱断裂活动均较强烈，区内的总体构造线为北东东向，燕山期构造运动为区内主要构造的形成期和复活期。三道岭矿区构造形态主要以宽缓的西山复式背斜为主，形成东部开放、西部封闭的"马蹄形"格局，三道岭矿区以西山复式背斜轴为中心，北翼地层向北倾（包括砂墩子井田北部煤矿详查区、西山井田煤矿），南翼地层向南倾（包括砂墩子井田、砂墩子井田西部、后窑勘探区、露天煤矿、一矿、二矿、砂枣泉），背斜轴西部向西倾伏（包括砂墩子煤矿、砂墩子井田西部煤矿）。图 1-24 为三道岭矿区构造纲要图。

区内主要构造形迹有主体大褶曲-西山复式背斜，且由于受后期构造运动的影响，导致南北两翼产生次级、更次级的不等级别小褶曲，统属西山复背斜。由于南翼被 F_1 逆冲断裂破坏，致该褶曲南北两翼呈不对称状。断裂以走向逆冲断裂为主，规模较大，对含煤地层有较大破坏，而倾向断层以正断层为主，规模较小，对含煤地层影响较小。

3）煤层

三道岭矿区主要含煤地层为西山窑组，地层厚 670.17m，共含煤 7 层。自上而下编号为 1、2、3、4、5、6、7 号煤层。其中 4 煤层为全区大部可采煤层，1、2、5、6 号煤层为局部可采煤层，其他煤层不可采。4 号煤层可采面积 347.48km^2，厚度 0.58~32.83m，平均厚度 8.76m。煤层结构较简单，为矿区主要可采煤层。

4）煤质

矿区各煤层煤质特征总体为低灰分、特低硫分、特低磷、特低氯、特低氟、一级含砷、中高挥发分、高热值、较低等软化灰、较低等流动温度、含油、不具黏结性的不黏煤，有害元素含量总体较低。原煤高位发热量 19.97~35.60MJ/kg；原煤低位发热量 19.65~31.44 MJ/kg；原煤碳含量一般在 76.82%~84.98% 之间，平均 81.69%，焦油产率 1.80%~

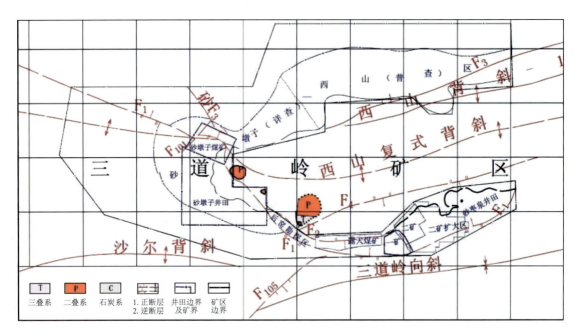

图 1-24 三道岭矿区构造纲要图

11.20%，平均 4.41%。

5）水文地质、工程地质、环境地质

矿区属以裂隙含水层充水为主，水文地质勘查类型为二类一型，属水文地质条件简单型矿床。经围岩稳定性评价，工程地质条件属中等，开采过程中应作好环境保护工作，以减少对大气及矿区周围的环境污染。全区埋深 600m 以浅各煤层瓦斯分带为 CO_2-N_2 带和 N_2-CH_4 带，煤层埋深 600m 以深可能进入 CH_4 带，有待深部勘查验证。矿区各煤层均具有煤尘爆炸危险性，属易自燃煤层，未发现地温异常现象。

6）煤炭资源量

全区共获得煤炭资源/储量 $20.93×10^8$ t。

4. 成果应用及获奖情况

三道岭矿区在新疆是老矿区，在 2007 年潞安新疆煤化工（集团）有限公司成立之前曾长达 10 年没有招过工，三道岭适龄青年的就业一直是矿区的老大难问题，砂墩子煤矿 2016 年开始建设，2018 年投入生产，为矿区青年提供了就业问题，大量物资也由当地提供，从而带动了当地经济发展，增加了居民收入。

新疆煤田地质局一五六队编写的《新疆哈密煤田哈密市砂墩子井田勘查报告》获中国煤炭工业协会优质地质勘查报告一等奖。

（二）三道岭南勘查区

1. 勘查历程及项目背景

从成矿规律看，哈密三道岭南是煤炭资源有利赋存区，但此前有多支地勘队伍先后进入这一区域找煤均无果而终。2012 年，按照自治区党委、政府的工作部署，一六一队组织精干的地勘技术力量，深入开展了空白区、隐伏区、缺煤地区煤田地质工作，力争实现新突破。通过对吐哈盆地内了墩隆起周围的沙尔湖煤田、七克台矿区、三道岭矿区及大南湖矿区的地质资料的反复研究和分析，认为了墩隆起部位的隐伏区有煤层赋存的可能，随之启动了"哈密三道岭南煤炭资源预查"立项工作，拉开了哈密三道岭南煤田勘探的序幕。

建队于哈密，建功于哈密，一六一队注定与哈密有着难解的缘分。他们刚刚洗去哈密三塘湖煤田的征尘，又踏上了奔赴哈密三道岭南部勘查区的征途。三道岭南勘查区位于哈密市三道岭矿区南西方向50km处。勘查区属典型的戈壁荒漠，局部地形起伏较大，随处可见千奇百怪、高低错落的雅丹地貌（图1-25）。2013年3月，在苍茫的戈壁滩上，一六一队打下了勘查开发三道岭南戈壁的第一钻，4月8日，第一个钻孔见煤，紧接着第二个孔、第三个孔，孔孔见煤，单层煤层厚度超过10m，煤层埋藏浅、煤炭品质好。捷报迅速传到大队，传到局里，传到国土资源厅，上至自治区领导，下到野外一线勘探队员，无不欢欣鼓舞，备感振奋。

图1-25 哈密三道岭南地形地貌图

2014年，为了进一步扩大战果，对三道岭盆地的构造进行了再一次全面深入地分析，结合一年来对该地区聚煤规律的研究成果，大胆提出向东西两侧继续找煤的设想。他们通宵达旦，殚精竭虑，一次又一次的实地踏勘，地面物探测量和深部钻探控制有效结合，最终将勘查面积扩大到了5000km^2，开展了三道岭南西一区和东一区煤炭资源调查任务，并在2015年，在煤层埋藏浅、构造简单、资源丰度大、有利于先期开采的三道岭南西一区开展了普查、详查工作。

2. 项目实施

面对紧迫的工作任务，一六一队组成以队长为总指挥、副队长和总工程师为副总指挥的项目领导小组，在现场设立项目部，组织技术力量和施工设备迅速进场，共组织疆内外15家地勘单位的1000余名地质勘探队员，80余台钻机，2个地震分队，3个地球物理测井分队开展野外施工。

2013年3月8日，一六一队为出征"哈密三道岭南煤炭资源勘查"项目的施工人员举行了欢送仪式，10多名专业技术人员在一六一队干部职工的祝福中踏上征程，到新的施工区开展项目的前期准备工作，首批专业技术人员的出征，拉开了新疆新一轮大规模找煤工作的帷幕。一六一队队长在出征仪式上讲话："哈密三道岭南煤炭资源勘查是自治区本年度最大煤炭勘查项目，项目的启动，将为哈密经济发展和社会进步起到积极推动作用，对自治区实施优质资源转换战略、加快推进新型工业化发展具有重要的意义，希望施工人员发扬铁军精神，做好施工的前期准备工作，为地质勘查任务的顺利完成打好基础。"

这里与世隔绝，自然环境极其恶劣，灾害天气多，大戈壁用严寒、酷热和狂风一次次考验着这支铁军；这里夏天地表温度最高将近70℃，阳光灼热无情，暴露在阳光下的皮肤如同刀割般疼痛；这里冬季天凝地闭，寒气逼人，气温低达零下30多摄氏度，吐口唾沫，坠地成冰；这里"一年只刮两场风，一场刮半年"，尤其在春季，大风刮起时，黄豆大的沙砾漫天飞舞，像冰雹一样，打在车上噼啪作响，打得人睁不开眼、抬不起头。在这种常人难以忍受的恶劣环境中，煤田地质队员为了寻找光和热，默默地奉献着。

三道岭南勘查区在3年多的勘查工作中，共完成了三道岭南预查、普查、详查，三道岭南东一区预查和三道岭南西一区预查、普查、详查等6个勘查项目。累计完成1∶5万地质勘查4 866.87 km²，1∶2.5万地形地质填图1 712.76 km²，二维地震物理点109 007个；机械岩心钻探468孔，总计297 969.4 m；采集各类样品1305件。

作为自治区重点勘查项目，三道岭南勘查区的工作进展和工作成果时刻牵动着各级领导的心，自治区及哈密各级领导多次到现场考察调研，高度肯定了煤田地质职工的辛勤工作和优异成绩。项目开展中煤田地质局和队领导多次对项目质量和安全进行了现场检查，督促安全生产，慰问野外一线职工，把党的温暖和组织的关怀送到职工的心中。自治区国土资源厅组织有关专家对项目进行了中期野外监理工作和竣工验收，专家一致认为项目采用勘查手段合理，野外工作方法正确，工程质量好，项目成果显著，给予项目高度的评价。

3. 取得的成果

在短短3年多时间，实现查明矿区中部煤炭资源的同时，还在东区完成了预查，西区完成了预查-详查阶段的工作，在三道岭南煤炭空白区找出了一个优质煤炭资源量达200×10^8 t的特大型整装煤田。这是继哈密三塘湖特大型整装煤田后，在疆内发现的又一特大型整装煤田，是全国在隐伏区和空白区煤田地质勘探史上的又一次新突破，再一次创造了煤田地质勘探的奇迹。

1）地层

基本查明了三道岭南勘查区地层主要为二叠系、中侏罗统西山窑组、新近系、第四系，西山窑组为主要含煤地层。

2）构造

三道岭南勘查区通过预查、普查、详查工作，基本查明了区内构造情况，构造形态为一走向北西西、倾向北北东的单斜构造，地层倾角较小，构造复杂程度为简单。

3）煤层和煤质

区内含煤7层，其中可采煤层5层，煤层厚0.80～42.05 m，平均厚约15 m，煤类以长焰煤为主，具有低水分，特低—中灰分，高—特高挥发分，特低—低硫分，特低—低磷，中热—特高热值等特点，是优质的火力发电和煤化工用煤，也可作为工业锅炉用煤及民用煤。

4）水文地质、工程地质、环境地质

勘查区属顶底板直接或间接进水、水文地质条件中等的矿床，水文地质勘探类型为二类二型；基本查明勘查区工程地质条件为中等型，主要可采煤层顶底板以软弱—半坚硬岩层为主；基本查明勘查区内煤层瓦斯含量总体较低，各主要可采煤层为Ⅱ类自燃煤层，各煤层煤样均有煤尘爆炸危险性，地温梯度变化一般在 0.5～2.7℃/100m 之间；初步查明勘查区地质环境类型为中等。

5）资源量

全区共获得 1000m 以浅煤炭资源量 $201.79×10^8t$，其中查明资源量 $113.89×10^8t$。

4. 成果应用及获奖情况

三道岭矿区部分矿井已关闭或资源枯竭，接替矿山需求紧迫，三道岭南勘查区距离三道岭较近，煤炭资源十分丰富，煤质优良，地质构造、水文地质、工程地质及其他开采技术条件较好，适合建设大型煤矿，可以作为三道岭矿区的接替矿山。从社会效益看，可以缓解三道岭矿山企业职工就业问题，促进矿山和三道岭镇的经济发展和社会稳定。

勘查区为尚未开发的一个整装煤田，没有矿业权设置区块，有利于矿区的整体规划、开发及关系协调。随着勘查区煤炭的开发建设，将会带动本地区经济的快速发展，经估算本规划项目直接增加就业 3.12 万人以上，间接增加相关产业就业人员 10 万人以上，为附近居民提供了大量的就业机会，增加群众收入和地方财政收入，可提高土地利用价值、发展第三产业；在增加与外界交流机会的基础上，提高教育、科技文化水平，并为社会公共事业、基础设施建设等提供财力支持，有利于小城镇建设。为区域的可持续发展提供机会和经济基础。

"新疆哈密市三道岭南勘查区煤炭资源勘查"项目获得新疆维吾尔自治区人力资源与社会保障厅及新疆维吾尔自治区国土资源厅 2016 年度新疆"358"项目优秀成果二等奖。

《新疆哈密市三道岭南勘查区（中区）煤炭详查报告》在中国煤炭工业协会第十八届优秀地质报告评选中，获得优质地质勘查报告一等奖。

七、富蕴县卡姆斯特煤炭资源勘查

（一）勘查历程及工作背景

1. 概况

卡姆斯特煤田位于新疆富蕴县南约 182°方向，北距富蕴县城约 210km。煤田东西长 30～70km，南北宽 15～50 km，面积约 1750 km²。行政区划隶属新疆富蕴县。216 国道南北方向从煤田中部穿过。本区属戈壁及冲洪积平原地貌，海拔 967～1022m，地势平坦，地形简单。区内属大陆性寒温带气候，基本特点是春旱多风、夏秋短暂、冬季寒冷而漫长、气温差异大。夏季最高气温 38.7℃，冬季最低气温 -51.5℃，年均气温 1.9℃，冬季日最低气温低于 -20℃ 的寒冷日为 90d，为全国高寒地区之一。年均降水量 158.3mm，平均蒸发量 1734mm。年平均风速 2.4m/s，最大风速 14.6 m/s，风向西，极大风速 19.5 m/s，风向西北西，最大积雪深度 1.1m，出现时间为 12 月，最大冻土厚度 2.33m，出现时间为 2 月。年均日照时间 2 869.8h。主要农区的无霜期年均 108d。常见的灾害性天气冬季为寒潮、大风雪等，其他季节主要有干旱、干热风、冰雹等。区内无地表水系及泉流分布，仅在该区东南部邻近泥盆系低山处有少量小范围盐碱滩地发育。区内地表植被发育稀少。

2. 项目背景

自 2007 年开始，新疆煤田地质局一五六煤田地质勘探队在富蕴县卡姆斯特一带全隐伏区开展找煤地质工作，利用中央专项资金、地勘基金及社会自筹资金，在卡姆斯特一带开展地震、地质填图、钻探、地球物理测井等综合勘查工作，在全隐伏区发现了卡姆斯特煤田。

这一发现使阿勒泰地区摘掉了缺煤的帽子,成为了当地工农业发展的能源基地。

3. 工作历程

卡姆斯特煤田的勘查史,大体分为3个阶段:第一阶段勘查为煤田的东部,第二阶段为煤田的中南部,第三阶段为北部区域。

2006年,新疆煤田地质局一五六煤田地质勘查队承担了中央专项资金项目"新疆阿勒泰地区南部卡姆斯特一带煤矿预查",项目位于卡姆斯特煤田的东部,项目的开始拉开了卡姆斯特煤田勘查的序幕。2007年,新疆煤田地质局一五六队又进行了普查项目的工作,通过地质工作,表明此处为盆地的边缘,含煤条件不是很理想。下一步工作进而转向为向盆地的中部进军。

2007—2010年,新疆煤田地质局一五六队在"阿勒安道西煤矿"勘查区内由预普查工作直接进入了勘探阶段,并提交了勘探报告;在"阿勒安道煤矿"勘查区内由预普查工作直接进入了详查阶段,并提交了详查报告。大量的地质工作表明,此处为盆地的中部地段,含煤条件非常好,煤炭资源储量也非常可观。进而向周边扩散式推进勘探工作,受南部断层及西部埋深过大的影响,决定下一步工作中心为煤田的北部区域。

2011—2012年,新疆煤田地质局一五六队在"克巴依、克里克"勘查区内由预普查工作直接进入了详查阶段,并提交了详查报告。大量的地质工作表明,此处为盆地的北部地段,含煤条件较好,煤炭资源储量丰富。

(二)项目实施

2006—2013年,一五六队先后在卡姆斯特煤田多个勘查区进行煤炭资源勘查项目,完成了绝大部分的地质工作。其中影响最大的为2010年卡姆斯特煤田中西部720km^{2}的大勘查。

2010年,一五六队成立卡姆斯特勘查项目领导小组,在一五六队领导的带领下,冰雪未融化完就开赴卡姆斯特"战场",开始了紧张有序的工作。在7个多月的时间内,顺利完成钻孔160余个,钻探进尺近10×10^4m,这也创造了一五六队的历史上最短的时间完成最大的任务量的记录。

(三)取得的成果

1. 卡姆斯特煤田地层

煤田内大部分区域为第四系、新近系所覆盖,区内出露和钻探控制的地层有古生界的泥盆系,中生界的三叠系和侏罗系,新生界的新近系和第四系。

中侏罗统西山窑组(J_2x)为本区主要含煤地层,全区发育,零星出露于井田的东部。岩性为灰色、浅灰色泥岩,粉砂质泥岩,泥质粉砂岩夹砂岩和煤层,底部为一层砂砾岩、含砾粗砂岩,含主要可采煤层4层。地层厚度平均为304.47m,总体呈北厚南薄、西厚东薄的变化趋势。与下伏上三叠统老鹰沟组呈角度不整合接触。以B1煤层底板一套粗粒砂岩为界,分为上、下两个岩性段。自下而上划分为西山窑组下段(J_2x^1)和西山窑组上段(J_2x^2)。

2. 卡姆斯特煤田构造

煤田地表大面积为第四系覆盖;根据钻探、物探资料的控制表明:区内总体构造形态为一平缓的向斜构造,即分布于矿区中南部的向斜W_1,轴向近东西,地层倾角3°~21°,轴面近直立，南翼较缓；向斜南翼发育次一级褶皱，位于矿区南部背斜 M_1，轴向不规则，总体东西向，地层倾角 $4°\sim20°$，轴面近直立，北翼较缓。向斜 W_1 和背斜 M_1 构成了矿区的基本骨架。

对矿区起主导作用的断裂带，由南向北呈叠瓦状发育 5 条断层，即断层 DF_3、FS_1、DF_4、DF_5、DF_6，只有 DF_6 为逆断层，其他断层性质为张扭性正断层。区内呈近东西向延展，断层面倾向南，落差大，可成为井田划分的自然边界。其中断层 DF_3 和 DF_6 由于断距大、区内延展长的特性，成为矿区的南北边界。根据对矿区的构造发育程度分析，矿区构造类型总体属中等型。

3. 卡姆斯特煤田煤层

区内主要含煤地层为西山窑组。岩性为灰绿色、灰褐色砂岩，泥质粉砂岩，夹泥岩等；含主要可采煤层 $1\sim7$ 层。底部含一套砂砾岩、粗砂岩层。受目前勘探深度的影响，未完全揭露。钻探控制煤层总厚度平均约为 32.59m，根据钻探结果，控制此段地层厚度平均为 344.56m，含煤系数为 9.5%。根据岩性和含煤性，此组分为上、下两段。由下而上划分为西山窑组下段和西山窑组上段。现分述之。

1）西山窑组下段

此段含煤层 3 层，为零星可采煤层，从下至上编号为 B0-1、B0-2、B0-3 号煤层。其煤层分布范围较小，煤层多呈透镜体及薄煤层形式出现，均属不稳定煤层。煤层总厚度平均约为 3.37m，开采利用价值不大。

2）西山窑组上段

此段主要煤层 4 层，从下至上编号为 B1、B2、B3、B4 号煤层。其中 B1、B2、B3 为全区、大部分可采煤层，此段煤层总厚度平均约为 29.22m，控制地层厚度平均约为 116.8m，含煤系数为 25%，为区内主要含煤地段和重点研究对象。

4. 卡姆斯特煤田煤质

区内煤层的原煤水分含量变化不大，平均为 $6.79\%\sim7.79\%$；浮煤水分含量平均为 $5.19\%\sim6.44\%$；均属低水分煤。区内各煤层的原煤灰分产率相对变化不大，平均为 $12.15\%\sim16.10\%$；浮煤灰分产率平均为 $4.99\%\sim5.85\%$；均属低—中灰煤。区内各煤层的原煤挥发分含量相对变化不大，平均为 $31.84\%\sim33.36\%$；浮煤挥发分含量平均为 $30.75\%\sim32.43\%$；属高挥发分煤。

区内煤层中各种有害元素的含量普遍较低。各煤层原煤干基全硫含量平均为 $0.292\%\sim0.491\%$，属特低硫煤；磷元素含量平均为 $0.004\%\sim0.015\%$，属低磷煤；氯元素含量平均在 $0.061\%\sim0.097\%$ 之间，属低氯煤；氟元素含量平均在 $36.24\sim50.32\mu g/g$ 之间，属特低氟；砷元素含量平均在 $1.42\sim3.44\mu g/g$ 之间，为一级含砷煤（ⅠAs）。区内各煤层的发热量普遍较高，全区范围内变化不大。各煤层原煤干基高位发热量平均为 $26.43\sim27.59MJ/kg$。按照发热量等级划分，属高热值煤。

区内各煤层属低变质阶段烟煤，煤层煤类以不粘煤为主。其质量特征是低—中灰煤、高热值煤、特低硫煤、低磷、含油煤，可作为火力发电、工业锅炉用煤和民用煤。

5. 卡姆斯特煤田水文地质、工程地质、环境地质

区内水文地质条件简单，属于底板透水为主的水文地质条件简单的承压裂隙充水矿床；

区内工程地质条件为中等,总体上各煤层的顶、底板岩石稳固性属差的类别,工程地质条件属二类中等的类型;区内环境地质条件中,无其他环境地质隐患,矿山环境地质类型综合评价为第二类质量中等。

6. 卡姆斯特煤田煤炭资源量

近年来在卡姆斯特煤田内提交的各类地质报告共16件,整个卡姆斯特煤田累计估算1000m以浅煤炭资源量共计$122×10^8$t;查明的煤炭资源量为$69×10^8$t,预测的煤炭资源量为$53×10^8$t。

(四) 成果应用及获奖情况

卡姆斯特煤炭勘查项目获得新疆"358"项目优秀成果二等奖;2010年编制的《新疆卡姆斯特煤田富蕴县阿勒安道西井田勘探报告》《新疆卡姆斯特煤田富蕴县阿勒安道勘查区详查报告》2013年度获得中国煤田工业学会"新发现矿产资源奖";2013年主编的《新疆卡姆斯特煤田富蕴县金斯格库木勘查区普查报告》《新疆卡姆斯特煤田富蕴县克里克-克巴依勘查区详查报告》,2017年度获得中国煤田工业学会"新发现矿产资源奖"。

由于受保护区的影响,目前卡姆斯特煤田尚未开发利用。

八、尼勒克胡吉尔台煤炭资源勘查

(一) 勘查历程及项目背景

1. 概况

勘查区位于新疆尼勒克县以东约25km,行政区划属尼勒克县胡吉尔台乡管辖。东西长约20km,南北宽约10km,面积200km²。勘查区内有简易公路和柏油公路(315国道)相连,南行约55km有简易公路通往新源县城,东行150km与独山子-库车公路相连,交通较为方便。

勘查区是尼勒克山间盆地的一部分,属低中山—丘陵地带,地势具东高西低、北高南低之趋势,海拔一般在1200m~1590m之间,最低侵蚀基准面为1200m(喀什河)。大部分区域地势平坦,多为农田及草场。地表多为第四系覆盖,喀什河由东向西从勘查区西北部穿过。

伊犁盆地属北温带大陆性半干旱气候。多年平均气温5~7℃,多年平均年降水量353.4mm,多年平均蒸发量1 471.8mm;多年平均日照时数2 795.8h,无霜期为103d,多年平均风速2.5m/s,历年最大冻土深度82cm,多年平均积雪日数113d。

由东北向西南穿过勘查区西北部的喀什河年平均流量124m³/s,年均径流量$38.9×10^8$m³,可以满足矿井生产和生活需要。勘查区抗震设防烈度Ⅷ度,地震动峰值加速度0.20g。

2. 项目背景

2003年新疆煤田地质局一五六队在72团煤矿进行煤矿勘查工程中,发现煤矿周边有大面积煤层露头火烧区,并推测72团煤矿以南区域应该赋存有煤炭资源。为此于2004年9月,一五六队首次在自治区国土资源厅进行了探矿权登记并取得"新疆尼勒克县胡吉尔台南部煤矿"探矿权;2005年申请国家资金在该区进行了煤矿预查工作,提交预测煤炭资源量

约 6×10^8 t。2006 年一五六队通过自有矿业权评估，首次在国土资源部通过矿业权处置，并自筹资金 1670 万，获得该矿权。该项目成为一五六队第一个资产处置项目。从此拉开了胡吉尔台一带煤矿勘查的序幕。

3. 工作历程

2007—2009 年，新疆煤田地质局一五六队申请国家资金在尼勒克县胡吉尔台煤矿区南部开展煤矿预查工作，提交预测的（334?）资源量逾 5×10^8 t。2012—2013 年，新疆煤田地质局一五六队申请国家资金在该区进行了煤矿普查续作，提交推断的（333）和预测的（334?）资源量逾 12×10^8 t。

2010—2011 年，新疆煤田地质局一五六队申请国家资金在尼勒克县喀拉图拜一带开展煤矿调查评价工作，提交（334?）资源量逾 11×10^8 t。

2004 年 9 月，新疆煤田地质局一五六队在自治区国土资源厅进行了探矿权登记。2005 年，一五六队申请国家资金在该区进行了煤矿预查工作，编制预查报告，提交预测煤炭资源量约 6×10^8 t。2006 年，一五六队通过自有矿业权评估，在国土资源部通过矿业权处置。

2007—2008 年，胡吉尔台煤矿勘查工作全面开展。2013 年，一五六队完成经自治区国土资源厅和国土资源部联合评审通过的《新疆尼勒克煤田尼勒克县胡吉尔台南部煤矿详查报告》，提交控制的、推断的、预查的煤炭资源量近 32×10^8 t。

（二）取得的主要成果

1. 地层

勘查区位于胡吉尔台向斜的两翼，是尼勒克山间凹陷构造带的一部分。全区大部分区域被第四系覆盖。区内揭露地层从老至新有八道湾组、三工河组、西山窑组、古近系、新近系、第四系。西山窑组和八道湾组是勘查区的主要含煤地层。

2. 煤层

胡吉尔台勘查区煤层赋存于中侏罗统西山窑组和下侏罗统八道湾组中。含可采煤层共 17 层，煤层平均总厚度约 100m。

3. 煤质

胡吉尔台勘查区可采煤层为低变质烟煤，变质阶段为 0—2 阶，煤类为不粘煤、长焰煤，煤质特征为特低—低灰分、中高挥发分、特低硫分、特低磷、特低—低氯、高热值、较低—较高熔灰分、含油、较低—中热稳定性的煤，是较好的火力发电用煤，也是良好的工业锅炉和民用燃料。

4. 资源量情况

通过在胡吉尔台一带 10 多年的煤矿勘查工作，发现和提交各类煤炭资源量约 55×10^8 t，其中控制的（332）资源量约 9.7×10^8 t，推断的（333）资源量约 20×10^8 t，预测的（334?）资源量约 25×10^8 t。

（三）成果应用及获奖情况

《新疆尼勒克县胡吉尔台煤矿区勘查》获得新疆"358"项目优秀成果三等奖，获得 2017 年中国煤炭工业协会第十七届优质报告评选二等奖。

九、南疆找煤

(一) 勘查历程及工作背景

1. 概况

和田地区、喀什地区和克孜勒苏柯尔克孜自治州位于新疆的西南边陲，统称南疆三地州，在新疆经济发展和社会稳定大局中处于重要的战略地位。由于历史、自然、区位和社会等方面的原因，南疆三地州生产生活条件仍相对艰难，经济社会发展相对滞后，发展过程中"规模小、质量差、百姓穷、财政弱"的状况依然存在，与全国和新疆平均水平相比还有较大的差距。总体上还未达到工业化初期阶段，大部分地区尚处在农业社会向工业社会转变的过渡阶段，工业化的任务远未完成，实现工业化仍然是南疆三地州经济发展的首要目标。从南疆三地州发展的实际状况看，煤炭资源是制约当地新型工业化建设的主要矛盾。以煤炭工业发展为载体和平台，促进新型工业化建设，是带动当地经济社会发展的必然选择。但是三地州是严重贫煤缺煤地区，煤炭供需矛盾突出，严重制约了当地经济社会的发展和人民生活水平的提高，因此加大煤炭资源勘查力度，加快煤炭工业发展，对解决南疆三地州的缺煤问题，实施新型工业化建设战略，提高煤炭供应保障能力，助力脱贫攻坚，稳定南疆地区的政治形势，提高人民生活水平都具有重要的意义。

南疆找煤项目分布于塔里木盆地西南缘，呈北西-南东向展布，行政区划属11个县市管辖，由南西向北西分别为和田县、皮山县、叶城县、莎车县、阿克陶县、乌恰县管辖，地理坐标范围：东经$74°00'00''\sim82°00'00''$、北纬$36°00'00''\sim41°00'00''$，东西长约800km，南北宽$100\sim200$km，总面积约$5\times10^4\mathrm{km}^2$。图1-26为研究区范围图。

2. 项目背景

大规模开展南疆三地州煤炭资源勘查工作，起源于2008年实施的新疆"358"项目。与此同时，2012年新疆煤田地质局编制的南疆三地州勘查规划，明确了以南疆三地州资源保障为重点的工作任务。后期，2015年中国地质调查局编制的《南疆地区大型资源基地调查工程实施方案》，按照国家整装勘查区、重点勘查区和当前找矿取得重要进展的地区、找矿远景区及地域优势特色矿产4个层次推进南疆大型资源基地调查工作，从此更加推动了三地州勘查成果的实现。

3. 工作经历

2000年以前，新疆煤田地质局综合地质勘查队在南疆三地州多个小煤矿开展过连续多年的煤矿找煤工作，其中1983年在乌恰县沙里拜煤矿，1985年在乌恰县喀拉吉立岗煤矿，1985年在莎车县牌楼煤矿（现长胜煤矿），1990年在莎车县煤矿，1996年在坎地里克煤矿，为地区和县国营煤矿提交生产地质报告，为煤矿提高产能和升级改造提供了有力的资源量保障。

2000年以后，随着国家对探矿权的开放，社会资金在南疆三地州新设立煤炭勘查区多达55处，其中新疆煤田地质局承担大多数煤田勘探项目，也积累了大量的勘查成果和有利的找矿线索。2010年，新疆煤田地质局承担的中国地质调查局地质矿产调查评价项目"新疆南疆三地州煤炭资源调查评价"，首次对南疆三地州含煤盆地进行系统的研究和少量钻探验证，首次采用二维地震开展勘查工作，原一五六队总工张国庆，带领项目组多次深入昆仑

第一章 煤炭资源潜力评价与勘查工作

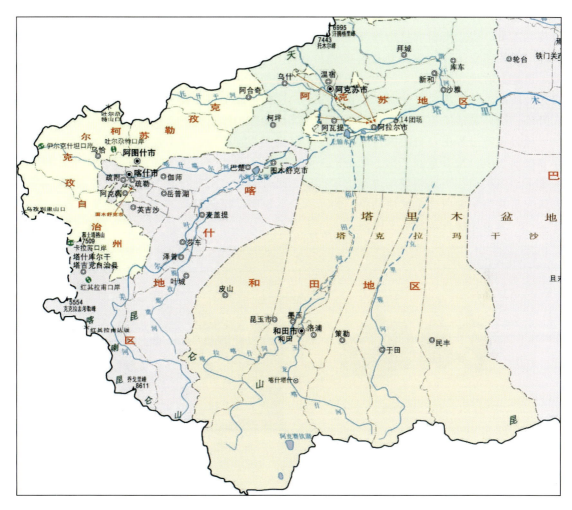

图 1-26 研究区范围图

山深处,在塔克拉玛干沙漠寻找含煤地层和煤层露头。该项目的实施对三地州地层、煤层、构造有了深入的研究和认识,同时提交了《南疆三地州聚煤盆地形成演化、赋煤规律及选区评价专题报告》。

南疆三地州找煤工作大致分为 3 个阶段。第一阶段:2007—2010 年,煤矿点找煤,仅开展零星煤矿点的勘查工作,以地表填图为主,很少施工钻探,基本为"边采边探",勘查程度较低,仅提交部分普查地质报告,如叶城县格仁拉煤矿普查。第二阶段:2011—2015 年,探矿证范围找煤,在探矿证范围内开展勘查工作,以中深部勘探为主,施工大量的钻探工程,取得较好的找煤成果,如莎车县先锋煤矿勘探,阿克陶县托库孜阿特煤矿详查等。第三阶段:2016 年至今,外围空白区、深部及隐伏区找煤开展煤炭资源调查工作,在社会项目取得较好的找煤成果基础上,以国资项目为主,取得较好的找煤成果,基本完成主要含煤盆地找煤工作,如莎车县喀拉图孜煤矿外围煤炭资源普查工作。

(二)项目实施

面对南疆三地州找煤项目点多、线长、面广、各个项目工作量相对较小的现状,为了尽快取得突破,按照新疆煤田地质局统一安排,综合地质勘查队承担三地州找煤重任,积极组织技术人员,成立南疆项目指挥部。新疆煤田地质局综合地质勘查队组成以翟广庆队长为总指挥、孟福印总工程师为副总指挥的项目领导小组,在现场设立项目指挥部,进行统筹管理,迅速及时地组织技术力量和施工设备,先后熊春雷、王彦钧、豆龙辉担任项目总指挥,综合地质勘查队抽出普查分队一半技术骨干,选择"能吃苦、技术精、肯奉献"技术人员深入野外一线开展地质工作,自此南疆三地州煤炭勘查工作正式进入快车道。

项目实施过程中,自治区自然资源厅、煤炭工业管理局、煤田地质局领导、地州相关领导多次前往项目检查慰问工作。局书记王荣多次深入野外项目组,局总工李瑞明带队和局技术骨干,多次前往三地州现场进行技术指导,同时亲自带队进行立项踏勘工作。综合地质勘查队先后共组织疆内外 8 家地勘单位的 300 余名地质勘探队员,20 余台钻机开展野外施工。图 1-27 为领导检查及现场工作图。

图 1-27 领导检查及现场工作图

前期新疆煤田地质局综合地质勘查队开展的工作以煤矿外围和深部空白区为工作重点,2011 年开展中国地质调查局地质勘查基金项目缺煤省份煤炭资源调查评价项目"新疆西天山康苏—沙里拜一带煤炭资源调查评价",项目负责人王彦钧、孙景龙,带领项目组成员,在 1543 km² 工作区采用遥感解译、二维地震、钻探等工作手段,预测煤炭资源量 $21\ 924 \times 10^4$ t。按照填图规范的要求,现场验证点有比例要求,但项目组认为,该区地质构造复杂基本全区达到正测填图的要求,需对每个填图点进行验证,也为后期外围找煤提供依据。项目负责人王彦钧患有胯关节疾病,带领大家,早八晚八的工作,午饭在工地就是榨菜、馕和矿泉水。项目负责人孙景龙,为了早日完成工作,经常加班绘制填图,分析研究,临近结婚婚纱照依然没有照,全身心投入工作中。经过6年的奋斗,基本查明克州煤炭资源赋存情况。为乌恰县后续项目"乌恰县沙克斯汗—托云一带煤炭资源调查""新疆乌恰县玉奇塔什一带煤炭资源调查""新疆乌恰县苏约克区煤炭资源调查"等项目开展奠定了基础。同时锻炼出孙景龙、豆龙辉、赵宏峰、阿布都力江、夏文龙等一大批技术骨干。

2013年,开展阿克陶县红山乡10个煤炭勘查社会项目,由豆龙辉担任项目负责人。该区存在煤层厚度变化大,地层缺失标志层,以细粉砂岩为主,且褶曲构造发育,普钻采取率低,测井参数反应较差等困难,极大地制约了项目的进展。豆龙辉带领项目组,趟过冰冷的河流,攀爬高差超过800m的高山,仅克孜库尔安煤矿实测巷道达到48个,累计测量巷道超过10 000m。他与单位技术部门探讨后,大胆采用绳索取心,采取率达到90%以上,针对煤层"两高一低"钻孔煤样的测井曲线参数,进行对比拟合,取得该区的测井标准参数。经过2年不懈的努力,2014年提交阿克陶县乌尔都隆煤矿详查、阿克陶县克孜库尔安煤矿详查等4个地质报告。在做好社会项目同时,积极在外围空白区开展野外踏勘和立项工作,为后续阿克陶县红山乡全区开展煤炭调查提供地质依据,最终全区提交资源量达27 276×10^4t。图1-28为野外施工图。

图1-28 野外施工图

2014年在莎车项目组,维吾尔族年轻地质工程师阿布都力江,首次担任项目负责人,为了开展好莎车喀拉图孜煤矿外围煤炭资源调查和莎车县罗马沟煤矿预查工作,他长期深入一线,通过向当地老乡了解废弃煤矿情况,认真向前辈请教项目存在的问题,圆满完成了项目,为后续的普查奠定良好的基础,在项目开展工作时,他多次路过家门而不入。

2012年,赵宏峰在开展阿克陶县库斯拉甫煤矿勘查工作中,在外围矿业权空白区,发现煤炭资源发育,后新立"阿克陶县库斯拉甫北煤炭资源调查"项目。该项目为克服山大沟深的困难,首次采用无人机测量地层,遥感解译填图,施工浅部浅井工程,提交资源量达 $18\,528 \times 10^4$ t,为后续普查和阿克陶县喀依孜煤炭资源调查提供依据。

随着综合地质勘探队在西部喀什和克州地区项目取得突破后,向东部山前隐伏区开展工作,叶城-皮山山前隐伏区按照地层推测含侏罗纪地层,面积超过 $1000 km^2$,但该区属于全区第四系覆盖范围,给工作增加了新的挑战。通过收集深部施工的石油钻孔、物探资料,项目负责人豆龙辉查询大量的文献和资料后,认为在该区1000m以浅有可采煤层发育,项目组通过遥感解译、二维地震、槽探、浅钻、钻探、测井、采样测试等多种手段,最终在该区发现可采煤层,同时首次在地表发现侏罗纪地层和煤层露头,为该区项目开展奠定了良好的基础。

(三)取得成果

在多家勘查单位均未在南疆取得明显勘查成果的情况下,新疆煤田地质局把南疆找煤作为重要工作方向,主动出击,力争突破,认真研究以往区域地质、煤田地质、石油地质成果资料,深入海拔超过5000m的昆仑山腹地,南北穿越塔克拉玛干沙漠,综合运用各种找煤理论和方法,从2007年至2019年,连续13年在南疆三地州开展大规模煤炭资源勘查工作,投入资金2.59亿元,完成南疆三地州含煤盆地地质填图 $20\,000 km^2$,钻探进尺89 000m,提交1000m以浅煤炭资源量 15.94×10^8 t,其中新增资源量 9.43×10^8 t。这些成果为南疆三地州煤炭资源开发奠定了良好基础。

近年来,新疆煤田地质局承担了克孜勒苏柯尔克孜自治州绝大部分煤炭资源勘查工作,基本查明了克孜勒苏柯尔克孜自治州煤炭资源赋存情况。仅2007—2019年投入资金1.12亿元,累计完成钻探进尺4.3万余米,提交1000m以浅煤炭资源量 7.31×10^8 t,其中新增资源量 5.30×10^8 t(表1-9)。在该区煤田地质勘查领域完成了大量的地质勘查工作,为克孜勒苏柯尔克孜自治州煤炭资源开发奠定了良好基础。

表1-9 克孜勒苏柯尔克孜自治州煤炭资源情况

煤田	矿区	含煤地层	煤类	资源量/$\times 10^4$ t	新增资源量/$\times 10^4$ t	备注
阿克陶煤田	克孜勒陶煤矿区	J_1k	无烟煤	27 276	17 127	
	赛斯特盖煤矿区	J_1k	贫煤	4159	/	
	库斯拉甫煤矿区	J_2y	贫煤	18 528	18 528	
	托库孜阿特煤矿区	J_2y	贫煤	12 500	10 319	
	霍峡尔煤矿区	J_1k、J_2y	气煤	1368	/	永久关闭
乌恰煤田	康苏煤矿区	J_1k	焦煤	/	/	
	其克里克煤矿区	J_2y	焦煤	5517	3179	
	托云煤矿点	J_2y	贫煤	1000	1000	
	莎里拜煤矿点	J_2y	焦煤	2000	2000	
	阿克吐麻扎煤矿点	J_2y	焦煤	800	800	
合计				73 148	52 953	

《乌恰县其克里克煤矿区地质勘查总结报告》提交资源量 0.55×10^8 t，《阿克陶县克孜勒陶煤矿区地质勘查总结报告》提交资源量 0.78×10^8 t，规划可建 2 个 30×10^4 t/a 和 2 个 60×10^4 t/a 矿井。

1. 克孜勒苏柯尔克孜自治州地区

含煤地层出露于克孜勒苏柯尔克孜自治州乌恰县、阿克陶县等地，含煤地层为康苏组和杨叶组。主要分布在阿克陶煤田的克孜勒陶煤矿区、赛斯特盖煤矿区、库斯拉甫煤矿区、托库孜阿特煤矿区、霍峡尔煤矿区，乌恰煤田的康苏煤矿区（关停、建设矿山公园）、其克里克煤矿区、托云煤矿点、莎里拜煤矿点、阿克吐麻扎煤矿点。乌恰煤田以山间断陷盆地为主，发育大量断裂构造；阿克陶煤田以推覆构造为主，形成大量的褶曲构造。这些构造均对煤层赋存造成较大影响，使得煤层稳定性较差。

乌恰煤田康苏煤矿区、托云煤矿点、阿克吐麻扎煤矿点，主要分布康苏组，地层厚度 286~1411m，含煤层 3~11 层，可采、大部可采煤层 1~3 层，平均总厚 7.45m。其克里克煤矿区、莎里拜煤矿点，主要分布杨叶组，该地层中共含煤层 7 层，主要可采煤层 2 层，平均总厚 4.08m。乌恰煤田托云煤矿区主要以贫煤为主，莎里拜煤矿区煤层主要以焦煤为主，康苏煤矿区煤层主要以 1/3 焦煤和 25 号焦煤为主，11 号贫煤、12 号贫瘦煤、14 号瘦煤、26 号肥煤、45 号气煤、1/2 中黏煤、22 号弱黏煤和 31 号不黏煤次之。乌恰煤田内所含煤层层数较多，厚度小，煤质变化大，有害元素含量相对较低，是优质的动力、民用和气化用煤。

阿克陶煤田克孜勒陶煤矿区、赛斯特盖煤矿区主要分布康苏组，地层厚度 286~1411m，克孜勒陶煤矿区含煤层 1~6 层，可采、大部可采煤层 1~2 层，平均总厚 3.45m，赛斯特盖煤矿区含煤层 8 层，可采、大部可采煤层 4 层，平均总厚 14.85m。库斯拉甫煤矿区、托库孜阿特煤矿区分布杨叶组，地层厚度 235~450m，含煤 3~13 层，可采 9~13 层，煤层总厚 3.2~8.5m。霍峡尔煤矿区含煤地层为康苏组与杨叶组，康苏组含煤 B1、B2、B3 三层煤层，杨叶组含煤 B4 上、B4、B5 三层煤层，煤层平均总厚 9.20m。阿克陶煤田克孜勒陶煤矿区主要为无烟煤，赛斯特盖煤矿区煤层主要以贫煤为主，无烟煤次之；库斯拉甫煤矿区煤层主要以无烟煤为主，贫煤次之。所含煤层可作为气化原料或动力和民用燃料，也可以作为制造合成氨、电石、电极等工业原料。

2. 喀什地区

近年来，新疆煤田地质局综合地质勘查队承担了喀什地区绝大部分煤炭资源勘查工作，基本查明了喀什地区煤炭资源赋存情况。仅 2007—2019 年投入资金 0.75 亿元，累计完成钻探进尺 3 万余米，提交 1000m 以浅，煤炭资源量 4.76×10^8 t，其中新增资源量 2.88×10^8 t（表 1-10）。为该区的煤田地质勘查完成了大量的地质勘查工作，为喀什地区煤炭资源开发奠定了良好基础。

表 1-10 喀什煤炭资源情况

煤田	矿区	含煤地层	煤类	资源量/$\times10^4$t	新增资源量/$\times10^4$t	备注
莎车县煤田	喀拉吐孜煤矿区	J_2y	不黏煤、长焰煤	40 459	23 721	
叶城县煤田	普萨煤矿区	J_2y	长焰煤	5656	3556	
	许许煤矿点	J_2y	长焰煤	1500	1500	
合计				47 615	28 777	

《新疆喀什地区喀拉吐孜煤矿区地质勘查总结报告》提交资源量 $3.13×10^8$ t，规划矿井 $240×10^4$ t，其中斯尔亚特煤矿 $90×10^4$ t/a，长胜煤矿 $90×10^4$ t/a，叶城煤矿 $60×10^4$ t/a 和格仁拉勘查区1处。

含煤地层出露于喀什地区莎车县、叶城县等地，含煤地层分区早—中侏罗世叶尔羌群杨叶组。主要分布在莎车县喀拉图孜煤矿区、叶城县普萨煤矿区、叶城县许许煤矿点。其中喀拉图孜煤矿区以山间断陷盆地为主，总体构造形态"L"的北北东—北东东倾斜的单斜构造。莎车县喀拉图孜煤矿区，分布杨叶组，地层厚度339m，含煤6~14层，可采3~6层。煤层总厚6.42~19.90m。莎车喀拉吐孜煤矿区主要为31号不黏煤和41号长焰煤。煤层属于高灰、低热值的煤，是较好火力发电用煤，也是良好的工业锅炉和民用燃料。

叶城县普萨煤矿区、叶城县许许煤矿点分布杨叶组，地层厚度343m，含煤1~5层，可采1~4层。煤层总厚1.1~21.5m。叶城普萨和许许煤矿区主要为41号长焰煤。该区的煤具有低灰分、中等挥发分、中硫、中高发热量等特点，可作为动力用煤及民用煤。

3. 和田地区

近年来，新疆煤田地质局承担了和田地区绝大部分煤炭资源勘查工作，基本查明了和田地区煤炭资源赋存情况。仅2007—2019年投入资金0.72亿元，累计完成钻探进尺2.6万余米，提交1000m以浅煤炭资源量 $3.86×10^8$ t，其中新增资源量 $1.26×10^8$ t（表1-11）。这些成果为该区的煤田地质勘查完成了大量的地质勘查工作，为和田地区煤炭资源开发奠定了良好基础。

表1-11 和田煤炭资源情况

煤田	矿区	含煤地层	煤类	资源量/$×10^4$t	新增资源量/$×10^4$t	备注
和田县煤田	布雅煤矿区	J_1k	长焰煤	30 799	5930	
皮山县煤田	杜瓦煤矿区	J_2y	长焰煤	1146	/	
	桑株煤矿点	J_2y	长焰煤	500	500	
	玉立群煤矿点	J_2y	长焰煤	6175	6175	
合计				38 620	12 605	

《新疆和田县布雅煤矿区地质勘查总结报告》提交资源量 $3.08×10^8$ t，空白区新增资源量 $0.59×10^8$ t，其中和田布雅露天煤矿 $45×10^4$ t/a，和田布雅煤矿 $90×10^4$ t/a，天台煤矿 $60×10^4$ t/a，普阳煤矿 $90×10^4$ t/a。《新疆皮山县杜瓦煤矿区地质勘查总结报告》提交资源量 $0.11×10^8$ t，可新建杜瓦露天煤矿 $45×10^4$ t/a。

含煤地层出露于和田地区皮山县、和田县等地，含煤地层分区为早—中侏罗世叶尔羌群康苏组和杨叶组。主要分布在和田县布雅煤矿区、皮山县杜瓦煤矿区、皮山县桑株煤矿点、皮山县玉立群煤矿点。布雅以山间断陷盆地为主，煤层较为稳定，为平缓煤层；皮山县杜瓦煤矿区，煤层稳定性较差，部分高硫煤层，煤层为陡立煤层，总体向北倾。

皮山县杜瓦煤矿区、皮山县桑株煤矿点、皮山县玉立群煤矿点含煤地层为杨叶组，含煤地层平均厚238.24m，含煤3层（其中可采煤层2层）。煤层平均总厚18.84m，可采煤层平均总厚19.23m。皮山杜瓦煤矿区主要为低变质烟煤，变质阶段属0阶，煤类为长焰煤，是较好的火力发电用煤，也是良好的工业锅炉和民用燃料。

和田县布雅煤矿区含煤地层为康苏组，含煤3层，其中大部分可采煤层2层，不可采煤层1层。自上而下为A3、A2-2、A2-1煤层，其中A2-2、A2-1煤层为可采煤层。煤层总厚1.22～8.4m，平均6.21m。和田布雅煤矿区主要为长焰煤、不黏煤，且具低—中灰分、中高—高发热量、中硫分、含油之特点。目前各矿井生产的煤主要作为工业锅炉用煤和民用煤。

（四）成果应用及获奖情况

在南疆三地州煤炭勘查项目实施过程中，单位技术人员不断加强地质找矿新理论、新方法、新技术的运用，以先进的地质勘查技术手段，集中优势，对具有潜力的勘查区块进行分析、研究、评价和勘查，极大推动项目的开展。完成三类科研项目2个，申请专利1件，发表学术论文20余篇。其中，《南疆三地州煤炭资源聚煤规律及找煤靶区优选研究》系统分析三地州各含煤沉积体系、煤层发育及其煤质分布等原生成煤条件，建立典型聚煤模式，为下步开展工作，提出有利的找煤靶区。《塔里木盆地西南缘煤层测井物性参数研究》解决三地州"两高一低"钻孔煤样的测井曲线参数，建立了一组新的适合"两高一低"煤的解释参数，研究成果可为今后在塔西南地区的煤层测井解释提供参考。申报实用新型专利"随钻孔斜和方位监测装置"，解决现阶段煤田钻探中，在部分急倾斜地层中及时测井问题，极大地提高工程质量及施工效率。

莎车县喀拉图孜煤矿外围煤炭资源普查空白区新增资源量2.37×10^8t，土地招标、拍卖和挂牌程序正在开展中。

在南疆三地州煤炭勘查完成的项目中，"新疆阿克陶县含煤盆地煤炭资源勘查"和"新疆乌恰县煤炭资源勘查"项目分别获新疆"358"项目优秀成果二、三等奖。

第二章　非常规气勘查开发

第一节　煤层气勘查开发

一、新疆煤层气发展历程

新疆的煤层气工作始于 20 世纪 90 年代，之后在政府的重视下、在煤层气地质工作者的不断努力下，经过 20 多年的发展，逐步从资源评价、参数井施工、勘探开发技术试验、重点区勘查，到建成 3 个地面开发先导性示范工程，实现小规模开发利用，发展成为我国除沁水盆地和鄂尔多斯东缘外的又一大煤层气开发热点区。

新疆煤田地质局作为新疆煤层气事业的开拓者，也是新疆煤层气勘查开发的主力军和领头羊，对新疆煤层气产业的发展起到了极大的推动作用，新疆煤田地质局煤层气工作发展史在很大程度上也代表了新疆煤层气的发展史。新疆的煤层气勘查开发经历了以下几个重要阶段。

①1996 年，新疆煤田地质局应中国煤田地质总局要求，以乌鲁木齐河东-白杨河、艾维尔沟为重点，开展"新疆维吾尔自治区煤层气资源评价"工作，填补了低阶煤层气勘查研究的空白，标志着新疆煤层气进入资源评价阶段，也就此开启了新疆的煤层气工作。

②1999 年，中联煤层气公司科技处处长胡爱梅一行来新疆就煤层气相关情况进行交流，新疆煤田地质局邀请了自治区计划委员会、自治区经贸委、自治区地质矿产厅、自治区煤炭厅等相关领导参加。胡爱梅处长以授课的形式详细介绍了国外煤层气开发利用现状、煤层气开发利用的意义和我国煤层气情况。本次交流引起很大反响，使得自治区相关部门对新疆煤层气工作开始重视。

③2002 年，新疆煤田地质局自筹资金开展三类科研"新疆乌鲁木齐河东、河西矿区煤层气资源评价"，通过研究，发现评价区具有丰富的煤层气资源。报告成果邀请了国内知名行业专家参与评审，专家一致认为乌鲁木齐矿区储层条件优、含气量高，在国内属于煤层气条件好的区域，进一步激发了新疆煤田地质局勘查开发新疆煤层气的热情，并于当年向自治区发展和改革委员会申请立项，争取开展示范工程。

④2003 年，自治区发展和改革委员会批准了乌鲁木齐河东煤层气示范工程，启动资金 50 万元，在此基础上新疆煤田地质局施工了新疆第一口煤层气参数井——乌参 1 井（图 2-1），测试含气量最大 $15m^3/t$，渗透率最大 $13.48\times10^{-3}\mu m^2$，参数喜人，昭示出可期的勘查效果，吸引了国内外公司投入新疆煤层气勘查工作。2005 年新疆煤田地质局与加拿大宏图岩探公司合作在乌鲁木齐矿区又施工了一口参数井——乌参 2 井，勘查效果符合预期，并为以后的勘查开发奠定了良好基础。图 2-2 为新疆煤田地质局与加拿大宏图岩探公司签订合作协议现场。

之后，进入各煤田参数评价阶段。新疆煤田地质局自筹资金或与加拿大特拉维斯特公

图2-1 乌参1井

图2-2 与加拿大宏图岩探公司签订合作协议

司、中国石油天气集团公司、中联煤层气有限责任公司等单位合作，在阜康白杨河、昌吉硫磺沟、呼图壁、后峡、准东五彩湾、尼勒克胡吉尔台、吐鲁番艾丁湖、托克逊黑山、卡姆斯特等矿区施工了多口煤层气参数井，获取了重要的煤层气参数，了解了各矿区的煤层气资源潜力。

在此期间，根据煤层气勘查和资源潜力评价成果，新疆煤田地质局积极向国土资源部申请了煤层气矿权，获批了新疆托克逊县克尔碱、布尔碱，新疆尼勒克县胡吉尔台南部，新疆托克逊县通盖-梯胸沟4个煤层气探矿权，面积约334km²，使新疆的煤层气工作更进一步。

2007年，新疆煤田地质局多方努力向自治区相关部门申请资金和编制，成立了新疆煤田地质局煤层气研究开发中心。这是新疆第一家也是截至目前新疆唯一一家专门从事煤层气政策、理论研究和勘查的单位，对新疆煤层气理论进步、勘查开发有序布局起到了重要的作用。

⑤2008年，新疆煤田地质局在阜康白杨河矿区施工了阜试1井并点火成功，它是新疆境内中低煤阶煤层气点火成功的第一口井，以实际产气印证了新疆煤层气的可开发性，极大地鼓舞了新疆煤田地质局开展煤层气勘查开发的信心，在新疆煤层气开发中具有里程碑意义，也标志着新疆煤层气进入勘探开发技术试验阶段。图2-3为阜试1井排采和点火现场。

图2-3 阜试1井排采和点火现场

2009年，新疆煤田地质局与中联煤层气有限责任公司合作在阜试1井旁边施工了阜试2井。之后，2011—2012年新疆煤田地质局向自治区财政申请资金1900万元，在前两口井的基础上,又施工了阜试 3 井—阜试 5 井,形成由 5 口井组成的梯形小井网,并进行了 5 口井的测试、储层改造及排采等煤层气工作。5 口井均获得工业气流,3 口井单井日产量达到 2000m³ 以上,最高约 2600m³,井组最高日产量达到 7000m³。该井组是新疆第一个煤层气开发井组,不仅为新疆煤层气勘查开发起到示范作用,同时也实现了全国低煤阶煤层气开发的突破,拉开了新疆煤层气勘查开发的序幕。

⑥已取得的煤层气工作成果使自治区看到了新疆煤层气可开发利用的希望,也坚定了自治区勘查开发新疆煤层气的信心。2013 年,自治区地质勘查基金中心委托新疆煤田地质局煤层气研究开发中心开展了新疆第一个煤层气勘查项目——"新疆准南煤田乌鲁木齐河东矿区煤层气资源预探",标志着新疆煤层气勘查工作的正式开始。

同年,在前期工作特别是小井网产气效果的鼓舞下,新疆煤田地质局认为阜康白杨河矿区已具备建设示范工程的基础,同时新疆煤田地质局也认识到,要想实现新疆丰富煤层气资源的开发利用,也需要通过示范工程的建设实现突破。于是,新疆煤田地质局自筹资金 50 万元,由局总工程师李瑞明、地质科技处处长张国庆到北京与中联煤层气国家工程研究中心有限责任公司对接《阜康白杨河煤层气开发先导性试验方案》(以下简称《方案》) 的编制事宜。《方案》编制后上报自治区国土资源厅,经过专家评审,受到了国土资源厅的重视和认可,并于 2014 年 4 月下达了任务书,委托新疆煤田地质局一五六队开展示范工程建设,标志着新疆煤层气进入先导性开发试验阶段。

之后,为了推动新疆丰富的煤层气资源优势向经济优势转变,自治区政府逐年加大煤层气勘查开发力度。截至目前,累计投入超过 13 亿元资金,开展了 24 个煤层气勘查项目和 3 个先导示范工程建设工作,极大地推动了新疆煤层气勘查开发进程,吸引了国内在煤层气行业处于领先地位的科研机构、企业、知名专家学者关注并参与到新疆的煤层气勘查和开发工作中来,掀起了开发新疆煤层气的热潮,形成以准噶尔盆地南缘为重点,以塔里木盆地北缘为次重点,兼顾其他资源富集区的勘查开发格局。

2015 年,在政府相关部门及新疆煤田地质局的积极努力下,新疆的煤层气工作受到国家的重视,将新疆煤层气列入国家"十三五"科技重大专项,设立"新疆准噶尔、三塘湖盆地中低煤阶煤层气资源与开发技术"项目,总资金 40 252 万元 (国拨 9870 万元),由新疆煤田地质局牵头组织,项目周期 2016 — 2020 年,主要针对新疆地质特点开展开发工艺技术攻关。

通过以上一系列工作的开展和科技攻关,截至目前,获取了准噶尔盆地南缘、塔里木盆地北缘等重点地区的煤层气资源潜力,在阜康、乌鲁木齐、库拜实现了煤层气小规模的开发利用,准噶尔盆地南缘煤层气产业化基地初具雏形,勘查开发理论和技术适应性进一步增强,取得了新疆煤层气勘查开发的重要突破。

二、新疆煤层气资源评价与有利区优选

煤层气资源评价与有利区优选是煤层气勘查开发的基础。20 余年来,新疆煤田地质局开展了 5 次全疆级别的煤层气(煤矿瓦斯)资源评价工作。通过资源评价工作的开展,全面跟踪分析新疆煤层气勘查开发最新进展,总结了经验,查找了问题;了解了新疆主要煤田的煤层气资源特征和资源潜力;估算了新疆煤层气资源量,掌握了新疆煤层气资源家底,为煤层气勘查开发工作奠定了基础并指明了方向。

除了开展全疆性的资源评价工作以外,针对准噶尔盆地的准南、和什托洛盖煤田等重点地区开展了更有针对性且更精确的资源评价工作,为这些地区的煤层气勘查开发奠定了基础。

资源评价工作是 2013 年以来新疆煤层气勘查开发进入快速发展以前,新疆煤田地质局开展的主要工作,下面将新疆煤田地质局开展的主要资源评价工作按时间顺序概述如下。

①1995 年 3 月,中国煤田地质总局以煤地发〔1995〕043 号下发了《关于开展煤层气资源评价工作的通知》及《煤层气资源评价方法》,要求对新疆煤层气资源作出评价,并初步评价其开发前景。为此,新疆煤田地质局成立了以一六一队为主体,有一五六队、综合物探队参加的"新疆煤层气资源评价组",高志军任组长,李晓峰、黄小川、施哈宁等参加。通过资料收集、整理、汇编、分析、估算等手段,以"新疆第三次煤田预测"项目报告为基础,以煤矿或钻孔瓦斯测试数据为依据,以乌鲁木齐河东-白杨河、艾维尔沟为重点评价区,以乌鲁木齐西山-老君庙、阜康白杨河-大黄山、俄霍布拉克 3 个矿区为简单评价区,从构造、煤层、煤质、储层物性、煤层含气量等方面进行了分析评价。计算乌鲁木齐河东-白杨河、艾维尔沟矿区煤层气资源量为 $1812.3 \times 10^8 m^3$,概算乌鲁木齐西山-老君庙、阜康白杨河-大黄山、俄霍布拉克三个矿区煤层气资源量为 $389.7 \times 10^8 m^3$。5 个评价区共计算 2000m 以浅煤层气资源量为 $2202 \times 10^8 m^3$。该次工作虽然仅针对部分矿区,未全面对新疆煤层气进行评价,但是是对新疆煤层气资源的首次认识和首次评价,具有重要的意义。

②2002 年,新疆煤田地质局自筹资金开展"新疆乌鲁木齐河东、河西矿区煤层气资源评价"项目并编写了项目报告,时任一五六队地质科长的李瑞明任项目负责,刘天庆、叶兰、杨成起等参加。该报告主要对乌鲁木齐河东、河西矿区构造、煤层、煤岩煤质、煤层含气量、吸附性和储集性、渗透性、储层压力、煤层气保存条件等进行了分析评价。评价区煤层含气量 $2 \sim 15 m^3/t$,煤层孔隙度在 10% 左右,部分区块储层压力为正常储层压力,其余区块为欠压储层,渗透率较高,围岩对煤层气的保存条件较为有利。最后,运用含气量法和类比法计算矿区煤层气资源量为 $1309.75 \times 10^8 m^3$。该报告为以后乌鲁木齐矿区的煤层气勘查开发奠定了基础,2006 年获新疆国土资源科技进步二等奖,2009 年获中国煤炭工业协会科学技术奖三等奖。

③2009—2010 年新疆煤田地质局煤层气研发中心与中联煤层气有限责任公司合作开展"新疆准噶尔盆地南缘煤层气选区评价"项目并编写了项目报告,杨曙光、邵洪文任项目负责人,周梓欣、尹淮新、张娜等参与,目的是对新疆准南煤田(含后峡)煤层气资源赋存条件进行评价,研究煤储层特征和煤层气资源富集规律,选择有利区块作为首选的勘探开发区域。该报告将准噶尔盆地南缘划分为霍尔果斯西段、霍尔果斯河-三屯河区段、三屯河-乌鲁木齐河区段、乌鲁木齐河-四工河区段、四工河-大黄山区段、吉木萨尔水西沟矿区、后峡矿区七大区块,系统分析了七大区块煤层气赋存的地质、构造、水文等条件,研究了渗透率、储层压力、含气量等煤层气开采参数,运用体积法分块段对评价区 2000m 以浅煤层气资源量进行了计算,估算结果为 $3618.68 \times 10^8 m^3$,采用"关键要素递阶优选"和"优选目标定量排序"两种并行方法对七大区块进行综合评价和排序打分,最终优选出乌鲁木齐河-四工河区段、四工河-大黄山区段为煤层气开发的有利区,并对下一步工作提出了孔位或井网部署建议。该报告对后续勘查选区及工作的开展具有重要的指导意义,2011 年获得中国煤炭工业科学技术奖三等奖。

④2009—2010年，新疆煤田地质局煤层气研发中心受新疆油田公司勘探开发研究院委托开展"准噶尔盆地煤层气勘查选区评价"项目并编写了项目报告。该项目分准南、准东、准北3个专题。其中，新疆煤田地质局煤层气研究开发中心负责了准南和准北两个专题，中国煤炭科学研究总院西安研究院负责准东专题，杨曙光、薛冽任项目负责人，降文萍、邵洪文、周梓欣、张塞等参加。该报告对准噶尔盆地煤层气资源赋存条件进行了评价，研究了煤储层特征和煤层气资源富集规律，采用"关键要素递阶优选"和"优选目标定量排序"两种并行方法进行了煤层气勘查开发的有利区优选，并选择阜康水磨沟-四工河作为首选的勘探开发试验区，且提出了部署建议。采用体积法进行了资源量预测。其中，乌鲁木齐河-四工河有利区预测煤层气资源量为 $1\,455.1 \times 10^8\,m^3$，四工河-大黄山有利区预测煤层气资源量为 $272.6 \times 10^8\,m^3$，两个区段总计 $1\,727.7 \times 10^8\,m^3$。准东煤田煤层气资源量为 $6\,038.44 \times 10^8\,m^3$。该报告对阜康四工河煤层气开发起到了重要的指导意义。

⑤随着煤炭资源开采强度和深度的不断增加，矿井瓦斯对煤矿安全生产的威胁日趋严重。为了遏制煤矿瓦斯事故、促进煤矿安全生产，2009年4月，国家能源局发出了《关于组织开展全国煤矿瓦斯地质图编制工作的通知》（国能煤炭〔2009〕117号），在全国范围内启动了矿区、矿井、采掘工作面三级瓦斯地质图编制工作。新疆维吾尔自治区发展和改革委员会部署了新疆煤矿矿井、矿区瓦斯地质图的编制工作，并委托新疆煤田地质局煤层气研究开发中心于2011年汇总编制了《1∶125万新疆维吾尔自治区煤矿瓦斯地质图说明书》。杨曙光、王德利任项目负责人，肖仁俊、田旻、张寿平、霍玉刚、周梓欣、张娜等人参与。该报告汇总了全疆73幅矿井瓦斯地质图、4个矿区瓦斯地质图，从盆地构造演化、矿区构造、煤层埋深、上覆基岩厚度以及顶底板岩性、水文地质对瓦斯赋存的影响等方面，系统地研究了新疆24个主要煤田瓦斯地质规律及瓦斯分布特征，概算全疆2000m以浅煤层气资源量为 $7.83 \times 10^{12}\,m^3$。该项工作的开展对政府决策和全疆煤矿安全生产具有重要的指导意义。

⑥2009—2012年，新疆煤田地质局煤层气研究开发中心受中国地质调查局发展研究中心委托开展"新疆煤层气勘查开采特定区域选区研究"专题研究并编写了项目报告。该研究是"全国煤层气资源勘查开采特定区域选区评价"的子课题，杨曙光、周梓欣任项目负责人，王德利、张娜、邵洪文等人参加。该报告从地质构造、煤层、煤质、煤炭资源量、煤层气含量、储层渗透率等煤层气参数系统分析了新疆各主要煤田的煤层气资源潜力，在全疆范围内选择了准南煤田大黄山-玛纳斯河区段、后峡煤田塔勒德萨依矿区、三塘湖煤田、艾维尔沟矿区、拜城矿区、库车明矾沟矿区6个煤层气富集区带；分析了新疆煤炭及煤层气资源勘查开发利用现状，论述了新疆煤层气资源勘查技术；根据煤炭、煤层气勘查开发现状及矿业权设置情况，同时考虑煤炭和煤层气地质条件，在新疆主要煤层气富集区带中选择了玛纳斯河-呼图壁河区块、拜城县木扎尔特河以东区块两个煤层气勘查开采特定区域；研究了煤层气与煤炭的勘查、开采时空配置关系，提出了煤层气与煤炭综合勘查开采时空配置建议；分析了新疆煤层气矿权与煤炭矿权重叠问题，提出了解决思路和办法，给出了新疆煤层气资源综合勘查与开发利用的工作部署建议。

⑦2012—2013年新疆煤田地质局煤层气研究开发中心受国土资源部油气资源战略中心委托开展"全国油气资源动态评价（2015）"的子项目"新疆地区煤层气资源动态评价"并编写了项目报告，周梓欣、杨曙光任项目负责人，张娜、王德利等参与。该报告总结分析了新疆煤层气勘探开发新进展，新成果；分准噶尔、吐哈、塔里木、天山系列、巴里坤-三塘

湖 5 大盆地，系统研究了新疆 35 个主要煤田（煤产地）煤层气分布与富集规律；研究和确定了新疆煤层气资源类别评价标准、煤层气含量、煤层气风化带底界采用和计算方法；基于最新的"新疆煤炭资源潜力评价"成果和煤炭资源勘查、开采成果，划定或推测了新疆的煤炭、煤层气资源分布范围，估算新疆 2000m 以浅煤层气资源总量为 $8.99×10^{12}m^3$，并对资源类别进行了划分；在全疆优选出 12 个煤层气勘查开发的有利区。该报告 2013 年 6 月底经国土资源部油气资源战略研究中心评审，得到了翟光明院士、孙枢院士等专家的认可，获得"优秀级"评价。"全国油气资源动态评价（2015）"是一项国家层面的重大国情调查，为国家及时掌握各地油气资源潜力，制定油气资源发展战略和政策提供依据。2016 年 4 月 12 日—13 日李克强总理、张高丽副总理、杨晶国务委员等国务院领导均对《全国油气资源动态评价（2015）》进行了圈阅，新华社、中央电视台《新闻 30 分》《新闻直播间》等媒体均对成果进行了深入报道。

⑧2016—2017 年新疆煤田地质局受中国地质调查局油气资源调查中心委托开展"新疆煤层气资源评价"项目并编写了项目报告。该报告在《新疆地区煤层气资源动态评价》的基础上，应用 2013 年以来新疆大量的煤层气勘查、开发工作成果，以全疆 35 个主要煤田（煤产地）为重点，对其煤层发育特征、煤质特征、储层物性特征、开发特征进行了系统的研究和评价，掌握了新疆煤层气资源分布及地质特点；运用体积法、分煤田、分埋深、分可信级别估算了新疆的煤层气资源量，摸清了新疆煤层气资源家底，估算新疆 2000m 以浅煤层气资源量为 $8.87×10^{12}m^3$，其中，1500m 以浅煤层气资源量为 $5.55×10^{12}m^3$（表 2-1）。

表 2-1 全疆盆地煤层气资源统计表

盆地名称	煤炭资源量/$×10^8t$	评价面积/$×10^4km^2$	地质资源量/$×10^{12}m^3$	资源丰度/$×10^8m^3·km^{-2}$	1500m 以浅可采资源量/$×10^8m^3$	地质资源占比/%	可采资源占比/%
准噶尔盆地	6 151.87	4.57	4.15	0.91	1.14	46.79	12.85
塔里木盆地	1 098.95	0.59	1.23	2.09	0.33	13.87	3.72
巴里坤-三塘湖盆地	1 629.64	0.56	0.84	1.49	0.25	9.47	2.82
吐哈盆地	2 512.21	1.31	1.36	1.04	0.64	15.33	7.21
天山系列盆地	2 981.64	1.39	1.29	0.93	0.39	14.54	4.40
合计	14 374.3	8.42	8.87	1.05	2.75	100	31.00

该报告初步形成了适应新疆地质特点的资源评价和有利区优选体系。将资源评价和有利区优选工作分两大层次，首先采用层次分析法，以新疆主要煤田为对象，以现有勘查资料为基础，结合新疆煤层气特点，综合考虑以煤层稳定程度、构造复杂程度、资源量、资源丰度、渗透率为主要参数，建立层次模型，进行指标量化、打分和综合排序，最终优选出准南、库拜、三塘湖煤田等煤层气勘查的有利区；其次，在勘查有利区优选的基础上，采用多层次模糊评价法，充分利用新疆已有地质勘探资料根据不同的评价阶段、评价对象及勘探程度，结合新疆低煤阶煤层气自身特点进行参数筛选，按照参数的某些属性划分为几大类并将参数进行定量分析，建立不同层次及其隶属度函数，依次从低向高层次进行评价，直到系统的最终量化评价结果。该方法将新疆低煤阶有利区优选参数分为地质条件和开采条件 2 个大类，地质条件又分为区域地质和资源地质 2 个亚类，包括构造、水文条件、煤层分布面积、

主力煤层净总厚度、镜质组、灰分、含气量、甲烷含量8个评价参数；开采技术条件包括技术可采性和经济可采性2个亚类，包括含气饱和度、临储比、渗透率、煤体结构、有效地应力、煤层与围岩关系、直井半年稳定平均产气量、经济地理环境8个评价参数，最终将评价对象划分为四类，依次为Ⅰ类、Ⅱ类、Ⅲ类、Ⅳ类。其中，Ⅰ类是地质条件最好，开采最有利、最具有勘探前景，可供进一步开发的区块，程度依次降低；Ⅳ类为相对地质条件差，开发条件不好，不具备开发潜力的区块。最终优选出准南煤田的水西沟矿区、阜康矿区、乌河东矿区、乌河西矿区、呼图壁-玛纳斯矿区、乌苏四棵树矿区；库拜煤田的中区、东区、西区；三塘湖-淖毛湖煤田的汉水泉矿区、库木苏矿区、石头梅矿区、条湖矿区、淖毛湖矿区等煤层气开发的有利区。

三、煤层气资源勘查工作

国家和新疆维吾尔自治区高度重视新疆丰富煤层气资源的勘查和开发工作，先后出台多项政策鼓励开发煤层气。2010年5月，新疆为贯彻落实中共中央、国务院《关于支持新疆经济社会发展若干政策和重大项目的意见》的精神，明确提出"以准南、库拜、准东、吐哈等煤田为主，加大煤层气勘查开发和综合利用力度，建设2~3个煤层气开发利用示范工程"；国家能源局《能源发展战略行动计划（2014—2020年）》中指出"加快新疆、内蒙古等地区煤层气资源调查和潜力评价，实施一批煤层气勘查项目，力争新疆低煤阶煤层气勘探取得突破，建设一批煤层气开发利用示范工程，启动建设煤层气产业化基地"；《煤层气（煤矿瓦斯）开发利用"十三五"规划》（国能煤炭〔2016〕334号）明确提出要"加快贵州、新疆、内蒙古、四川、云南等地区煤层气资源调查和潜力评价，力争在西北低煤阶地区和西南高应力地区煤层气勘探取得突破。到2020年，新增探明地质储量$1685×10^8 m^3$"。

自"十二五"起，新疆将煤层气作为独立重要矿种列入中长期发展规划。新疆煤田地质局作为对新疆煤层气资源最为了解和勘查开发工作开展最多的单位，受自治区发展和改革委员会的委托，编制了《新疆煤层气（煤矿瓦斯）开发利用"十二五"规划》《新疆煤层气（煤矿瓦斯）开发利用"十三五"规划》，受自治区国土资源厅委托编制了《新疆煤层气勘查开发专项规划（2016—2020年）》。上述文件为政府决策提供了依据，为新疆煤层气勘查开发工作合理布局和有序开展提供了重要的指导。

新疆煤田地质局作为新疆煤层气事业的先行者和主力军，承担了自治区90%以上的煤层气勘查工作。自2013年开始，在新疆地勘基金的助力下，在上述规划的引领下，新疆煤田地质局紧抓机遇、努力进取，取得了一系列骄人的勘查成果。以准噶尔盆地南缘、库拜煤田、三塘湖煤田为重点，开展了20个煤层气勘查项目，施工煤层气参数井90口、排采试验井78口，在很大程度上推动了新疆的煤层气勘查工作进程，提高了重点矿区的煤层气认识程度，准南煤田、库拜煤田、后峡煤田、三塘湖煤田、艾维尔沟矿区等总体达到煤层气普查-预探级别，其中，准南煤田的阜康甘河子-大黄山、乌鲁木齐河东、库拜煤田的拜城区块局部达到煤层气勘探级别；获取了煤层气参数特征和产气能力，大致查明了重点矿区的煤层气资源潜力，为后续工作部署和探矿权设置提供了重要的依据；估算煤层气资源量为$2672.23×10^{12} m^3$，其中探明储量$106×10^{12} m^3$；研究并试验了适应新疆地质特点的理论与勘查开发技术，并在工作中不断改进和完善。

（一）准噶尔盆地南缘煤层气勘查

准噶尔盆地位于阿勒泰山与天山之间，西侧为准噶尔西部山地，东至北塔山麓。盆地呈不规则三角形，地势向西倾斜，北部略高于南部，是中国第二大内陆盆地。"准噶尔"这一名字的由来要从清朝前期说起，这里原本是漠西蒙古两大汗国之一的准噶尔汗国的腹地，乾隆时期最终平定了准噶尔，后来虽然此区域内罕见准噶尔人，但这个名字却流传至今。

准噶尔盆地东西长700km，南北宽370km，面积约$13\times10^4km^2$，是一个以晚古生代、中新生代陆相沉积为主的大型叠合盆地。盆地属中温带气候，盆地北部、西部年均温度3～5℃，南部5～7.5℃，年均日夜温差12～14℃。盆地主要自然灾害有冻害和大风，4～5年有一次较大范围的冬麦冻害，10年有一次较重的果树冻害。由于盆地植被覆盖度较大，虽大风天数多，但沙丘移动现象较少。

说起准噶尔盆地南缘，就能让人联想到4个字——"巨量、高质"，因为沿着天山山脉北侧近2000km的带状区域内，有着大大小小40个能够作为"优质储层"的构造。这样得天独厚的地理构造，让煤层气工作者们迫不及待地想要掀开它的"面纱"。

近年来，准噶尔盆地南缘共探获煤炭资源量965×10^8t，煤层气资源量$3055\times10^8m^3$；煤层气资源丰度$2.5\times10^8m^3/km^2$，煤类以中低变质的长焰煤—气煤为主，煤层可采厚度11.37～188.59m，含气量最高$15m^3/t$，渗透率最高达$13.48\times10^{-3}\mu m^2$，煤层气资源丰富，基础条件优越。

中国地质调查局油气调查中心和新疆维吾尔自治区自然资源厅结合区域情况，在重点区域设置煤层气勘查项目16个。项目主要集中分布在阜康矿区、乌鲁木齐矿区、呼图壁矿区、后峡矿区、吉木萨尔矿区及艾维尔沟矿区。

1. 阜康中东部煤层气勘查

1）勘查历程及工作背景

（1）概况

阜康矿区煤层气勘查工作主要分布在阜康矿区的中东部（西至五工河，东到大黄山）。东西长约42km，南北宽约3.5km，面积约$150km^2$。

地处准噶尔盆地东南缘之博格达山北麓低山-丘陵地带，地表植被稀疏。属大陆性干旱—半干旱气候，夏季炎热少雨，冬季干燥寒冷。区内有季节性河流泉水沟，发育着几个涌水量大小不一的泉或泉群。东界外的白杨河是示范区地下水的主要补给源。

（2）项目背景

阜康矿区煤田地质勘探历史悠久，资料丰富，煤层气基础勘查条件优秀。2008年在新疆煤田地质局书记何深伟同志的大力推进下，在这里拉开了新疆煤层气勘探工作的序幕。

（3）工作历程

2008年，新疆煤田地质局自筹资金在阜康施工了新疆第一口煤层气井。

2010年，新疆煤田地质局与新疆国有投资经营有限公司共同成立合作公司新疆润泰矿业开发有限责任公司。在阜康矿区白杨河西设置了新疆第一个煤层气示范工程，为自治区推进煤层气开发利用的产业化及规模化、改善能源结构、促进区域经济发展进行了积极和有益的探索。

2012年，新疆润泰矿业开发有限责任公司委托新疆煤田地质局一五六煤田地质勘探队在该区进行煤层气小井网勘查工作，完成煤层气井5口，单井日产量最高达2500m³，井网日产气能力达7000m³，为后续煤层气开发提供依据。

2015—2017年，自治区国土资源厅地质勘查基金项目管理中心批准实施"新疆阜康市甘和子-大黄山一带煤层气资源勘探"项目。项目开展充分利用以往煤炭勘查资料，采用钻井、录井、测井、采样测试、试井、压裂、排采等技术手段，获取煤层气参数，分析研究了甘河子—大黄山一带的煤层气地质特征，扩大了矿区的煤层气勘查规模，提高了矿区的探明地质储量。

2017—2019年，新疆维吾尔自治区自然资源厅（原国土资源厅）地质勘查基金项目管理中心批准实施"新疆阜康市阜康矿区中区煤层气资源预探"项目，施工煤层气参数井6口、生产试验井3口。项目探获煤层气资源总量 $49×10^8m^3$。

2）项目实施

阜康中东部是新疆煤层气勘查开发最早和最成熟的地区之一。新疆煤田地质局在该区块先后负责开展煤层气勘查项目3个，各项目在实施过程中根据项目实际情况，组建"集中决策，多级管理"为特色的组织机构。以专门从事煤层气勘查开发的科室总负责，具体负责项目实施的重大决策和顶层设计；下设项目部，对项目的质量、进度、成本、安全等进行控制监督，项目部负责具体项目的组织实施，项目部内部按照专业分工，设置各专项工程项目组，具体承担各专业范围内的项目任务（图2-4）。

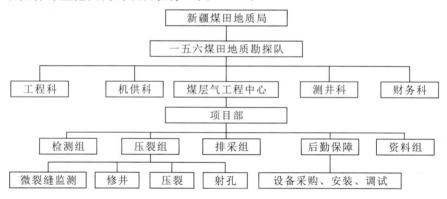

图2-4 新疆煤田地质局项目组织结构图

3）取得成果

（1）煤层气探明储量

"新疆准南煤田阜康矿区白杨河西煤层气小井网勘查"项目提交煤层气探明量 $0.85×10^8m^3$；"新疆阜康市甘和子—大黄山一带煤层气资源勘探"项目提交煤层气探明量 $19.40×10^8m^3$。

（2）产气效果

通过切实有效的储层改造技术和不断的优化，全区单井最高产气量达2500m³/d，井组最高产气量达7000m³/d，平均单井产气量最高达1400m³/d，同比超出全国平均产气量50%。显示出该区优异的产气能力和有效的改造增产措施。

（3）队伍建设

通过阜康矿区系列煤层气勘查开发项目的实施，组建和培养出新疆专业的煤层气勘查评价和开发利用队伍，对推动新疆煤层气产业发展，促进经济增长具有长远意义。

（4）项目获奖情况

2013年实施的小井网勘查，成为新疆第一个煤层气开发试验井组。该项目提交的《新疆地区煤炭与煤层气资源聚集规律及勘查评价》荣获2013年维吾尔自治区科技进步一等奖。

2. 乌鲁木齐矿区煤层气勘查

1）勘查区历程及工作背景

（1）概况

乌鲁木齐矿区位于北天山博格达山北麓，行政区划隶属乌鲁木齐。范围西起乌鲁木齐河，东邻三工河，北以F_2碗窑沟（西山）逆断层为界，南至F_4（妖魔山逆断层），东西长约42km，南北平均宽约6km，面积243.5km^2。

（2）项目背景

乌鲁木齐矿区毗邻乌鲁木齐市区。随着乌鲁木齐市区向西发展，河西区部分区域已被城区覆盖，北部单斜分布于市区西山片区骑马山一带，有就地开发、销售的条件。河东矿区西端位于乌鲁木齐水磨沟区，中东部位于米东区，可以就近为城市生产生活供气。乌鲁木齐矿区一带煤炭资源丰富，气含量较高，煤储层物性较好，有利于煤层气的赋存和开发。

（3）工作历程

2013年，新疆煤田地质局煤层气研究开发中心向自治区国土资源厅地质勘查基金项目管理中心申立"新疆准南煤田乌鲁木齐河东矿区煤层气资源预探"项目，4月27日，自治区国土资源厅以"新国土资函〔2013〕273号"文下达"新疆准南煤田乌鲁木齐河东矿区煤层气资源预探"的项目任务书，"新疆准南煤田乌鲁木齐河东矿区煤层气资源预探"项目为自治区地质勘查基金出资的第一个煤层气勘查项目，项目经费1682万元。该项目取得了良好的煤层气勘查成果，2015年提交报告并通过评审。

2015年对"新疆准南煤田乌鲁木齐河东矿区煤层气资源预探"项目进行续做。续做项目"新疆准南煤田乌鲁木齐矿区煤层气资源勘探"于2015年6月1日下达项目任务书。项目划分评价区和勘探区。评价区范围为乌鲁木齐河西区西山单斜区块、乌鲁木齐河西区桌子山向斜区块、乌鲁木齐河东区北部（北单斜区块）、乌鲁木齐河东区南部八道湾组。勘探区为乌鲁木齐河东区南部西山窑组（八道湾向斜区块）。

2016年，自治区国土资源厅以《关于下达新疆阿克陶县喀拉奇一带煤炭资源预查等31个项目设计审查意见书的通知》（新国土资办函〔2016〕304号）文件下达项目设计并批准实施"新疆准南煤田乌鲁木齐河东矿区煤层气资源勘探"。

2）项目实施

煤层气勘查工作自2013年开始，整体勘查工作结束于2019年。项目采用钻井、录井、压裂、排采等勘查技术手段，获取详细的煤层气储层参数，基本查明河东、河西矿区煤层气富集规律和主控条件，优选出河东区开发靶区及河西区骑马山甜点区。参数井钻井进尺累计12 924.1m，排采试验井钻井进尺累计28 286.67m。累积投入勘查资金15 661万元。

3）取得成果

（1）煤层气探明储量

工作区探明地质储量范围内，叠合含气面积8.47km^2，探明地质储量20.02×$10^8 m^3$，

技术可采储量 $13.01 \times 10^8 \mathrm{m}^3$。

(2) 产气效果

西山单斜区块单井最高日产气量 $5000 \mathrm{m}^3$；北单斜区块受工程影响，单井最高日产气 $500 \mathrm{m}^3$；河东区南部八道湾组单井最高日产气量 $2700 \mathrm{m}^3$。

(3) 成果转化

矿区毗邻乌鲁木齐市，下游销售条件优越。勘查工作为下一步商业化开发提供资源基础。

3. 三屯河-呼图壁河煤层气勘查

1) 勘查历程及工作背景

(1) 概况

工作区东起三屯河，西至呼图壁河，南以西山窑组底界露头为界；北至西山窑煤层深部，东西长约 50km，宽平均约 28km，面积 $1\,347.42 \mathrm{km}^2$。东距乌鲁木齐市约 47km，北距昌吉市约 36km，西北距石河子市约 54km，行政区划属昌吉回族自治州。

(2) 项目背景

2012 年，新疆煤田地质局一六一煤田地质勘探队在昌吉呼图壁县石梯子西沟煤矿施工，在施工中 1-1 孔在煤层段有明显的瓦斯涌出现象，经过测试瓦斯含量达到吨煤 $5\mathrm{m}^3$。2016 年新疆煤田地质局一六一煤田地质勘探队积极向自治区地勘基金中心申请立项，同年 8 月完成了"新疆昌吉市头屯河一带煤层气资源普查"立项的编写、评审、修改，经自治区地质勘查基金项目管理中心组织专家审查，2016 年 9 月 3 日，自治区国土资源厅下发《关于下达 2016 年中央返还两权价款资金能源项目任务书的通知》（新国土资函〔2016〕270 号），下达了"新疆昌吉市头屯河一带煤层气资源普查"的项目任务书。

2) 项目实施

接到项目后，一六一队领导高度重视，队长黄涛在动员会上说"昌吉头屯河在乌鲁木齐周边，区位优势十分明显，要扎实做好普查工作"。一六一队专业化委员会经过慎重考虑，将从事多年库拜煤层气勘查的黄宇委派为项目负责人，因为是普查工作，煤层气勘查在中深部需要借助二维地球物理勘探来确定煤层的形态，由于地形复杂，二维地震点无法在指定区域展开，项目负责人黄宇一直和地震组一起商量解决办法，一呆就是半个月；钻井井位布置十分不易，从事钻探管理多年的钻探公司经理沈东坤前期一直在现场跑路线，摆在他面前的难题是既要满足地质要求，又要保证井位处于安全的施工区域，以防止山洪等意外事故的发生，一个井位有时要徒步跑 40 多千米，午饭只能吃馕、饼子、咸菜。经过全队技术人员的努力，2018 年 12 月，"新疆昌吉头屯河煤层气资源普查"项目探获煤层气资源量 $50 \times 10^8 \mathrm{m}^3$，达到了预期的目标。

3) 取得成果

经过一年的工作，项目得到专家的一致认可，获得了良好的成果，在地质、构造、煤层、煤质、储层物性、资源量等方面均获得了一定的认识，叙述如下。

(1) 普查区地质

区域地层属于天山-兴安地层区，准噶尔地层分区，玛纳斯地层小区。出露地层有中生界三叠系、侏罗系、白垩系及新生界第三系、第四系，主要含煤地层为中侏罗统西山窑组。

(2) 普查区构造

本区位于天山北麓，准噶尔盆地南缘，乌鲁木齐中生代山前坳陷中部。受区域构造影响,总体为一倾向北偏东的单斜构造。沿倾向浅部较陡、向深部逐渐变缓;沿走向,自西向东逐渐由缓变陡。

(3) 普查区煤层

普查区主要含煤段为中侏罗统西山窑组（J_2x）,煤层累计厚度可达81.11m。本段含煤13层,主要可采煤层4层,煤层累计厚度可达62.29m,煤层平均厚度为26.27m。

(4) 普查区煤质

普查区内西山窑组各煤层物理性质基本相同。原煤多为碎块状,以亮煤为主,暗煤次之,夹镜煤条带;煤岩具条带状结构,层状构造,煤岩类型为微晶惰煤;宏观煤岩类型以半亮型煤为主。总体属高—中高发热量煤;煤种以不黏煤（31BN、21BN）为主,部分矿点属于长焰煤（41CY）。

(5) 普查区煤储层特征

主力煤层储层温度为29.72~38.51℃;实测储层压力为8.73~12.21MPa;压力梯度为0.89~0.97MPa/100m;临界解吸压力在0.44~0.85MPa之间;闭合压力16.61~21.15MPa;破裂压力18.39~23.82MPa;渗透率在$0.017\ 1\times10^3$~$0.114\times10^3\ \mu m^2$,属于低渗储层。

(6) 普查区煤层气资源量

新疆昌吉市头屯河一带煤层气资源普查共获得煤层气资源量$50\times10^8\ m^3$。

4. 吉木萨尔县水溪沟矿区煤层气勘查

1) 勘查区历程及工作背景

(1) 概况

吉木萨尔县矿产资源丰富,有"油盆煤海气库"之称,已探明矿种有石油、煤炭、天然气、油页岩、沸石、膨润土、石灰石、叶蜡石、石英砂、花岗岩、天然沥青等30余种,预测煤炭储量$1600\times10^8\ t$（探明$548.87\times10^8\ t$）、石油$18\times10^8\ t$、天然气$1000\times10^8\ m^3$、油页岩$46\times10^8\ t$,具有较强的资源开发优势。

吉木萨尔县水溪沟矿区位于准噶尔盆地南缘的东侧隆起位置,矿区北东距吉木萨尔县城19km,北距303省道6km,西距216国道8~12km,四周通往阜康市、吉木萨尔县、奇台县、木垒县、乌鲁木齐市均为一级公路或高等级公路,外部交通条件便利。

矿区地处东天山北麓、准噶尔盆地南缘的山前低山丘陵地带,海拔一般1000~1400m,最高海拔1458.9m,位于矿区南水溪沟与芦草沟之间;最低海拔983m,位于矿区北小龙口东;相对高差5~135m,一般20~80m。总体呈西高东低、南高北低的态势。

矿区气候属大陆性干旱—半干旱气候。年平均气温5.87℃,6—8月为夏季,平均气温20.47℃,最高达35.3℃,12月至翌年2月为冬季,平均气温－11.37℃,最低达－32.2℃,5月至7月为多雨季节,常形成暂时性洪流。每年10月中下旬开始降雪,次年3月底至4月初消融,年平均降水量180.1mm,最高年份达326.9mm（1987年）。年平均蒸发量1 543.84mm,最高达1 760.5mm,平均潮湿系数为0.163,属湿度过低带。本区多风,常年平均风速1.4m/s,主导风向南西。风力一般为3~4级,最大可达6级。

矿区内地表水有水溪沟河、石场沟河、芦草沟河、炭窑沟河等,矿区周边地表水有东、西大龙口河,分布于矿区东西两侧。各河流均发源于南部博格达山分水岭一带,河水主要来自冰雪融化和大气降水,水质清洁纯净,为当地农牧民生活饮用之水。夏季、雨水季节伴发洪水现象。每年6、7、8月为丰水期，11月至翌年3月为枯水期，4、5、9、10月为平水期，丰水期流量可达枯水期流量的10余倍。

(2) 项目背景

近几年吉木萨尔县快速推进"煤改气"工程，工作重点是为居民解决日常用气和冬季供暖的问题。吉木萨尔县水溪沟一带煤炭资源丰富，煤层气含量高、储层物性较好，有利于煤层气的赋存和开发。以往做过大量的二维地震及三维地震工作，通过对地震资料的分析研究，深入认识了工作区的地层、构造特征、煤层分布，圈定了煤层气勘查目标区，为本区开展整体煤层气勘探开发提供了依据。

(3) 工作历程

吉木萨尔县是新疆地质工作开展较早的地区之一，曾有众多专家学者对该区的地质、矿产，尤其是石油地质做过一系列由浅入深的工作，对该区地层划分、构造特征、煤层特征的分析起到了重要作用。

新疆煤田地质局一五六煤田地质勘探队根据新地勘基金函〔2015〕09号文《关于召开2015年中央返还两权价款资金煤层气及页岩气委托项目（第一批）工作方案论证会的通知》的相关精神，向自治区申请了"新疆吉木萨尔县水西沟一带煤层气调查评价"项目，工作期限为2015年5月—2017年4月。项目施工3口煤层气生产试验井，通过钻井、气测录井、测井、采样分析、试井、固井、射孔、压裂、修井、排采等工作手段，对工作区的地层、构造、煤层、水文地质、工程地质及煤层气储层参数等方面进行勘查。显示红山洼煤矿南侧煤储层含气量$2\sim8.99m^3/t$，储层渗透率较好，单井单层试采显示最高产气量$1208m^3/d$，水溪沟矿区1500m以浅主要煤储层煤层气资源/储量为$32.04\times10^8m^3$。

2019年，新疆昌吉州国有资产投资经营集团有限公司经多方考量，邀请新疆煤田地质局一五六煤田地质勘探队承担吉木萨尔水溪沟矿区煤层气勘查开发工作"昌吉州吉木萨尔县水溪沟矿区瓦斯气综合治理一期"项目，计划实施21口生产井，压裂40层。

2) 项目实施

任务书下达后，项目负责人梁剑明通过分析研究以往地质成果，前往野外实地踏勘，按照相关规范组织编写了项目设计，评审通过后一五六队迅速成立水溪沟煤层气项目组。野外工作开展前，梁剑明和地质负责人胡永前往工作区进行2条剖面线的测量工作。那时正值8月，是夏季最热的时候，他们每天迎着日出开始工作，日落才回到项目部。测量工作结束后，钻井、测井、试井、录井、采样测试工作紧锣密鼓地陆续开展。

3) 取得成果

工作区南区构造较发育，整体为南倾的单斜构造，查明含煤地层分布范围，地层倾角$25°\sim75°$，甲烷风化带为埋深350m等高线；北区构造简单，整体同样为西倾的单斜构造，覆煤较深，倾角为$10°$。南区煤层气资源总量$32.04\times10^8m^3$，煤层资源丰度$1.82\times10^8m^3/km^2$，达到中等；北区煤层气资源总量$45.31\times10^8m^3$，煤层资源丰度$0.31\times10^8m^3/km^2$，资源丰度较低。

5. 后峡矿区煤层气勘查

1) 勘查历程及工作背景

(1) 概况

后峡煤田位于乌鲁木齐市南部的头屯河与柴窝堡湖之间，距乌鲁木齐市直线距离约

50km，位于天山北麓后峡山间盆地之中，盆地被由石炭纪地层所组成的中高山环绕，南北两侧山势陡峻，中部为河谷地貌，东西向呈过渡变化趋势。地势总体呈北高南低、东高西低之势，海拔在1598m～3020m之间，一般在2000m～3000m之间，最低处位于调查区西北角的头屯河谷处，海拔1598.1m，最大高差达1422m，相对高差一般为100～300m。地形切割较强烈，山地与谷地相互过渡，地形起伏较大，冲沟发育。

该区域属北温带大陆性半干旱气候区之山间盆地气候，夏季气候多变，阴晴反复无常，多阵雨、冰雹，气候凉爽，秋季以降温迅速为特点，全年最低气温在1—2月，月平均最低气温$-33.6℃$～$-18.6℃$。全年最高气温在7—8月，平均温度为21.50℃～28.30℃。昼夜温差一般在10℃左右。全年降水量总体上较小，雨季主要为6—8月，年降水量一般为170.4～201.1mm。年蒸发量一般为1882.6mm。年蒸发量大于年降水量，最大蒸发量在7月，可达356.5mm，每年11月至翌年3月为结冰期，也是降雪期；最大冻土深度1.5m；风向冬季以西北风为主，夏季以西南风为主，最大风速2.9m/s，一般风速1.2～2.22m/s。

（2）项目背景

后峡煤田煤炭资源丰富，煤变质程度为低—中等，煤层气含量高，同时，煤储层物性较好，有利于煤层气的赋存和开发。煤田施工钻孔时出现涌水涌气（均为气水混合物）现象，井口可点燃，且可持续燃烧，如CS-1井在施工钻孔时（图2-5），气水混合物喷出井口高1m左右，经对井口采集的气体成分分析，结果显示甲烷含量在90%以上，经对井口气体进行点火试验（图2-6），火焰高度达2m左右，并可持续燃烧，说明该区煤层含气量高，且地层能量大，是开展煤层气勘查工作的优良靶区。该区域煤层气勘查开发工作由综合地质勘查队完成，先后完成参数井10余口，排采试验井8口，提交可供煤层气勘探区块1处，直井日产气量超过1000m³，稳产超过60d，为后峡煤田煤层气开发指明了方向。

图2-5 CS-1井钻井施工

图2-6 CS-1井点火图

（3）工作历程

后峡煤田的煤层气勘查工作始于2014年，综合地质勘查队在区内进行煤炭勘探工作时发现该区块煤层气开发前景较好，于是自筹资金，施工了一口排采试验井，单直井实现了工业气流，且稳产超过60d，后峡煤层气勘查自此拉开序幕。

综合地质勘查队高度重视煤层气勘查工作，大队领导和项目部成员全力以赴，克服山区施工时间短、道路通行条件差、重型设备难到位、公共关系协调困难、施工成本高、专项作业队伍紧缺的一系列难题，不惧严寒酷暑，成功攻克了低阶煤层气勘探开发的难题，建立了一支能打硬仗的队伍，践行"安全零事故，质量零缺陷"的理念，提交煤层气资源量超过 $100×10^8 m^3$，为后峡煤田煤层气勘探开发积累了宝贵经验。图 2-7 为煤层气压裂施工现场。

图 2-7 煤层气压裂施工现场

2) 项目实施

2014 年至今，综合地质勘查队先后在后峡煤田开展了两个煤层气勘查项目，分别为"新疆乌鲁木齐市头屯河-梯匈沟煤层气资源调查评价"和"新疆乌鲁木齐市塔拉德萨依煤层气资源预探"，综合地质勘查队成立了煤层气勘查项目领导小组，由翟广庆担任总指挥，总工程师孟福印、生产副队长郭盈、普查分队队长熊春雷等为副总指挥。项目经理为张伟、崔英、贾超、汪路南、刘建宇等分别担任地质、压裂、排采、钻井等专项工作负责人，在综合地质勘查队领导的带领下，全队上下顶严寒战酷暑，按时完成了野外工作量，并及时提交成果报告。图 2-8 为自治区地质勘查基金项目管理中心现场检查指导工作。

通过本次工作，后峡煤田煤层气勘查取得重要成果，通过二维地震、参数井钻探、压裂、排采等多种手段，确定了后峡煤田煤层气排采制度、压裂工艺、压裂液配比等一系列重要的工程参数，提交可供煤层气开发的基地 1 处、煤层气资源量超过 $100×10^8 m^3$。

图 2-8 自治区地质勘查基金项目管理中心现场检查指导工作

3) 取得成果

①基本查明了后峡煤田构造形态。后峡煤田西山窑组煤层构造比较简单，为向南倾斜的单斜构造，减少了煤层因断裂造成的大面积逸散，保存条件好；后峡煤田水文地质条件为中等—复杂，深部煤层水动力强度变弱，并且与外界沟通也变弱，后峡煤田煤层气处于一个封闭的、弱水动力条件下的保存环境，该环境有利于煤层气的保存富集。

②基本查明了后峡煤田煤层分布、层数、厚度，评价了可采煤层的稳定程度和煤储层物性特征。后峡煤田煤层气资源主要分布于中侏罗统西山窑组 B3、B4、B5、B8、B10、B12 煤层中，主力煤层在全区分布稳定，平均厚度 3.99～5.18m，埋深 500～2000m。主力煤层原生结构保存基本完好，割理裂隙比较发育，渗透性较好，适合进行压裂增产改造。

③主力煤层煤类以不粘煤和弱粘煤为主，局部分布有少量的长焰煤、中粘煤和气煤，属中厚—特厚煤层，结构简单，属较稳定—不稳定煤层，煤质变化较大，有害元素含量较低，发热量较高。

④主力煤层含气量主要在 0.88～9.50 m^3/t 之间，气体组分具有典型低煤阶煤层的煤层气组分特征，以甲烷为主，二氧化碳含量次之，其他气体含量较少，含气量随埋深的增加

⑤后峡煤田主力煤层兰氏体积在 11.72～16.25m³/t 之间，临界解吸压力在 1.72～3.96MPa 之间，裂隙发育，属低—中孔隙储层，渗透率中—高等，储层压力欠压—常压，储层温度大部分为常温，局部为高温。

⑥后峡煤田内 2000m 以浅煤层气资源量 $111×10^8 m^3$，属中型、中—高丰度的资源量。

6. 艾维尔沟矿区煤层气勘查

1) 勘查区历程及工作背景

（1）概况

工作区地处新疆天山山脉，位于新疆吐鲁番盆地西翼，是新疆维吾尔自治区重要的炼焦煤生产基地，距乌鲁木齐市 130km，东抵托克逊县 120km。工作区的范围沿东西向呈不规则状展布。艾维尔沟矿区东西长约 25km，南北宽约 3.6km，面积约为 72.9km²；行政区划隶属新疆乌鲁木齐市达坂城区。

艾维尔沟一带工作区地处天山山区，属山区沟谷地貌，艾维尔沟河呈近东西狭长状展布，贯穿整个矿区，沟底地势较平缓，在河谷两侧阶地上有第四系、黄土沉积，植被较发育，南北两侧高山区发育着"V"字形冲沟，沟深坡陡，基岩裸露，植被稀少。工作区西高东低，南、北、西三面高山，最高海拔 2825m，最低海拔 2050m，最大高差可达 775m。

工作区内气候属大陆性干旱—半干旱气候。冬夏昼夜温差大，1 月最冷，最低气温 －26.1℃，7 月最热，最高气温 30.5℃，年平均气温 4.1℃。工作区内 4 月上旬入春，开始转暖解冻。5 月中旬进入夏季，夏季多阵雨和山洪。9 月中旬气温下降，开始转入秋季。11 月中旬开始结冰，进入冬季，最大冻土深度 1.5～2m，冬季少雪，12 月初开始降雪，至次年 4 月结束。

艾维尔沟河全长 70km，由西向东贯穿艾维尔沟矿区，西部高寒，主要山脊在 4000km 以上，为现代冰川覆盖，河床自然坡度 41‰，为南北两岸羽状支流的汇流主河道。艾维尔沟河在 3—4 月为枯水期，6—8 月为丰水期。河水动态变化较大，水源主要是天山冰川雪水，夏季雨洪季节有洪水现象。据矿区观测资料，月平均最小流量 0.64m³/s，最大流量达 10.3m³/s，全年平均流量 3.85m³/s，其中在历史上所见洪峰流量最高达 159m³/s。艾维尔沟河有 19 条南北向的支流补给，其中以艾维尔沟矿区西北部的豹子沟流量最大，平均流量为 1.002m³/s。

（2）项目背景

新疆乌鲁木齐市艾维尔沟矿区一带煤炭及煤层气资源丰富，是新疆最大的焦煤焦炭基地，煤炭工业总资源量 5 亿多吨，煤种多样，气、肥、焦、瘦牌号齐全；煤质优良，属低灰、低硫、特低磷、高发热量、强黏结性的优质炼焦煤，开采的 1890 矿井、1930 矿井、2130 矿井均为"高瓦斯矿井"。

新疆煤田地质局等多家单位先后在工作区范围进行了大量煤炭勘查工作，提交了多份煤炭地质报告。煤田地质勘查工作均达到详查阶段以上，大部分达到勘探程度，部分区域达到详查程度，基本查明了区内的构造、地层、煤层、煤质等特征，为开展煤层气工作提供了地质依据。

（3）工作历程

艾维尔沟一带工作区煤层气具体工作始于近年，2009—2015 年新疆煤田地质局一五六煤田地质勘探队在该区域共计施工 3 口煤层气探井。这 3 口探井均对该区内的 1、2、4、5、6 号煤层进行了含气量测定和气成分分析，获取了部分煤层的相关参数，初步了解了该区内的煤层气含气量、气成分等情况，为开展煤层气资源预探工作提供了依据。

2016 年，一五六队为响应《中央返还两权价款能源勘查项目（第一批）立项申请书的通知》，递交了《新疆乌鲁木齐市艾维尔沟矿区煤层气预探立项申请书》。2016 年 8 月 1 日—3 日，自治区国土资源厅、财政厅组织有关专家，对中央返还两权价款资金能源类项目进行了竞争性谈判优选工作方案会，确定了一五六队为该项目承担单位。2016 年 9 月，自治区国土资源厅下达了《新疆乌鲁木齐市艾维尔沟矿区煤层气资源预探》任务书，工作期限为 2016 年 8 月—2018 年 12 月。项目施工了 10 口参数井、5 口排采试验井。通过资料收集、剖面测量、矿井调查和样品采集、测试与钻探工程、固井工程、测井工程、录井工程、试井、压裂、排采等工作手段获取煤储层物性有关参数，进行排水采气试验，研究煤层气增产措施，获得开发技术条件下的煤层气井参数，初步评价目标区煤层气开发潜力。

2) 项目实施

项目由一五六队拥有集地质、钻井、压裂、排采、地面建设、生产保运等关键技术于一体的煤层气工程中心主导完成。煤层气工程中心下设 5 个部门，即地质规划所、工程技术所、排采研究所、钻井施工管理所、生产运行室，并设立了艾维尔沟项目部。

自 2016 年 8 月始项目开始工作，过程中严格执行设计，完成了 15 个工程点测量，生产井钻探 3 753.23m（4 口定向井、1 口直井），参数井钻探 8 547.85m（10 口），煤层气综合测井 12 170.33m，固井测井 3 674.5m，样品测试 3056 件，试井 22 层，固井 5 口，射孔 10 层，压裂 10 层，气测录井 7 491.21m，裂缝监测 9 层。

工作区自然条件恶劣，生活条件艰苦。施工过程中，由于施工区域连续降雨，导致施工现场多次被山洪冲毁，大大增加了施工难度。冬季施工时，项目成员赶往施工现场途中，由于山路崎岖加上下大雪，在路途中车辆因遇石子打滑，车身在原地转了两圈，项目成员直到现在回忆起来依旧记忆犹新。

施工过程中，一五六队技术委员会时常组织相关专家不定期赴现场抽查施工质量。2017 年 10 月、2018 年 12 月，自治区自然资源厅组织专家对项目进行了中期监理与终期验收，对项目实施和最终报告编制提出了宝贵意见。2018 年 12 月，编制完成《新疆艾维尔沟矿区煤层气资源预探报告》，2019 年 1 月 9 日，经专家组验收，被评为良好级。

3) 取得成果

预探工作基本查明了工作区主要煤储层特征、渗透率、储层压力、破裂压力、闭合压力、原地应力压力梯度、温度等主要参数；初步查明了工作区主要煤层顶底板岩性、孔隙度、渗透性、吸附/解吸特征、煤层气临界解吸压力；初步确定储层改造方法，估算了工作区煤层气资源/储量。全区空气干燥基含气量平均值 5.87 cm^3/g，八道湾组共探获各类煤层气资源/储量 23.1×10^8 m^3，其中控制储量 6.7×10^8 m^3，推断储量 16.4×10^8 m^3，煤层气资源丰度 0.64×10^8 m^3/km^2。

工作区煤层气井井型主要以直井和定向井为主，压裂改造方式为电缆传输射孔＋光套管注入压裂。通过项目的实施，形成了压裂工程的相关规章制度、质量要求标准等一系列管理文件，为规范压裂工程施工及矿区后续压裂工作的开展提供了指导和依据。

4) 成果应用

艾维尔沟矿区内煤矿均为"高瓦斯矿井",煤层气开发能够有效消除煤矿瓦斯灾害隐患,"先抽后采"是解决煤矿瓦斯危害的根本途径。利用乌鲁木齐市艾维尔沟矿区丰富的煤层气资源优势(可作为民用或工业原料),带动其他产业发展,从而有效地带动地方经济的发展。

(二) 库拜煤田煤层气勘查

1. 勘查历程及工作背景

1) 概况

库拜煤田位于天山中段南麓、塔里木盆地的北缘,总体走向为近东西向,局部地段为北东走向,形态展布不规则。地势北高南低,由西北向东南倾斜。库拜煤田西起拜城西部老虎台乡,东到库车县库车河东。东西长200km,南北宽4~14.5km,面积约1585km^2。行政区划属新疆阿克苏地区拜城县、库车县。

工作区属于温带大陆性干旱气候,降水稀少,夏季炎热,冬季干冷,年温差和日温差均较大。年平均气温9.4℃,年气温最高值41.5℃,年气温最低值－32℃;年平均降水量仅89.8mm,年蒸发量高达2 863.4mm,蒸发量是降水量的30多倍;湿度平均为43%,冻土平均深80cm,最大达120cm,全年无霜期167~266d。

2) 项目背景

库拜煤田作为新疆煤炭主要产区,为新疆经济建设提供了源源不断的煤炭资源,但高瓦斯一直是煤矿安全的主要危险因素,新疆煤田地质局从20世纪60年代开始在库拜煤田范围内开展了大量煤炭勘查工作,在勘探中瓦斯含量一直是煤田地质工作中重要参数,瓦斯评价是否标准直接关系到煤矿后期建井、开采的安全。根据新疆煤田地质局一六一队多年在库拜煤田勘探掌握的资料情况分析,认为库拜煤田具备煤层气勘探前景。2013年开始,一六一队积极向自治区地质勘查基金中心申请了多个煤层气勘查项目的立项。

为了推动新疆资源优势向经济优势转变的步伐,中共中央、国务院《关于支持新疆经济社会发展若干政策和重大项目的意见》明确提出"以准东、准南、库拜、吐哈等煤田为主,加大煤层气勘查开发和综合利用力度,建设2~3个煤层气开发利用示范工程"。自治区政府逐年加大煤层气勘查开发和综合利用力度,积极推进煤层气产业的发展。

2. 项目实施

2013年初,新疆煤田地质局一六一队选派优秀技术人员赴内地考察煤层气勘探开发,并组织专业人员向国土资源厅地质勘查基金项目管理中心提交煤层气立项申请。2014年6月,"新疆库拜煤田煤层气靶区优选"项目获得批复,新疆煤田地质局高度重视库拜煤层气勘探工作,成立了以黄涛队长为总指挥的机构,下设地质技术、工程技术、后勤保障等多个组,全队上下齐心协力,保证项目的顺利实施。

项目以具有丰富煤田勘探经验的吴斌组织精干技术力量在库拜开展煤层气勘探,由于库拜地区煤层倾角大,构造复杂,以往煤田勘探孔均布设在浅部区域,而勘探煤层气需要在深部区域进行,项目负责人压力很大。库车区域3-3参数井根据已有煤层推断650m将见一套贝壳化石砾岩,670m左右见下10煤层,但实际施工中800m后还未见标志层。项目负责人吴斌、王学坚就住在钻机上一起研究等待,常常看岩心作对比、跑露头,整整一个星期,终于在854.20m时见到了标志层。吴斌带着喜悦的表情告诉机长,放低钻压10m左右将要见煤,机长一直待在钻机旁,终于在凌晨2点多见到了煤层。项目组经过1年努力基本掌握库拜煤田煤层气赋存规律。BCS-1排采试验井是区内第一口定向排采井，日产气量超4700m³，全区获得煤层气资源/储量$620×10^8m^3$，属于大型气田，库拜煤田获得了煤层气重大突破。

2015年，自治区国土资源厅在前期投入基础上批复了"新疆库拜煤田煤层气资源勘查项目"，同意在前期资源条件好的区块继续布置排采试验井。设计之初，新疆煤田地质局总工程师李瑞明要求在条件合适的地层研究试验沿煤层走向的井型，队长黄涛要求多对比、多研究，尽快落实可行性，安庆、吴斌多次邀请煤层气领域专家召开会议研究。

BCS-30L井是库拜第一口沿煤层走向水平井（图2-9），井深1460m，穿越煤层650m，沿煤层段上翘3°，钻井施工难度较大，采用国内较为少见的不固井连续油管压裂技术（图2-10），压裂施工时压裂负责李文斌连续10h待在指挥车上，通过对讲机指挥得有条不紊，他说："这口井投入900万元，不能有一点闪失。"

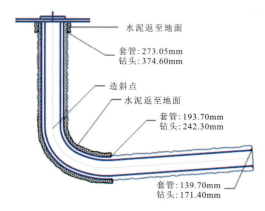 

图2-9　顺煤层走向水平井　　　　　图2-10　连续油管压裂

该井采用电潜螺杆泵排采，排采10d左右套压就有了显示，但接下来的30多天套压一直不上涨，排采负责人李全带领排采小组认真分析，认为游离气含量较大，煤层还没有解吸，在排采第42天深夜，监控值班人员白帅发现套压迅速上涨到2MPa，排采组所有人员迅速从被窝爬起来，研究决定赶快通过远程系统打开放气阀门，并控制流压降幅。2017年3月14日，南疆地区第一口煤层气水平井开始产气，在接下来的一周内气量迅速上升到日产气量3000m³，接下来气量逐渐上升到7800m³，排采组研究认为在流压不变的情况下稳产6000m³有利于产能最大化。该井点火成功后（图2-11），新疆煤田地质局、自治区煤监局、自治区人民政府门户网站予以报道转载。该项目又一次给新疆煤层气开发鼓舞了信心，进一步加强了库拜煤田煤层气控制程度。

2016年，自治区国土资源厅从战略高度出发，专门拿出10亿元用于新疆煤层气资源勘探，批复了"库拜煤田拜城煤层气先导性示范工程""库拜西部煤层气资源预探""库拜煤田东部煤层气预探"等一批项目，新疆煤田地质局、新疆煤田地质局一六一队领导一如既往地关注煤层气发展，成立了以黄涛队长为总指挥，安庆、吴斌为副总指挥的项目管理机构，全队上下齐心协力，确保工程保质保量完成。

2017年8月，"库拜煤田拜城煤层气先导性示范工程"项目负责人单彬、王学坚面临困境——13井台6口井丛式井台布井方案。如何能将6口井按照预定的间距排开，空间上保

图 2-11 顺煤层走向水平井点火成功

证间距达到预定距离,以满足压裂改造效果是一项新的难题。通过在地质剖面上反复验算投影,在施工中定导向工具按照预定坐标达到预期目标,最终达到了设计的要求。图 2-12 为丛式井台。

2017 年 9 月,"库拜西部煤层气资源预探"项目组在 BCS-76 井压裂完 B1 煤层后,按照煤层气惯用做法采用填砂法将下部煤层封闭,但预定砂量填完后发现未达到预期效果,砂子不见了,此时已是凌晨 2 点多,所有压裂设备均在现场等候下一步方案,项目负责人李全、压裂负责人李文斌联系微裂纹监测队伍及相关技术人员,认为压裂附近应该有大的构造裂隙,李文斌果断采用段塞封闭,在第二天早上终于将最后一层压裂完毕,为后期的放溢流,安装排采设备赢得了时间,为项目的如期完成奠定了基础。图 2-13 为水力压裂施工现场。

图 2-12 丛式井台　　　　　　　　　图 2-13 水力压裂施工现场

2017 年 6 月,"库拜东部煤层气资源预探"项目实施过程中,由于施工区域位于山区,这个季节属于雨季,KCS-12 井预计 650m 见第一层煤,但在 700m 还未见煤,项目负责人张小兵每天都要上井查看岩心,由于项目部离施工区域太远,他干脆住在明矾沟煤矿上。6 月 12 日天气预报说有小雨,同事说今天就不出去了吧,他说:"KCS-12 井快见煤啦,现场检验员没经验,我不放心。"他来到 KCS-12 井看到了正在施工的岩心正是目标岩心,又等了 3h 见到了第一桶煤样取上来才安心离开,此时天已下起小雨,回去的路上他被山洪困住 5h。有 30 年钻探管理经验的冯少华作为项目部年龄最大的老同志常常带领年轻人一起跑现场,他对安全管理很重视,并常常开会强调"每一个施工者后面都是一个家庭,大家一定要将安全生产制度严格落实。"

库拜煤田施工条件十分艰苦，这样的事例还有很多，有着铁军精神的一六一人发扬"特别能吃苦、特别能战斗"的精神，通过多年的煤层气项目历练，此时的一六一队技术人员对煤层气勘探开发技术已经十分熟悉，分工明确、有条不紊地在库拜区域开展煤层气勘查工作，个个说起煤层气知识都如数家珍，廖方兴、李梦召、王小雨、杨晓晨、苏巴提等一大批人员注入项目队伍中，煤层气队伍逐步壮大，技术也更加成熟，在对待重大技术问题时，形成了开会讨论、一起解决的习惯。

2018年底，自治区自然资源厅副总工程师王虹等领导亲临现场检查指导工作，对新疆煤田地质局煤层气勘探给予高度评价；阿克苏地区行署专员郭启军等领导对煤层气项目高度关注，要求各级部门要做好服务，最终所有项目按期保质保量完成，给新疆煤层气再添百亿储量，为"西气东输"提供了后备资源。

3. 取得成果

2014—2019年，新疆煤田地质局在库拜煤田开展了5个煤层气项目，自治区国土资源厅组织新疆地矿局、新疆煤田地质局有关专家多次到现场指导工作，对煤层气勘查工作及成果给予高度评价，全区共提交5个煤层气地质报告，均获得良好以上级别。

本次工作具有非常重要的意义，成果颇丰，大致掌握了库拜煤田煤层气的地层和构造、煤层和煤质、水文地质及工程地质、储层物性特征。

1）库拜煤田地层

库拜煤田分布的地层有：二叠系、三叠系、侏罗系、白垩系、古近系、新近系、第四系。主要含煤地层为中生界下侏罗统塔里奇克组、阳霞组，中侏罗统克孜努尔组。

2）库拜煤田构造

库拜煤田中部总体构造形态为一向南倾斜的单斜构造，地层总体为近东西走向，向南倾斜，倾角一般70°～85°，局部地段直立倒转；断层不发育（图2-14）。煤田范围内较大的断层有库拜北部逆断层，位于煤田北部，走向近东西向，延续约78km，断层面北倾，倾角60°左右，断层北盘（上盘）为二叠系，南盘（下盘）为三叠系，断距大于500m，对煤系地层没有影响。

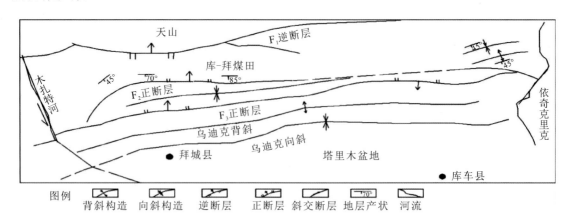

图 2-14 库拜煤田构造纲要图

库拜煤田东部由东至西发育有俄霍布拉克煤矿南部 F_1 逆断层、比尤勒包古孜复式背斜、克拉苏背斜、巴依里卡拉背斜等。除在区域北部有一条较大的东西向断裂外，其余均属局部构造。

库拜煤田西部整体呈一个南西倾斜的单斜构造，西缓东陡，浅部倾角 55°～65°，深部倾角 35°～55°，局部发育小断层。

3）库拜煤田煤层

库拜煤田中部含煤岩系主要为中生界下侏罗统塔里奇克组，煤层共 7 层；其中 4 层煤层分布较稳定，为全区主要可采煤层。库拜煤田西部含煤岩系主要为中侏罗统克孜努尔组和阳霞组。阳霞组含煤 2 层，其中 B1 煤层由西向东逐渐变厚，向东北方向逐渐变薄至不可采，总体厚度稳定，在倾向上随着埋深加大煤层有逐渐变厚的趋势，煤层总体较稳定，埋深由西向东逐渐变浅。

4）库拜煤田煤质

库拜煤田总体变质阶段属Ⅱ阶。各煤层总体属低水分煤层，各煤层原煤一般以特低—低灰分为主；各煤层随埋深的不断增加煤层灰分逐渐降低，经洗选后灰分产率降低为特低灰分煤，局部出现个别高灰分煤层点，总体属特低灰—低灰分煤；各煤层一般以中高—高挥发分煤为主，总体属中高—高挥发分煤；各煤层硫含量普遍较低；各煤层原煤总体以特低硫煤为主，总体属特低—低硫煤；各煤层发热量普遍较高，发热量值比较接近，总体属高—特高发热量煤。

5）库拜煤田储层物性特征

（1）中区主要煤层 A5、A7、A9-10

煤层吨煤含气量 8～22m³，实测含气饱和度在 63.51%～89.31% 之间，兰氏体积 7.6～26.07m³/t，储层温度 19.7～27.51℃；实测储层压力 5.29～10.71MPa；临界解吸压力在 2.28～5.29MPa 之间；煤层储层孔隙度在 4.47%～10% 之间；渗透率在 (0.15～0.83)×$10^{-3}\mu m^2$ 之间，属于中—低渗透率储层。

（2）西区主要煤层 B1、C2

煤兰氏体积在 19.19～27.55m³/t 之间；兰氏压力在 1.48～2.37MPa 之间；大部分含气饱和度大于 50%，部分大于 60%，属于中高饱和煤层；储层温度为 28.73～33.56℃；CH_4 浓度为 91.2%～96.78%。孔隙度在 4.86%～7.14% 之间，属于低孔隙储层；渗透率在 0.02～8.51×$10^{-3}\mu m^2$ 之间。

（3）西区主要煤层下 5、下 7、下 10

新疆库拜煤田东部主力煤层的兰氏体积在 11.84～26.82m³/t 之间；兰氏压力在 1.44～4.00MPa 之间；空气干燥基兰氏体积平均值基本都在 17.44～19.40m³/t 之间，储气能力中等；储层压力梯度大致为 0.81MPa/100m；煤储层破裂压力 6.43～19.69MPa，破裂压力梯度 11.2～25.0kPa/m，闭合压力 4.92～16.81MPa，地应力梯度 9.4～24.3kPa/m；主力煤层的孔隙度最大为 15.67%，属于低孔隙储层。

4. 成果应用及获奖情况

库拜煤层气获得 1500m 以浅预测资源量 620×$10^8 m^3$，建立了南疆第一个煤层气示范基地，基本摸清了库拜煤层气资源家底，有利于区内煤层气的利用，对煤矿安全生产起到积极作用。

"新疆库拜煤田煤层气资源勘查"项目获得新疆"358"项目三等奖;"新疆库拜煤田煤层气评价及靶区优选"项目获得中国煤炭工业协会第十六届优秀报告一等奖。

(三)三塘湖煤田煤层气勘查

1. 勘查历程及工作背景

1)概况

三塘湖盆地位于新疆的东北部,准噶尔盆地东端,北邻中蒙边界阿尔泰山的北塔山,南抵天山东段的白依山,与蒙古接壤,312国道从盆地南侧经过,从哈密市经303省道可达巴里坤县城,经302省道可达伊吾县,简易的沙石公路连接各乡镇。但盆地内为戈壁沙滩的便车道,交通条件较差,332省道公路西至木垒县鸣沙山,东与伊吾县淖毛湖公路顺接,全长191km,横贯整个三塘湖煤田。地势呈四周高、中间低,海拔300~1000m。总体地形较为平坦,多为第四系砾石及亚砂土所覆盖。三塘湖盆地属典型大陆性干旱气候,常年少雨多风,冬季严寒无雪,年均蒸发量(1716mm)为降水量(199mm)的112倍;最高气温40.3℃(8月),最低气温-28.5℃(1月),年均气温8℃;最大积雪厚度0.24m。

2)项目背景

2009—2012年期间,自治区开始对新疆三塘湖煤田进行勘查开发,新疆煤田地质局一六一队在新疆煤田地质局的领导下,承担了煤田的预查、普查、详查、局部勘探任务,最终提交1000m以浅煤炭资源量585×10^8t,出色地完成了自治区交给的任务。在煤田施工期间,一六一队施工了10口煤层气探井,了解了部分区域的含气量分布情况,这为后期的煤层气勘查打下了一定的基础。

2013—2014年,自治区开始在库拜煤田、准南煤田实施煤层气项目,并且取得了较好的效果。在2015年以前,三塘湖盆地没有进行专门的煤层气勘探施工,只是在煤田勘探中采集了部分钻孔瓦斯样,检测发现部分区块含气量较高,超过煤层气资源计算含气量的下限标准。三塘湖煤炭资源丰富,是大型整装煤田,煤类为低煤阶煤,若是在三塘湖煤田发现好的煤层气区块,则可能在低阶煤的煤层气开发利用上获得很好的突破。

3)工作历程

2015年新疆煤田地质局一六一队向自治区国土资源厅提出了"新疆三塘湖盆地煤层气资源调查评价"项目申请。由于三塘湖煤田区域大,以往没有开展过专门的煤层气项目,面对这片空白区,首先需要了解地形地貌、沉积构造、水文地质因素、煤层赋存规律、煤质等对这片区域煤层气的影响。为了摸清情况,地质科科长吴斌白天带领地质队员王学坚、唐晓敏、李祥顶着酷暑进行踏勘,晚上收集煤田地质施工时的瓦斯含量数据,一起分析三塘湖4个区块的煤层情况、水文地质和构造特征,并采用煤质分析、煤层对比、含气量等值线图等图件了解全区的含气量分布规律,最大限度地利用好以往的地质数据,使这个项目设计的工作量更加合理,理由更加充分。经过近3个月的努力准备,最终"新疆三塘湖盆地煤层气资源调查评价"项目设计获得顺利通过。

2. 项目实施

1)三塘湖盆地煤层气资源调查评价

2015年开始进行三塘湖煤层气资源调查评价项目的野外施工,由于三塘湖地区覆盖层较厚，且上部岩心胶结较差，在煤层气施工过程中经常会出现卡钻、埋钻等事故。在施工期间，每次新的钻孔开钻验收前，工区主任范江都会给每个钻机人员讲解以前钻机在这片区域施工时遇到的困难和问题，并分享处理措施和成功经验，在大家的共同努力下，所有的野外施工任务都按照预期顺利地完成了。

在冬季施工时，一六一队总工程师安庆亲临一线，了解施工中的各个环节，指出三塘湖煤层气作为低煤阶有较高的含气量数据，对后期的勘查开发有很强的指导意义，作为空白区，要多分析对比已有的基础资料，把仅有的工作量要放到最合适的地方。经过本次项目施工，在三塘湖发现有利区块两个，这为后期三塘湖煤层气延续勘查开发提供了有力的保障。图 2-15 为野外施工图片。

图 2-15 野外施工图片

2）三塘湖盆地煤层气资源普查、汉水泉区块煤层气资源预探

2016 年，自治区国土资源厅在前期调查评价的基础上批复了"新疆巴里坤-伊吾县三塘湖盆地煤层气资源普查""新疆巴里坤县三塘湖煤田汉水泉区块煤层气资源预探"项目。项目开始实施后，新疆煤田地质局领导高度重视，特成立新疆三塘湖煤层气勘查项目领导小组，以队长黄涛为领导小组组长，总工程师安庆、北京九尊能源技术股份有限公司副总经理王一兵为成员，负责对煤层气项目的重大决策和各项工作的组织领导。项目领导小组下设办公室和联合项目部，地质科科长吴斌任办公室主任，负责具体项目的组织实施。在项目领导小组领导下，由一六一队工程技术人员与项目支撑单位北京九尊能源技术股份有限公司技术人员组成联合项目部，负责项目全过程管理与实施，按照精干、高效的原则，由地质、钻井、压裂、排采、财务、安全、物资采购、后勤保障及资料保管等多专业技术人员和管理人

员组成。

2017年开始同时进行3个煤层气项目的施工，其中包括一个社会资金煤层气项目，由于区域面积大，道路状况差，项目领导小组为了更好、更高效地了解现场情况，决定成立两个项目部，项目负责唐晓敏、李小龙常驻西部工区，李祥、刘海波常驻东部工区，两个项目组人员每天在现场了解钻机施工进度后，晚上进行电话沟通协商，然后安排第二天的工作，快到见煤深度时提前通知钻机人员做好准备，并且提醒钻机人员按照设计要求做好煤心样的取心、解吸工作，最终在大家的共同努力下，顺利完成了3个煤层气项目。

经过一年的辛苦努力，从三塘湖西部到淖毛湖东部这片广袤区域上均发现了很好的成果。通过现场解吸情况了解到，淖毛湖东部区域煤层含气量高值达到 12.76 m³/t，三塘湖西部区域煤层含气量高值达到 6.79 m³/t，远远超过低煤阶煤层气含量下限标准，为下一步的工作奠定了良好的基础。

新疆三塘湖盆地煤层气资源调查评价完成 1：5000 地质剖面测量 48.27km；工程点测量 5 个；参数井钻探 3 167.29m；参数井＋生产试验井共钻探 1846m；煤层气测井 5 013.29m；固井测井 1846m；采集各类试验样品 1409 件；试井 4 层；固井 2 口；压裂 2 口井 4 层；气测录井 4 口；排采井 2 口。

新疆巴里坤-伊吾县三塘湖盆地煤层气资源普查完成二维地震资料处理及煤层气综合解释 55 000 点；工程点测量 7 个；参数井钻探 4 428.62m；探井钻探 2 734.65m；煤层气测井 7 163.27m；各类试验样品 1990 件；试井 10 层；气测录井 7 口。

新疆巴里坤县三塘湖煤田汉水泉区块煤层气资源预探完成参数井钻探 6 089.8m；（参数井＋生产试验井）钻探 2906m；煤层气测井 8 995.8m；试井 9 层；固井 3 口；压裂 3 口井 6 层；气测录井 9 口；排采 3 口井。

3. 取得成果

2017 年 10 月，自治区国土资源厅组织专家对"新疆三塘湖盆地煤层气资源调查评价"项目进行了野外资料验收，对"新疆巴里坤-伊吾县三塘湖盆地煤层气资源普查"和"新疆巴里坤县三塘湖煤田汉水泉区块煤层气资源预探"项目进行中期监理和综合质量检查验收。专家组肯定了三塘湖煤层气项目所取得的成绩，对中期成果表示赞扬。

通过勘查工作分析了三塘湖的地层和构造、煤层和煤质、水文地质及工程地质对煤层气的影响，基本掌握了三塘湖盆地煤炭、煤层气的分布规律，对下一步工作具有非常重要的指导意义。

1）地层

勘查区含煤地层为中侏罗统西山窑组和下侏罗统八道湾组。自下而上的地层层序为：石炭系、二叠系、三叠系、下侏罗统八道湾组、下侏罗统三工河组、中侏罗统西山窑组、白垩系、古近系、新近系、第四系。

2）构造

根据二维地震、钻探、地面地质调查成果，结合石油勘探资料，勘查区大致分为库木苏凹陷、巴润塔拉凸起、汉水泉凹陷、石头梅凸起、条湖凹陷、岔哈泉凸起、马朗凹陷、方方梁凸起、淖毛湖凹陷、苇北凸起和苏鲁克凹陷等"六凹五凸"11 个次一级构造单元。

3）煤层

工作区共含煤 41 层，其中中侏罗统西山窑组含煤 24 层，三工河组含煤 3 层，八道湾组含煤14层，各煤层平均厚 0.6～12.99m，煤层平均总厚 88.64m。可采 24 层，各可采煤层平均厚 1.13～13.66m，可采煤层平均总厚 82.24m，含可采煤层系数 9.1%，其中全区可采煤层 1 层，大部可采煤层 10 层，局部可采煤层 13 层。

4）储层特征

通过试井工作，获得了该区储层渗透率、储层压力、储层压力梯度、破裂压力、闭合压力、原地应力等参数。西山窑组煤层渗透率 $0.05×10^{-3}～41×10^{-3}\mu m^2$，属于低渗—高渗储层。储层压力 3.57～11.47MPa，储层压力梯度 8～10.6kPa/m。

通过采样测试工作，获得了该区煤层含气量、气成分、饱和度、等温吸附、临界解吸压力等参数。

西山窑组煤层空气干燥基含气量 $0.02～2.83m^3/t$，CH_4 浓度 71.74%～95.37%；八道湾组煤层含气量普遍较高，空气干燥基含气量为 $0.06～12.76m^3/t$，CH_4 浓度为 72.96%～95.65%。

西山窑组空气干燥基兰氏体积 $4.45～23.17m^3/t$，平均 $11.91m^3/t$，兰氏压力 2.20～5.41MPa，平均 4.22MPa；八道湾组煤层空气干燥基兰氏体积 $5.85～64.48m^3/t$，平均 $20.98m^3/t$，兰氏压力 2.64～7.69MPa，平均 4.09MPa。

西山窑组煤层含气饱和度为 4.91%～50.92%，平均为 17.80%；八道湾组煤层含气饱和度为 1.23%～88.18%，平均 22.36%。

西山窑组煤储层临界解吸压力在 0.12～1.67MPa 之间，平均 0.47MPa；八道湾组煤储层临界解吸压力在 0.05～5.22MPa 之间，平均 1.70MPa。

5）煤层气资源量

共估算煤层气资源/储量 $589.55×10^8m^3$。其中，以潜在资源量为主，共 $509.25×10^8m^3$，占总资源量的 86.38%；推断储量为 $20.11×10^8m^3$，占总资源量的 3.41%；控制储量 $60.19×10^8m^3$，占总资源量的 10.21%。该区汉水泉区煤层气资源量为 $318.69×10^8m^3$，资源丰度为 $1.53×10^8m^3/km^2$，属于大型、中丰度、中—深埋深的资源量；条湖区煤层气资源量为 $171.66×10^8m^3$，资源丰度为 $0.40×10^8m^3/km^2$，属于中型、低丰度、中—深埋深的资源量；淖毛湖区煤层气资源量为 $99.21×10^8m^3$，资源丰度为 $4.08×10^8m^3/km^2$，属于中型、高丰度、中—深埋深的资源量。本次工作发现淖毛湖区为最有利区，其次为汉水泉区、条湖区。

总体上，勘查区地质构造中等发育，煤层层数多、厚度大、煤类主要为低变质的长焰煤、弱粘煤，其次为气煤和不粘煤等，分布较稳定，局部含气量较高、煤层气资源量大，储层物性特征为储气能力中等—较强、欠饱和、渗透率非均质性强、欠压储层，煤体结构为原生、碎裂—糜棱结构、孔隙度低—较发育、内生裂隙较发育；西山窑组煤层含煤性好于八道湾组，八道湾组煤层含气量高于西山窑组。初步形成了新疆三塘湖盆地煤层气钻井、压裂、排采工艺技术，获取了 2 口井煤层产水能力和产气量，气、水产量变化规律，煤层气、水物性参数，煤层真实的含气量及解吸压力，确定了较为合理的排采制度，对下一步勘查工作具有很好的指导作用。

4. 成果应用及获奖情况

2018 年《新疆三塘湖盆地煤层气资源调查评价报告》获得评审通过，共获得煤层气资源量/储量 $589.55×10^8 m^3$，发现煤层气有利区两个（汉水泉区和淖毛湖区）。本项目在较少工作量的前提下，最大限度地了解了全区煤层气含气量分布规律，为后期的勘查开发提供了良好的基础。在中国煤炭工业协会组织的第十八届优质地质报告评选中，该报告荣获专业地质报告二等奖。

通过三塘湖煤层气项目的实施，目前已初步掌握了新疆三塘湖盆地汉水泉区、石头梅区、条湖区、淖毛湖区等的煤层气分布规律和储集特点，最终分析出三塘湖盆地煤层气含量东西区域高、中间含气量低的特点。通过前期排采初步建成了智能化排采系统，基本建立了适宜新疆煤层地质特点的煤层气勘查开发技术系列，培养了一批煤层气研发、勘查、开发、地面工程建设等方面的技术人才，这为三塘湖煤层气后续的勘查开发奠定了良好的基础。

（四）巴音郭楞蒙古自治州阳霞煤矿区

1. 勘查历程及工作背景

1）概况

阳霞煤矿区位于轮台县城北偏东25°方向56km处，南距阳霞镇20km，行政区划属巴音郭楞蒙古自治州轮台县。工作区东西长28.76km，南北宽12.9～7.90km，面积为278.77km²。阳霞煤矿区位于天山南麓山前中低山带，侵蚀切割地形，起伏大，相对高差较大，山势陡峭、沟谷纵横交错，地形十分复杂，多形成陡崖。海拔标高一般在1700～1900m，最高2328m，最低1360m，最大高差968m，一般150～300m，多陡崖，基岩大部分裸露，煤层露头火烧严重，多形成红色的火烧山。中部平原区年平均气温10.6℃。平原区年平均降水量52mm，年平均蒸发量2072mm，年日照2777h，无霜期188d左右。工作区属典型大陆性干旱气候，冬季寒冷，夏季炎热，年平均气温8℃，元月份最低−25℃，七月份最高可达40℃，冻结期为12月到翌年3月，最大冻土带深0.90m，年平均降水量75mm，多集中在6—8月，月平均21.8mm，此期间多形成短暂的洪流，易造成交通不便，年蒸发量在3000mm左右。春季多西南风，秋季多西北风，最大风力可达8～9级。

2）项目背景

2017年，自治区地质勘查基金项目管理中心依据有关规定对153个1∶5万矿产地质调查等7类项目面向国内公开招标。新疆煤田地质局综合地质勘查队投标并中标"新疆轮台县阳霞煤矿区煤层气资源普查"项目。2017年10月7日，自治区国土资源厅下达了《关于2017年新疆地质勘查基金项目任务书的通知》（新国土资函〔2017〕311号），新疆煤田地质局综合地质勘查队根据任务书要求，编制了《新疆轮台县阳霞煤矿区煤层气资源普查总体设计》项目报告，2017年11月，自治区国土资源厅组织有关专家对本项目进行了评审，获得优秀，并下达了《关于下达新疆富蕴县却木希拜一带1∶5万矿产地质调查等155个项目设计审查意见书的通知》新国土资函〔2017〕677号。

3）工作历程

2017年，新疆轮台县阳霞煤矿区煤层气资源普查下拨资金1600万元，由自治区地质勘查基金项目管理中心组织管理，新疆煤田地质局综合地质勘查队承担，要求在全区开展煤层气资源普查工作，确定并初步评价具有勘查前景的有利区，计算煤层气预测地质储量和潜在资源量，为煤层气预探提供地质依据。接到任务之后，新疆煤田地质局综合地质勘查队迅速组织人员展开野外施工，阳霞煤矿区煤层气勘查工作正式启动。

经过两年多的时间,项目组顺利完成煤层气井 6 个,钻探进尺 5000m,气测录井 4 口,试井 11 层,压裂 1 层,采样测试 1387 个,预测煤层气资源量 $82\times10^8\mathrm{m}^3$。为阳霞煤矿区煤层气资源勘探开发奠定了基础。

2. 项目实施

2017 年 10 月,新疆煤田地质局综合地质勘查队成立轮台煤矿区煤层气项目部,时任综合勘查队队长翟广庆任总指挥,总工程师孟福印担任副总指挥,综合地质勘查队普查分队队长熊春雷担任技术指导,由综合地质勘查队普查分队张飞旺担任项目负责。调集了全队上下全部力量,队各处室抽调经验最为丰富的同志驻扎项目部,给予技术上的强劲支撑,组成地质勘查强有力的阵容。

工作区面积 278.77km²,东西跨度约 28km,主要为侵蚀切割地形,起伏大,相对高差较大,山势陡峭、沟谷纵横交错,地形十分复杂。为了科学有效地布置钻探工程,大家奔波穿梭于多条山谷之中。经过两年多的野外工作(图 2-16),煤层气资源普查工作通过参数井及排采试验井钻探、测井、试井、固井、压裂、排采、样品化验等勘查手段,获取煤储层物性有关参数,并进行排水采气试验,获得了煤层气井参数,计算了煤层气预测地质储量,探获埋深 1500m 以浅预测煤层气资源量 $82.18\times10^8\mathrm{m}^3$。

图 2-16 野外施工照片

3. 取得成果

1)地层

阳霞煤矿区分布的地层有:古生界,下侏罗统塔里奇克组、阿合组,中侏罗统克孜努尔组、恰克马克组,上侏罗统齐古组、古近系、新近系、第四系。主要含煤地层为中侏罗统克孜努尔组和下侏罗统塔里奇克组。

2)构造

阳霞煤矿区位于天山褶皱带以南、塔里盆地北缘、库车坳陷以东(图 2-17),托格尔敏背斜(M_1)是本区的主体构造,与之相伴的有次一级的短轴背斜(吐格尔敏背斜与塔克玛扎背斜),F_1、F_2 断裂是横贯本区的主要断裂,对煤层破坏很大,众多的平移断裂对煤层破坏并不严重,本区的断裂构造多为高角度断裂。

3)煤层

克孜努尔组上段含 C 组煤,编号煤层 22 层,自上而下编号为 C1~C22,其中可采煤层

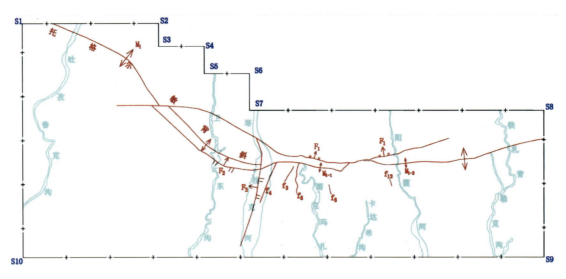

图 2-17 阳霞煤矿区构造纲要图

13层，编号依次为 C5、C8、C9、C10、C12、C13、C14、C15、C16、C17、C18、C20、C21 号煤层。煤层总厚平均为 37.49m，可采煤层总厚平均为 30.63m，地层平均厚度 428.26m，含煤系数为 8.8%。

中侏罗统克孜努尔组下段含 B 组煤，编号煤层 8 层，自上而下编号为 B8～B1，煤层总厚平均为 11.52m。8 层煤均为可采煤层，可采煤层总厚平均为 10.56m。该段地层平均厚度 300m，含煤系数为 2.6%。

下侏罗统塔里奇克组下段含 A 组煤，编号煤层 3 层，自上而下编号为 A3～A1，煤层总厚平均为 7.75m。其中，可采煤层 2 层，依次为 A3、A2，可采煤层总厚平均为 7.16m。该组地层平均厚度 100m，含煤系数为 6.7%。A1 号煤层无可采点，为不可采煤层。

4）煤质

C 组煤煤类以不粘煤（21BN、31BN）为主，长焰煤（41CY）零星分布；B 组煤各采样点煤类以长焰煤（41CY、42CY）为主，个别采样点为气煤（43QM、44QM、45QM），但不连片；A 组煤的煤类为不粘煤、弱粘煤、长焰煤。

工作区内 C 组煤层的特点为：特低—低灰分、中等—中高挥发分、特低—低硫分、特低—低磷、特低—高氟、高氯、特低—低砷、高—特高发热量、含油、硅铝型灰分为主（沾污指数为严重沾污）、较低—中等软化温度灰、较低—中等流动温度灰，中热稳定性为主、弱结渣性为主、对二氧化碳的还原率大于 60%、易磨为主、无黏结性的不黏煤为主，是良好的动力用煤。

工作区内 B 组煤层的特点为：低灰分、高挥发分、特低—低硫分、特低磷、特低—低氟、特低—低氯、特低砷、中高—高发热量、富油、低—高碱、中等软化温度灰、中等流动温度灰、中等可磨、无黏结—微黏结的长焰煤为主，是良好的动力用煤。

工作区内 A 组煤层的特点为：特低灰分、中高挥发分、特低硫分、特低磷、特低—低氟、低氯、特低砷、高—特高发热量、富油、特低—高碱、中等软化温度灰、中等流动温度灰、中等可磨、无黏结—微黏结的煤，煤类为不黏煤、长焰煤、弱黏煤，是良好的动力用煤。

5) 煤层储层参数

煤层含气量主要在 $0.18\sim6.26m^3/t$ 之间，气体组分具有典型低煤阶煤层的煤层气组分特征，以甲烷为主，二氧化碳含量次之，其他气体含量较少，含气量随埋深的增加而增大，西部和深部为煤层气富集区。煤层兰氏体积在 $2.32\sim22.89m^3/t$ 之间，兰氏压力处于 $1.92\sim4.48MPa$ 之间，临界解吸压力在 $0.35\sim6.18MPa$ 之间，孔隙度在 $3.60\%\sim37.70\%$ 之间，裂隙较发育，渗透率在 $0.02\times10^{-3}\sim0.08\times10^{-3}\mu m^2$ 之间，属中—较高渗，储层压力欠压—常压，储层温度大部分为常温，局部为高温。煤储层各项物性条件较好，煤层具有较好的产气能力，煤层气开发潜力较大。

6) 煤层气资源量

埋深1500m以浅预测煤层气资源量 $82.18\times10^8m^3$，属于中型、中丰度的资源量。

四、煤层气开发工作

国家希望在新疆能够实现我国丰富煤层气开发利用的重大突破。《煤层气（煤矿瓦斯）开发利用"十三五"规划》（国能煤炭〔2016〕334号）明确提出要"新建贵州毕水兴、新疆准噶尔盆地南缘煤层气产业化基地。到2020年煤层气产量达到 $11\times10^8m^3$"。

在国家和自治区政府的高度重视下，新疆煤田地质局付出了巨大的努力，使新疆煤层气开发从技术摸索发展到"十三五"末的小规模开发利用。2014年至今，新疆煤田地质局受自治区国土资源厅委托陆续建成了阜康白杨河矿区煤层气开发利用先导示范工程、乌鲁木齐矿区煤层气开发利用先导性试验、拜城县煤层气开发利用先导性试验3个小规模煤层气地面开发先导性试验，共施工煤层气生产井107口（包含了部分勘查中施工的排采试验井），形成年产能 $5500\times10^4m^3$。在公益性投入煤层气开发取得良好效果的背景下，新疆煤田地质局又自筹资金在阜康白杨河进行了二期产能扩大建设，同时，也吸引了社会多元化资金进行煤层气开发。2018年开始，新疆煤田地质局一五六煤田地质勘探队分别受乌鲁木齐国盛汇东新能源有限公司和昌吉恒力新能源公司委托分别在乌鲁木齐米东矿区和吉木萨尔水西沟矿区进行煤层气地面开发建设和瓦斯治理工程。截至2018年9月，阜康矿区共有煤层气生产井67口，形成年产能 $5000\times10^4m^3$，年产量接近 $2000\times10^4m^3$；截至2020年5月，乌鲁木齐河东矿区共有煤层气生产井100口，形成年产能 $5000\times10^4m^3$，2018—2019年累计煤层气产量近 $1500\times10^4m^3$；拜城县煤层气开发先导试验共有生产井29口，形成年产能 $1500\times10^4m^3$。2016年开始阜康白杨河矿区、乌鲁木齐矿区所产煤层气经脱水、增压制备成CNG（Compressed Natural Gas，压缩天然气）后陆续供给附近工业园区、CNG加气站及民用燃气管网使用，使新疆丰富的煤层气资源初步得到有效开发利用，对乌鲁木齐及周边城市的天然气短缺形成有效补充。

在以新疆煤田地质局为主体的煤层气开发单位的努力下，三大区块煤层气地面开发工程的建成，使新疆煤层气开发利用实现了突破性进展。同时，也使新疆煤层气产业形成勘查、开发、输气利用一体化产业雏形。初步建立适应新疆地质特点的煤层气开发工程技术体系，建设和具备了煤层气开发的装备，培养了一批煤层气勘查开发专业人才，为下一步新疆煤层气的规模开发利用奠定了坚实的基础。

(一) 阜康白杨河矿区先导性示范

1. 项目来源

党中央、国务院高度重视新疆地区煤层气资源的开发利用和煤矿瓦斯防治工作,自治区人民政府以新政函〔2012〕69 号批准的《新疆煤层气开发利用示范工程实施方案》将阜康白杨河矿区列为煤层气开发利用先导性先期示范区。

阜康白杨河矿区煤炭资源丰富,变质程度中等,气含量高,储层物性较好,有利于煤层气的赋存和开发。通过示范区煤层气的开发利用,对阜康煤层气的开发技术进行分析,以"新疆阜康市白杨河矿区煤层气开发利用先导性示范工程"开发的成功经验,引导和推动新疆低煤阶煤层气产业的发展。通过示范区煤层气的生产与煤矿开采的有机结合,充分体现先采气后采煤的先进理念。

为加快新疆煤层气勘查开发的节奏,进一步推动新疆维吾尔自治区煤层气的勘探开发进程,2013 年 8 月,新疆煤田地质局一五六煤田地质勘探队向自治区国土资源厅地质勘查基金项目管理中心申请"新疆阜康市白杨河矿区煤层气开发利用先导性示范工程"立项,并审查通过。2014 年 4 月 10 日,新疆维吾尔自治区国土资源厅以新国土资函〔2014〕378 号文下达项目任务书。

2. 项目建设任务

在前期煤炭、煤层气工作的基础上,施工煤层气参数井和排采试验井,对该区进行煤层气勘查评价,提交煤层气勘探报告;通过参数井和生产试验井获取的参数资料,对阜康煤层气开发的相关技术进行研究,指导后期工作;整体部署、分期实施、滚动开发,在该区施工 50 口生产井、1 组 U 型井,并进行地面工程建设(包括集气管网、集气处理站等),建成新疆第一个煤层气开发利用先导性示范工程。

3. 项目建设方案

1) 项目建设总体思路

建设工作计划实施直井 19 口、定向井 31 口,U 型井 1 组,建设日处理能力 $10 \times 10^4 m^3$ 的 CNG 集气站 1 座及相关集气管网等设施,形成 $3000 \times 10^4 m^3/a$ 的产能,建成新疆第一个煤层气开发利用示范基地。

①收集示范区已有煤层气地质资料,在以往施工 5 口生产试验井取得工业气流的基础上,施工煤层气参数井 3 口,对主要煤层进行含气性测试和注入/压降试井,获取主要煤层含气量、气成分、等温吸附特征、渗透率、储层压力等参数,开展示范区地质条件和储层特征的详细分析和研究,为排采井的施工提供理论依据。

②优化工艺方案,采用合适的钻完井工艺、压裂工艺、排采工艺。以 300m×(280~250m)井网布置方式,采用直井和丛式井、U 型试验井,施工钻井 52 口,获取 51 口井的煤层气工业气流。

③在 52 口钻井施工的同时,同步建设地面集气站及集气管网等地面工程。包括建设处理能力为 $10 \times 10^4 m^3/d$ 的 CNG 集气站一座、采气管道以及相应的设施。实现小规模化生产和利用。

④开展科学研究专项"阜康市白杨河矿区低煤阶高倾角煤层气藏工艺排采技术研究"和"阜康市白杨河矿区煤层气聚气规律与成藏模式研究",总结煤层气气藏及煤层气排采增产措

施，改变目前新疆煤层气技术引进和模仿的现状，探求适合新疆煤储层特征和地质条件的关键技术，形成一套成熟的开发技术，为新疆煤层气产业化奠定理论基础。

4. 项目实施

1）组织机构

为保障项目正常有序实施，结合自治区地质勘查基金项目管理工作的规定，根据项目实际情况，决定组建以"集中决策，分级管理"为特色的组织机构。2014年6月9日，新疆煤田地质局以新煤地发〔2014〕80号文《关于成立新疆阜康市白杨河矿区煤层气开发利用先导性示范工程项目领导小组的通知》，对成立的项目各组织机构予以发文确认。成立了以新疆煤田地质局为主导的煤层气勘探开发项目领导小组，由新疆煤田地质局原局长李凤义任组长，中联煤层气国家工程研究中心副总经理李晓明、新疆煤田地质局副局长张相、新疆煤田地质局总工程师李瑞明、新疆煤田地质局地质科技处处长张国庆、新疆煤田地质局一五六队队长韦波等8人为成员，负责项目实施的重大决策和顶层设计，实现煤层气勘探开发决策高效化、效益最大化和风险最小化；项目领导小组下设办公室和示范工程联合项目部，办公室主任为李瑞明，副主任为张国庆，成员为中联煤层气国家工程研究中心发展科技部部长陈东、新疆煤田地质局安全勘查技术处原处长葛江等9人，办公室具体负责对重大项目决策和顶层设计的协调组织工作，对项目的质量、进度、成本等进行控制监督；联合项目部在项目领导小组领导下，按照精干、高效的原则，由新疆煤田地质局一五六队的地质、钻井、测井、压裂、排采、地面建设、财务、安全、物资采购、后勤保障及资料管理等多学科专业技术人员和管理人员组成，负责项目全过程管理与实施，总指挥为新疆煤田地质局一五六队原副队长杨广立，副总指挥为新疆煤田地质局一五六队煤层工程中心主任谢相军、陈东，项目经理为谢相军，副经理为新疆煤田地质局一五六队生产科长陈光国。同时，邀请国内煤层气勘探开发领域资深专家学者组成技术委员会，对项目运行各环节进行全方位的技术指导。各级机构为圆满完成项目任务应相互沟通，有机协调、各司其责。

2）项目实施及完成工作量情况

2014年2月20日，自治区国土资源厅、财政厅组织有关专家，对自治区地质勘查基金出资的"新疆阜康市白杨河矿区煤层气开发利用先导性示范工程设计"进行评审，项目评审通过。2014年4月10日，新疆维吾尔自治区国土资源厅以新国土资函〔2014〕378号文下达项目任务书。2014年7月10日，新疆维吾尔自治区国土资源厅以新国土资函〔2014〕567号文下达项目总体设计审查意见书。新疆煤田地质局一五六煤田地质勘探队依据审核通过的设计开展项目的实施，截至2015年10月31日，全面完成任务书下达的工作量。

5. 取得成果

1）建设成果

一五六煤田地质勘探队项目组按照设计要求，从2014年4月开始，历经一年时间，完成了50口井定向井，1组U型井钻井，147层压裂，52口井自动化排采，21座标准化井场，13km集输管网和1座日处理能力$10\times10^4 m^3$的集气处理站等全部建设工作。成功建设新疆地区第一个大型煤层气示范项目，建成$3000\times10^4 m^3$年产能的煤层气开发利用示范基地，实现新疆煤层气储量零的突破，提交新疆首个煤层气储量报告，获取探明地质储量$43.39\times10^8 m^3$，技术可采储量$21.70\times10^8 m^3$、经济可采储量$19.09\times10^8 m^3$，实现新疆煤层气申报储量零的突破。图 2-18 为标准化井场。

图 2-18 标准化井场

2）技术成果

在技术研发方面，由新疆煤田地质局指导，一五六煤田地质勘探队牵头，联合煤层气研究开发中心、新疆煤田地质局综合实验室、中联煤层气国家工程研究中心有限责任公司、中国地质大学（武汉）、西南石油大学等单位或学校对新疆地区煤层气开发技术进行研究，主要获得以下科研成果。

①新疆阜康白杨河矿区大倾角地层快优钻井工艺技术研究，通过对白杨河矿区的地层可钻性、井型设计、井身质量控制技术、钻头和钻具组合优化和施工工艺等展开研究，形成丛式井＋螺杆＋PDC 钻头＋分段制井身结构的钻井工艺集输，适合于白杨河矿区大倾角地层的快优钻井工艺技术，使得区内的完井周期缩短 71.92%。

②新疆阜康白杨河矿区大倾角地层压裂工艺技术研究，通过优选压裂层段，进行压裂液伤害实验及配伍性分析，进行支撑剂参数计算，优化压裂设计，进行施工工艺研究和现场试验，开展压后评估工作，形成低伤害复合压裂液＋大排量体积压裂＋压后渗透性计算的大倾角地层压裂技术，使得区内一次性压裂成功率提高 34%。

③新疆阜康白杨河矿区大倾角地层排采工艺技术研究，针对项目实施的多种钻井井型、井身结构、完井方式，开展不同排采工艺应用优化，形成针对区内地质特点和生产适应的"五段双控"排采制度，提高排采连续性，使得区内产气量稳步增长。

④新疆阜康白杨河矿区构造节理填图、煤储层岩石物理与煤层气藏地质研究，通过详细的地面高精度构造节理裂隙填图、井下煤储层的精细解剖，划分三期最大主应力方向，认识到区内的煤层以碎裂煤为主，主力煤层中微裂隙发育，基质孔隙与裂隙系统的连通性好，有利于煤层气的运移，外生节理走向的优势方向为北西向、北东向及近东西向，主要煤储层穿透整个煤层的大的外生节理少，但是在煤层内部 1~2m 的外生节理非常发育，气胀节理发育良好，内生裂隙总体发育一般，渗透性好，排采易产煤粉。

2015 年 9 月，以阜康白杨河煤层气示范工程为依托，国家科技重大专项办公室经过多轮论证、修改，确定在新疆准噶尔盆地设立中低阶煤层气资源与开发技术项目，白杨河矿区作为国家科技重大专项提供技术基础和试验基地，集成属于新疆中低阶、高倾角、多厚煤层特点的煤层气勘探开发的煤层气聚集规律与成藏模式、地质选取、钻井、压裂、排采、技术、储运等工程技术系列,建立适合新疆地质特点的煤层气安全抽采技术体系。

6. 社会效益

煤层气资源的开发与利用,有利于改善我国能源供需结构,有利于减少瓦斯事故,对于优化能源结构和构建和谐社会有着积极意义。

"新疆阜康市白杨河矿区煤层气开发利用先导性示范工程"的实施,对于新疆的煤层气勘探开发具有重要的示范作用和引领作用,其社会效益如下。

1) 推动其他行业的发展,促进地方经济发展

任何一个新产业的形成与发展都与其他行业密切相关,开发利用煤层气也将为拉动相关产业起到推动作用。煤层气产业是一项庞大的系统工程,项目建设将带动运输、钢铁、水泥、化工、电力、生活服务等相关产业的发展,增加就业机会,促进阜康当地经济的发展。

2) 减少煤矿瓦斯事故,改善煤矿安全生产条件

阜康矿区煤矿的瓦斯矿井比例较大,在示范区实施过程中,阜康矿区内示范区周边就发生过瓦斯爆炸,造成巨大生命财产的损失。在采煤之前先开采煤层气,可以从根本上防止频繁发生、危害剧烈的煤矿瓦斯事故,大大提高煤矿的安全生产程度。

3) 减少有害物排放,降低温室效应

甲烷是造成温室效应的 3 种气体(甲烷、二氧化碳、氟利昂)之一,而且甲烷分子吸收地表红外辐射,导致增温效率,其对臭氧层的破坏能力为二氧化碳的 7 倍。散发到大气中的甲烷会污染环境、改变大气温度,已引起世界各国的重视。本项目达产后能够每年减少碳排放量 45×10^4 t。因此,开发利用煤层气对于保护环境有着极其重要的意义。

4) 推动我国低煤阶煤层气的开发

国内煤层气开发比较成功的地区是沁水盆地和鄂尔多斯盆地东缘,沁水盆地是典型的高煤阶区,鄂尔多斯盆地东缘属中低—中高煤阶区,其中保德区块是目前国内开发比较成功的中低阶煤层气区块。国内低煤阶煤层气尚未实现商业化开发。新疆以低煤阶煤层气资源为主,预测煤层气资源量 9.5×10^{12} m³,占全国煤层气资源量的 26%。阜康区块是典型的低阶煤区,示范工程的实施将对推动我国低煤阶煤层气的开发,对充分利用我国西北地区丰富的煤层气资源起到积极示范作用。

7. 获奖情况

①2016 年 11 月,"新疆阜康市白杨河矿区煤层气开发利用先导性示范工程"荣获新疆"358"优秀项目成果一等奖。

②2016 年 2 月,"新疆阜康市白杨河矿区煤层气开发利用先导性示范工程"荣获中国地质学会 2016 年度"十大地质科技进展"。

③2017 年 4 月,新疆煤田地质局一五六煤田地质勘探队"新疆阜康市白杨河矿区煤层气开发利用先导性示范工程"项目部获评为"新疆维吾尔自治区工人先锋号"。

(二) 乌鲁木齐河东矿区

1. 先导性试验开发

1) 开发背景

2003 年至今,新疆煤田地质局在工作区内施工 23 口煤层气排采试验井,获得必要的排

采参数，单井日产量最高达到4400m³，产量与国内成功范例相比属于较好，且工作区西界位于乌鲁木齐市内，进行煤层气开发利用，可以就近为乌鲁木齐市生产生活供气，缓解天然气紧缺状况。

2016年7月20日，自治区国土资源厅地质勘查基金项目管理中心以新地勘基金函〔2016〕15号文下达《关于召开2016年中央返还两权价款出资能源项目竞争性谈判工作方案优选会的通知》，局委托新疆煤炭设计研究院有限责任公司编制《新疆准南煤田乌鲁木齐矿区煤层气开发利用先导性试验项目可行性研究方报告》，结论为本项目技术及财务可行。

2016年8月2日，自治区地质勘查基金项目管理中心召开2016年中央返还两权价款出资能源项目竞争性谈判工作方案优选会。根据自治区国土资源厅地质勘查基金项目管理中心下发的《关于下达2016年中央返还两权价款资金能源项目任务书的通知》，新疆煤田地质局编制"新疆准南煤田乌鲁木齐矿区煤层气开发利用先导性试验"项目总体设计。

2）项目建设任务

总结阜康白杨河煤层气示范工程经验教训，邀请第三方对比阜康白杨河煤层气示范工程及其周边煤层气田并对其开发效果及潜力作出评价，建立开发示范工程的开发示范指标，总结勘探要点，指导低阶煤层气勘探工作深入。在前期勘探基础上充分利用煤田及煤层气的勘探成果，优选靶区，分两批三批滚动实施开发排采试验井，对适宜工作区内开发的井型、井距进行优化研究，对煤层气开发的快优钻完井工艺技术、储层增产改造技术、多厚煤层排采工艺技术等进行先导性试验和优化攻关。按照整体部署、分期实施、滚动开发的原则，在该区部署17口排采试验井，并进行地面工程建设（包括集气管网、集气处理站等），对煤层气管网综合利用模式进行探索，最终形成一个集煤层气勘探开发、综合利用于一体的先导性试验工程。

3）项目建设方案

按照"整体部署、分期实施、滚动开发"的原则，在该区部署排采试验井17口，并进行地面工程建设（包括集气管网、集气处理站等），对煤层气管网综合利用模式进行探索，最终形成一个集煤层气勘探开发、综合利用于一体的先导性试验工程。

4）项目实施

2016年8月1日—3日，自治区国土资源厅、财政厅组织有关专家，对中央返还两权价款资金能源类项目进行竞争性谈判优选工作方案会，确定新疆煤田地质局一五六煤田地质勘探队为"新疆准南煤田乌鲁木齐矿区煤层气开发利用先导性试验"项目承担单位。自治区国土资源厅于2016年9月3日以新国土资办函〔2016〕270号文下达项目任务书，于2016年9月22日以新国土资办函〔2016〕304号文下达项目设计审查意见书。一五六煤田地质勘探队按照审查后的设计开展项目工作，截至2018年12月31日，全面完成项目设计工作量。

5）取得成果

（1）资源量

先导试验区在风氧化带延伸至垂深1500m范围，含气面积为17.59km²，煤层气资源量/储量为$80.03 \times 10^8 m^3$，其中煤层气探明地质储量$22.51 \times 10^8 m^3$，煤层气控制地质储量$22.53 \times 10^8 m^3$，煤层气推断地质储量$0.60 \times 10^8 m^3$，煤层气潜在资源量$34.39 \times 10^8 m^3$。

（2）建设意义

先导试验项目在建设前即开展优选区块、合理部署、优化设计等工作，并邀请国内顶尖团队提供技术支持、参与项目建设。完成煤层气定向井 7 口、L 型井 10 口,建设日处理能力 $5\times10^4 m^3$ 的 CNG 集气站 1 座及相关集气管网等设施,形成 $1000\times10^4 m^3/a$ 的产能,建成新疆第二个煤层气开发利用示范基地。先导试验区煤层气井于 2017 年 6 月陆续投入排采,至项目建设期结束时,17 口井投入排采,在大部分井未提高到最高产气量时区块产气量达到 $22\,325 m^3/d$,展现出良好的产气态势和产气潜力,与国内其他区块相同生产时期的产气情况相比也毫不逊色,显示新疆煤层气具有较好的开发前景。

先导性试验项目建设全过程受控,聘请第三方机构开展工程质量监督工作;高标准建设排采试验井场,实现智能化排采。钻井井身质量合格率 100%,测井质量全部优秀,固井质量合格率 100%,压裂质量合格率 100%,排采设备安装合格率 100%,集气管线合格率 100%,集气站建设全部合格。

(3) 经济促进

先导试验项目建设中,汇聚 20 余支建设队伍,包括钻井、压裂、排采、地面工程建设等方向,人员近千人。他们在相关区域内需租房、生活,直接雇佣本地工作人员超百人,促进当地消费,提高经济发展。同时项目建设资金超过 1 亿元,施工队伍直接在乌鲁木齐市当地纳税将近千万元,为乌鲁木齐市发展提供有力支持。

(4) 民生工程

乌鲁木齐市米东区煤层气资源丰富,为进一步将乌鲁木齐市的煤层气资源优势转化为产业优势、经济优势,解决乌鲁木齐市米东区居民用气、工业用气紧张等问题,缓解能源供求矛盾,自治区国土资源厅积极创造条件,开展本项目的建设实施工作,加快乌鲁木齐市煤层气资源的开发利用,本项目所生产的煤层气全部进入乌鲁木齐市米东区城镇燃气管网,成为保障民生、惠及民生、促进稳定和长治久安的重要举措。

6) 获奖情况

2019 年,自治区自然资源厅、财政厅组织有关专家召开报告评审会。与会专家对"新疆准南煤田乌鲁木齐矿区煤层气开发利用先导性试验"项目给予高度评价,项目报告被评为优秀。

2. 社会项目开发

1) 开发背景

2018 年,乌鲁木齐市加快"煤改气"进度,计划拆改农村片区燃煤供热设备 1.9 万台,大力推进煤变气、打造电气化乌鲁木齐。下游消费市场需求急剧增加,区域天然气资源供给缺口变大。

加快乌鲁木齐市煤层气开发利用,是贯彻落实自治区党委、自治区人民政府和市委、市政府的决策部署,特别是自治区党委常委、市委书记徐海荣指示精神的重要举措,是落实中央关于新疆社会稳定和长治久安总目标,构建清洁、低碳、安全、高效的现代能源体系的重要途经,也是坚决打好污染防治攻坚战,加快推进"天变蓝"的重要举措,对缓解乌鲁木齐天然气供应缺口具有重要意义。

乌鲁木齐矿区煤炭及煤层气资源丰富,开发条件优越,成功进行先导性试验工程"乌鲁木齐矿区煤层气先导性试验"。试验结果与国内成功示范项目相比,成果较好,进一步开发利用价值明显,意义重大。

2018 年 9 月 18 日,乌鲁木齐市委书记徐海荣主持召开煤层气专题会议,为加快推进煤层气勘探开发利用，决定成立乌鲁木齐国盛新能源投资开发（集团）有限公司，自治区党委常委、副主席张春林，自治区党组成员黄三平及市长牙生·司地克，市委副书记、副市长高峰，原副市长郝建民也分别多次召开专题会议，为加快推进米东区煤层气开发利用做了具体安排部署。

在乌鲁木齐市委、市政府的大力支持下，2018年9月30日，国盛公司注册成立，注册资金3亿元；2018年10月15日，乌鲁木齐国盛汇东新能源有限公司注册成立，注册资金2亿元，公司设立了安全环保部、财务资产部、规划发展部、行政办公室、组织部（人力资源部）5个部室，组织机构健全，各项工作运转正常、有序。

2018年10月，乌鲁木齐国盛汇东新能源有限公司投资5000万元，建设完成处理能力$5\times10^4m^3/d$的集气站，集输管网13.45km，收集一五六队先导性示范工程28口试验井煤层气，并于2018年12月10日成功接入鑫泰城镇燃气管网，实现煤层气外输利用，目前井网日产量$2.4\times10^4m^3$左右，单井日产气量最高可达$4300m^3/d$，截至2019年5月已稳定供气超$300\times10^4m^3$。

2019年，新疆煤田地质局一五六队编制《乌鲁木齐米东区煤层气产能建设总体方案》（2019—2021年），总体规划产能为$1\times10^8m^3/a$。其中2019年在一期工程的基础上，完成30口煤层气井，力争实现$10\times10^4m^3/d$的供气能力，形成$2700\times10^4\sim3000\times10^4m^3/a$的产能，缓解米东区居民日常生活用气需求。

新疆煤田地质局一五六队受乌鲁木齐国盛汇东新能源有限公司委托，编制了《乌鲁木齐国盛汇东新能源有限公司米东区块煤层气产能建设项目设计》（22口井），作为工程施工的依据。

2019年2月，乌鲁木齐国盛汇东新能源有限公司组织召开项目专题会议，并对项目工作提出新的要求。会议要求一五六队对原22口井的设计进行扩充，调整目标为2019年底项目入网气量达到$10\times10^4m^3/d$。根据要求，一五六队立即投入前期的技术分析论证工作，综合煤层气研发中心相关分析建议，认为扩充产能切实可行。具体部署充分利用现有工程，考虑单工程的实施性和经济性。2019年3月，就原设计22口井基础上再增加10口井的方案向乌鲁木齐国盛汇东新能源有限公司进行专题汇报，与会各方认为方案合理可行，特委托新疆煤田地质局一五六煤田地质勘探队编制总计32口井的设计。在此背景下一五六队编制了《乌鲁木齐国盛汇东新能源有限公司米东区块煤层气产能建设项目设计》。

2019年5月，乌鲁木齐市委书记徐海荣在米东区主持召开煤层气专题会议，会议要求，统筹推进煤层气开发，遵循客观规律。本着"能快则快、科学开发"的原则，深入研究、科学论证，积极争取自治区自然资源厅、煤田地质局等部门支持，加大建设力度，加快开发进度，力争年煤层气供应量超过$0.5\times10^8m^3$。

2019年5月11日，乌鲁木齐国盛汇东新能源有限公司组织召开项目专题会议，并对项目工作提出新的要求。会议要求一五六队对原32口井的设计进行扩充，要求2019年底项目入网气量达到$15\times10^4m^3/d$。在此基础上经过论证在原设计的基础上将设计井增加至72口，编制了《乌鲁木齐国盛汇东新能源有限公司米东区煤层气区块示范工程设计》（72口井）。

2）项目建设任务

在前期勘探及开发利用的基础上充分利用煤田及煤层气的勘探成果，优选靶区，分两批滚动实施开发生产井，对适宜工作区内开发的井型、井距进行优化研究，对煤层气开发的快优钻完井工艺技术、储层增产改造技术、多厚煤层排采工艺技术等进行先导试验和优化攻关;按照整体部署、分期实施、滚动开发的原则,在该区部署72口生产井,并进行地面工程建设接入先导性试验的集气管网,最终与已有井合并形成一个100口井、$5000\times10^4 m^3$年产能的开发井网,接入燃气管网,补充天然气缺口,并为后期开发提供事实依据。

3) 项目建设方案

建设工作计划实施定向井24口、顺煤层井5口、水平井43口,利用以往生产井共计28口,共计形成100口井的井网。配套建成$15\times10^4 m^3$集气站1座及相关集气管网等设施,形成$5000\times10^4 m^3/a$的产能。计划分以下3步完成。

①收集工作区已有煤层气地质、构造资料,在前期煤层气勘探工作的基础上,收集主要煤层储层含气量、气成分、等温吸附特征、渗透率、储层压力等煤层气关键参数,开展工作区地质条件和储层特征的详细分析和研究,为排采井的施工提供地质理论依据。

②优化工艺方案,采用合适的钻完井工艺、压裂工艺、排采工艺等手段。以80m×280m压裂点间距布置水平井,以250m走向间距部署直井、定向井、顺煤层井。施工钻井72口,获取72口井的煤层气工业气流。

③在钻井施工的同时,同步建设地面集气站及集气管网等地面工程。扩建原有集气站达到处理能力$15\times10^4 m^3/d$,补充采气管道以及相应的设施,实现规模化生产和利用,在新疆煤层气开发方面率先进行商业开发利用。

4) 取得成果

截至2020年5月,项目已完成钻井施工72口,正在进行压裂施工及地面建设。开始排采后,产气效果好,日产气已达35 000m^3,且已向米东区城镇燃气管网输气。

(三) 库拜煤田煤层气开发

1. 开发历程及工作背景

1) 概况

2014—2015年,新疆煤田地质局一六一队在前期煤田地质勘探工作的基础上,在库拜煤田全区开展"库拜煤田煤层气靶区优选""库拜煤田煤层气资源勘查"项目,通过已取得的资料显示,库拜煤田煤层气资源丰富,储层物性较好,利于煤层气开发建设,一六一队在区内选定了一块甜点区并且申请"新疆库拜煤田拜城县煤层气开发利用先导性试验"的立项,经自治区国土资源厅、财政厅分别组织有关专家对项目工作方案进行了论证,同意立项。批复工作量:生产井钻探23 530m(21口)、煤层气测井23 530m(21口)、固井测井23 530m(21口)、压裂66层、排采252井月、气测录井21口、铺设集气管线15km、煤层气集气站1座。预期建设煤层气产能$1800\times10^4 m^3/a$,该项目经费概算18 283万元。

示范区位于库拜煤田中区西部,东起拜城县恒兴煤矿中部,西至拜城县大宛其煤矿以西,东西长约14.7km,南北宽约0.82km,试验区面积12.08km^2。

通过示范区煤层气的开发利用,对库拜煤层气的开发技术进行研究,以示范区开发的成功经验,引导和推动新疆库拜煤层气产业的发展。通过示范区煤层气的生产与煤矿开采的有机结合,充分体现先采气后采煤的理念。

2) 开发历程

2016年8月,接到项目任务书之后,一六一队党委经过研究部署,选派具有丰富煤炭、煤层气勘探开发经验的高级工程师吴斌为该项目的总负责人。由于以往煤田勘探深度一般在600m以浅，煤层气勘探在1500m以浅，所以深部地质资料需要通过浅部的煤田资料去研究推断。吴斌带领项目组进行前期设计部署，通过以往地质资料及已取得的煤层气资料成果，研究部署钻井设计，BCS-24井为全区第一口施工钻井，设计深度1250m，预计840m见第一层煤，但钻机施工到850m后还没有见第一层煤，项目组人员意见有了分歧。在施工至852m时出现了一层贝壳化石层，吴斌紧锁的眉头舒展了，他告诉钻井队，10m范围内要见第一层煤，果然在857m时终于见到了第一层煤。在项目部例会上吴斌告诉大家，对以往地质资料的研究很重要，它们是我们做好煤层气钻井工作的基础。

通过项目部人员的共同努力，项目完成后整个项目的总工作量比设计工作量超出比例控制在10%以内，达到了预期目的。

BCS-26井是库拜地区冬季施工的一口井，井深860m，由于天气寒冷，河水结冰严重，使得压裂用水备水困难，为了按照预定的工期完成任务，大家发扬"特别能吃苦、特别能战斗"的精神，忍着严寒天气抓紧时间施工，最终项目得到了圆满完成。

为了使示范区煤层气排采达到最优效果，新疆煤田地质局专门拿出专项资金，设立了局三类科研"库拜煤田煤层气排采井延长检泵周期新工艺新方法"项目，并将新工艺应用到后期的排采井中，取得了显著的效果。同时总结煤层气气藏及煤层气排采增产措施，寻找适合库拜地区煤储层特征和地质条件的关键工程工艺技术。

煤层气开发和勘探不一样，开发所涉及的面比较广，仅仅一个站点的选择就需要在各个政府部门反复查询，2019年5开始，地质科科长吴斌、项目负责人李全经过1个月的努力终于选定了合适的站点，设计通过了专家论证。地质勘查人员是第一次接触管道施工及站点建设工作，如何科学管理使工程建设达到预期目标，对于项目负责人李全来说是一次考验。6月初项目施工前，李全组织项目组所有人员进行为期一周的学习会，全面了解设计，6月15日组织监理、施工方进行开施工前交底及动员会，让所有人员的认识高度统一。施工所在的区域属于多煤矿民族地区，施工过程中遇到很多问题需要项目负责人去协调，这类问题不似以前技术工作那样纯粹，需要多方、全面的能力。例如，2019年8月5日，管道施工在经过大宛其煤矿区域时，矿方坚持不让管道施工队伍通过，接到施工队员的电话，项目负责人李全第一时间赶赴现场和矿方代表谈判，经过沟通发现，煤矿方对自治区煤层气产业政策了解较少，简单地认为一六一队煤层气勘探属于圈地盘占资源，经过出示手续和沟通，最终问题得到了圆满解决。经过3个月的努力，15.88km管道施工保质保量如期完成了，目前主要设备正在厂家组装中，未来将建成日处理$3×10^4m^3$的LNG液化煤层气站1座，产值2000多万元，为库拜煤层气开发起到先行示范作用。

2. 项目实施

2016年5月27日，自治区国土资源厅、财政厅分别组织有关专家对"新疆库拜煤田拜城县煤层气开发利用先导性试验"工作方案进行了论证，同意立项。2016年7月1日，自治区国土资源厅以新国土资办函〔2016〕270号文下达项目任务书。2016年9月3—5日，自治区国土资源厅组织专家对该项目进行了设计评审，评审通过。2016年9月22日，自治区国土资源厅以新国土资办函〔2016〕304号文下达设计审查意见书。2018年11月25—27日，自治区国土资源厅组织专家对该项目进行了野外验收，验收通过。一六一队依据审核通过的设计开展项目的实施。截至2018年12月31日，除地面建设外，基本完成了任务书下达的工作量。

2016—2018年,在评价工作的基础上,一六一队承担了"新疆库拜煤田拜城县煤层气开发利用先导性试验"工作,通过施工的生产井及地面工程建设,建成拜城县$1500\times10^4m^3$年产能的煤层气开发利用示范基地,实现小规模化生产和利用,对库拜地区煤层气商业性开发起到先导性示范作用。

2019年6月,评审通过了地面工程管网建设设计,同年7月开始进行地面工程管网施工,施工内容包括:管网连接10个煤层气井场,管径De63~De315,长度15.89km;强度试验及严密性试验均合格;管道进行水工保护。2020年5月完成地面工程管网建设,并于6月通过了验收。

一六一队自2016年9月开始野外施工,开展了钻探、气测录井、测井、采样分析、试井、固井、射孔、压裂、作业、排采等工作,截至2018年12月基本完成生产井的钻井工程、压裂工程、排采设备安装等野外施工项目,目前所有排采试验井已进入排采阶段。

3. 取得成果

1) 示范区地层

示范区地层区划属塔里木-南疆地层大区(Ⅳ),塔里木地层区($Ⅳ_2$),塔里木地层分区($Ⅳ_{22}$)中的拜城地层小区($Ⅳ_{22-1}$)。地层由老到新包括:上三叠统郝家沟组(T_3h)、下侏罗统塔里奇克组(J_1t)、下侏罗统阿合组(J_1a)、第四系更新统、第四系全新统。

2) 示范区构造

示范区位于塔里木盆地北缘,区域大地构造上处于塔里木-中朝板块(Ⅲ),塔里木微板块($Ⅲ_1$),塔里木古陆($Ⅲ_{1-2}$),塔里木中央地块($Ⅲ_{51-2}$)北缘的库车山前坳陷,具有多旋回构造变动的特点。自燕山期到喜马拉雅期,构造变动有越来越强的趋势,其强烈的构造活动波到达煤田内,使次一级褶皱较发育。区域构造主要为煤田北部的阿尔腾柯斯深大断裂及其派生的次一级断裂构造,煤田内断裂构造不发育。

示范区总体构造形态为一向南倾斜的单斜构造,地层总体为近东西走向,向南倾斜,倾角一般70°~85°,局部地段直立倒转,断层不发育。

3) 示范区煤层

该区含煤岩系主要为中生界下侏罗统塔里奇克组,根据岩性、岩相及煤层富集程度将该组地层划分为塔里奇克组下段(J_1t^1)和塔里奇克组上段(J_1t^2)。主要由河流相、湖泊相、沼泽相灰—灰白色石英砂岩、粗砂岩、砂砾岩、细砂岩、粉砂岩及煤层组成,地层厚度148.58~281.84m,平均地层厚度230.02m。煤层平均总厚为0.22~22.07m,含夹矸0~3层,可采平均总厚4.15m,含煤系数为1.8%。

塔里奇克组下段(J_1t^1)地层含A5、A6、A7号煤层,其中A5、A7号煤层为全区可采,夹矸0~3层,层位较稳定,煤层厚度总体上有自西向东逐渐变厚的规律。A6号煤层为局部可采,仅在该区东西两端发育。塔里奇克组上段(J_1t^2)含A8、A9-10、A11、A12号煤层,其中A8、A9-10号煤层为全区可采,夹矸0~3层,层位较稳定,煤层厚度总体上有自西向东逐渐变厚的规律;A11、A12号煤层在东部有控制,为局部可采。

4) 示范区煤质

示范区总体变质阶段属Ⅱ阶;各煤层总体属低水分煤层;原煤总体属特低—低灰分煤;各煤层一般以中高—高挥发分煤层为主,总体属中高—高挥发分煤;各煤层硫含量普遍较低，原煤总体以特低硫煤为主，属特低—低硫分煤；各煤层发热量普遍较高，发热量值比较接近，总体属高—特高发热量煤。

5）示范区主要煤层 A5、A7、A9-10 储层物性特征

煤层吨煤含气量 $8\sim22m^3$，实测含气饱和度在 $63.51\%\sim89.31\%$ 之间，兰氏体积为 $7.6\sim26.07m^3/t$，储层温度 $19.7\sim27.51℃$；实测储层压力为 $5.29\sim10.71MPa$；临界解吸压力在 $2.28\sim5.29MPa$ 之间；煤层储层孔隙度在 $4.47\%\sim10\%$ 之间；渗透率在 $0.15\times10^{-3}\sim0.83\times10^{-3}\mu m^2$ 之间，属于中—低渗透率储层。

6）资源量

示范区面积为 $12.17km^2$，获得地质储量 $36\times10^8m^3$，其中探明地质储量为 $14.13\times10^8m^3$。

7）LNG 工程

按照设计要求完成一套处理规模为 $3\times10^4m^3/d$ 的 LNG（Liquefied Natural Gas，液化天然气）撬装液化装置及其配套辅助设施，含煤层气集气站净化处理部分内容。已完成管道工程连接 10 个煤层气井场，长度 15.89km，管径 De63~De315，水工保护 42 处，阀井 6 处，凝水缸 5 组，标识桩 80 个。在施工过程中，强度试验及严密性试验均合格；管道进行水工保护。经专家组对野外施工进行验收评定，本次管道工程工作采用的技术方法恰当，工作部署基本合理，工作达到设计和相关规范的技术要求，予以验收合格。

4．成果应用

开发区内煤层气赋存条件较好，叠合含气面积为 $2.31km^2$，探明地质储量为 $14.13\times10^8m^3$，技术可采储量为 $7.07\times10^8m^3$，开发潜力巨大，是南疆第一个煤层气示范区。澳大利亚 CFT 能源公司、河南煤层气公司、中信国安集团有限公司等多次考察库拜煤层气项目，表达了合作开发的意向。且煤层气的开发具有较好的社会效益，符合国家西部大开发的战略部署，可以带动自治区的经济发展，同时有助于改善该区的能源结构，减少环境污染。

第二节 其他非常规气勘查

一、页岩气勘查

页岩气是 21 世纪提倡使用的主要洁净能源之一，页岩气资源的开发利用对于缓解天然气供需矛盾，调整能源结构，改善生态环境及实现可持续发展具有重要的战略意义。国家高度重视页岩气的勘查开发，明确将页岩气勘探开发确定为战略性新兴产业。《能源发展战略行动计划（2014—2020 年）》（国办发〔2014〕31 号）提出"按照常规与非常规并重的原则，尽快突破非常规天然气发展瓶颈，促进天然气储量产量快速增长。重点突破页岩气和煤层气开发。加强页岩气地质调查研究，加快'工厂化''成套化'技术研发和应用，探索形成先进适用的页岩气勘探开发技术模式和商业模式，培育自主创新和装备制造能力"。新疆页岩气资源丰富，预测资源量 $(17.8\sim29.2)\times10^8m^3$，约占全国预测资源量的 1/5。新疆煤田地质局页岩气勘查起步较晚，2016 年开展了自治区地勘基金项目《新疆博乐盆地页岩气资源潜力评价》。

(一) 勘查历程及工作背景

1. 概况

"新疆博乐盆地页岩气资源潜力评价"项目位于新疆西北部,准噶尔盆地西南边缘,天山支脉博罗科努山北麓的博乐盆地,西起边境线,东至精河县东界,面积约 $1.39 \times 10^4 km^2$。行政区划隶属于博尔塔拉蒙古自治州。博尔塔拉蒙古自治州位于新疆西北边缘,是古"丝绸之路"北道重镇,G30 国家高速公路(连霍高速)纵贯博州全境,精伊霍铁路与乌精铁路复线交汇于此,中哈石油管道、西气东输二线天然气管道穿境而过。博尔塔拉蒙古自治州三面环山,中间是喇叭状的谷地平原,山区地形陡峭,海拔 189~4569m。博尔塔拉河发源于空郭罗鄂博山的别洪林达坂,自西向东横贯盆地,全长 252km,流域面积 15 928km²。气候属典型的大陆性干旱半荒漠和荒漠气候,冬夏冷热悬殊,昼夜温差大,干燥少雨,蒸发量大,春季多风沙、浮尘天气。极端最低气温为 $-34℃$,极端最高气温为 $42℃$。

2. 项目背景

博乐盆地石炭系、泥盆系沉积了一套较好的烃源岩,埋藏深度适中,地层分布广泛,连续性好,显示出较好的生烃潜力。2016 年 8 月 3 日,自治区地质勘查基金项目管理中心召开了中央返还两权价款出资能源项目"新疆博乐盆地页岩气资源潜力评价"竞争性谈判工作方案优选会,经过汇报与专家评比,最终确定新疆煤田地质局为项目承担单位,2016 年 8 月底,自治区国土资源厅下达了"新疆博乐盆地页岩气资源潜力评价"项目任务书。

(二) 项目实施

2016 年 9 月的博尔塔拉蒙古自治州秋意正浓,天气转寒。新疆煤田地质局负责野外作业的人员从乌鲁木齐整装出发,一路向北,奔赴博尔塔拉蒙古自治州开始了"新疆博乐盆地页岩气资源潜力评价"项目的施工,也开启了新疆煤田地质局页岩气勘查的新篇章。

博尔塔拉蒙古自治州位于新疆西北边缘,是古"丝绸之路"北道重镇,有"中国西部第一门户之称"。此次开展的博乐盆地页岩气资源潜力评价项目不仅仅是对盆地调查的地质认识,更是对博尔塔拉蒙古自治州的发展助力,同时也是对新疆页岩气勘查新区域和新沉积相的拓展。此次完成路线地质调查 101.95km,地质剖面测量 15.18km,参数钻探井 1 口,进尺 1700 余米,各类样品测试共计 1600 余次。通过该项目的实施确定了页岩气重点赋存层位,初步总结了页岩气地球化学、储层特征及影响页岩气富集的主要因素,预测资源量 $651.36 \times 10^8 m^3$。

(三) 取得的成果

本次项目通过野外工作及所收集资料,恢复博乐盆地早—中石炭世岩相古地理,在早石炭世中期和晚期,发生广泛海侵,沉积了一套较好的阿克沙克组烃源岩。确定了评价区内下石炭统阿克沙克组为页岩气重点赋存层位,并初步厘清了阿克沙克组的纵、横向岩性、岩相及厚度变化特征。通过地球化学分析,初步总结了重点层位及潜在层位的页岩气地球化学、储层特征及影响页岩气富集的主要因素。其中阿克沙克组烃源岩有机质丰度较低,属于特低孔、特低渗烃源岩层,其页岩气储集空间主要为裂缝。通过钻井工程,初步确定了页岩气赋存层段、含气性,初步掌握了评价区内阿克沙克组含油气性特征,结合地质分析,确定了两层烃源岩优势层段。结合岩相古地理、泥岩厚度、有机碳含量、热演化程度,在评价区优选温泉坳陷为页岩气远景区,面积为 1 017.54km²,并对远景区进行了页岩气预测地质资源量初步计算。通过计算,博乐盆地阿克沙克组页岩气远景区预测资源量为 $651.36 \times 10^8 m^3$。

二、油页岩勘查

油页岩是一种高灰分的含可燃有机质的沉积岩,属于非常规油气资源,以资源丰富和开发利用的可行性而被列为 21 世纪非常重要的接替能源。新疆煤田地质局积极拓展该领域的地质勘查,开展了"新疆三塘湖盆地油页岩(页岩气)资源潜力评价"项目。

(一)项目概况

"新疆三塘湖盆地油页岩(页岩气)资源潜力评价"项目位于三塘湖盆地。2017 年 5 月,受自治区地质勘查基金项目管理中心委托,新疆煤田地质局一六一煤田地质勘探队承担该项目,目的是对新疆三塘湖盆地油页岩(页岩气)资源潜力进行评价,以获取三塘湖盆地油页岩(页岩气)地质参数,全面系统地分析和总结油页岩(页岩气)富集成藏规律及勘探潜力;优选油页岩(页岩气)富集有利区带,施工参数井,获取油页岩(页岩气)储层特征和含气性重要参数。

(二)项目实施

2017 年 10 月—2019 年 12 月,新疆煤田地质局一六一煤田地质勘探队在三塘湖盆地完成了新疆三塘湖盆地油页岩(页岩气)资源潜力评价项目,累计完成参数井钻探 1 口,进尺 1700 余米;样品测试 1600 余项次。项目的顺利开展是每一个地质技术人员辛劳的结晶,无论野外施工,还是报告编制,都倾注了煤田地质人的无数心血。

在连续数个月的野外施工中,潘晓飞同志每天晚上要跟各专业技术人员讨论地质情况,安排第二天工作。他的工作劲头让同事敬佩,亲切地叫他"总项目"。项目所在三塘湖盆地,地处荒漠,夏季气温高达 40℃,而脸色苍白、满身冰凉的"总项目"因中暑躺在床上却盖着厚厚的棉被,原来他只是想捂出一身汗快点好起来继续投入工作,整个人昏沉沉嘴里却还喃喃细语说着"到了关键层位,注意对比……"。这只是项目组野外施工中的一个缩影。

报告编写时,熬夜加班是常态。有一次,办公楼值班的保安推门进来,看到桌上的方便面,关心地说:"你们少吃这东西,对身体不好。"他哪里知道,这种熬夜加班的状态已经持续了 2 个月,吃方便面成为了习惯。就是这样一群不计辛劳,呕心沥血的煤田地质人才能称得上"铁军",才能数年如期完成各类地质项目数十个,获奖无数。

(三)取得成果

通过该项目实施,了解了三塘湖盆地由北而南可划分为东北冲断隆起带、中央坳陷带、西南逆冲推覆带 3 个一级构造单元,其中中央坳陷带由西向东呈"五凹四凸"构造格局;控制构造单元的断裂 11 条,方向为北北东向、北东向以及近东西向,断层以逆断层为主。三塘湖盆地晚石炭世处于海相沉积末期,二叠纪开始进入陆相湖盆环境。沉降中心位于汉水泉凹陷、条湖凹陷和马朗凹陷的中部和南缘斜坡带,北缘斜坡较缓,距离物源近,局部发育三角洲沉积。三塘湖盆地具有生成较大油气资源的物质基础,但不同层组因烃源岩类型和热演化程度的不同,生成的油气类型不同。其中三叠系未熟以生气为主;二叠系芦草沟低熟以生油为主;石炭系成熟以生油为主。三塘湖二叠系芦草沟组富有机质纹层状、混合型的页岩相对富油;页岩油有利区均位于中南部凹陷区,页岩油资源量巨大,预测资源量可达 $9.37 \times$

10^8t，其中汉水泉凹陷 1.55×10^8t、条湖凹陷 4.68×10^8t、马朗凹陷 3.14×10^8t。三塘湖侏罗系、二叠系的油页岩已被证实，浅湖沉积特征和低熟的热演化程度，决定了长虫梁矿区和条湖-马朗凹陷北部矿区具有一定的资源潜力。长虫梁矿区油页岩层以侏罗系八道湾组为主，预测资源量可达 26.58×10^8t；条湖—马朗一带油页岩矿层为二叠系芦草沟组，属于中等含油率油页岩，预测资源量可达 45.43×10^8t。

新疆油页岩勘查程度较低，大部分处于普查和预查阶段。2005 年以来，随着"新疆三塘湖盆地油页岩（页岩气）资源潜力评价"项目的开展，新疆煤田地质局在三塘湖的 3 个矿点开展了初步勘查工作。油页岩资源勘查开发进程加快，对油页岩开发利用布局与前景进行规划，持续科研投入、明确发展目标、加强资源管理，将有力地支撑油页岩勘查健康快速发展。

第三章　其他地质矿产勘查

长久以来，以煤田地质为主要工作的新疆煤田地质局，面对世界矿产经济形势及中国国内矿产战略变化需求，始终积极探索其他地质勘探工作。尤其自 2015 年中央提出供给侧结构性改革，习近平总书记提出"山水林田湖草生态绿色勘查发展观"以来，新疆煤田地质局积极响应国家自治区的要求，不断调整产业布局，成立非煤类绿色勘查试点部门，取得了一定成绩。

第一节　非煤地质矿产勘查

非煤固体矿产的特点是体积小、连续性差、矿体与围岩的物性差异小、难以发现、开采难度大。长期以来，找矿勘查的主要方法是针对找矿目标，由表及里、由浅入深逐步探索；同时，采用地、物、化、遥各种技术手段发现找矿信息，确定找矿前景，不断总结成矿规律，建立成矿模型。

目前，国际上普遍实施立体找矿，即运用研究所取得的成矿规律开展找矿部署，在矿床模型指导下充分运用现代航空地球物理和遥感技术，地面、坑道和井中地球物理，勘查地球化学，红外光谱和各种类型钻探技术，实施立体找矿。

我国处于工业化中后期，矿产需求逐年增加，而浅部找矿难度日益增大，资源枯竭型城市逐渐增多。党的十八大以来，国家大力开展老矿山深部、边部外围高科技找矿及绿色勘查计划，取得了显著成果，新疆煤田地质局也承担相应项目，在新疆地区进行深部、外围找矿探索。

需要注意的是，找矿深度依赖于矿产开采深度，而深部采矿面临着大难题，如地热梯度、岩爆和坑道变形等。想要实现矿产大深度开采，亟待变革性开采技术突破，例如固体矿产液体化开采、地表遥控地下机器人开采等。

一、金属矿调查

金属矿产的特点是体积小、连续性差、矿体与围岩的物性差异小，埋藏在地下几百米、甚至几十米至几米都难以发现，而开采又依据经济技术可行性，因此金属矿勘查多为浅表矿露天开采，然而近年矿产资源的大规模勘查开发，改变了矿区生态系统的物质循环和能量循环，产生了十分严重的生态环境问题。党的十八大以来，中国进入工业化、信息化、城镇化、农业现代化深度融合发展，人民对美好环境的需求日益增加，党中央适时提出既要绿水青山又要金山银山的绿色勘查理念。

金属矿调查作为新疆煤田地质局常规布局项目，也在不断学习绿色勘查精神，改变常规勘查思路，深入融合绿色勘查技术要求，积极培养新时代适应生态文明建设的地质环境工程师。同时随着地质工作程度不断提高，各类自然保护区、生态红线压缩可探面积，可探区域内多数浅表矿已被发现，在露头和浅部找到大矿的概率越来越小，因此培育固体矿产深部找矿工程师亟需同步进行。

金属矿调查具体从两个方面开展，一是根据《绿色勘查指南》新标准探索绿色勘查多彩模式。建立绿色勘查管理体系，制定地勘项目生态环境恢复操作规范。建立绿色勘查四级责任体制，三级培训教育。以绿色发展理念为引领，科学管理和先进技术为手段，通过运用先进的勘查手段、方法、设备和工艺，在实施勘查的全过程，做到环境影响最小化控制，最大限度地减少对生态环境的扰动，并对受扰动生态环境进行修复。例如，减少占用土地，施工道路复垦；探槽施工分层剥离，对地表植被剥离养护，对腐植层装袋收集，施工完成后按序原状恢复；运用模块化全液压动力头新型钻机，以钻代槽，一基多孔、一孔多支。二是受限于高成本和复杂的开采技术条件，以大规模、高品位矿床（体）为深部找矿目标，以"勘查区找矿预测理论与方法"为指导开展深部找矿工作。研究典型矿床、成矿地质体，确定找矿方向；研究成矿构造和成矿结构面，确定矿体赋存位置；研究成矿作用特征标志，提供矿体赋存依据；综合地质物探化探方法，间接找矿；构建找矿预测地质模型，确定成矿作用的中心。

（一）勘查历程及工作背景

多金属矿自新疆煤田地质局成立以来，作为常规地质勘察任务。单位下设专业金属矿部门，承担多个社会企业委托铜、金多金属矿调查项目。具体有"新疆哈密市牛毛泉基性杂岩体磁铁矿勘探""新疆于田县喀什塔什铜金矿预查""新疆奇台呼勒斯德地区金矿详查""新疆若羌黑石崖地区铜矿勘探""新疆青河县阿吾孜苏铜多金属矿普查""新疆阿克陶县奥伊特地区金多金属矿调查评价""新疆乌鲁木齐市白杨河马王庙铁锰矿调查评价""新疆金属矿找矿靶区优选与研究""新疆叶城县黑恰一带铁多金属矿调查评价"。

"新疆阿克陶县奥伊特地区金多金属矿调查评价"为2013年新疆维吾尔自治区地质勘查基金项目，由新疆煤田地质局承担勘查。项目位于阿克陶县木吉乡以南中国-塔吉克斯坦边境地区，地理位置为西昆仑山西段的帕米尔高原萨雷阔勒岭南坡一带，属高原山地，海拔一般为4500～5300m，平均海拔在4800m以上，区内相对高差达1000m。地形地势陡峭，山谷纵横，地形切割强烈，只有山间驮道，不可通行汽车，加之季节性洪水泛滥，道路险恶，交通极为不便。生活工作环境方面，由于地处边境前沿，除巡逻部队外再无常驻居民，无电力供应、无房屋住宿、无任何信号通讯、无日常后勤供应，由于距离城镇村落远，饮水为山间融雪，食物为一次性带入物品。自然环境方面，每年9月中旬冰雪封山，来年5月底融化，年平均气温3.6℃。7—8月气温最高，月均12℃，多风，最大风力可达8～9级。野外地质工作十分困难。本次调查，初步了解该区的成矿地质背景、矿化特征、赋矿层位，总结了金属矿产的成矿规律、找矿标志、找矿方向，大致了解了成矿地质条件。对苏联填制的矿化点进行了查证，并进一步追索，圈出铜矿化蚀变带1条。构造-热液型铜矿体1条，真厚度8m，长400m，平均品位0.24%，择优选取2个B级找矿靶区作为进一步工作的勘查基地，为进一步矿产普查及评价提供了可靠的基础地质资料。

"新疆叶城县黑恰一带铁多金属矿调查评价"为自治区地质勘查基金项目管理中心管理的中央返还两权价款资金地质矿产调查评价类项目。2014年，新疆煤田地质局综合地质勘查队在充分收集并分析区内以往地质矿产资料的基础上，向自治区地质勘查基金项目管理中心申报了该项目。

"新疆乌鲁木齐市白杨河马王庙铁锰矿调查评价"为2016年中央返还两权价款项目，自治区地质勘查基金项目管理中心委托新疆煤田地质局承担勘查。项目位于天山山脉中段，乌鲁木齐市达板城区西南，海拔高程一般在 1300～1800m 之间，相对高差一般为 100～300m，大部分沟谷可通行越野车，交通条件相对较好。

"新疆金属矿找矿靶区优选与研究"为 2018 年新疆煤田地质局自筹资金下达的地质勘查三类科研项目，由新疆煤田地质局属队联合成都理工大学科研人员承担任务。

从地球构造动力学与演化的角度开展岩浆和成矿流体的形成、迁移与就位特征研究，研究成矿元素的富集迁移与定位、矿床与矿带的形成、分布与分带特征。主要分为成矿构造背景与成矿条件、典型矿床解剖与成矿规律、成矿预测研究 3 个方面，其中成矿预测研究工作分为区域成矿预测和已知矿床深部与周边隐伏矿定位预测两个层次。

成矿构造环境方面：采取路线追索、剖面测制、地质填图相结合，地层学、岩石学、地球化学与构造地质学相结合，厘定矿带的构造分区格架。采用岩石组合与岩石地球化学分析研究岩浆岩可能的构造类型属性；采用高精度同位素定年技术（锆石 U-Pb），建立主要地质事件与岩活动序列；采用 Rb-Sr-Sm-Nd-Hf 等同位素定年示踪技术，研究岩浆源区特征及其形成的构造背景。

典型矿床与成矿规律研究方面：在典型矿床解剖过程中，开展矿化蚀变类型与空间分布规律耦合关系研究，查明成矿流体来源、运移通道与运移卸载机制，建立成矿模型；利用 Re-Os 等高精度测年技术和 ICP-MS 微区原位元素分析技术、流体包裹体显微测温、激光拉曼原位分析与硫化物 S-Pb-He 同位素分析等方法，研究典型矿床的成矿时代、物质组成、成矿流体特征与矿床成因机制；结合区域构造演化特征，通过岩体抬升与剥蚀特征的恢复、主要断裂活动特征的厘定，合理判断各区段的剥蚀程度与矿体埋深。

成矿预测研究方面：在典型矿床成矿模型建立基础上，重点开展化探数据的二次开发与遥感信息的矿化蚀变提取研究，并结合区域重磁电资料，进行区域成矿预测、编制预测图件，同时加入少量靶区野外检查，完成找矿靶区优选项目任务，实现地质找矿突破。

最终通过排除类比，在各类保护区及生态红线外提交备选靶区，并优选 7 处靶区进行实地野外检查取样，为新疆煤田地质局进一步工作部署提供依据。

（二）取得成果

"新疆阿克陶县奥伊特地区多金属矿调查评价"项目在系统收集和综合分析已有资料基础上，采用大比例地质填图、物化探测量及槽探、钻探等手段，大致查明了区内地层、构造、侵入岩等特征，初步查明了多金属矿体的数量、规模、产状、厚度、品位等特征，对区内多金属找矿潜力作出了评价。大致查明了工作区成矿地质条件和物化探异常特征，矿化富集规律和主要的控矿因素。提交工业铁矿体资源量（331+332+333）$141\,460.62\times10^4$ t，锡矿体资源量（333+334）730.52t，铜矿体资源量 10 万余吨。

"新疆金属矿找矿靶区优选与研究"项目在适应新时期生态可持续地质找矿工作需求下，全面掌握全疆生态环保区及红线范围外金属矿地质找矿程度。通过系统收集区域地物化遥、矿产和科研工作成果资料，以先进成矿理论为指导，以高新技术为支撑，通过野外和室内研究，全面分析总结区域成矿地质背景、成矿规律，建立典型矿床成矿模式及区域综合找矿模型，明确当前环境下可供立项区与主攻矿种，开展靶区优选，提出勘查部署建议，为提高金属矿找矿突破和进一步工作部署提供依据。

二、非金属矿调查

非金属矿调查是近年来新疆煤田地质局地质找矿要发展的重要方向,近年来主要承担了"新疆青河县阿吾孜苏饰面石材用花岗岩矿调查",取得了较为显著的成果。

新疆青河县阿吾孜苏饰面石材用花岗岩矿调查

1. 勘查历程及工作背景

该项目为 2016 年社会企业委托,新疆煤田地质局承担勘查任务,项目位于准噶尔盆地东部北塔山西南缘一带,青河县城西南。地理情况为阿勒泰山东段南部的低山和丘陵区,地势比较平坦,地形无强烈切割,平均海拔 1280m,最大高差 32m,基岩基本裸露。

由于该项目为新疆煤田地质局产业改革布局来的首次饰面石材矿调查,项目完成优异度不但反映深化改革工作成效,也会影响单位在此领域的今后发展。相关领导迅速选取精尖技术人员组建项目组开展工作,由于工作区以西为卡拉麦里自然动物保护区,区内野生动物种类众多,多为国家一、二级保护动物,因此根据绿色勘查原则,安排合适的工程设备,选取扰动生态小的勘察方案进行野外作业,提交相应地质报告,为矿山开发利用提供地质依据。

2. 项目实施

在充分研究工作区区域地质矿产调查成果的基础上,采用 1:10 000 路线地质调查、钻探、取样对比等勘查手段,大致了解了勘查区饰面石材用花岗岩矿产资源的分布规律。根据确定的工作区范围,采用 1:2000 地形地质测量,了解成矿地质条件,节理裂隙的发育程度,从而圈定成矿有利区域。依据节理裂隙线统计结果确定矿体位置、形态、规模,采用 1:1000 勘探线剖面测量及节理裂隙面统计和节理裂隙线统计及深部钻孔控制,详细了解矿体的节理发育程度及矿石质量变化规律。选择代表性地段进行试采工作,计算出试采荒料率和用于资源量估算的实际荒料率。通过系统采样、加工、测试、鉴定等,了解矿石质量、性能及确定矿石品种。

本项目由黄传松任项目负责人,刘海鹏、陈根、周兴家为组长,以 150~300m 的间距平行布置 45 个钻孔控制了矿体的深度。通过核素分析,对勘探区内的放射性水平进行全面了解。通过荒料率统计及试验性开采工作,对矿体的荒料率进行了计算并确定。选择了 8 个试验性开采点。在充分利用试采点各组节理的发育特点前提下,采用凹陷式开采进行试采。在具体施工中,采用传统的火焰切割、风钻排眼、劈裂成缝和起重移动的施工方法。在各个矿体中采集具代表性的抗压、抗折强度实验样。对矿石的吸水率,加工技术性能及光泽度、板材率进行测定。

3. 取得成果

本次工作详细查明阿吾孜苏饰面石材用花岗岩矿矿区水文地质条件,矿床充水因素、预测矿坑涌水量。着重查明基岩裂隙含水层的裂隙性质、规模、发育程度、分布规律及富水性,查明各含水层之间的水力联系,并对矿床水资源综合利用进行评价,指出供水水源方向;详细查明矿区内矿体的工程地质条件,详细查明矿体及围岩的岩石物理力学性质、岩体结构及组合特征,对矿体及其围岩体质量作出工程地质评价,对露天开采边坡稳定性作出评价,预测可能发生的主要工程地质问题;评述矿区的地质环境质量,预测矿床开发可能引起的主要地质环境问题,并提出防治的建议。

依据矿体圈定原则，圈定了 2 个矿体，矿石品种为"卡拉麦里银"。经估算查明矿石资源量（331）+（332）+（333）为 $10\,660.90\times10^4\,\text{m}^3$，荒料量 $2\,467.87\times10^4\,\text{m}^3$。

目前，该区域已经成为新疆主要的石材荒料产区和石材加工基地。近几年来，该区域石材工业发展迅速，尤其是黄色石材品种在国内市场需求旺盛，这也带动了其他品种的发展。艾比乌拉矿区花岗岩（饰面石材矿）具有矿石品质较好、矿体规模较大、开采和运输条件良好、中长期市场前景广阔等优势。目前已经形成矿山开采、矿石加工和销售"三位一体"的良好格局，对整个新疆特别是北疆区域同产业的发展具带动作用和积极意义。

通过估算，建成后可获总利润 4.06 亿元，年实现利润 2.26 亿元，投资利润率为 34.82%，投资回收期为 3.15 年，优于一般基准指标数值。随着国家改革开放和西部大开发战略的日益深入，基础设施建设项目空前发展，饰面石材用花岗岩产品销售前景广阔，矿山经济效益和社会效益是可观的。

三、地热勘查

（一）新疆地热资源概况

1. 新疆地热分布概况

新疆地热资源丰富，主要分布于阿尔泰山南坡、天山西段和西昆仑山北坡等广大地区。各热水区带的水热活动强度自北而南逐渐增强，自西向东逐渐减弱；温泉的分布密度自北而南也逐渐增大，水温逐渐升高。

按行政区划分，14 地州中除和田地区、哈密地区、克拉玛依市没有分布外，新疆其他地州都有地热分布。新疆地下热水的分布与赋存受地质构造的控制，与含水层岩性、所处地貌单元和水文地质条件具有密切的关系，在不同地区地下热水出露呈现出彼此各异的特点。

地热出露点分布在昆仑山区的相对较多，多在地形切割较深、构造发育的河谷地段分布，有的则出露在河床之中，河水大时常被淹没，均分布在海拔 3000m 以上，沿北西-南东向呈带状展布。该带温泉水温一般较高，多数大于 40℃，其中羊布拉克温泉 72℃，塔县曲曼热水井 146℃。天山区出露温泉最多，多分布在海拔 1500~3000m 范围之内，出露位置为河谷或地形呈明显转折的部位。天山区温泉主要集中分布于乌鲁木齐—伊犁一带，呈东西向带状分布，温泉水温在 25~60℃ 之间，其中以和静县阿热先温泉出露温度最高，水温达 65℃。阿尔泰山区最少，主要分布于阿尔泰山南麓，出露海拔 1400~2000m，分布在河床或谷侧坡角处，洪水期常被淹没。温泉水温一般不高，在 30~52℃ 之间，其中以福海阿拉善温泉温度最高，为 52℃。

新疆地热点共有 43 处，其中隆起山地型 40 处，沉积盆地型 3 处；地热田有 2 处（曲曼地热田和温泉县地热田）；天然温泉 37 处，地热井 6 处。其中查明的地热资源量为 $9\,205\,817\,\text{m}^3/\text{a}$，折合热量每年 $3.59\times10^{12}\,\text{kJ}$，折合标准煤为 $12.3\times10^4\,\text{t}$；探获地热资源量为 $8.96\times10^{17}\,\text{kJ}$，折合标准煤为 $306\times10^8\,\text{t}$；从地热产地分布情况看，新疆地热资源以点状形式出露，主要分布在山区。

2. 新疆地热资源类型

新疆地区地热水基本可分为褶皱山地断裂型和沉降盆地型两大热水区。

1）褶皱山地断裂型热水

该类型是指地壳隆起区（古老的褶皱山系或山间盆地）多沿构造断裂展布的呈条带状分布的温泉密集带，其规模大小因地而异，取决于断裂构造带的规模和新构造活动强度，一般为数十千米到数百千米。

隆起山地型地热资源主要靠正常或偏高的区域大地热流来供热，没有附加热源。由于区域内岩层本身裂隙率低，渗透性能很差，地下水必须通过岩层中的断裂破碎带或局部裂隙交汇破碎导水带进行一定深度的循环，才能在地下水径流过程中逐渐将分散在岩体中的热量加以吸收和积蓄，形成中低温热水。因此，这类地热系统多出现在断裂破碎带或两组不同方向断裂的交会部位，实践中常形象地称为断裂型地热系统。地下水在地形高差以及相应的水力压差作用下，进行受压对流深循环，其对流机理与高温水热系统由于温差所致的自由对流截然不同。该类型地热资源的形成一般具备热源、盖层、热储层、热通道4个要素。热源主要由于地幔热流及上地壳热流，沿断裂构造向上运移，构造运动、地震起到较大的影响作用。起盖层作用的岩体主要为各种火山岩、沉积岩或矿物沉积及水热蚀变形成自封闭，大部分盖层往往较薄或没有，或为第四系松散沉积。热储层中含有热流体，为地热能相对富集的地质体，该地质体中的能源或物质可通过直接开采而被人们所利用。热通道指热储、盖层和热储岩体中的断裂系统，这些断裂大多情况下为热能或热流体的对流提供了通道。

断裂构造在热源传递中起到至关重要的作用。断裂构造特别是反复活动的断裂构造，断裂带两侧的岩石破碎，裂隙网络发育，特别是两组不同方向断裂的交会部位，为地下水富集和热水对流提供了必要的空间。深大断裂更是沟通了深部热源，地下水深循环并在沿途吸收深部传导上来的热量，然后在水压差、密度差作用下向上运移，断裂构造在此过程中提供了必要的通道，起到了导热导水的作用。

该类型地下热水按其所处的地理、地貌位置以及二级地质构造和控水断裂划分为3个热水带：阿尔泰地热水区、天山山地热水区、昆仑山西部山地热水区。

2) 沉降盆地型地下热水

沉积盆地型地热资源也靠正常或偏高的区域大地热量来供热，同样没有附加热源。但由于区域内存在高孔隙率和高渗透率含水层，要形成地热田除了必备热传导率极低的良好盖层以外，还要热储层埋藏加热历史足够长，具有导热性很好的深大断裂能够作为热流传递的重要通道，使得大量热流可以在较短时间内沿之上涌，加热热储层形成中低温地热。沉积盆地中断裂构造通常控制了第四系沉积环境及厚度，决定着热储层良好盖层的分布；深大断裂是导通深部热源的主要通道，沿裂隙局部地段上涌的超常热流对地热田形成有加速作用，盆地中低温地热系统内地温场不均匀。在主要导热断层的局部地段存在高温中心，地温从这些中心向边界方向逐渐降低。

新疆地热水按照含水岩组分为两种类型，即基岩裂隙地热水和第四系松散岩类孔隙地热水。基岩裂隙地热水主要赋存在隆起山地型地热资源中，地下热水含水岩组受区域地质构造的控制，地热水的分布与构造形迹的关系，主要表现在与褶皱构造和断裂构造的关系方面。从地热水的出露条件来看，与褶皱构造关系较为密切，在褶皱的倾伏端或背向斜过渡地带分布的温泉较多。处于这种构造部位的热矿水，一般矿化度较高，皆大于1g/L，为中等—高矿化的半咸水—咸水。大部分温泉的水温不高，最高达72℃，涌水量皆大于1L/s。第四系松散岩类孔隙地热水主要为沉积盆地型的地热水，一般地热水以潜水或承压水的方式赋存于含水层中，岩性主要为亚砂土、砂砾石等，绝大部分地热水来源于下部深循环的基岩裂隙水,以热水的形式在向上运移的过程中转化为孔隙水,少部分靠较高的地温梯度加热形成热水。该类型主要指分布于准噶尔、塔里木、吐鲁番-哈密三大盆地中的热水。它们最主要的特征就是热储层具有一定的展布空间,热储层结构为孔隙含水介质,埋藏深度较大。主要分布在准噶尔和塔里木盆地的边缘地带,划分为2个区,即准噶尔盆地东西边缘地下热水区和塔里木盆地边缘地下热水区。

3. 新疆地热水类型

新疆大部分地热水中不同程度地含有 H_2S 的气味,部分浓度较高的地热水有水磨沟温泉、沙湾金沟河温泉、塔什库尔干县达布达尔温泉。地热水具有苦、咸、涩、淡、甜等味,以淡、咸味居多。新疆地热水颜色以无色为主,基本上是洁净透明,个别有淡黄色或乳白色,是由于地热水中含有的硫化物氧化所致,如水磨沟温泉呈半透明状。新疆地热水出露温度一般不高,温水和温热水在新疆地热水中占主导地位,除塔什库尔干曲曼地热井达到146℃外,其余均在80℃以下。$20℃ \leqslant T$(热水出露温度)$<25℃$ 的温水占14%,$25℃ \leqslant T<40℃$ 的温水占46%,$40℃ \leqslant T<60℃$ 的温热水占29%,$60℃ \leqslant T<90℃$ 的温热水占9%,$90℃ \leqslant T<150℃$ 的中温热水占2%。新疆地热水的矿化度最低为 0.152 1g/L,最高为 18.41g/L,62%小于1g/L,为低矿化的淡水。地热水 pH 基本上呈中性—弱碱性,pH 最低为 6.35,最高为 9.95。$6.5 \leqslant pH<8.5$ 的占44%,达到地下水Ⅱ类水标准,pH>9 的占43%。

(二) 重要勘查成果

作为一种重要的可再生能源,新疆煤田地质局自 2000 年以来就进行了系统的地热资源勘查、开发与研究工作,先后开展了"新疆乌鲁木齐市水磨沟-八道湾断裂带地热资源勘查""新疆焉耆回族自治县千间房-种马场断裂带地热资源勘查"等项目,将地热资源的形成机理研究、地热资源勘探方法、开发利用规划、热储工程学研究等推向了一个新阶段。

1. 新疆乌鲁木齐市水磨沟-八道湾断裂带地热资源勘查

1)勘查历程及工作背景

(1)概况

新疆乌鲁木齐市水磨沟-八道湾断裂带地热资源勘查区行政区划属乌鲁木齐市水磨沟区,面积约 $8.07km^2$。工作区地处乌鲁木齐市市区,距市中心 8km,毗邻水磨沟公园,交通十分方便。乌鲁木齐市最高气温达 40.6℃,最低气温为 -26.3℃,夏季昼夜温差悬殊。全年降水量小,蒸发量大,年平均降水量为 206.0mm,10月开始冰冻,冻结深度 0.5~1.0m,最大风速 8~12m/s,平均风速 2~2.3m/s,风向多为西北及东南。

(2)项目背景

近年来,国家开始大力倡导及推广低碳经济和新能源产业的发展。地热资源是一种可再生的清洁能源,随着其开发利用技术的日益成熟,经济效益和环境效益日趋显著,因此成为了目前新能源大家族中最为现实且最具竞争力的成员之一。我国从20世纪70年代初期就启动了较为系统的地热资源普查勘探工作,但是在我国的能源结构中,地热资源利用占比不足0.2%,而且大部分地热井的钻探初衷仅仅是为了满足日常生活需要,热能利用效率低、资源浪费严重,更无从谈及能源化和产业化开发。而地处偏远、经济欠发达的新疆,地热资源的勘查开发与其他省区相比起步更晚。

21世纪初期新疆煤田地质局即开始关注地热资源勘查工作，组织局地质处、下属一五六队、一六一队地质技术人员对乌鲁木齐市进行地热地质调查，经过大量的地质调查、资料收集分析，选定了水磨沟-八道湾断裂带为地热勘查有利区，并于2008年12月30日登记了地热资源勘查探矿权证。

(3) 工作历程

2010年，新疆煤田地质局在乌鲁木齐市水磨沟-八道湾断裂带成功钻探出第一眼地热探井，开启了新疆煤田地质局地质勘查向地热资源进军的大幕。10年来，在自治区自然资源厅（原国土资源厅）、新疆煤田地质局诸多领导和专家的关怀支持下，新疆煤田地质局的地热勘查顺利开展，在地热资源勘查方面取得了一定成绩，获取了诸多地质成果和实践经验，为地热资源的可持续开发利用奠定了基础。

10年来，在地勘基金和自筹资金的大力支持下，新疆煤田地质局在乌鲁木齐市水磨沟-八道湾断裂带内开展了进一步的地热资源勘查工作。2019年6月，由新疆煤田地质局一六一煤田地质勘探队承担的"乌鲁木齐市水磨沟-八道湾断裂带地热资源勘查"项目开始施工，同年12月成井出水，井深1200m。通过地质人员的艰辛的付出，顺利完成全部勘查任务。

2) 项目实施

自2009年以来的10余年间，新疆煤田地质局始终对乌鲁木齐市水磨沟-八道湾断裂带地热勘查满怀期待、充满信心。2009—2011年，新疆煤田地质局一五六煤田地质勘探队对区内进行了地热勘查，完成机械岩心钻探873.85m，抽水试验1孔3次，采集各类样品共14件。

2019年6月，由新疆煤田地质局一六一煤田地质勘探队承担的"乌鲁木齐市水磨沟-八道湾断裂带地热资源勘查"项目开始施工。唐晓敏是新疆煤田地质局一六一煤田地质勘探队项目负责人，37岁的他，在找地热的路上"摸爬滚打"了多年。他说，虽然野外工作非常艰辛和不易，但每当看到热泉涌出的那一刻，总有一股成功的喜悦涌上心头，让他感到作为一名地质人员是无怨无悔的。

2019年，唐晓敏带领的项目组承担了"乌鲁木齐市水磨沟-八道湾断裂带地热资源勘查"项目，成功施工1眼地热井。城区施工环境复杂、维稳压力大、环保要求严格、防火不易、工期短，施工期野外温度可达零下20℃，工人穿着大棉衣在帐篷里都抵挡不了寒冷。由于天气过于寒冷，泥浆黏稠，机械也难以正常运转，又遇上侵入岩地层，质地坚硬，钻速只能维持在1m/h，光是合金钻头就钻坏了多个，使得工期翻了一倍。但施工再难也阻挡不了地质技术人员的决心，在领导的关怀和同事们的支持下，该项目最终得以顺利完成。

"乌鲁木齐市水磨沟-八道湾地热勘查"项目开展以来，新疆煤田地质局领导班子、一六一队领导班子高度重视、亲切关怀，期间多次到现场进行指导（图3-1～图3-3），重视程度前所未有。

3) 取得的成果

2009—2011年期间施工的地热探井完成

图3-1 王荣书记在现场指导工作

图 3-2 张相副局长在现场指导生产

图 3-3 李瑞明总工程师在现场指导生产

了抽水试验3次，其中H3含水层位于二叠系芦草沟组，混合抽水水温26℃。根据模拟计算，下部含水层水温能达到32.7℃。

2019年12月，"乌鲁木齐市水磨沟-八道湾断裂带地热资源勘查"项目完井，完成机械岩心钻探1206m，抽水试验3次等各类地热勘查工作。最终该井也不负众望，可开采量达1000m^3/d，该地下热水中的氟、锶、钡、偏硼酸均达到理疗矿水浓度标准，具有很好的理疗用途及一定的医疗价值。

4) 成果应用

勘查成果显示乌鲁木齐市水磨沟-八道湾断裂带分布有较好的地热储层，热储、涌水量等地热条件较好，通过地热资源开发与利用，不但能够改善当地大气环境质量，降低建筑物供暖成本，提升建筑物产品质量，还能够增加旅游收入，有非常好的开发利用前景。

依据地热流体化学组分含量，水磨沟-八道湾断裂带地热流体达到了理疗矿水水质标准，因此，其利用方向为理疗洗浴、采暖。地热水属于硫化氢、氟、锶、钡、偏硼酸热矿水，主要可以缓解人体皮肤疾病，预防皮肤角质化和防止血管硬化，对动脉硬化、心血管和心脏疾病能起到明显的缓解作用。

根据地热产能估算，一年可开采利用的热能折合7.48×10^6W，累计一年地热流体开采量为$1.47\times10^6$$m^3$，估计地热流体可供暖面积为$1.50\times10^5$$m^2$，一年可供74 000～98 000人的生活热水、可供温泉洗浴294×10^4～490×10^4人/次、可供理疗1.5万个床位、可供农业温室93 500m^2、可供水产养殖21×10^4～$29\times10^4$$m^2$。

一眼温泉可以带动一方发展、拉动一地经济。从新疆煤田地质局的第一眼地热井诞生，到数个优质地热井的成功出水，新疆煤田地质局"不忘初心、牢记使命"，用实际行动践行着新疆煤田地质人的精神。

2. 新疆焉耆回族自治县千间房-种马场断裂带地热资源勘查

1) 勘查历程及工作背景

(1) 概况

新疆焉耆回族自治县千间房-种马场断裂带地热资源勘查区呈北西-南东向展布于焉耆县县城西南方向27km处，南北长约5km，东西宽约4km，面积11.51km^2。行政区划隶属焉耆县，紧邻216国道和紫泥泉高速口，南距新疆巴音郭楞州首府库尔勒市约38km，交通便利。

（2）项目背景

焉耆县是南疆地区重要的门户，在南疆探寻地热资源对减轻能源压力，发展地方经济，保护生态环境都具有重大意义。2005年新疆煤田地质局一五六煤田地质勘探队就在南疆广泛地开展地热地质调查工作，并于2005年8月设立登记了新疆焉耆回族自治县千间房-种马场断裂带地热资源勘查探矿权，随即拉起了南疆地热勘查的大幕。

（3）工作历程

2008年8月，新疆焉耆回族自治县千间房-种马场断裂带地热资源勘查探矿权证颁发后，新疆煤田地质局一五六煤田地质勘探队随即对矿区开展了二维地震、电法等物探工作。后施工了区内第一口地热探井，井深159m。

2014年，胸怀不灭的期望和地质人特有的执着，新疆煤田地质局一五六煤田地质勘探队再次在这片戈壁上开启了找寻地热资源的脚步。这一次再次施工一口地热探井，探测深度达1153m。这口探井建立了在本区找到地热资源的信心，也正是这口井为后期的地热勘查提供了基础。

2019年，在综合研究分析前期物探、钻探等各项施工的地质资料基础上，项目组制定了详尽的勘查方案，并于同年施工完成地热探井2口，累计完成2601m机械岩心钻探，样品测试10余件等工作内容，真正地打开了新疆焉耆回族自治县千间房-种马场断裂带地热资源勘查的大门。

2）项目实施

2004—2019年的15年间，新疆煤田地质局一五六煤田地质勘探队在新疆焉耆回族自治县千间房-种马场断裂带地热资源勘查区内累计完成4眼地热探井，3900余米机械岩心钻探。漫长的等待与艰辛的付出总会获取丰厚的回报，焉耆回族自治县千间房-种马场断裂带地热井水量大、水温高（图3-4），作为技术负责人，新疆煤田地质局一五六煤田地质勘探队总工程师尹准新是最高兴的人。"当地11月中旬气温转凉，正赶上寒流，气温已降到零下，当热水出来时全体技术人员兴奋得热泪盈眶。而当水质

图3-4　地热探井出热水现场图

化验成果显示水质达到饮用矿泉水标准时，技术人员激动地跳进了蓄水池开心地洗起了热水澡！"回忆起这些事，他历历在目，"作为一名地质工作者，每当看到老乡们期待的眼神，心里就增添了攻坚克难的决心和信心。"

3）取得成果

新疆焉耆回族自治县千间房-种马场断裂带地热资源勘查确定隐伏断裂F_1和F_2，断层走向北北西，自西北外围霍拉山海西期花岗岩隐伏切入盆地，切割深度大。深部具备热水赋存的洼中隆构造，及霍拉山区活跃的冷水补给条件，F_1、F_2为主要地热通道，受断裂构造控制，深部地层热源沿断裂破碎带上升，与上部中生代基岩裂隙含水层在断裂附近洼地汇合，最终形成地热水体。热水流量为600m³/d，水头高出地表约40m；抽水试验降深40.3m，稳定产量为每天2784m³。根据水质分析化验成果，富含偏硼酸、偏硅酸、氟、锶等有益成分，pH为8.03，已测有害成分指标低于饮用水要求标准，可作为理疗天然矿泉

水、温室、浴池等农业生产或生活用水。

4）成果应用

通过进一步勘查，可发掘当地地热资源潜力并逐步用于供暖、养殖等综合利用项目，为当地地热旅游经济的发展提供重要资源保障。地热资源的勘查开发促进了"一带一路"倡议在新疆焉耆的落实；可逐步创建新疆地热开发利用示范城市，逐步转化为温泉特色旅游经济体。

地热资源开发采用了循环利用集约化供热工艺，可有效减少常规燃料需求和灰、渣、二氧化硫及氮氧化物排放量，节约了城市污染的治理费用，并相应减少城市运输量，有效地保护了生态环境，有明显的环境效益。

焉耆旅游资源丰富，当地的人文景观、历史遗迹和地热地貌有机结合起来，再加上地热资源独特的医疗保健和休闲娱乐作用，将极大地促进当地旅游业的发展。旅游产业发展的同时还会带动相关的建筑、交通、饮食、娱乐、旅游产品加工业的发展，从而增加产值、利润、税收和就业机会，促进经济发展，其产生的经济效益是多方面的。

另外，地热资源开发后将提高当地地热资源的利用率，可扩大用于地热供暖、医疗、水产养殖、温室、娱乐设施等项目，可形成一定规模的相关产业，推动地热资源的梯级开发及综合利用的产业化进程，将产生明显经济效益，预计每年增加经济效益上千万元。

该地区地热井稳定、产量大、水温高，具有重大的开发利用价值，它的成功出水，进一步证明焉耆县蕴藏着丰富的地热资源，开采潜力巨大。开发利用地热资源，有利于焉耆县的养生、休闲、旅游等产业的发展，将为焉耆县经济发展增添新的动力。

四、铀矿资源调查

铀矿资源调查最初称为煤铀兼探工作，工作方法为利用煤田地质钻孔中的自然伽马测井异常为线索，寻找隐藏在含煤地层中的铀矿资源，在国内首先由天津地质调查中心于内蒙古鄂尔多斯盆地取得突破，发现了赋存于含煤地层中的砂岩型铀矿床。砂岩型铀矿是目前世界最具前景的铀矿床类型，具有规模大、地浸成本低、环保等优点。

新疆煤田地质局自2013年以来依托中国地质调查局天津地质调查中心开展的"北方砂岩型铀矿调查工程"实施了一批铀矿地质调查子项目，铀矿找矿为新疆煤田地质局开拓了新的业务领域，培养了数十名铀矿勘查和科学研究的技术骨干，促进了各单位的可持续发展以及业务领域的转型升级，产生了显著的经济效益和社会效益。

（一）项目来源

2012年9月，新疆煤田地质局向中国地质调查局天津地质调查中心递交了"新疆东疆地区吐哈盆地伊拉湖-艾丁湖地区铀矿资源远景调查"的立项报告，开始了第一次与天津地质调查中心的业务接触。

2012年9月25日，在"华北地区2013年地质矿产调查评价"项目立项论证会上，天津地质调查中心组织专家对"新疆东疆地区吐哈盆地伊拉湖-艾丁湖地区铀矿资源远景调查"立项可行性进行了论证，同时提出增加"新疆维吾尔自治区铀矿勘查选区研究"内容。

2013年1月31日，中国地质调查局以"资〔2013〕01-028-002"文下达了项目任务书。委托新疆煤田地质局承担"新疆维吾尔自治区铀矿资源潜力评价及战略选区"项目工作，由尹淮新、孙兆勇、张希共同担任项目负责人，集中全局30多名人员对5715个煤田钻孔资料进行测井曲线自然伽马异常筛选，最终筛选出潜在铀矿化孔 194 个，潜在铀矿孔 112 个，在此基础上划分出 6 个煤田（煤产地）铀矿远景区，确定了下一步工作的 3 个调查评价区、2 个一般勘查区、3 个重点勘查区。自 2014 年以来，新疆煤田地质局 3 个主力勘探队先后向天津地质调查中心申请铀矿项目立项 10 个并全部得到批准，累计争取中央财政资金投入 4455 万元。煤田勘查资料"二次开发"掀起了新疆铀矿找矿热潮。

（二）工作方法

该项工作主要以历年来新疆煤田地质局各单位在煤田地质勘查钻孔中发现的自然伽马曲线异常为线索，开展相关钻孔数据库建设，编制铀矿成矿规律与预测图及相关图件，优选铀矿找矿远景区和靶区并进行钻探验证，进行专业的铀矿地质调查工作，进而发现赋存于煤系地层中的铀矿资源。

砂岩型铀矿与煤伴生，呈层状赋存于含煤地层中，其勘探手段与煤田地质勘查基本相同，主要通过岩心钻探、物探测井、岩心编录、采样化验等，了解矿化总体分布范围、矿体（层）数量、规模、空间位置及相互关系、矿体形态、产状、埋深、变化趋势，进而预测成矿远景区，圈出可供预普查的矿化潜力较大的地区。

（三）勘探历程

2013 年 10 月，新疆煤田地质局在"新疆维吾尔自治区铀矿资源潜力评价及战略选区"成果的基础上，向天津地质调查中心递交了新疆伊宁盆地和塔城白杨河两个铀矿资源远景调查新开工作项目可行性报告，并通过了天津地质调查中心组织的专家论证会。2014 年 3 月，新疆煤田地质局正式收到由天津地质调查中心发出的 2 份中国地质调查局地质调查子项目任务书，伊宁盆地项目由综合地质勘查队实施，塔城白杨河项目由一五六煤田地质勘探队组织实施。在收到项目任务书后，两个单位分别抽调精兵强将成立项目组编写项目总体设计书，并邀请铀矿找矿专业队伍天津华北地质勘查局核工业二四七大队技术人员参与配合，项目总体设计于 4 月中旬通过天津地质调查中心评审，6 月中旬收到项目设计审批意见书。8 月 25 日，新疆煤田地质局第一口铀矿地质调查井在伊宁盆地开钻，标志着新疆煤田地质局正式进入砂岩型铀矿找矿领域。10 月 16 日，时任中国地质调查局天津地质调查中心主任、973 计划项目首席科学家、北方砂岩型铀矿调查工程首席金若时等一行 4 人来新疆煤田地质局座谈交流，听取了项目进展及 2015 年立项准备情况，当天下午在张相副局长和地质科技处张国庆处长的陪同下搭乘飞机赶赴伊宁检查项目野外施工情况。在查看了岩心库钻孔岩心之后，金若时向在场的人员讲解了铀矿成矿环境以及成矿规律，判定了调查区标志层的层序，预测了成矿的有利层位，进一步坚定了新疆煤田地质局持续开展铀矿地质调查项目的信心。2014 年，伊宁盆地和塔城白杨河两个项目都在钻孔中验证了煤田钻孔放射性异常的真实性，显示出较好的找矿潜力，在年底召开的成果总结汇报会上，两个项目均通过续做申请。

在前期两个项目开展的基础上，经过充分准备，在 2015 年 1 月，天津地质调查中心的项目立项论证会上，新疆煤田地质局 3 个主力勘探队申报的 8 个新立项目均得到通过，加上 2 个续作项目，2015 年的项目总数达到了 10 个，分别为一五六煤田地质勘探队的塔城白杨河项目、富蕴阿勒安道项目、和田布雅项目、吐鲁番艾丁湖项目，一六一煤田地质勘探队的昌吉硫磺沟项目、巴里坤三塘湖项目、轮台阳霞项目，综合地质勘探队的伊宁盆地项目、乌恰其木汗项目、温宿奇岗项目，2015 年的铀矿地质调查项目成为新疆煤田地质局各勘探队非煤领域拓新的重要看点。各勘探队的项目实施后均有较好的发现，但达到工业品位的矿体较少，还有部分区块与保护区重叠，因此，2015年底的成果总结汇报会上仅有一半的项目延续到2016年，且工程量较少，多数项目在2016年转入结题，仅有一六一煤田地质勘探队的昌吉硫磺沟项目延续到了2019年，发现了1处大型砂岩型铀矿产地。

2017年之后随着整体地勘投入的缩水，天津地质调查中心对新开项目的立项依据提出了更高的要求，新疆煤田地质局各单位所掌握的剩余资料难以达到新的立项标准，在完成续作项目之后，铀矿资源调查项目将基本告一段落，在今后的煤田勘探中若有新的发现仍然可以通过天津地质调查中心申请新立铀矿资源调查项目。

（四）项目特点

铀矿资源调查经过多年工作，总结下来有以下3个特点。

1. 项目渠道固定

中国地质调查局天津地质调查中心全面负责"北方砂岩型铀矿调查工程"各子项目的实施，后续再开展同类项目只能通过天津地质调查中心争取项目，项目获取渠道相对固定。在近年大量项目实施之后，"北方砂岩型铀矿调查工程"投入规模逐年缩减，对立项依据提出了更高的要求，今后若没有好的找矿线索，立项成功将变得相对困难。

2. 过程管理规范

煤铀兼探工作由中国地质调查局天津地质调查中心组织实施，实施流程基本为前期进行立项可行性论证，通过后编制年度实施方案并进行论证，下发年度项目任务书、设计审批意见书，施工中期有项目质量检查，年底有工作总结及续作研讨会，按年度滚动执行，最终野外验收后编制结题报告，结题报告评审通过后将所有纸质档案送天津地质调查中心进行原始资料归档，最后一步是项目成果汇交，至此一个项目最终完成。项目属中央财政投入，执行中国地质调查局地质调查项目管理办法。管理过程极为规范。

3. 保密工作严格

由于铀资源自身的特殊性，与铀资源及产品产量有关的资料均属涉密内容，工作过程尤其强调保密，含涉密内容的阶段性成果资料按机密件邮寄或指定专人送到天津地质调查中心铀矿办公室，严禁通过网络传递。在工作汇报、设计审查时，相关资料均采用光盘介质进行电子资料拷贝，严禁使用U盘等移动存储介质。项目结题后所有纸质原始资料均按统一格式制作送天津地质调查中心归档，项目承担单位基本不留存相关原始资料。

（五）工作成果

自2014年以来，新疆煤田地质局开展的10个铀矿地质调查项目施工钻探验证孔69个，累计完成钻探25 537.38m，发现具有工业价值的铀矿孔11个，圈定找矿靶区10处，提交具有大型规模的矿产地1处、小型矿产地2处、矿点3处、矿化点3处。项目成果被天津地质调查中心集成为《创新引领准噶尔盆地砂岩型铀矿找矿取得历史性突破》，被中国地质调查局和中国地质科学院评为2015年度"十大地质科技进展"。同时，各单位通过实施项目，购置了一批铀矿勘查专用设备，使一批专业人才得到成长，拓展了专业领域。新疆煤田地质局已基本掌握砂岩型铀矿勘查方法，摸索出了开展煤系伴生矿产勘查的经验，具备了开展同类型勘查项目和进行相关科学研究的能力。

第二节 基础地质调查

自 2015 年以来，中央进一步推进供给侧结构性改革，新疆煤田地质局积极调整产业布局，加大合作交流，加深技术创新，取得显著突破，承担一批国家基础地质调查项目，为国家重塑矿产勘查开发格局、建立矿产资源节约与综合利用提供了基础保障。

一、新疆鄯善县恰舒阿山一带1:5万区域地质矿产调查

（一）勘查历程及工作背景

该项目为新疆煤田地质局首个基础地质调查项目，通过招投标方式中标。通过1:5万区域地质填图，查明区内地层、岩石（沉积岩、岩浆岩、变质岩）、构造以及其他各种地质体的特征，并研究其属性、形成环境和发展历史及其与成矿的关系等基础地质问题。以新的成矿理论为指导，充分利用地、物、化、遥综合信息，采用有效的找矿方法和手段，开展全面的找矿工作，以有色金属、贵金属及其他近期有经济效益的矿产为重点，查明其成矿地质背景，成矿标志，矿产分布规律，矿（化）体特征，进行矿产资源远景评价和成矿预测，圈出找矿靶区，并提出进一步工作建议。

（二）项目实施

接到中标通知后，单位立即组织年富力强、经验丰富的专业技术人员成立1:5万区调项目部，在搜集、熟悉前人资料并进行了详细的遥感解译的基础上，奔赴野外进行踏勘。对测区的填图单位有了一定了解之后，转入总体设计编写工作。根据新疆1:5万区调项目办要求，提交总体设计送审稿。

进行野外地质剖面和全部地化剖面的测制、填图期间，项目部全体人员战高温、斗风暴，顶着 40~50℃ 的高温，上山仔细观察、记录，下山及时整理。严把质量关，坚持"三检"制度，做到了有计划、有成果、有检查、有记录。为了确保安全生产，项目部成立了安全领导小组，做到了责任到人。这些措施为各项工作的开展提供了保障。2005年9月，新疆项目办组织专家进行了野外验收，各位专家对野外工作给予了充分肯定，验收成绩为良上级。

（三）取得成果

基本查明本区小热泉子组为一套基性—中性火山岩组合，并在小热泉子组中解体出大量潜火山岩体。对该组进行了岩相划分和火山机构研究，采集到腕足类化石，结合邻区资料，确定该组为海陆交互相沉积，时代为早石炭世。进行了层序地层学研究，并对其进行了多重地层划分与对比，确认其为滨浅海沉积。初步查明了本区火山岩的分布规律和特征，对各时代火山岩的喷发类型、岩石学、岩石化学特征进行了较详细的论述，利用微量元素和稀土元素对火山岩形成的构造环境进行了探讨。对测区内的侵入岩进行了序列划分和岩浆源区研究，共划分出3个序列、1个独立侵入体，其中石炭纪两个序列和独立侵入体为混源岩浆的产物，而早二叠世侵入岩为幔源岩浆序列。对测区的构造形迹，进行了分期配套研究，对其活动性质、产状进行了较详细的研究。对本区的构造运动进行了动力学研究，绘制了各时期主应力轨迹线。

二、新疆乌鲁木齐市白杨河地区1∶5万五幅地球化学普查

（一）勘查历程及工作背景

该项目位于天山山脉中段，行政区为乌鲁木齐市、吐鲁番市交界处，为新疆煤田地质局首批试点改革项目。本着百年大计人才先行原则，选取经过系统学习及有丰富实习经历的优秀青年工程师为项目骨干负责人，聘请业内专家为顾问，以点带面在完成试点任务的同时锻炼创新人才。

具体开展1∶5万地球化学普查时，根据基岩区野外样品采集、登记、加工、测试分析的步骤，查明区域内主要成矿元素地球化学分布和浓集特征，编制地球化学异常图，筛选有找矿意义的异常，为资源潜力评价和成矿基础地质研究提供依据。

进行实地工作时，首先实地踏勘该区域地球化学景观特点，根据水系发育特点决定选择水系沉积物测量为地球化学勘查方法。查阅该区地质矿产研究程度，利用航、卫片及卫星遥感影像综合分析，确定了遥感解译和蚀变信息提取方案。了解该区地理民俗情况，确定物质供应及后勤保障方案。

接着全面了解该区地质背景、基岩分布情况、地球物理、地球化学特征，按照先取样提取有用信息，后检查验证、全面研究的基本思路部署。制定对应正确采样方法，初步提取有用信息、确定优选异常检查靶区。

最后，进行综合异常查证，借鉴地球化学新方法新理论，分析研究该区不同层次地球化学场特征和地球化学异常时空分布规律，剖析化探异常与区内地质背景和已知矿产的相互关系，并与成矿带内已知有关矿床地球化学特征及已知矿床（点）地球化学找矿标志相对比，科学合理地圈定地球化学异常，准确划分成矿远景区和找矿靶区。

（二）项目实施

具体施工阶段，制度上确立四级单位技术检查、质量检查和原始资料验收制度，保证各项质检工作经常化、制度化、系统化。及时在野外工作的各阶段进行质量检查，发现问题并提出解决办法。安全生产部门定时对野外项目部进行生产安全检查，分阶段组织专家顾问对项目进行野外指导验收。相关领导对改革试点成果进行调研，在听取汇报及实地考察后，对工作贯彻落实好的地方形成书面材料进行经验推广，不足之处进行深入了解问题所在，鼓励一线技术人员努力克服创新困难，为项目良好运行打下基础。

技术上引进和借鉴区域地球化学勘查和多目标地球化学调查最新、最先进的样品测试配套方案和分析质量监控方法。施工采用GPS定位航迹监控技术，确定采样介质及粒级密度，规范野外定点和留标，根据区域地球化学景观特点运用不同微景观区采样方法，保证样品代表性。明确样品加工及样品管理制度严格执行，对分析质量的控制采用实验室内部质量控制和实验室外部质量控制相结合的办法。分类异常查证目标，按中国地质调查局战略性矿产远景调查技术要求，制定具体异常查证工作量。

在野外采样阶段，由刘海鹏任项目负责人，陈根、周兴家分别为矿产组长和地质组长，一线技术人员由于山地陡峭车辆难以前行，经常需要马驮干粮帐篷，进入山林无人区露宿工作。在地形更困难、陡坎频现或河流湍急地区，经常需要技术人员腰系绳索缓慢通过。8月正值盛夏，城里的人们可能在空调下避暑，一线技术人员仍要穿着棉服，过河时冰冷的河水

让人脚底抽筋，山顶冷冽的寒风让刚出透汗的技术人员又裹紧湿溜溜的衣服。每天最难的时候就是下山，将近40kg的样品让大家弯下腰，就像在山体爬行，因为一不留神可能会摔下山崖。如果摔坏或丢弃样品，就意味着一天的劳动付诸东流。但每每遇到这些困难，大家都咬牙坚持，体现了地质队员那种不怕苦、不怕流血，用双脚丈量国家每一寸河山，为社会主义中国找到更多能源的精神。

（三）取得成果

本次地球化学普查，查明区内17种主要成矿元素的地球化学分布和浓集特征，探讨了元素的组合规律，圈定了有重要找矿意义的地球化学区带和异常，圈出单元素异常988处，并分别对每种元素的异常进行了评序；圈定综合异常18处，对查证的综合异常进行了较为详细的解释推断，为今后异常筛选和异常查证提供了依据；根据综合异常和所处的地质环境，划分出了1个Ⅰ级地球化学成矿远景区，1个Ⅱ级地球化学成矿远景区，1个Ⅲ级地球化学成矿远景区，1处铁锰矿点、1处铜矿点、1条含金构造破碎蚀变带。这些成果为今后找矿指明了方向，为资源潜力评价、基础地质研究、地球化学生态环境评价及其他领域应用提供了丰富的资料。

三、新疆乌鲁木齐市后峡一带1∶5万四幅区域地质矿产调查

（一）勘查历程及工作背景

该项目位于天山山脉中段，为乌鲁木齐市南部高山区，亚寒带针叶林发育，草甸覆盖严重，重峦叠嶂，沟谷深邃，坡陡水急，地形切割大，山底海拔1500m，山顶终年积雪处海拔4000m以上，交通极为不便。该项目为新疆煤田地质局试点改革又一突破项目，本次工作是该单位继白杨河地球化学普查之后，又一升级挑战。该项目为国家基础地质基金项目，采用全国招标形式开展。新疆煤田地质局改革试点办公室经详细调研项目概况，结合自身单位资源优势，最后与拟参与技术人员座谈后，决定对后峡区调项目进行投标。集中全局资源力量，迅速组建项目组，安排技术人员统一思路。由项目组具体实施，进行野外详细踏勘，分工协作一举中标。项目人员以参与首批改革项目表现优异的年轻工程师为骨干，吸取前期试点改革过程中经验教训，稳扎稳打，向新课题发起冲锋。

开展1∶5万区域地质调查，通过1∶5万区域地质填图、1∶5万地球化学普查、1∶5万区域矿产调查工作，查明区内地层、岩石、构造以及其他各种地质体的特征，圈定查证异常，了解其成矿地质背景、找矿标志、矿产分布规律、矿（化）体特征，进行矿产资源远景评价，圈出找矿靶区。最终综合汇总调查区内各类自然资源及地质体远景、特征评价，并研究其属性、形成环境和发展历史。

具体分解为：①基础地质方面，对不同时代地层的划分、沿革进行系统研究。通过剖面测制和寻找古生物化石确定争议地层时代并进行重新划分，进一步研究剖面地层，精细划分到段。②矿产地质方面，进行异常圈定查证，查明区内岩石、构造以及其他各种地质体的特征，了解其与矿产的关系。通过地球化学测量，对第四系农田进行土壤环境现状地球化学概略调查，为土地的有效利用提供初步信息。③灾害地质方面，利用遥感技术结合地质路线，调查地质灾害发育特征、分布规律、成因和危害，划分地质灾害易发区。④自然资源资产初部调查，利用遥感技术结合地质路线、前人资料核查，确定该区矿产、森林、草原、湿地种

类和面积，河流、湖泊、冰川流量和流速。

（二）项目实施

具体施工阶段，制度上坚持总体部署、分步实施原则，有计划、有目的地开展工作。分区块合理划分工作类型，灵活运用工作手段，细化区域填图、自然资源综合调查工作类型。确立四级单位技术检查、质量检查、安全检查，保证项目经常化、制度化、系统化。分阶段组织专家顾问对项目进行野外指导验收，相关领导定时听取改革试点项目进展汇报，举行任务攻坚座谈会，深入探讨技术难点，与专家一起实地参与现场路线调查，指导工作、落实绿色勘查思路。

本次区域地质调查在技术上采用遥感解译、地质剖面测量、路线地质调查、地球化学剖面测量、各类样品采集、样品快速分析以及数字化填图等多种手段相结合的方法开展地质环境资源调查工作。遥感解译贯穿整个过程，对区内遥感地质解译、遥感矿化蚀变信息进行全面总结，详细研究遥感影像信息与地质矿产信息之间的内在联系和对应规律。地质路线调查以穿越路线为主，追索路线为辅。地球化学普查以水系沉积物测量为主，圈定查证异常，同时兼顾土壤环境现状地球化学调查。

此次项目工作时间紧、任务重，工作区处于高山区，地形切割巨大，山高林密。项目由刘海鹏担任负责人，陈根、周兴家分别为矿产组长和地质组长。在山林里穿行时，由于树木太茂盛很难辨别前方潜在危险，经常遇到十几米的陡崖，技术人员只能腰系绳索在崖上寻安全位置打活扣，待下到崖底再收绳。遇到最艰苦、最危险的路线时，总是项目组共产党员积极报名组成尖刀队，啃下最硬的骨头，因此受伤最多的总是他们，可每次只要有困难，他们总是顽强地冲在第一线。是啊，每一个平平凡凡、普普通通的党员，就是党的先进性的体现。

山林野生动物较多，队员们经常碰到野猪，野猪攻击性较强，因此要边走边制造声响提前惊走，以免突然偶遇被攻击。有次队员发现一只小梅花鹿，蜷缩在一块山崖下颤抖，近前观察发现它后腿受了伤，环顾四周也没见母鹿，就准备带到山下卫生所包扎。走了没一会儿，突然听到一声鹿叫，接着满山鹿叫此起彼伏，原来是1只母鹿带着4只小鹿一直跟着，它们虽然很怕人，但还是一步步颤抖着靠近，怀里的小鹿仿佛看到妈妈焦急的眼神，也一直挣扎逃脱。队员们眼睛湿润，回想起自己家中刚出生的孩子还不会叫爸爸，年迈的母亲操持着家里繁重的家务，于是决定放它和母亲团聚。它有选择和母亲团聚的权利，可项目组成员不行，年轻一代工程师在国家需要时，要勇于站出来，在单位召唤时，要敢于担责任，这就是普通人实现中国梦的途径。

（三）取得成果

本次区域地质调查工作，初步确立了调查区地层层序，初步建立了调查区的构造格架，基本查明了调查区的成矿地质背景条件，提高了区内的研究程度。对区内矿产地质特征及成矿规律进行了系统而全面的总结，初步建立了区内优势矿产锑矿的成矿规律及成矿模式。新发现金矿化点2处，铜矿（化）点5处，锰矿点1处。基本查明区内河流、湖泊的流速及流量，对水质进行了化学分析。查明区内森林、草甸的范围、面积及基本种类。查明需要生态环境治理的废弃采坑范围和面积，并制定相应治理方案。查明区内山体滑坡、崩塌、泥石流等地质灾害潜在威胁区域。上述成果为资源潜力评价、基础地质研究、地球化学生态环境评价及其他领域应用提供提供了丰富的资料。

四、新疆乌什县乌鲁克也拉克一带 1∶5 万四幅区域地质矿产调查

(一) 勘查历程及工作背景

该项目位于塔里木盆地西北缘，北与吉尔吉斯斯坦共和国接壤，行政区划隶属乌什县。区内地势西北高、东南低，海拔 1500～5000m。北部天山西南麓，为高海拔深切割区，南部地形变缓，交通不便，自然地理环境恶劣，车辆通行困难，绝大多数地区只能以骆驼、驴子及马作为运输工具。北部气候变化异常，每年 10 月到翌年 4 月为冰冻期，海拔 4500～5000m 以上的山峰常年积雪。该项目为国家基础地质基金项目，采用全国招标形式开展。

(二) 项目实施

接到中标通知后，新疆煤田地质局立即组织年富力强、经验丰富的专业技术人员成立 1∶5 万区域地质调查项目部，在搜集、熟悉前人资料并进行了详细的遥感解译的基础上，奔赴野外进行工作。

项目开展 1∶5 万区域地质调查，通过 1∶5 万区域地质填图、1∶5 万地球化学普查、1∶5 万区域矿产调查工作，查明区内地层、岩石、构造以及其他各种地质体的特征，圈定查证异常，了解其成矿地质背景、找矿标志、矿产分布规律、矿（化）体特征。进行矿产资源远景评价，圈出找矿靶区。最终综合汇总调查区内各类自然资源及地质体特征、远景评价，并研究其属性、形成环境和发展历史。

(三) 取得成果

本次工作厘清了调查区地层系统，并对非正式岩性实体进行了填绘。依据采集的腕足类、珊瑚和蜓等生物化石，解体出下二叠统小提坎力克组火山岩，获得安山岩、玄武岩锆石 U-Pb 年龄。对调查区内断裂、褶皱进行了系统调查，厘定出 3 期构造变形序次，建立了调查区构造格架，探讨了区内地质构造演化。圈定单元素异常 231 处、综合异常 16 处，对 5 处综合异常进行了重点查证。新发现金矿点 1 处，铀异常点 1 处，圈出 1 条金矿化蚀变带。对区域成矿规律进行了总结，划分找矿远景区 4 处，圈定找矿靶区 2 个。

第四章 地质灾害防治及矿山服务

第一节 地质灾害防治

中华人民共和国成立以来矿业发展更加迅速,为中国经济的发展作出巨大贡献的同时也付出了巨大的环境代价。由于初期的认识不够,加之错误思想的引导,只注重经济利益,牺牲了环境资源,造成了矿产资源的浪费,矿产资源勘查、开发、洗选和闭坑等过程中对环境造成的不良影响和损害产生了大量矿山环境问题,包括占用与损毁土地资源、破坏水均衡、引发地质灾害、废水废气废渣污染环境、破坏自然景观与生态等。近年来新疆煤田地质局下属多家单位取得了地质灾害评估、勘查、设计、施工和监理5项资质,并通过中标或受托方式承担多项自治区财政出资或企业出资矿山地质环境治理项目,为新疆煤田地质局开拓了新的业务领域,培养了数十名地质灾害防治的技术骨干,促进了各单位的可持续发展以及业务领域的转型升级。通过地质灾害防治使生态环境得到恢复或改善,使地质灾害得到有效控制以达到新的环境平衡,产生了显著的经济效益和社会效益。

一、新疆霍城县水定镇煤矿区地质环境治理

(一)项目背景

自治区国土资源厅全面贯彻中华人民共和国国土资源部关于"保护自然环境,保护良好的生态环境"的基本国策,按照"在保护中开发,在开发中保护"的原则,决定利用2005年国家下发的中央探矿权采矿权和自治区安排的探矿权采矿权使用费,开展8个矿山地质环境治理项目,霍城县水定镇煤矿区地质环境治理项目为其中之一。自治区国土资源厅决定项目承担单位采用邀请招标的方式确定,并于2006年5月12日以"新国土资发〔2006〕291号"文下发了《关于矿山地质环境治理项目招标的通知》。新疆煤田地质局下属一五六队作为受邀请投标单位之一参与了"霍城县水定镇煤矿地质环境恢复治理"项目的竞标,并竞标成功,成为中标单位。2006年6月17日,自治区国土资源厅以"新国土资办发〔2006〕377号"文下达了项目任务书,该项目是2005年度国家、自治区两权使用费和价款出资项目。

(二)项目进程及成果

2006年5月12日取得招标文件后,一五六队先对项目进行分析并在单位内部收集该地区的相关资料,研究并制定踏勘工作计划,然后组织专业技术人员4人,配备GPS、全站仪、照相机等设备于2006年5月29日赴矿区,对矿山地质环境现状进行了2天的实地调查、测量并收集了煤矿相关的资料,编制了标书参与竞标。2006年6月17日,自治区国土资源厅以"新国土资办发〔2006〕377号"文下达了项目任务书。2006年7月21日—8月2日,一五六队组织地质、测量、物探等专业技术人员18人,配备测量型GPS、全站仪、

WDJD-2高密度电法仪、数码照相机、手持GPS、笔记本电脑等设备,前往现场进行了勘查工作,目的是通过地形测量、地质调查、物探及资料收集等方法初步查明地下采空范围,初步查明勘查范围内地表地质环境塌陷灾害现状,同时获取地质环境治理所需的其他基础资料,为煤矿矿山地质环境恢复治理提供地质依据。经对获得资料的分析整理,根据国家和行业现行的勘查规范,编写的《新疆霍城县水定镇煤矿区地质环境恢复治理项目勘查报告》《新疆霍城县水定镇煤矿区地质环境恢复治理项目施工组织设计》通过自治区国土资源厅组织有关专家的审查并下达认定书。

2006年9月18日,项目组组织施工队伍全面进驻施工现场,相关技术管理人员共计17人,配备了双桥自卸车4辆、挖掘机1台、装载机2台、推土机1台、小汽车1辆、全站仪1台、手持GPS1台、计算机1台、数码相机1台、打字机1台,至2006年11月28日完成塌陷坑、裂隙及废弃竖井、废弃斜井的治理及平整、履土、种草工作,并于12月4日撤离现场,完成2006年度工作,提交了撤离现场报告。2007年4月6日—4月18日,项目组对新疆霍城县水定镇煤矿区野外施工作业现场进行了查漏补缺,并于2007年4月18日通过了野外现场验收。

通过对新疆霍城县水定镇煤矿矿区地质环境恢复治理,在治理范围内的塌陷坑、废弃竖井、废弃斜井被回填推平,治理区内的沟坎也被整平,并与周围环境相协调。改变了昔日塌陷坑遍布、沟坎纵横,植被荒芜的景观,取而代之的是土地基本平整、与周围环境相协调的景观(图4-1、图4-2)。

图4-1 治理前与治理后的西区景观

图4-2 治理前与治理后的东区景观

二、鄯（善）-乌（鲁木齐）输气管道运行安全的煤矿灾害地质勘查

（一）项目背景

勘查区主要分为乌河东段和达坂城二十里店—盐湖段，五河东段位于乌鲁木齐市东北芦草沟河两岸，南以输气管道 J700 桩为界，北至 J721 桩，全长 8.4km。宽以管道两侧各 200～400m 为勘查区范围，面积约 3.2km²。勘查区西南距乌鲁木齐市 34km，北距米泉市 13km；达坂城二十里店—盐湖段位于达坂城二十里店北 3km，西距乌鲁木齐市 90km。其范围以管道 J451 桩为东南起点，止于管道 J462 桩；宽为管道两侧各 200m，全长 4.2km，面积约 1.8km²。

鄯（善）-乌（鲁木齐）输气管道是向乌鲁木齐市输送天然气的唯一管道，亦是自治区的重点工业设施之一，该管道运行的正常与否直接关系到乌鲁木齐石油化工总厂和新疆化肥厂的正常生产及乌鲁木齐市十八万户居民的正常生活。为确保输气管道的安全运行，探明及消除事故隐患具有十分重要的意义。管线途经的含煤地层较多，尤其是正在开采或废弃的煤矿（窑）区、采空区、塌陷及煤层自燃等灾害地质直接威胁着天然气管道的输气安全。1999 年 10 月 1 日芦草沟内鄯-乌管道附近发生煤矿采空区塌陷并产生煤层自燃现象，为查明管道沿线煤矿地质情况，并采取正确的防范处理措施，中国石油管道分公司乌鲁木齐输气管理处委托新疆煤田地质局在鄯-乌管道所经地区进行灾害地质勘查工作。

经过实地踏勘，确认达坂城二十里店—盐湖段、乌鲁木齐河东段是此次灾害地质勘查的重点地段。灾害地质勘查主要通过收集、分析和整理区内地质资料，详细进行煤矿调查工作，在此基础上通过物探和钻探等手段查明地质灾害情况，最终提交灾害地质成果。

（二）项目历程及成果

勘查区内煤层层数多，巨厚煤层多，煤层全被覆盖，覆盖层为第四系砾石层、砂土、亚砂土。通过地质填图、地质剖面、物探（地震、电法）、煤矿（窑）调查、钻探证实等多种手段相结合的综合勘查方法，取得较好的勘查效果。

根据已有资料和野外踏勘结果，工作重点放在有煤矿（窑）开采的巨厚煤层的向斜南翼地段。对没有开采的煤层则了解其厚度、顶底板及地表分布位置。物探（地震、电法）线布置在管道两侧 50m 左右，控制煤层厚度、埋藏深度及采空区范围。钻孔布置在距离管道线 50m 左右，并力求与物探线重合，起到相互验证作用。根据煤层厚度及物探成果和调查访问的采空情况，对煤层露头的中部或者顶部、下部分别加以控制，个别情况加密控制。

经过 2 个月的野外勘查工作，基本查明了 2 个勘查区含煤地层时代、厚度、可采煤层层数及煤层厚度；基本查明了勘查区内的构造形态、断层层数及性质；查明了地表塌陷坑的范围、大小；基本查明了煤层采空区的分布范围、空间位置，并说明了对运输管道的威胁程度以及其陷落后可能影响的不安全范围；圈定了着火点，对煤层自燃、煤尘爆炸性和断层及地震等因素可能产生的危害进行了评述。

三、乌鲁木齐市达坂城区瑞和砂场地质环境治理

（一）项目背景

"乌鲁木齐市达坂城区瑞和砂场地质环境治理"项目为 2017 年自治区财政出资，自治区

国土资源厅组织招标,新疆煤田地质局下属单位中标的第二批公开招标矿山地质环境治理项目,该项目位于达坂城区政府西北方向约5km处,二十里店高架桥北侧,兰新铁路和兰新高铁之间,项目资金470万元,主要采用削方回填、拉运回填、场地平整对砂场进行治理,治理面积约1 355 114.52m²。2017年10月6日,自治区财政厅、国土资源厅组织有关专家对项目设计进行了审查并通过。批准工作量为建筑垃圾及废料堆清运回填11 990.4m³,削方推运回填285 453.3m³,削方拉运回填480 000m³,清理平整及衔接整饰1 355 114.52m²,工程说明碑1座。

(二)项目进程及成果

该项目于2017年10月22日开工,先后投入技术人员6人,现场施工人员24人。于2018年4月10日完成该治理项目,完成治理区建筑垃圾及废料堆清运回填12 000m³、治理区削方回填、料场拉运回填697 320m³、场地平整619 783m²、工程说明碑1块。根据治理区及周边环境条件,合理确定治理标准及治理工程量,最大限度地恢复原生态环境。通过统筹规划,合理布局,科学施工,采用简单易行、可靠有效的治理方案,以现有的投入达到地质环境恢复效果最大化。治理过程中不产生新的地质环境问题,尽可能减小对周边环境影响。治理工程以保证安全、保证质量为前提并达到效果最优化。项目实施过程中,达坂城区国土分局、自治区煤炭工业管理局领导亲临现场协调解决治理工程中遇到的问题,对项目的顺利完成起到了关键性的作用。

治理施工首先进行测量放线,设置相应控制标尺,将建筑垃圾、废料堆就近推运至采坑底部摊平,按照设计分层厚度进行分层压实,治理工作主要采用削高填低、料场拉运回填的治理方法对治理区的采坑进行回填。治理Ⅰ区削高填低,治理Ⅱ区不再作削方,用取料场(废料堆)拉方替代Ⅱ区取料。治理区与周边边界的衔接采用平缓过渡的方式自然衔接。针对治理区内的高压线基塔、燃气管道、林带等设置保护区,最后完成治理工程说明碑的制作。

治理工程的实施将最大限度地改善该区由于砂石料矿开采所造成的地质环境问题,使其与周围地质环境、地貌景观相协调,消除陡立的采砂坑壁对周边活动人群的安全威胁。同时可减少空气浮尘,改善地质环境质量,对保护生态环境可起到良好的促进作用,有利于社会经济可持续发展。

四、克拉玛依市火车站以西废弃砂石采区地质环境治理

(一)项目背景

"克拉玛依市火车站以西废弃砂石采区地质环境治理"项目为2017年自治区财政出资,自治区国土资源厅组织招标,新疆煤田地质局下属单位中标的第二批公开招标矿山地质环境治理项目。该项目区位于克拉玛依市火车站以西约1km处,治理区东侧为克拉玛依火车站,南侧为奎北铁路线,西侧为熟食品加工厂,北侧为幸福路及森林公园。项目资金420.11万元。治理对象为克拉玛依市城镇基础设施建设及修建奎北铁路建设采砂所形成的采坑以及无序堆放的废料等。治理区内分布4个采坑,分为3个分区,Ⅰ区位于幸福路北侧,包含CK1采坑。Ⅱ、Ⅲ区位于幸福路南侧,奎北铁路以北,Ⅱ区包含CK2采坑,Ⅲ区包含CK3、CK4两个采坑。

治理主要采用推土机推运废料堆、建筑垃圾至采坑底部摊平，按照不大于1m分层厚度进行采坑周边削方回填、拉方回填，采用机械分层碾压、回填至设计标高后进行场地平整，使之与周边地形平缓相接，与新建及已建厂区相协调，并在治理Ⅰ、Ⅱ区修筑泄洪渠道。2017年10月6日，自治区财政厅、国土资源厅组织有关专家对项目设计进行了审查并通过。批准工作量为采坑周边削方 647 142.6m³，料场拉方 113 977.1m³，回填总量761 119.7m³，场地平整面积 100 846.1m²，工程说明碑1座。

（二）项目进程及成果

项目于2017年10月23日开工，先后投入技术人员6人，现场施工人员26人。于2017年11月27日完成该治理项目，工期累计36d，完成治理区建筑垃圾及废料堆清运回填130 360m³、治理区削方回填 611 190m³、回填总量 741 550m³、场地平整 910 705m²、工程说明碑1块。根据治理区及周边环境条件，合理确定治理标准及治理工程量，最大限度地恢复原生态环境。通过统筹规划，合理布局，科学施工，采用简单易行、可靠有效的治理方案，以现有的投入达到地质环境恢复效果最大化。治理过程中不产生新的地质环境问题，尽可能减小对周边环境影响。治理工程以保证安全、保证质量为前提并达到效果最优化。项目实施过程中，克拉玛依市、克拉玛依区国土局大力支持，局领导亲临现场协调解决治理工程中遇到的问题，对项目的顺利完成起到了关键性的作用。

通过本次治理工程，基本恢复原始地形地貌景观，消除采坑、积水坑及废料堆等对地质环境的影响，治理后使治理区与周围地形地貌相协调，促进了生态保护，取得了良好的社会及生态效益（图4-3）。

五、吉木萨尔县三台镇规划区废弃砂坑地质环境治理

（一）项目背景

"吉木萨尔县三台镇规划区废弃砂坑地质环境治理"项目为2018年自治区财政出资，自治区国土资源厅组织招标，新疆煤田地质局中标的第一批公开招标矿山地质环境治理项目，项目中标价为410万元，治理区位于吉木萨尔县三台镇南侧，中心地理坐标：东经88°53′12.81″，北纬44°04′23.13″，行政区划隶属吉木萨尔县三台镇。治理区东西长约410m，南北宽约520m，总面积约230 226.43m²。治理料场区位于治理区西北侧，距治理区行驶距离为5.8km，中心地理坐标：东经88°50′29″，北纬44°05′55″，面积约21 741.4m²。总体地势为南向北倾斜，地面高程730~713m，相对高差约17m，地形坡降约3‰。区内有一处较大采砂坑，采坑南北长323m，东西宽100~195m，坑底标高为702.8~711.21m，坑口标高为726.5~719.5m，采坑深2~21m，平均深约10m，坑壁陡峭，坑口面积约44 245m²，采坑体积经核算为382 517m³。2018年5月28日，自治区财政厅、国土资源厅组织有关专家对该项目设计进行了审查，修改通过后的设计作为治理工作的依据。批准工作量为生活垃圾清运 3921m³，建筑垃圾及废料堆清运回填75 636.1m³，削方拉运回填86 195.7m³，料场拉运回填 190 685.3m³，清理平整及衔接整饰230 226.43m²，工程说明碑1座。

（二）项目进程及成果

治理工作主要采用削高填低、料场拉运回填、压实平整等治理方法对治理区的采坑进行回填。依照总体地势，由南向北、由东向西采用二级变坡的方案，合理设计治理区内控制标

| 治理前 | 治理后 |

图 4-3 治理前与治理后对照图

高及坡度,可达到治理工作目的,且治理效果较好。治理区与周边边界的衔接采用平缓过渡的方式自然衔接。

2018年7月16日该治理项目正式开工,先后投入技术人员7人,现场施工人员28人。于2018年9月10日完成该治理项目,工期累计57d。完成生活垃圾清运4050m³、建筑垃圾及废料堆清运回填76 260m³、削方回填89 400m³、料场拉运回填189 200m³、场地平整230 253.3m²、工程说明碑1座。

治理工程的实施将最大限度地改善该区由于砂石料矿开采所造成的地质环境问题,消除陡立的采砂坑壁对周边活动人群的安全威胁(图4-4),使其与周围地质环境、地貌景观相协调。同时可减少空气浮尘,对改善地质环境质量、保护生态环境起到良好的促进作用,有利于社会经济可持续发展。

治理前	治理后
治理前	治理后

图 4-4 治理前与治理后对照图

六、布尔津县县城东侧砂石料矿地质环境治理

(一)项目背景

"布尔津县县城东侧砂石料矿地质环境治理"项目为 2019 年自治区财政出资,自治区自然资源厅组织招标,新疆煤田地质局中标的矿山地质环境治理项目,项目中标价为 175 万元。治理区位于布尔津县城东侧额尔齐斯河北岸斜坡上,距离县城约 3km,中心地理坐标:东经 86°54′26.54″,北纬 47°41′29.56″,治理区长约 1000m,宽约 400m,总面积 325 826m²。治理区及周边一带地貌上属冲洪积平原区,位于县城东南侧额尔齐斯河右岸的 I 级阶地上,整体地形平坦、开阔,地面标高 470~488m,地形坡度一般在 10‰~30‰之间。治理区内有早期砂石料开采形成的废弃采坑和废料堆,并堆放了建筑垃圾、废煤渣等,形成凸凹不平、一片狼藉的地貌景观,对原始地形地貌景观造成了较大的破坏。治理 I 区分布有 2 处废料堆,1 处建筑垃圾堆和 1 处废煤渣堆;治理 II 区分布有 1 处废料堆。2019 年 4 月 12 日,自治区财政厅、国土资源厅组织有关专家对该项目设计进行了审查,修改通过后的设计作为治理工作的依据。

(二)项目进程及成果

治理工作采用建筑垃圾及废料堆回填、削高填低、压实平整等治理方法对治理区的采坑进行回填治理。采用由北东向南西削高填低的治理方案,并采用二级降坡处理,设计坡度1.17%~8.15%,控制标高486~475m,并与治理区周边相衔接。在治理区周边设置防尘网,将建筑垃圾及废料堆等先就近推运至采坑底部摊平、压实,废煤渣位于采坑底部直接掩埋,按照设计标高及坡度进行削高填低、分层压实,进行清理平整及整饰(边界及边坡处的衔接、整饰等),最后完成治理工程说明碑的制作。

2019年5月20日该治理项目正式开工,先后投入技术及管理人员7人,现场施工人员10人。于2019年6月27日完成该治理项目,工期累计39d。削方回填306 400m^3、场地平整325 936m^2、工程说明碑1座。

治理工程的实施将最大限度地改善该区由于砂石料矿开采所造成的地质环境问题,使其与周围地质环境、地貌景观相协调,并消除陡立的采砂坑壁对周边活动人群的安全威胁。同时可减少空气浮尘,对改善地质环境质量、保护生态环境起到良好的促进作用,有利于社会经济可持续发展。

七、乌鲁木齐市轨道交通4号线一期工程七道湾车辆基地采空区专项勘察

(一)项目背景

新疆乌鲁木齐市轨道交通4号线一期工程七道湾车辆基地段,地表局部覆盖全新统冲洪积黄土状粉土、圆砾、卵石等,出露基岩为侏罗系砂岩、泥岩及煤层等。该区属于含煤地层段,有可能存在煤层采空区。新疆铁道勘察设计院有限公司委托新疆煤田地质局一五六煤田地质勘探队,承担新疆乌鲁木齐市七道湾车辆基地采空区钻探及孔内物探测试。采用井间地震CT方法查清该区域采空区空间分布位置,为后续工作提供地质依据。

车辆基地范围内没有矿井及小窑,其南侧的矿井为韦湖梁煤矿(已封闭、停产)和伟美公司六号井,大部分地段经人工改造,夷为平地,北部为八道湾沟谷,中部有遗留残丘。项目任务是施工11个钻孔探测采空区,在其中的4对钻孔(8个钻孔)做井间CT层析成像工作,查明井间采空区分布范围(约100m以下)内采空体分布、规模、位置等。井间CT层析成像工作范围:"ZK01-ZK05♯,ZK02-ZK06♯,ZK03-ZK07♯,ZK04-ZK08♯"4条井间CT断面。

(二)项目进程及成果

2016年8月10日按照地质任务、技术要求和相关规范,项目组完成了井间CT层析成像探测设计。2016年8月22日全面开展野外地质工作,先后完成11个钻孔钻探任务并按要求下入表层套管,并进行井间CT数据采集试验工作。数据采集工作完成后,积极组织技术人员,进行相关数据的处理,在充分保证处理结果质量的前提下,于2016年11月6日完成数据精细处理和报告编制,圆满完成了此次勘察任务。ZK01-ZK05♯任务深度90~147m,ZK02-ZK06♯任务深度90~126m,ZK03-ZK07♯任务深度90~135m,ZK04-ZK08♯任务深度90~147m。通过井间地震CT的方法,反演得到了4对钻孔间的波速-深度剖面图,项目组结合已知的钻井资料,经过仔细认真地对比与分析,认为在4对钻孔之间的井间CT层析成像地质任务范围内没有采空区。

第二节 煤田灭火

据统计，我国有 72.86% 的煤矿存在煤自燃现象，矿井火灾中 90% 以上为煤层自燃火灾，造成了严重的煤炭资源损失和安全问题。新疆煤炭预测资源总量 1.90×10^{12} t，占全国煤炭预测资源总量的 32%，既是全国煤炭资源大省，同时也是煤田火灾最为严重的省份。新疆昼夜温差较大，日照时间长，降水量少，气候干燥，且多数煤矿区煤层厚度大、埋藏浅，露头普遍存在。新疆大部分自燃的煤层属于侏罗纪煤层，其特点是煤变质程度低，挥发分及可燃物质多，自燃的燃点低，煤层自燃发火周期短，容易燃烧成大面积的煤火，导致新疆煤田火区呈现点多面广、燃烧剧烈和发展迅速等特点，新疆已成为我国乃至世界煤田火灾最为严重的地区之一。煤田火灾造成煤炭资源严重损失、污染环境、威胁煤矿生产，常引起地表裂缝、坍塌甚至引起滑坡。燃烧产生大量的二氧化碳、一氧化碳和二氧化硫等有毒有害气体，造成大气污染，同时煤田自燃还极易引起煤矿火灾、爆炸等事故。

党和国家领导人历来非常重视新疆煤田火灾的治理工作，早在 20 世纪 50 年代，周恩来总理曾就新疆煤田火灾作出指示："要摸清新疆煤田火灾，针对不同情况采取措施。"自治区党委、人民政府历来高度重视煤火灾害问题，在 2012 年全国"两会"上，自治区人大和政协就曾提出"关于加快新疆煤田灭火进度，保护煤炭资源"的建议，先后发布了政令和通知。为了保护煤炭资源和生态环境，加强煤田火区治理，防止火区蔓延，促进煤炭生产安全可持续发展，根据《中华人民共和国煤炭法》和有关法律、法规，结合自治区实际，制定了《新疆维吾尔自治区煤田火区管理办法》，2017 年 7 月 5 日以自治区人民政府令 205 号发布。为进一步加强自治区煤田灭火工作，有效保护煤炭资源，推进绿色发展和生态文明建设，2019 年 6 月，自治区人民政府第五十八次常务会议，研究了《加强新疆煤田灭火工作实施方案》，2019 年 9 月 4 日自治区发展与改革委员会、自然资源厅、财政厅以新发改能源〔2019〕771 号文件印发《加强新疆煤田灭火工作实施方案》的通知，要求开展新疆煤田火区普查，进一步查清全区煤田火区动态变化情况，为编制《自治区煤田火区治理"十四五"规划》，加快火区治理，加强动态监测和监管，为有效保护灭火成果提供依据。近年来，自治区坚持统一规划、分类实施、综合治理、防治并举的原则，采取中央、自治区、地（州、市）、县（市、区）人民政府和采矿权人共同出资，重点火区和一般火区同步治理的措施，加快煤田火灾治理，消除火区存量，加强煤田火区管理，防控火区增量，保护煤炭资源和生态环境，努力建设天蓝地绿水清的美丽新疆。

新疆煤田地质局作为国有事业单位积极承担起保护资源、减少污染、推进绿色发展和生态文明建设的重任，2007 年起积极开展煤田火区勘查、设计、治理工程、监测和科研等工作，并锻炼出一批年轻、技术能力强、经验丰富的煤田灭火队伍，先后有两家下属县处级事业单位取得煤田（煤矿）火灾勘查、设计和施工资质。新疆煤田地质局积极关注煤田灭火事业，为自治区各级人民政府做好技术服务，密切与煤田灭火工程局合作，积极为新疆社会稳定与长治久安总目标和新疆煤田灭火事业做出贡献。

一、煤田灭火工程勘查及成果

新疆煤田火区分为重点火区、一般火区，有采矿权火区、无采矿权火区。无采矿权人的重点火区由国家出资治理，一般火区由自治区出资治理；有采矿权的重点火区、一般火区由采矿权人出资治理，县级以上人民政府发展和改革、自然资源、环境保护等有关行政主管部门在各自职责范围内，负责煤田火区的相关管理工作。

（一）煤田火灾治理工作阶段划分

煤田火灾灭火工作一般包括以下几个阶段：火区普查、火区治理规划、火区详细勘查、灭火工程可行性研究（必要时）、灭火工程初步设计（必要时初设代可研）、灭火施工组织设计、灭火工程施工、竣工验收及后期管理。

（二）勘查方法的选择

煤田火区探测可通过多种方式实现，而最常用的探测手段是基于火区热场、地球物理场及地球化学场的变化特征，所形成的多种地球物理探测方法，如地表测温法、红外测温法、遥感法、测气和测氡法、磁法、自然电位法以及激发极化法等。在利用相关探测仪器设备，获得地下煤火的各种物理、化学场变化特征后，进行数据反演分析，钻探验证，就可以高精度地探测煤田火区分布范围、深度及发展程度。新疆煤田地质局充分利用自身专业设备等优势大胆创新，首次将高密度电法、瞬变电磁法和无人机搭载红外相机应用到煤田灭火勘查领域，大大地提高了工作效率和勘查精度。在煤田火区勘查过程中不断总结研究，积累了大量经验，并不断深入研究煤田火区煤岩物理、化学等性质变化，研究火区的热场、磁场、电场、应力场、地球化学场及相应地球物理参数、变化规律，给煤火探测和反演提供了理论依据，积极为推进煤田灭火事业贡献力量。

（三）近几年完成煤田灭火火区勘查及成果

1. 新疆米泉三道坝重点火区详细勘查

米泉三道坝火区被自治区列入《新疆煤田火区治理规划（修编）（2016—2025）》中8处重点火区之一，火区燃烧面积大，发展速度快，地表明火与采空区沟通，已发展成为大规模煤田火区，大面积分布裂隙、塌陷、明火，四处弥漫刺激性气味和有毒有害气体。2016年5月新疆煤田灭火工程局委托新疆煤田地质局开始开展火区的详细勘探工作。新疆煤田地质局充分利用自身优势，选派专业技术能力强，经验丰富的专业技术人员及时成立项目部，在地方党委政府、煤田灭火工程局等的高度重视和支持下，先后投入3台钻机，29名专业技术人员，历时78d全面高效完成了所有勘查工作，并提交了一次性通过的高质量详细勘查报告。

本次火区详细勘查主要应用地形地质测量、红外测温、电法、磁法、高密度电法、瞬变电磁法、钻探验证、钻孔测温等综合勘查手段，详细查明了火区燃烧情况（图4-5）。整个火区分为东、西两个火区，总面积为$48.22\times10^4 m^2$，其中西火区面积为$47.29\times10^4 m^2$，东火区面积为$9340 m^2$，各煤层平均燃烧深度为$48\sim103 m$。燃烧煤层为中侏罗统西山窑组，为39、41、42、43和45号煤层。煤类为低水、高挥发分、中高硫分、高发热量、富油、发火期短、易自燃的长焰煤和弱黏煤。本项工作详细查明了火区的燃烧煤层、范围、燃烧深度和水、土、电源情况，为灭火工程可行性研究和初步设计提供了可靠依据。根据该火区实际外部条件，建议对火区采用综合治理的方法，即剥离、钻探、注水、注浆、黄土覆盖的灭火方法。

图 4-5 火区中部红外与可见光照片

2. 新疆乌鲁木齐县新兴煤矿、联丰源煤矿煤田火区详细勘查

乌鲁木齐县县委县政府为贯彻落实《中央第八环境保护督察组督察反馈意见整改工作方案》，加快乌鲁木齐县新兴煤矿的火区治理工作进度，根据《新疆维吾尔自治区煤田火区管理办法》（新疆维吾尔自治区人民政府令〔205 号〕）相关规定，2019 年 10 月，乌鲁木齐县政府委托新疆煤田地质局加快对乌鲁木齐县新兴煤矿的火区进行详细勘查工作。新疆煤田地质局积极组织，充分利用专业技术人员、设备等资源，派遣正在附近名佳煤矿开展火区治理的项目部人员进行两个火区的详细勘查工作，先后投入 15 名专业技术人员，历时 40d，节约、高效地完成了全部外野工作，并提交了详细勘查报告。

1) 乌鲁木齐县新兴煤矿

该煤矿位于乌鲁木齐市南郊水西沟镇松树头矿区的东部，新兴煤矿属于去产能政策性关闭的小煤矿，因关闭后无人管理，又有私挖乱采，造成地表煤层自燃联通采空区，火势迅速蔓延，形成煤田火区。经测量，火区地表温度范围为 108℃～1225℃，最终通过对火区进行自然电位、磁法勘探和钻探验证，确定了火区燃烧面积为 15 337m²，燃烧在海拔 1928m 之上，燃烧最大深度为 40m。在火区详细勘查过程中，查明了火区的燃烧煤层、范围、燃烧深度和水、土、电源情况，建议对塌陷裂隙区采用平整、回填和黄土覆盖；对火区采用综合治理方法，即剥离、钻探、注水、注浆、黄土覆盖的灭火方法，对深部巷道进行帷幕注浆隔离火源，防止火势向深部蔓延。

2) 乌鲁木齐县联丰源煤矿

该煤矿位于乌鲁木齐后峡马圈子沟东端，联丰源煤矿属于去产能政策性关闭的小煤矿，因关闭后无人管理，又有私挖乱采，造成地表煤层自燃联通采空区，火势迅速蔓延，形成煤田火区。经测量，火区地表温度范围为52℃~266℃。火区高温点和明火点主要集中在火区中部的塌陷坑内，傍晚和晚上明显可见明火点，地表可以看到有水汽和青烟冒出。明火点主要集中塌陷坑东部边坡处，经过长时间的燃烧，煤层顶板和底板均已破坏，并引起塌陷坑边坡的垮塌。最终通过对火区进行自然电位、磁法勘探和钻探验证，确定了火区为燃烧面积1270m²，燃烧在海拔2280m之上，燃烧最大深度30m的一般火区。因为该火区范围相对较小，建议及时对孤立火点进行注水降温，采用剥离清除火源后黄土覆盖的灭火方法，防止火势继续蔓延发展成为大型火区。

3. 乌鲁木齐县泰和通达煤矿煤田火区详细勘查

乌鲁木齐县泰和通达煤矿煤田火区位于乌鲁木齐西南部头屯河中游东岸，天山北麓准南煤田硫磺沟矿区，火区原始地形地貌破坏严重，废渣石堆放物随处可见，地形起伏凹凸不平。矿井为20世纪90年代建井生产的老矿，矿区资源量仅剩$271.75×10^4$t，矿区范围内均为采空区。由于采用回采率较低的房柱式采煤方法，使采空区留有大量遗煤，废弃的老井口未封闭，随着后期人为的露天开采，由于开采持续时间较长，剥离面积大，造成煤层自燃，给该地区的生态环境造成了极大的破坏。煤层与空气充分接触后，加之老井口的供氧，引发露头煤着火。

火区主要分布于露天采坑的四周，高位点和明火点集中在采坑东部和北部边缘。傍晚和晚上明显可见明火点，白天观测不到明火点，仅在地表可以看到有水汽和青烟冒出。明火点主要沿着采坑北部和东部边坡分布，经过长时间的燃烧，煤层顶板和底板均已破坏，并引起采坑边坡的垮塌。本次详细勘查通过红外测温、地质测量、收集矿井开采资料、物探、钻探等工作，最终确定治理区面积为$26.77×10^4$ m²，火区面积为$11.51×10^4$m²，火区的主要燃烧煤层分别为2、3、4~5、7、9~15号煤层，最大燃烧深度37m。

4. 阜康黄草沟煤田火区、阜康四工河煤田火区和阜康西沙沟煤田火区3个一般火区；吉木萨尔水西沟煤田火区，伊犁南台子4号煤田火区2个重点火区详细勘查

2018年6月12日，新疆维吾尔自治区煤炭工业管理局以新煤规发〔2018〕117号文和新煤规发〔2018〕118号文批准了《奇台将军庙等七个一般火区及乌苏四棵树等三个重点火区详细勘查及设计实施方案》，并要求新疆煤田灭火工程局尽快组织力量开展10个火区的详细勘查工作。新疆煤田地质局根据自身优势积极参与，2018年7月成功中标阜康黄草沟煤田火区、阜康四工河煤田火区和阜康西沙沟煤田火区3个一般火区以及吉木萨尔水西沟煤田火区、伊犁南台子4号煤田火区2个重点火区。中标后新疆煤田地质局及时成立项目部并分多个专业组同时开展详细勘查工作。随着设备更新，专业经验的积累，本次采用航测、自然电法、磁法、钻探等综合勘查手段，提高了工作效率，并按时保质保量圆满地完成了勘查任务。

1）阜康黄草沟煤田火区

火区位于阜康市甘河子镇西侧7km处，煤田火灾是由早期小煤窑开采后采空区地表塌陷引发的。20世纪80年代该地有众多小煤窑开采活动，大多开采浅部煤层，90年代火区地表发现着火现象，后因火势蔓延速度加快，井口及时被封堵，但由于煤火已燃烧至地表，封堵井口未控制住火势发展。后期仍然存在私挖乱采，大量煤层裸露地表自燃，燃烧煤层为

43、44号煤层。火区沿走向呈条带状分布，东部地势较陡，围岩受高温烘烤已坍塌；中部地表裂隙发育，裂隙周围有白色硫酸盐析出；西部地表有煤焦油析出；顶部明火燃烧，明火点处围岩被烘烤呈棕红色，燃烧裂隙较发育，燃烧产生的青烟从裂隙冒出，裂隙温度高达378℃，火区面积30 643m²，燃烧深度23～55m。

2）阜康四工河煤田火区

勘查区位于阜康市东南24km处，火区沿着地层走向呈南北向不规则条带状分布。围岩被高温烘烤成砖红色，煤层顶板已垮塌，塌陷裂隙发育，裂隙周围析出有大量白色硫酸盐并伴有返潮。在煤层出露的位置有较多高温点分布，高温点附近有青烟冒出，并伴有强烈刺激性气味，沿着破碎带可见红色烧变岩，白天在地表可以看到有水汽和青烟冒出（图4-6）。火区是由于小煤窑无序开采，导致采空区发火，燃烧至地表形成煤田火灾。煤层自燃过程中，煤炭不断减少，地下又不断出现内部塌陷和破碎带，加剧了火区的通

图4-6 阜康四工河煤田火区

风供氧，从而形成了煤层燃烧、地面集体塌陷相互促进的循环状态。火区于2001年发现地表有温度异常，2002年底发现地表有冒烟现象，此后煤火逐渐蔓延扩大。火区的主要燃烧煤层分别为A2、A3、A4号煤层，地表温度范围为29℃～400℃，火区呈近南北向不规则长条状，南北长约852m，东西宽63～81.2m，火区面积$5.71×10^4m^2$，最大燃烧深度84m。

3）阜康西沙沟煤田火区

火区位于阜康市甘河子镇西南4km处，煤田火灾是由早期小煤窑开采引发的。20世纪60年代小煤窑开采浅部煤层后，地表留有多处回风眼及塌陷，均未做封堵处理，煤层长期与氧气接触引发自燃，煤火经塌陷燃烧至地表后形成煤田火区。最早于2003年在地表发现着火现象，此后煤火逐渐蔓延持续燃烧至今，且燃烧过程中地表采掘活动持续多年，造成煤层大面积出露，煤层燃烧面积呈现逐渐扩大的趋势。主要燃烧区位于矿区南部A3、A4、A7号煤层采掘坑内，由1号子火区和2号子火区组成，年损失储量为$3.41×10^4t$。

1号子火区呈北西西向条带状分布，地表破坏，A3、A4号煤层大量出露。沟内火烧深度不大，多为浅部火烧，燃烧煤层为A3、A4号煤层；地表出露部分高温异常较少，钻孔验证温度较高，达306℃。火区面积12 036m²，最大燃烧深度为78m。

2号子火区主要受A3号煤层走向及地表采掘沟控制，呈北西西向条带状分布。地表燃烧剧烈，地表燃烧中心测温达350℃，旁侧陡崖边坡有少量发热点。通过钻孔测温，孔内温度小于150℃，尚未达到煤层燃烧温度，表明明火带尚在浅部，对深部20～40m产生了一定的温度影响。火区面积14 957m²，最大燃烧深度为67m。

4）吉木萨尔水西沟煤田重点火区

火区位于吉木萨尔县城西南方向20km，地表明火范围沿采掘坑边缘呈条带状分布。火区以往多处为采掘点，开采工艺落后，无防火措施，采掘后对采坑不做任何回填处理，煤层仍裸露在空气中，为深部煤层提供了良好的供氧条件，使煤层自燃发火。部分采坑在开采过

程中着火未做任何处理,恶性循环,以至酿成如今的煤田火灾。煤层自燃过程中,地下不断出现内部塌陷和破碎带,加剧了火区的通风供氧,地面塌陷也越来越严重。随着塌陷面积的不断扩大,火势迅速蔓延,从而形成了煤层燃烧、地面集体塌陷相互促进的循环状态,久而久之,火势不断扩大、增强,最后形成大面积的煤田火灾。吉木萨尔水西沟煤田火区发展历史较长,清朝同治年间此处就有人采煤,后引发火灾,具体发火时间不详(图4-7)。燃烧煤层分别为 A3、A4、A5、A6、A7、A8、A9号煤层,地表裂隙纵横,部分裂隙可见青烟冒出和白色盐类析出,可见明火,最高温度达943℃,有刺激性气味。火区东西长约1287m,南北宽95～464m,面积约为234 814m²,最大燃烧深度96m。

图4-7 吉木萨尔水西沟煤田重点火区

5）伊犁南台子4号煤田重点火区

火区位于新疆生产建设兵团农四师66团(可克达拉市)境内,东距新疆伊宁市30km,西距霍城县20km。原火区煤层自燃是由于煤层大面积出露于地表引发的露头自燃。燃烧深度较浅,仅为地表燃烧。该煤田无煤层矿井开采历史,目前处于熄灭散热阶段,原燃烧煤层为 A2、A3、A5号煤层。随着煤层露头燃烧深度加大,泥质围岩受烘烤后形成粉末状微粒,坍塌后对燃烧露头形成覆盖,加之泥质岩粉末遇降水后易膨胀堵塞火区供氧通道,火区自然熄灭。

二、煤田灭火工程施工及成果

(一) 新疆温宿县博孜墩火区治理工程

新疆温宿县博孜墩火区位于托木尔峰国家级自然保护区内,已造成保护区内植被大面积烧毁,部分松树被烘烤死亡,威胁区内原始森林。同时,煤田火灾沿废弃平硐不断向东北部和深部(南部)延深发展,对青松建化矿井安全生产造成极大威胁。为防止自然保护区遭到更大破坏,保护煤炭资源,并为矿井安全生产创造条件,避免事故发生,2006年7月,新疆煤田地质局受阿克苏兵团农一师委托开展温宿博孜墩火区治理工作。新疆煤田地质局高度重视,及时成立专业领域齐全、技术能力强的高质量项目部,在当地政府大力支持下,治理过程中统筹规划,努力克服与南边新建矿井工程交叉作业、有害气体扩散、高压供水紧缺、土源有限等大量困难,历时2年全面完成治理工作。

针对温宿博孜墩火区东、西火区的燃烧状况、自然地理和地形条件,依据现场实际及磁法探火和测氡结果,本着"合理有效、操作性强、节约资金、避免重复施工"的原则,主要采取测氡技术和打钻探测,详探高温火点位置,准确圈定火区范围。采用的技术手段有复合胶体材料工艺技术钻孔灌浆,压注胶体形成胶体隔离带,对地表露头采取局部降温后沿地表剥离填挖,在台阶上沿裂隙或挖鱼鳞坑注水降温、然后表面喷洒胶体材料、最后黄土覆盖封堵,对部分位于高处的坚硬岩石裂隙和不便于黄土及胶体封堵覆盖的部位喷洒干粉封堵材料。项目总经费 845 万元。

温宿博孜墩火区治理完成后每年减少燃烧损失储量 93 176t,解除威胁的煤炭储量 600 645t。该项工程在为国家保护了大量的煤炭资源的同时,也为火区邻近的生产矿井解除了火灾的隐患,改善了安全生产条件,终止了因火区煤层燃烧而产生的大量有毒有害气体对大气的污染,有效地改善了当地的空气质量。更为显著的是,消除了火区燃烧对原始森林的破坏,消除了因火势发展扩大所造成的对火区周围天然牧场的毁灭性隐患,保护了国家级自然保护区内的生态环境,为未来该区域旅游资源的开发打下了良好基础。

(二) 乌鲁木齐县名佳煤业有限责任公司煤矿煤田火区治理及生态恢复一期、二期项目

乌鲁木齐县名佳煤业有限责任公司煤矿煤田火区治理及生态恢复项目分为一期和二期工程,火区位于乌鲁木齐市南郊的水西沟乡的 AAAAA 级天山大峡谷景区东侧,是中央环境保护督察 2017 年度重点督查项目。火区的存在导致每年煤炭资源损失量达 35.9×10^4 t,这不仅造成了资源的破坏,而且因排放大量有毒有害气体,也污染了当地的大气环境。党的十九大报告提出必须树立和践行"绿水青山就是金山银山"的理念,坚持节约资源和保护环境的基本国策,像对待生命一样对待生态环境,统筹山水林田湖草系统治理,实行最严格的生态环境保护制度,形成绿色发展方式和生活方式,坚定走生产发展、生活富裕、生态良好的文明发展道路,建设美丽中国,为人民创造良好生产生活环境,为全球生态安全作出贡献。因此,为改善乌鲁木齐市周边环境,火区的治理迫在眉睫,乌鲁木齐县人民政府对此高度重视。

根据自治区煤炭工业管理局《关于乌鲁木齐县名佳煤矿火区详细勘查报告的批复》(新煤规发〔2018〕42 号),乌鲁木齐县名佳煤矿火区治理面积 27.40×10^4 m²,其中火区 15×10^4 m,采空影响 12.40×10^4 m²。火区治理以熄灭为目标,采用剥离、钻探、注水、注浆、地表黄土覆盖等综合灭火方法。2018 年 3 月,由新疆煤炭设计研究院有限责任公司与新疆维吾尔自治区煤田灭火工程局依据《煤田火灾灭火规范》及详细勘查报告共同编制完成了《乌鲁木齐县名佳煤矿火区灭火工程初步设计(代可研)》。

2018 年 6 月 14 日,乌鲁木齐县煤炭工业管理局依据 2018 年 5 月 23 日自治区政府投资项目评审通过的《乌鲁木齐县名佳煤矿火区灭火工程初步设计(代可研)》对"乌鲁木齐县名佳煤业有限责任公司煤矿煤田火区治理及生态恢复项目一期"进行公开招标,新疆煤田地质局积极参与并中标。治理主要工程量为剥离工程 44.30×10^4 m²,钻探 7163m,注水 23.00×10^4 m³,注浆 38.38×10^4 m³,黄土覆盖 30.05×10^4 m³,植被恢复 40.91×10^4 m²,铺设供水管线 1.51×10^4 m,架设输电线路 1560m。工程概算总投资 3843 万元,工程施工工期为 9 个月,灭火工程结束后,进行一年灭火效果监测。在一期灭火工程完成优秀的基础上,2019 年 9 月,新疆煤田地质局又成功中标二期生态修复工程,工程概算总投资 2242 万元。

中标后新疆煤田地质局及时成立项目指挥部,通过精心组织和合理安排,克服重重困难,于 2019 年 11 月底完成了灭火主体工程,并通过初步验收。

乌鲁木齐县名佳煤矿火区内出现大量塌陷和裂隙,水土流失严重,植被覆盖率大幅度降低,治理完成后将每年减少损失的煤炭资源储量 35.9×10^4 t,解除威胁煤炭资源储量 670×10^4 t。黄土覆盖后,种植植被复绿,快速恢复草原"伤疤",恢复天蓝、地绿、水清的景区,对促进当地资源开发和生态环境有着积极影响(图 4-8、图 4-9)。本次工作采用多种物探

方法相结合,利用钻探验证,相互反演准确确定火区燃烧范围、深度并圈出危险空区,保证灭火工程的施工安全。项目组总结出针对不同深度火区的最佳灭火方法,浅部(30m以浅)火区采用剥挖鱼鳞坑、注水降温、注浆封堵、黄土覆盖方法;深部火区采用钻探、注水降温、注浆封堵、黄土覆盖等综合灭火方法,实现了成本最低和灭火效果最佳(图 4-10~图 4-15)。

图 4-8　名佳煤矿治理前景象

图 4-9　名佳煤矿治理后景象

图 4-10　剥离工程

图 4-11　黄土覆盖工程

图 4-12 注水

图 4-13 钻探

图 4-14 钻孔注浆

图 4-15 鱼鳞坑注浆

（三）乌鲁木齐泰和通达煤业有限责任公司煤矿火区治理及生态恢复一期、二期项目

新疆乌鲁木齐县泰和通达煤矿火区的存在导致每年煤炭资源损失量达 $16.99 \times 10^4 t$，威胁资源量 $216 \times 10^4 t$，这不仅造成了资源的破坏，而且因排放大量有毒有害气体，也破坏了当地的大气环境。

2018 年 4 月 19 日，将乌鲁木齐泰和通达煤业有限责任公司煤矿火区治理项目纳入 2018 年第二批政府投资计划，所需资金由市区两级按 5∶5 的比例，分三年逐步安排。

2018 年 3 月 7 日，乌鲁木齐县人民政府委托新疆煤田地质局综合地质勘查队完成对火区的详细勘查和初步设计工作。设计评审通过后乌鲁木齐县政府以公开招标形式进行灭火工程招标工作，新疆煤田地质局高度重视，及时组织相关部门人员成立投标组，最终以设备、技术和资料的优势成功中标，2019 年 9 月又成功中标二期生态恢复工程。该项目是新疆煤田地质局集勘查、设计、灭火施工和生态恢复为一体的工程，项目总投资 5588 万元。

根据燃烧状况及外部条件，对该火区采用剥离、钻探、注水、注浆和黄土覆盖的综合治理方法。主要灭火工程量为剥离回填工程 $93.18 \times 10^4 m^3$，黄土覆盖工程 $25.27 \times 10^4 m^3$，注浆工程 $12.18 \times 10^4 m^3$，注水工程 $15.025\,0 m^3$，灭火钻探工程 3699m，供水管路 3000m，输电线路 200m。二期生态恢复主要工程量为土石方回填 $35.24 \times 10^4 m^3$，土地平整 $27.08 \times 10^4 m^2$。

中标后新疆煤田地质局及时成立高质量项目指挥部，集地质、工程、物探、测绘、测试、安全等多个部门,先后投入人员70余人,百余台设备,2019年圆满完成一期火区治理工程。

根据区域特点,首先对该区浅部火源采取地表注水降温,温度降到100℃以下并稳定后,对该区地表浅部火源进行地表剥除,再进行鱼鳞坑、裂隙注水注浆封闭。然后对该区内东部、北部和西部1015m标高以上坚硬围岩进行了免爆破碎石边坡化处理,即钩机、挖机配合松动,然后用推土机降低坡度平整钻探施工工作面。平整后进行了该区深部火源钻探施工。钻探工程根据该区燃烧特点,对该区主要燃烧的东北部进行了适当的钻孔加密,对燃烧面积小、深度小的西部适当减少了钻探施工。钻探完成后对高温钻孔通过注水降温,待钻孔温度稳定在100℃以下时,进行了钻孔注浆封闭,注浆工程采用普通泥浆灌注封堵,适当提高了浆体浓度。然后对该区北部、西部和东部整体进行剥离降坡工作,坡度控制在了30°以内,并对所有剥离面和裂隙进行黄土覆盖压实。最后,保留了观测孔,并在火区表面特征点上埋设了23个观测孔。隔绝了火区深部火源燃烧体、阻止煤层进一步燃烧,取得了预期的灭火效果,地表高温点已消失,通过检测无有害气体涌出。每年减少煤炭燃烧损失约12×10^4t,减少经济损失约2550万元,解除煤炭威胁216×10^4t。治理后大大改善了周边大气环境,恢复了地形地貌,并对乌鲁木齐水源地头屯河河道进行了矸石渣土清理,解除了头屯河行洪、水源污染的威胁。

三、煤田火灾的危害

新疆已成为国内乃至世界上煤田火灾最为严重的地区之一,新疆煤田火区存在点多、面广、燃烧剧烈等特点,煤田火灾不仅损失大量煤炭资源、威胁矿井安全生产,影响新疆煤炭资源的开发和利用,而且严重污染大气环境,破坏生态环境,污染水资源,易引发地质灾害等危害,甚至对自治区煤炭工业的跨越式发展也有一定的负面影响。

(一)损失煤炭资源

煤田火灾最直接的危害是燃烧损失大量的优质煤炭资源,通过普查结果,截至2019年底,新疆未治理的在燃煤田火区共有47处,每年燃烧损失471.5×10^4t煤炭。近年来随着新疆煤炭大量开发,新疆煤田火区也呈加速发展趋势,燃烧规模不断扩大,部分煤田火区已经达到甚至超过原重点火区规模,每年损失的煤炭资源也由原来的几千吨发展到现在的几十万吨。例如托克逊乌尊布拉克火区,2007年该火区面积为$6.92\times10^4m^2$,每年损失煤炭资源为5.3×10^4t;而到了2013年火区面积为$64.59\times10^4m^2$,每年损失煤炭资源为48.89×10^4t,在短短的6年间火区面积增加了近10倍,每年损失煤炭资源量增加了9倍多,而且随着时间的推移,火区规模还会进一步扩大,损失的煤炭资源量也会进一步增加。

(二)污染大气环境

新疆煤田火区的燃烧伴随着大量温室气体、有毒有害气体和粉尘的释放,随地表大气的运动而扩散开来,这些污染物直接排放到火区上空,短期内会污染火区及周围区域的大气环境,但受气象条件的影响在长期风力作用下会产生输送和积累作用,这将严重污染周围大气环境。它在0~5km的低空造成空气质量严重超标,对局部区域内人类和动植物的生存环境产生破坏;在5~18km的中空对流层形成大范围的酸雨,对较大范围内的水圈、生物圈和地壳环境产生污染,特别是使土壤日趋酸化,贫瘠化,严重影响农作物生长;在18~25km的高空对流层加剧了温室效应。依据《环境统计手册》的方法，计算出 47 处未治理的在燃火区每年向大气排放污染物的总量分别为 CO 10.7×10^4 t，总烃 2.12×10^4 t，NO_x 1.71×10^4 t，SO_2 4.65×10^4 t，烟尘 1.1×10^4 t。

（三）破坏土壤环境

新疆未治理的 47 处在燃火区总面积 701.4×10^4 m^2，随着火区的持续燃烧，破坏了土壤原有的物理结构和性质，而火区地表析出的硫酸盐和释放的酸性气体，使火区及周边土壤的酸性增加，含硫量增高，土壤有机质下降。同时在火区内地表形成大片烧变岩，导致适合植被生长的土壤减少，致使火区地表寸草不生。火区内胶结力差的土壤被风和水侵蚀后，使火区地表呈荒漠化和半荒漠化的状态。部分火区还会烧毁和破坏草场、森林等，例如乌苏巴音沟、尼勒克其林托海火区等。

（四）污染水资源

火区煤炭燃烧产生的酸碱性化合物、重金属化合物及其他有毒有害物质，在酸雨的冲刷作用下，沿地表带入河流后，使河流中碳酸型甜水变成硫化物型的苦水和氯化物型的咸水，影响使用河水的居民和牲畜的健康。例如玛纳斯芦草沟火区位于玛纳斯河边，距河岸线只有十几米，玛纳斯河为下游农牧民主要的生活水源，火区地表析出的危害物随雨水冲刷流进河流后，对水质造成严重污染，同时也危害饮用河水的人畜的健康。

（五）易引发地质灾害

新疆未治理的 47 处在燃火区总面积 701.4×10^4 m^2，随着火区沿煤层走向和倾向的持续燃烧，在火区地下形成大小不一的空洞，火区对煤层顶板烘烤破碎，导致煤层顶板的力学性质发生较大的破坏，当煤层顶板所受的重力大于其支撑力时，煤层顶板极易发生崩塌、滑坡、塌陷、裂隙、地面沉降等地质灾害。塌陷坑和裂隙的产生，又为煤层燃烧提供了供氧通道，形成了"燃烧—塌陷—燃烧"的恶性循环。另外，破碎的地表还加速了风力和水对土壤及岩石的侵蚀，加剧了土地沙漠化和水土流失，使水土保持能力大幅下降，每当雨水季节，极易引发泥石流、滑坡等地质灾害。

（六）影响煤炭工业发展

"十三五"期间，全国煤炭开发总体布局是压缩东部、限制中部和东北、优化西部，新疆煤炭在我国能源战略中的重要地位日益显现。新疆作为国家重点建设的第 14 个大型煤炭基地和六大煤化工产业基地之一，形成准噶尔、吐哈、伊犁、库拜四大煤田基地，新疆的煤炭工业进入跨越式发展阶段。随着煤炭持续开发利用，新疆的煤火灾害也越发严重，煤田火区的存在势必将对"十四五"期间自治区煤炭工业的合理布局、大型煤炭基地的建设和矿区环境的保护产生负面影响，影响煤炭工业的健康发展。

四、新疆煤田火区治理存在的主要问题及建议

（一）煤田火区治理面临的问题

①新疆煤田火区发展迅速，《新疆维吾尔自治区第四次煤田火区普查报告》内未治理的火区规模快速扩大，部分责任主体灭失，加重了煤田火区治理的难度。

②现有火区中未治理的奇台将军戈壁、奇台将军庙，相较于第四次全疆普查的燃烧规

模,近年来逐渐扩大,危害程度不断增加,加重了火区治理难度。

③按照《新疆煤田火区治理规划(修编)2016—2025》要求将于2025年底治理完成全疆所有火区,国家及自治区对煤田火区治理的投入也随之结束,第五次普查新发现的10处新生火区并未列入《新疆煤田火区治理规划(修编)2016—2025》,尚未对其开展整体的规划和部署,这10处新生火区的资金落实将是影响2025年底能否顺利完成新疆煤田火区治理的关键。

④部分火区位于草场、林场和当地居民的经营范围内,与此同时,火区治理所需的水源、土源和电源等为当地政府及居民所有,因此在火区治理前,需与当地政府及居民开展沟通协调,并作出一定的补偿,补偿费用导致灭火资金大幅增加。近年来灭火施工时,与当地政府及居民的沟通协调工作比较困难,严重影响施工治理进度。

⑤新疆煤田火区分布范围广,相隔距离远,不易集中治理和监测,新疆煤田火区动态监测系统还不完善,不能及时监测并发现新生煤田火区。大部分火区周围灭火条件匮乏(缺水少土),给灭火施工带来了极大的困难。

⑥灭火技术人才不足,灭火方法、灭火工艺和灭火材料研究进步缓慢,煤田火区勘查、设计、施工和监测的水平有待进一步提升。

(二)今后工作建议

针对新疆煤田火区的现状和治理所面临的问题提出以下几点建议。

①在第五次煤田火区普查的基础上,结合新疆煤炭工业发展规划,按照轻重缓急、分批分期的原则编制《自治区煤田火区治理"十四五"规划》,合理划分重点和一般火区,优化火区治理顺序和治理时限,并与《新疆煤田火区治理规划(修编)2016—2025》对接,进一步加快煤田火区治理步伐,争取早日解决新疆煤田火区灾害问题。

②积极争取中央预算内投资,加大对新疆煤田灭火工作的支持力度,积极争取自治区政府加大灭火资金投入力度,落实10处新生火区的资金,以保障灭火资金渠道畅通,确保煤火治理任务的顺利完成。

③根据第五次煤田火区普查成果,补充和完善新疆煤田火区动态监测系统,加强火区监测,建立煤火预警、预报和煤火应急处理机制,将煤火消灭在萌芽状态,防止新生火区的产生和发展,为今后煤火防治并举打下坚实基础。

④按照《新疆维吾尔自治区煤田火区管理办法》的要求,进一步加强煤炭行业管理,强化当地政府及煤炭企业的防火灭火意识,严厉打击乱采滥挖现象,从源头上杜绝新火区的产生。火区治理前,积极与当地政府及居民沟通协调,争取当地政府和居民的理解和支持。

⑤积极同国内外高校、科研院所和企业合作,培养灭火技术人才,开展灭火新方法、新工艺和新材料的研究,继续加强国际技术合作和交流,进一步提高煤田火区勘查、设计、施工和监测的技术水平。

(三)灭火方法的建议

①对于水源和土源等灭火材料充足的火区,采用剥离、钻探、注水、注浆、黄土覆盖和植被恢复的方法。例如阜康四工河火区等。

②对于水源和土源两者缺一的火区,视火区情况采用不同的灭火方法。当火区缺水且燃烧深度较浅时采用剥挖火源、黄土覆盖和植被恢复的灭火方法,加大黄土覆盖厚度,例如奇

台将军戈壁火区等；当火区缺水且燃烧深度较深时，需要从外界运输水源或寻找地下水，采用两相泡沫等新材料灭火，加大黄土覆盖的厚度；当火区缺土时采用剥离、钻探、注水、注浆、覆盖的灭火方法，覆盖可用砂土。

③对于水源、土源等灭火材料都匮乏的火区，需要从外界运输灭火材料，采用悬浮剂、两项泡沫和凝胶剂等新型灭火材料，同时加强灭火新材料和新工艺的研究。

第三节 矿山服务

一、煤矿在用设备安全性能检测与安全评价

（一）煤矿在用设备安全性能检测

2012年新疆维吾尔自治区煤炭科学研究所（简称煤科所）取得了煤矿在用设备安全检测检验资质，现有检测检验设备48台（套），其中通风机综合测定仪2套、提升机安全性能检测仪2套，防坠器测试仪2台，带式输送机安全性能检测仪2套，矿用人车安全性能检测仪2套，空压机综合测试仪2套，水泵综合检测仪2台，矿用通风阻力测定仪4套。

煤检测与评价工作严格按照质量管理体系相关文件开展，组织相关工作人员深入现场，进行勘查、调研和数据采集，收集相关技术资料，结合煤矿实际情况，从各方面对煤矿的整体危险、有害因素进行系统的危险辨识和分析，并出具检测检验报告，同时运用各种评价方法进行定性和定量的分析评价，最后形成综合评价结论及检测结果，并提出预防措施和整改建议。

自2012年开展煤矿在用设备安全性能检测业务以来，共计为106余家煤矿企业提供了设备检测服务，主要检测项目包括煤矿的提升系统、排水系统、空压机、皮带机、人车、通风系统和通风阻力测定等。为煤矿的安全生产提供了保障，受到了煤矿企业的好评，同时取得了一定的社会效益和经济效益。图4-16为煤科所现有部分检测设备。

煤矿在用设备的安全性能检测检验对煤矿企业安全运行，煤矿企业的正常运转及从业人员的生命安全起着至关重要的作用，是关系到煤矿安全生产的重要基础。按照海因里希法则，事故主要分为人的不安全行为导致的安全事故、设施设备的不安全状态导致的事故。因此，设备的安全性、可靠性也通常成为事故发生的直接原因。为了减少因设备性能导致的安全事故的发生，通过对设备的安全性能检测，查出其中存在的各种安全隐患，为使用单位提供在用设备的实际情况，将煤矿事故发生率降到最低点，这样既保证了在用的设备安全运行，又为煤矿生产的安全性提供了保障。

（二）煤矿安全评价

煤科所于2010年9月取得安全评价机构乙级资质证书，现有仪器设备与设施370台（套），仪器设备设施原值840多万元，2010—2019年共完成安全评价报告100余项，包括安全现状评价报告、安全预评价、安全验收评价。

在安全评价工作过程中，评价人员对现场、井上下各个生产环节调查和检查，收集与安全评价工作有关的资料，对矿井存在的安全问题提出整改意见，确定整改期限，对煤矿设施、设备、装置实际情况和管理状况进行调查分析，定性、定量分析其生产过程中存在的危

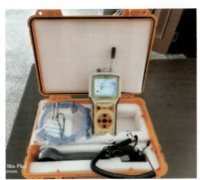 

图 4-16 部分检测设备

险、有害因素，确定其危险度，对其安全状况给予客观的评价，对存在的问题提出安全对策措施及建议，最终编制矿井安全现状综合评价报告。通过评价，采用系统工程的方法，辨识矿井生产系统及辅助系统中存在的危险与有害因素并进行定性分析，确定危险、有害因素及危险程度；提出应采取的安全技术对策措施和安全管理措施；对煤矿企业安全状况进行分类，达到分档排队、分级管理、分类指导、分层治理的目的；最终实现最低事故率、最少损失和最优的安全投资效益。

二、煤矿职业病危害因素检测与评价

煤科所自从 2015 年 9 月取得职业卫生技术服务机构资质证书（乙级煤炭采选业）至今，出版 75 余份煤矿职业卫生报告。其中控制效果评价 12 个，现状评价 18 个，预评价 5 个和日常检测 40 余次。

煤科所职业卫生技术服务机构接到煤矿企业委托后，先对合同进行评审，然后技术人员到煤矿收集资料，现场踏勘，制定采样方案。检测人员严格按照方案到煤矿主要对井下综采工作面、综掘工作面、井下（原煤、辅助）运输系统、地面原煤运输系统、地面辅助生产系统等作业场所，就生产过程中产生的职业病危害因素进行识别、检测和评价，指出煤矿存在的问题并给出建议。

煤科所职业卫生技术人员对煤矿生产过程中产生的职业病危害因素进行的识别、检测和评价，为煤矿的安全生产和煤矿职业病防治提供了有利的保障，受到煤矿企业的好评，同时也取得了良好的社会效益和经济效益。

根据《中华人民共和国职业病防治法》以及《煤矿作业场所职业病危害防治规定》(国家安全生产监督管理总局 73 号令)的要求,2017 年 6 月 30 日,新疆维吾尔自治区煤炭科学研究所受塔西河煤矿委托,对新疆天富煤业有限公司玛纳斯县塔西河煤矿职业病危害防护措施及其效果以及职业卫生管理状况进行职业病危害因素检测,并进行评价。

通过收集职业病危害评价所需的相关资料和查阅相关文献资料并开展初步现场调查,根据需要编制职业病危害评价方案并对方案进行技术审核。确定职业病危害评价的质量控制措施及要点。2017 年 7 月 15 日进行现场职业卫生检测与分析,并收集与分析现场职业卫生检测数据。对现场职业病防护设施、职业健康监护等职业病防护措施调查与分析,2017 年 8 月 10 日通过对获取的各种资料、数据汇总分析,编制完成《职业病危害现状评价报告书》。

经评价,明确了用人单位生产经营过程中存在的职业病危害因素,分析了其职业病危害程度及对劳动者健康的影响,评价了职业病危害防护措施及其效果以及用人单位职业卫生管理状况,为用人单位职业病防治及职业卫生日常管理提出建议,为用人单位职业病防治的日常管理提供了科学依据,为政府监管部门对用人单位职业卫生实施监督管理提供了科学依据。图 4-17 为部分检测报告。

图 4-17 部分检测报告

三、矿井冲击地压鉴定与评价

"冲击地压"是采动空间周边煤(岩)在矿山压力作用下以煤(岩)突出为特征的矿山压力(动力)显现,是煤矿重大事故灾害。在储存高强度压缩弹性能的有"冲击倾向性"煤(岩)中,特别是能量聚集部位,开掘巷道和推进回采工作面(即采动)引发相应弹性能的释放是冲击地压发生的根源。煤科所一直致力于矿山压力、采矿围岩控制方面的研究,在 20 世纪 80 年代完成的"坚硬顶板处理成套技术"达到了国内先进水平。近些年,随着矿山开采领域安全问题的凸显,煤科所开展了矿井冲击地压方面应用研究。2010 年以来,煤科所先后承担了"新疆矿区冲击地压分布特征研究""冲击地压围岩失稳机理研究"等科研项目,并在研究的基础上拓展了煤岩冲击倾向性鉴定服务及冲击危险性评估评价工作。

煤岩冲击倾向性鉴定依据 GB/T 25217.1《冲击地压测定、监测与防治方法》第 1 部分"顶板岩层冲击倾向性分类及指数的测定方法"和 GB/T 25217.2《冲击地压测定、监测与防治方法》第 2 部分"煤的冲击倾向性分类及指数的测定方法"执行,实验室测定煤的动态破坏时间、弹性能量指数、冲击能量指数、单轴抗压强度等指标及顶底板岩石的自然密度、抗拉强度和弹性模量等指标，经过计算分析判定倾向性类型。其主要鉴定过程包括现场采样，实验室制样、测试，结果计算分析，得出鉴定结论。图 4-18 为制样及测试设备。

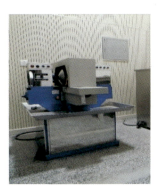

图 4-18 制样及测试设备

《防治煤矿冲击地压细则》规定，开采冲击地压煤层必须进行采区、采掘工作面冲击危险性评价。冲击危险性评价可采用综合指数法或其他经实践证实有效的方法，评价结果分为四级：无冲击地压危险、弱冲击地压危险、中等冲击地压危险、强冲击地压危险。

截至目前，煤科所在准南煤田中段矿区开展了数个矿井的煤岩冲击倾向性鉴定及评价工作，为煤矿企业安全生产提供了数据支撑。

四、复杂地质条件巷道围岩控制技术应用

近些年来，随着煤矿机械化程度提高及煤矿开采高产高效技术的快速发展，矿井开采强度不断加大，煤矿开采难度逐渐增加，由此引发的复杂围岩条件下巷道的支护问题日益突出。巷道在高地应力、周边采空区、软弱围岩、巨厚砂砾含水层、火烧区等因素的影响下，极易发生冒顶、片帮事故，威胁矿井安全生产。近些年，煤科所在准南煤矿、小甘沟煤矿、昭和泉煤矿等，针对不同复杂地质条件下巷道围岩控制技术做了一些研究并进行了现场应用。如准南煤矿极近距离采空区下巷道布置与支护。

1. 项目概况

准南煤矿位于乌苏市东头道河子西岸，属于乌苏市管辖。矿井从上至下赋存 B2～B9 7 层煤。其中 B6 与 B5 煤层间距仅 2.2～5.5m，平均 3.5m，属于极近距离煤层。B6 煤层工作面已经回采完毕，矿方计划在 B6 煤层下方 B5 煤层内布置 1501 接续工作面。一方面，受上部煤层工作面采掘活动影响，1501 回采工作面顶板完整性在一定程度上遭到破坏，对巷道围岩支护造成极大难度；另一方面，上部采空区遗留煤柱引起底板岩层应力集中，对其下部巷道稳定性有较大的影响。因此，确定 1501 回采巷道合理的位置、选择有效的支护方式以及制定必要的采掘安全技术措施，对 1501 工作面顺利进行安全高效采掘作业极为关键。

2. 实施内容

1) 巷道布置方式分析

依据矿井地质勘探报告及矿井开采现状，矿井首采煤层 B6 已经回采完毕，现计划在 B6 煤层的 1701 采空区、1703 采空区下方的 B5 煤层布置 1501 接续工作面，则根据 B5 回采巷

道与上部采空区煤柱的位置关系，B5 煤层回采巷道布置形式可以有 3 种选择，如图 4-19 所示。

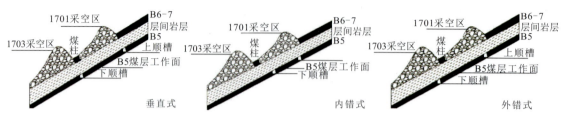

图 4-19　巷道布置形式

方案一，垂直式，即 1501 工作面下顺槽布置于区段煤柱之下。优点：煤柱下方岩层受采动损伤小，下煤层巷道掘进时顶板相对完整。缺点：由于煤柱下方产生应力集中，巷道布置在煤柱正下方受到集中应力影响剧烈，支护难度大，极易失稳。

方案二，内错式，即 1501 工作面下顺槽向 1701 采空区内错开上部煤柱一定距离布置。优点：当下顺槽与上部煤柱内错距离合适时，巷道能够避开煤柱集中应力影响区，从而处于采空区下方低应力区，利于巷道支护。缺点：由于上部 1701 工作面斜长较小，仅 80m，内错式布置使得 1501 工作面斜长更小，不利于综合机械化回采，生产效率低。

方案三，外错式，即 1501 回采巷道向外与上方煤柱错开一定距离布置。优点：工作面长度增加，有利于煤炭高效回采；当巷道与上部煤柱距离合适时，巷道处于采空区下方低应力区，可以避开煤柱集中应力影响区，有利于巷道维护。缺点：采空区下煤岩体受采动损伤较大，当煤层间距极小时，巷道顶板岩层破碎程度增加，需加强支护。

通过对以上 3 种巷道布置方式的优缺点对比分析，从煤炭安全回采及提高回采率减少资源浪费两方面考虑，按照方案三布置 1501 回采巷道较为合理。选择方案三的前提是准确确定 B5 煤层回采巷道与上煤层区段煤柱的外错距离，使下煤层回采巷道避开煤柱边缘集中应力影响，以降低下煤层巷道围岩支护难度。

2）采空区煤柱下方底板应力传递特征

通过 UDEC（Universac Distinct Element Code，通用离散单元法程序）模拟软件模拟极近距离煤层开采，得到煤柱下方底板应力传递曲线，如图 4-20 所示。

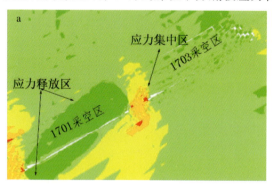 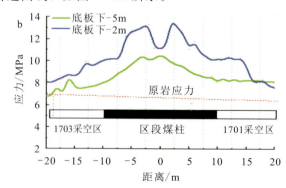

图 4-20　煤柱下方底板应力分布数值模拟

a. 应力云图；b. 煤柱下方岩层应力曲线

底板-2m处,煤柱下方支承压力峰值双峰分布明显,峰值大小呈现不对称,靠近1701采空区峰值应力较大,其峰值位置也更靠近煤柱中心,峰值应力达到13.85MPa,峰值距离煤柱边缘约7.3m,煤柱边缘集中应力在水平方向影响范围达到11.5m;靠近1703采空区侧峰值应力13.1MPa,峰值距离煤柱边缘约8.2m,在1703采空区一侧煤柱边缘集中应力在水平方向影响范围达到14m。底板-5m处,煤柱下方支承压力双峰分布特征不再明显,峰值大小分别为10.25MPa、10.42MPa,煤柱边缘集中应力在水平方向影响范围减小到7m。

由上述分析可知,随底板深度的不同,煤柱对底板岩层应力集中程度及其影响范围不同;随底板岩性的不同,煤柱下方岩层应力传递特征有明显区别,为了使B5煤层巷道避开煤柱高应力影响区,巷道与煤柱边缘水平错距应该在9m以上。实际工程运用时,B5煤层工作面运输顺槽于水平外错煤柱边缘10m布置。

3) 巷道围岩控制方案

根据现场围岩裂隙CT、钻孔窥视仪、钻孔应力计、原岩应力、围岩力学性质等测试结果,并结合煤矿开采数值模拟软件分析结果,确定1501工作面回采巷道支护采用锚网索+工字钢棚联合支护,为了提高巷道的掘进速度,巷道支护过程分为两个阶段,第一阶段为安全支护,随掘随支;第二阶段为补强支护,滞后掘进头距离20m。顶板遇地质构造时,支护形式根据现场施工情况制定安全技术措施,及时改进支护工艺,进行加强支护。各阶段支护形式及参数如图4-21所示。

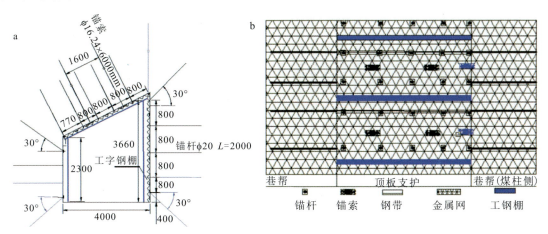

图 4-21 巷道阶段支护参数
a. 支护断面图;b. 支护平面图

3. 实施效果

如图4-22所示,根据巷道变形量实测结果,实施第一阶段支护后,巷道最大变形量约125mm;实施第二阶段支护后,掘进头后方顶板仍有一定下沉量,但下沉速度明显减小,在掘进头后方80m之后,顶板最大下沉量基本稳定在455mm,巷帮最大变形量为309mm,右部变形显著大于左部,这与巷道右上方采空区遗留煤柱的影响有关。掘巷过程中,巷道变形量均控制在合理范围,未出现冒顶、片帮现象,如图4-23所示。巷道实施分阶段支护后,巷道掘进速度比以往工作面提高了30%以上,大大缓解了煤矿采掘失调状况,保障了复杂地质条件下煤矿安全高效开采。

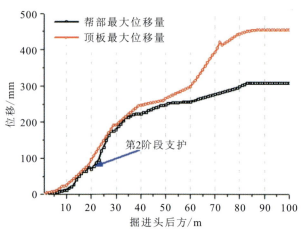

图 4-22　巷道位移监测

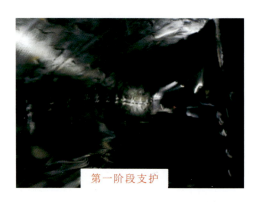

图 4-23　巷道支护现场

第二篇
勘查技术

第五章　钻探

钻探工程是矿产勘查的重要技术方法之一，是能够直接从地下岩层获取实物样品的唯一手段，是在地质勘探勘查中，用钻机按一定设计角度和方向施工钻孔，通过钻孔采取岩心（或矿心）、岩屑或在孔内放入测试仪器，以探查地下岩层、矿体、油气和地热等的工程。煤田钻探是为探明煤炭资源及地质情况或为其他目的所进行的钻孔工程。煤层气钻探是煤层气勘探和开发的重要环节，在煤层气勘探中要通过钻井和辅助测试手段来证实煤层中甲烷气的存在，在开发中要通过钻井建立一个地面与地下目的煤层相连的通道，进而生产煤层气，煤层气钻探工程又包括钻井、固井、定向、完井。

钻探费用在矿产勘探和开发投资中占有较大的比重。提高钻井速度和采用钻井新技术是提高勘探成功率、开发效率和降低勘探成本的重要手段。

新疆煤田地质局自建局60多年以来，钻探工程作为煤田勘探的重要方法，在一代又一代钻探人的不懈努力下取得了巨大发展。现在除进行煤田地质勘探外，已全面进入煤层气、煤田灭火、煤矿大口径井、社会地质、地热井、工程地质勘查、地灾治理等工程领域。得益于钻探工程在装备、施工能力、技术与队伍建设方面质的飞跃，新疆煤田地质局在矿产勘探方面取得了优异成绩。下面主要从装备建设、施工技术能力与队伍建设方面介绍新疆煤田地质局钻探建设现状。

第一节　钻探装备建设

钻探技术装备是钻探工程的重要组成部分，它随着钻探方法和钻探工艺的发展而变化，直接影响着钻探技术水平的进步。钻探技术装备主要是指直接用于钻探施工的机械设备和装置，包括钻机及配套设备（动力机、钻机、泥浆泵、钻塔）和定向设备等。

近年来，随着煤田勘探工作的基本完成，煤田勘探队伍需要转型，新疆煤田地质局也大量进军多种行业钻探领域。随着钻探技术的引进与发展，新疆煤田地质局的地质勘探主业建设有了一定的提高，为发展地质勘探装备也提供了相应的契机。新疆煤田地质局钻探装备发展迎头赶上，达到国内平均技术水平，满足了市场需求，现有煤田钻探钻机10余台，其他类钻探装备10余套。

一、煤田钻探钻机及配套装备现状

煤田钻探以XY-5型、XY-6型煤田岩心液压钻机为主，并装配有CSD1800A履带式全液压岩心钻机（图5-1），可以施工1500m以内煤田钻孔，施工口径75～216mm。可采用普通钻进与绳索取心钻进，可用于斜直孔的钻探施工，尤其是CSD1800A履带式全液压岩心钻机，开孔顶角可达40°，解决急倾斜地层的成孔率。煤田钻探钻机具体参数如下。

（一）XY-5型岩心钻机设备能力参数

XY-5型岩心钻机参数见表5-1。

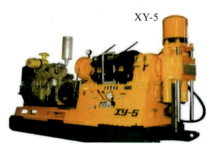  

图 5-1 地质钻探设备

表 5-1 XY-5 型岩心钻机设备能力参数

型号	立轴最大扭矩	质量	破碎方式	钻孔深度	钻孔直径
XY-5	5200（69r/min）	3500kg	回转式钻机	1500m（50mm 钻杆）	80～300mm

（二）XY-6 型岩心钻机设备能力参数

XY-6 型岩心钻机参数见表 5-2。

表 5-2 XY-6 型岩心钻机设备能力参数

型号	电机功率	质量	破碎方式	钻孔深度	钻孔直径
XY-6	55kW	3800kg	回转式钻机	2000m（50mm 钻杆）	80～300mm

（三）CSD1800A 履带式全液压岩心钻机设备能力参数

CSD1800A 履带式全液压岩心钻机参数见表 5-3。

表 5-3 CSD1800A 型钻机性能

钻进能力	BQ	2000m	HQ	1200m
	NQ	1700m	PQ	700m
履带式底盘	最大行走速度	2km/h	最大爬坡角度	30°
钻机外形尺寸	长×宽×高＝6513mm×2320mm×2720mm（行走状态）			
动力系统	型号	康明斯 6CTA8.3	类型	涡轮增压
	汽缸容积	8.3L	冷却方式	水冷式
	汽缸数	6 缸直列	功率	179kW/2200rpm
液压系统	额定工作压力	28MPa	冷却方式	风冷
动力头	驱动方式	液压驱动	最大通孔直径	117mm
	最大扭矩	5500N·m	变速箱	手控 4 档
	转速范围	1 挡：0～190r/min；2 挡：0～384r/min；3 挡：0～685r/min；4 挡：0～1200r/min		

续表 5-3

主卷扬	驱动方式	液压驱动	提升速度	0~80m/min
	提升力	13.5kN	容绳量	41m（22mm）
绳索取心卷扬	驱动方式	液压驱动	提升速度	0~110m/min
	提升力	1.1kN	容绳量	1500m（6.6mm）
桅杆	结构形式	油缸给经可滑移式，上下两段总长13m		
	起降方式	液压驱动	提拔力	18.9kN
	最大给进角度	45°	给进行程	3500mm
	给进力	8.0kN	桅杆滑移距离	1200mm
动力头卡盘	启闭形式	常闭式液压卡盘，弹簧夹紧、液压松开		
	最大通孔直径	117mm		
泥浆泵	型号	BW320	最大体积流量	19 200L/s
井口夹持器	启闭形式	液压启闭	最大通孔直径	117mm
行走系统	驱动方式	液压驱动	行走速度	2km/h
	控制方式	液压控制	爬坡角度	30°
总质量	11.5t			

二、煤层气及其他行业钻机

随着新疆煤田地质局业务范围的不断拓展，钻探装备也在不断扩充与发展，现有可施工水井与大口径钻机 SPS-2000 型、GZ-2600 型钻机，煤层气与石油钻机 SMJ5510TZJ15/800Y 液压动力头钻机、ZJ-30 钻机，煤层气与石油生产检泵用修井机 XJ-40 等。这些钻探装备的主要性能如下。

（一）SPS-2000 型水源钻机

SPS-2000 型水源钻机为机械传动、机械操纵的散装转盘式钻机（图 5-2），主要用于 1500m 左右深层地下水的开采，浅层石油、天然气及盐井的开发。其主要特点有钻进能力大；转速范围广；工艺适用性强，既适合空气潜孔锤钻进、牙轮钻进，又适用于一般钻进方法；配备液压或机械锚头；两种动力，柴油机和电动机，由用户任意选择；配备水刹车系统。SPS-2000 型水源钻机详细参数如表 5-4 所示。

图 5-2　SPS-2000 型水源钻机

表 5 - 4　SPS - 2000 型水源钻机参数

钻进能力	钻杆规格/mm	$\phi89$、$\phi73$
	钻进深度/m	1600~2000
转盘	通径/m	$\phi670$
	转速（正、反）/r·min^{-1}	25，37.3，55.5，87.3，130.2，193.7
	额定扭矩/kN·m	25
卷扬机	额定单绳提升能力/t	85
大钩	滑轮组型式	4×5
	大钩提升速度/m·s^{-1}	0.14，0.21，0.31，0.49，0.73，1.08
动力机	柴油机	WD615T1　120kW　1500r/min
	电动机	Y315S-4　110kW　1500r/min
主动钻杆/mm×mm×mm		121×121×12 000　108×108×12 000
主机质量		约 7.5t

（二）GZ - 2600 型工程水源钻机

GZ - 2600 型工程水源钻机配有双联水刹车装置和配套的水路系统（图 5 - 3），以降低工人的劳动强度，减少制动闸带和卷筒的磨损，延长设备的使用寿命，增加深井作业的安全可靠性。主要用于水井与大口径井施工，同时也适用中浅层油井和深层冷热水的开发，天然气、盐井钻进、煤层气开采、地热等钻探。也可用于地质、矿井建设等其他工程钻孔。

图 5 - 3　GZ - 2600 型工程水源钻机

GZ - 2600 型工程水源钻机结构特点为机械传动，转盘回转，重心低、传动平稳，坚固耐用、操作安全、密封性能好，钻机布局合理、便于维修保养。配有油缸搓扣装置可实现机械拧卸钻具，减轻劳动强度，保证钻孔质量。亦可采用石油钻探拧卸钻具的工艺，用锚头轮装置拧卸钻具。GZ - 2600 型工程水源钻机详细参数如表 5 - 5 所示。

（三）SMJ5510TZJ15/800Y 液压动力头钻机

该钻机是一种将液压顶驱动力头安装在 10×6 汽车底盘上的车载钻机，可满足压缩空气钻进、泡沫钻进和泥浆钻进的钻探施工（图 5 - 4）。具有机动性好、作业效率高、钻孔质量好、低污染、性价比高等特点。适用于煤矿区地面瓦斯井施工、浅层石油及水文水井的施工，也可用于矿山抢险钻探施工，并配备有美国寿力移动式双工况空气压缩机系统。SMJ5510TZJ15/800Y 液压动力头钻机详细参数如表 5 - 6 所示。

表 5-5 GZ-2600 型与 GZ-2000 工程水源钻机参数

主要产品型号		GZ-2000	GZ-2600
钻进深度（φ89mm 钻杆）/m		2000～2600	2600
转盘通径/mm		φ660	φ445
钻盘转速（正反）/r·min^{-1}		45, 64, 103, 178	43, 63, 93, 159
转盘输出额定扭矩/kN·m		25	30, 22, 16, 9
卷扬机提升速度（按二层计算）/m·s^{-1}		1.0, 2.26, 3.9	1.1, 2.4, 4.1
卷扬机单绳提升力/kN		100	105, 48, 28
离合器输入转速/r·min^{-1}		730	900
柴油机 I	型号	6135AN	12V135
	功率/kW	154	194
	转速/r·min^{-1}	1500	1500
电动机	型号	Y315S-4	2×Y280M-4
	功率/kW	160	2×90
	转速/r·min^{-1}	1480	1480
游动系统		5×6	5×6
外形尺寸/mm×mm×mm		4477×2288×1245	5722×2565×1750
主机质量（不含动力）/kg		8460	9960

图 5-4 SMJ5510TZJ15/800Y 液压动力头钻机

表 5-6 SMJ5510TZJ15/800Y 液压动力头钻机参数

三江航天万山牌（CSSG）汽车底盘	型号	WS5545
	驱动形式	10×6
	挡位	9进，1倒
	高时速	70km/h
	发动机功率	276kW/2100r·min^{-1}
	质量	17 550kg
大提升能力		800kN
大给进能力		145kN
快速提升速度		30m/min
快速下放速度		59m/min
慢速给进速度		7.1m/min
动力头	大输出扭矩	15kN·m
	输出转速	0～150r·min^{-1}
	主轴通径	ϕ76mm
	行程	15m
钻井深度	标配钻杆型号	ϕ114
	潜孔锤钻进	1000m
	旋转钻进	1500m
大开孔直径		ϕ711mm
液压系统组合泵		32MPa（4+4+1）
压缩空气/泥浆管路	通径	ϕ76.2mm
	额定工作压力	20MPa
辅助绞车	吊臂伸缩量	1m
	缩回状态起重量	38kN
	伸出状态起重量	20kN
液压系统压力	动力头旋转系统	25MPa
	正常钻进系统	24MPa
	快速升降系统	32MPa
钻机配康明斯柴油机	型号	QSX15-600
	功率	447kW
	转速	2100r·min^{-1}
总质量		51 000kg
外形尺寸（长×宽×高）		13.7m×2.85m×4.19m
美国寿力空气压缩机	型号	1150XHH/1350XH（A）
	排气量	32/38m^3·min^{-1}
	排气压力	3.45/2.4MPa
	卡特彼勒柴油机	C18ATAAC
	额定输入功率	470kW
	外形尺寸（长×宽×高）	4613mm×2184mm×2278mm
	质量	5897kg

(四) ZJ-30 撬装钻机

该钻机是一种最大钻深能力为 3000m 的陆地钻机，主要用于井深为 1600～3000m（钻杆 4 1/2″）或者 1500～2500m（钻杆 5″）的石油、天然气勘探开发（图 5-5）。钻机的基本参数、结构型式、设计制造符合 API、IEC、HSE 等国际通用规范，主要设备的细节充分体现了安全、环保的设计理念。钻机采用模块化设计，结构紧凑。发电机房采用隔音降噪设计，尽可能地减少环境污染及人体伤害。钻机设计应用环境温度为 -20～55℃，各系统及设备的设计、选型多采用耐高温元器件及风冷散热方式，钻机能够适应高温、沙漠、多雨等恶劣环境。ZJ-30 撬装钻机详细参数如表 5-7 所示。

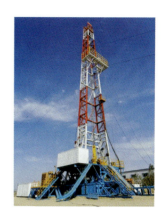

图 5-5 ZJ-30 撬装钻机

表 5-7 ZJ-30 撬装钻机参数

系统	参数
额定钻深	（钻杆 4 1/2″）3000m；（钻杆 5″）2500m
最大钩载	1700kN
提升系统绳系	5×6（花穿或顺穿可选）
钻井钢丝绳直径	ϕ29mm
绞车额定输入功率	400kW
绞车档数	4 进，4 倒
转盘开口直径	ϕ520.7mm（20 1/2″）
转盘档数	3 进，1 倒
泥浆泵额定功率×台数	735KW（1000HP）×1 台
泥浆泵驱动方式	并车联合驱动
井架有效高度/型式	41m/K 型
钻台高度	前台 4.5m，后台 1.45m 转盘梁下净空高 3.3m
供气系统	储气罐容量 3m³ 最高工作压力 1MPa
单立管高压管汇	4″×35MPa
钻机装机总功率	2×882kW
柴油机型号	G12V190PZL-1
转盘传动方式	链条驱动

(五) XJ-40 修井机

XJ-40 修井机为自走式，适用于油井、气井、水井的小修作业。XJ-40 修井机由如下部件组成：底盘、取力器、传动轴、液力变矩器、角传动箱、绞车、井架、游车大钩、工具等（图5-6）。XJ-40修井机技术性能先进，简单结构，便于安装、运移。XJ-40修井机基本参数如表5-8所示。

表5-8 XJ-40修井机基本参数

型号	XJ-40
额定载荷	400kN
修井深度	小修深度27/8″，外加厚油管3200m，钻杆27/8″ 2000 m
大钩最大载荷	675kN（3×4）
台上发动机额定功率	247kW/1900r·min^{-1}
井架高度	17m
整机外形（长×宽×高）	16350mm×2500mm×4200mm
总质量	24 980kg

图5-6 XJ-40修井机示意图

（六）定向设备

新疆煤田地质局有黑星电磁波常规定向仪器2套（图5-7），可满足常规定向井、水平井轨迹控制施工。

图5-7 黑星电磁波无线随钻仪

1. 黑星电磁波传播基本理论

大部分的电磁信号沿钻杆向上传播、泄漏，穿透周围地层，然后再返回到仪器间隙短节的对面，其目的是检测在井口的有限信号。

在电磁波随钻测量应用中包括2个天线：井口天线和参考天线。井口天线连接到井口防喷器，参考天线连接到距井口一定距离的地面上。在大多数情况下井口天线接收信号，参考天线提供了接地参照，形成一个电子回路。

2. 黑星电磁波无线随钻仪组成

从上至下随钻测量系统组合为上部连接器、电池筒、电池连接器、发射器、定向探管、加长杆、导向杆。

从上至下无磁钻铤组合是电池无磁钻铤、绝缘短节、仪器无磁钻铤、定向压力短节。

3. 黑星电磁波常规定向仪工作方式

发射器把测得的参数以电磁波方式通过钻柱及地层传播，通过井口天线及参考天线接收传入双通道放大器，经地面设备解码，通过电脑上的软件显示出来。

第二节 钻探施工技术能力

新疆煤田地质局自建局 60 多年来，累计完成钻探进尺 600 余万米，钻探施工的有煤田地质钻孔、水井、煤层气、大口径、工勘孔、煤矿瓦斯通风井等，具备各种矿产勘查钻探与工程钻探施工能力，并形成了相应的技术体系。不同工程的钻探施工技术基本相通，本节主要从煤田钻探技术与煤层气钻探技术进行介绍。

一、煤田钻探技术

新疆是煤炭储量大省，随着经济建设的快速发展，人们的生产生活对煤炭等能源的需求量也逐年增加。所以，加大深部找矿工作成为解决能源需求的重要步骤，而煤田地质钻探技术的应用和发展对我国深部找矿工作的开展起到了极大的推动作用。煤田钻探技术对于煤矿的开采和生产有着举足轻重的作用。

在 20 世纪 60 年代左右，煤田地质钻探主要使用的技术有钢粒钻进技术、合金钻进技术以及铁砂钻进技术，这些钻进技术的钻进效率低，若是遇到硬质岩层，其钻进速度会受到极大的限制。目前我国煤田钻探多采用金刚石钻进技术，进一步提高了效率与质量，结合运用绳索取心钻进技术。绳索取心金刚石钻进工艺逐步应用于煤田钻探，充分发挥了绳索取心和金刚石钻进工艺的优势，二者的有机结合，有效地解决了煤田钻探过程中钻进效率低、取心率低等技术难题，从而在很大程度上提高了经济效益，促进了煤矿行业的发展。

当前新疆煤田地质局常用的煤田地质钻探技术有定向钻进技术绳索取心和金刚石钻进技术等。在煤田地质钻探中，不同的钻探需求，需采用不同的地质钻探技术。具体的几种煤田钻探技术如下。

（一）定向钻进技术

当煤田地质钻探处于地质构造极为复杂的地区时，一般的钻进方法无法再满足钻进需求，此时可使用定向钻进技术。

该技术常用的造斜机具主要包括连续造斜器以及螺杆定向。定向钻进技术的应用，能够有效地解决在陡直地层找矿中遇到的各类技术难题，且中靶率极高，能够很好地满足地质钻探需求。在煤田地质钻探中，确保中靶率是钻探工作的主要目标，在保证中靶率的同时还要确保不能将煤层打丢，要实现这一目标，定向钻进技术是最好的选择。在利用定向钻进技术时，再结合绳索取心和金刚石钻进技术，可以保证良好的岩心采取率。

(二)绳索取心技术

绳索取心钻进是一种不提钻而由钻杆内捞取岩心的先进钻进方法,它具有结构简单、钻进效率高、岩矿心质量好、钻头寿命长、劳动强度低等特点。煤层气井通过利用此技术,在最短时间将煤心装罐,进行化验分析,对取全、取准煤层参数至关重要。随着钻孔深度的加深,其优势更为明显。自从引入煤层气大井眼钻井后,工具下入深度也随着勘探深度的增加而增加,取心钻头直径也随着勘探需求而加大。同时,一些不可避免的问题也随之产生。绳索取心钻具的型式很多,规格各异,但其基本结构大同小异。整套绳索取心钻具分为单动双层岩心管和打捞器两大部分。双层岩心管部分由外管总成和内管总成组成。

(三)金刚石钻进技术

金刚石钻进技术已经成为矿山勘探中不可缺少的重要技术,金刚石钻进的钻具主要包括钻头、扩孔器、岩心管、异径接头和钻杆等。钻头镶有作为切削具的金刚石以破碎岩石;扩孔器上也镶有金刚石以修整孔壁;岩心管用以容纳所钻岩心,有单层与双层之分。双层岩心管应用较为广泛。金刚石钻进技术具有钻进效率高、钻探质量好、孔内事故少、钢材消耗少、成本低及应用范围广等优点。金刚石钻进的孔径不受限制,最小为28mm,最大达30mm;孔深可超过4000m;钻孔倾角不受限制,它不仅能钻垂直孔、斜孔,还能钻水平孔和仰孔。由于以上优点,金刚石钻进技术被广泛应用于金属和非金属、煤田、石油等地质勘探中。而在金刚石钻进中,钻压既要保证金刚石能有效地切入岩石,又要保证不超过每颗金刚石的允许承载能力。即作用于钻头上的钻压,应使每粒工作的金刚石与岩石的接触压力既要大于岩石的抗压入强度,又要小于金刚石本身的抗压强度。

二、煤层气钻探技术

煤层气钻探技术适应于煤层气、水井、大口径井、煤矿瓦斯通风井等施工,经过多年的施工实践,结合煤层气井施工的实际情况,新疆煤田地质局已经形成了一整套相对完善的煤层气井施工工艺与技术,为煤层气钻井钻探技术的应用创造了有利的条件,促进煤气开采工作的顺利实施。

(一)钻井施工特点及难点

1. 地层砂泥岩互层,倾角大,井眼轨迹难以控制

由于煤层气井需要放入排采设备进行排水采气,所以对井身质量要求很高。新疆煤层气区块地层砂泥岩互层,倾角大,钻井施工过程中采用常规钻井工艺会出现井斜和方位漂移等问题,井身质量不易控制,井斜容易超标。

由于地层倾角大,钻头在非均等面切削作用下,产生不平衡的钻进状态,导致钻头偏离原井眼轴线,产生"小变向器"作用,这一作用随地层倾角的角度增大而增强,井斜的程度也越大。由于岩层软硬交错影响,钻头在由软地层向硬地层钻进,或者由硬地层向软地层钻进时,会因为地层软硬程度不同,钻头产生"小变向器"作用,在软硬界面处形成"狗腿"。因此,针对地层倾角大的特点,需要展开研究,缩短钻井周期,保证井身质量。

2. 地层构造较复杂,储层夹矸多,储层钻遇率低

地层倾角较大的地质特点说明前期地质构造强烈,会出现储层沿倾向倾角是变化的、沿走向方位是变化的,因而会使顺煤层井以及水平井在沿储层钻进时容易超出顶底板,从而导致钻遇率低,重新入煤困难,顶底板判断不清。煤层夹矸多影响目的煤层的判断,无法判断是否进入目的煤层,钻遇夹矸对调整轨迹产生影响。因此,水平井储层钻进技术、顶底板判断技术、侧钻技术需根据实际情况进行适应性研究。

3. 煤储层控制精度低

对实施水平井来说,煤储层控制精度较低,存在目标储层垂深、产状的不确定性和造斜率的不确定性,需针对实际情况进行调整。

4. 完井方式及钻井液体系需优选

完井方式可选择裸眼完井、筛管完井、套管固井、射孔完井,由于新疆大倾角低煤阶煤岩力学特点,选择清水钻进易出现煤层坍塌等事故,泥浆钻进又会对储层造成不同程度污染,因此,需根据煤岩特点及增产改造效果进行完井方式适应性研究及钻井液体系优选。

(二) 采空钻井技术与方法

1. 采空钻井难题

淮南煤田乌鲁木齐矿区为老矿区,过去小煤矿多,存在私挖盗采等违规现象,部分区块采空、地表填方较多,一般采深最大不超250m,且资料不全,很难预测。研究区前期施工遇到采空影响钻井液漏失严重甚至失返,从而导致报废挪孔,严重影响钻井成孔率,增加钻井成本,影响项目工期。针对这些复杂情况进行了穿越采空钻井技术方法研究与现场试验。

2. 技术方法

采取顶漏钻进,钻过采空或严重漏失层段以下30m,利用固井"穿鞋带帽"的工艺方法解决采空或漏失影响(图5-8),为多个煤层气区块产能建设提供了技术支持。

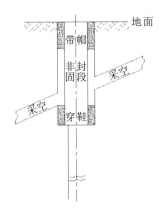

图5-8 "穿鞋带帽"示意图与现场施工照片

主要方法与工序:
①一开钻至采空或严重漏失层段以下稳定基岩20~30m。
②采用清水顶漏钻进,岩屑无法携带至采空则采用泥浆顶漏钻进。
③下入244.5mm表层套管至井底。
④采用密度为1.90g/cm³的速凝水泥进行固井。

⑤井口先期用水泥固定。
⑥二开完钻后将井口周边挖开 2m×2m×2m 的坑。
⑦校正井口，灌入混凝土，与表套找平。

（三）井型优选

从井眼的轨迹形状划分，井型主要分为直井、定向井、水平井三大类。煤层气井一般产能较低，成本却比较高，因此有必要对煤层气井进行参数优化及井型优选，从而提高经济效益。

为节约土地资源，减少钻前费用；方便钻井和压裂作业，减少设备搬迁费用；便于统一进行排采、集输及管理，开发项目主要为丛式井（图 5-9）。为适应新疆煤层大倾角、多层的地质特点，提出了五段制定向井、顺倾向钻进的顺煤层井等独具特色的井型。井型选择直井、定向井、L 型井、顺煤层井相结合。

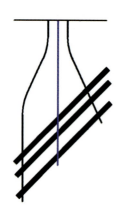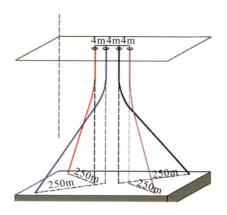

图 5-9 丛式井井型示意图

①丛式井的优点：节约土地资源，减少钻前费用；方便钻井和压裂统一作业，减少设备搬迁费用；便于统一进行排采、集输及管理。
②五段制井与直井结合实现了邻井在多个目的煤层沿倾向上的等间距分布。
③顺煤层井实现了大倾角煤层在倾向上的增产方式试验（俗称"站起来的水平井"）。
④L 型水平井相较于直井增加了单井储层泄压面积，降低了渗流阻力，从而大幅提高了单井产量与气藏采收率，进而增大可采储量（图 5-10）。

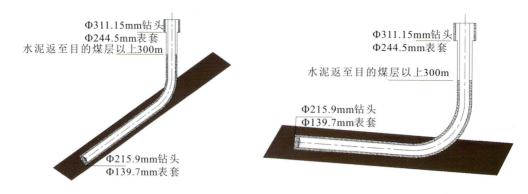

图 5-10 L 型井井身结构示意图

(四) 丛式井井身质量控制技术

丛式井在煤层气开发中应用广泛。在丛式井中，定向井占了大多数，是煤层气开发的主力井型。由于煤层气井生产需放入排采设备，因而对井身质量要求很高。这就使得钻探工程对井眼轨迹的设计要求较高。特别对一些特殊的定向钻探工程，井眼轨迹不但要保证能顺利到达靶心，还要求钻探效率高、费用低。目前，国内外传统的井眼轨迹计算方法有5种：正切法、平均角法、平衡正切法、圆柱螺线法和最小曲率法。此外，还有水平投影法、斜平面法、三维几何分析法等。尽管井眼轨迹计算的方法较多，但应用这些方法时存在一个共同问题，即无法确保所设计轨迹是一条可行的最优待钻轨迹。鉴于此，有必要对井眼轨迹进行优化设计，使待钻井眼轨迹具有较小的井斜变化率和方位变化率、最短的井深、最小的扭矩和摩擦力等特点。井眼轨迹的优化处理，对于减小井下事故、缩短钻探周期、降低钻探成本等具有重要意义。

1. 现有煤层气定向井井眼轨迹设计

丛式井钻井技术在沁水盆地和鄂尔多斯盆地东缘煤层气开发中已经得到广泛应用。由于沁水盆地和鄂尔多斯盆地煤层气区块地层倾角较缓，同时煤层气排采需要放入排采设备，煤层气定向井通常采用三段制的井眼轨迹，即直-增-稳的二维井身剖面。煤层气定向井通常使用螺杆马达＋无线随钻进行轨迹控制，轨迹计算通常使用曲率半径法和最小曲率法。井眼轨迹设计原则如下。

①井眼轨迹设计一般采用直-增-稳的"三段式"二维剖面。

②造斜段设计造斜率一般不超过 $4.5°/30m$，设计稳斜角超过 $35°$ 时，适当提高造斜率，最高一般不超过 $5.1°/30m$。

③为了避免井斜角小的时候方位容易偏移的问题，设计稳斜角一般不小于 $15°$。

④在选择最大井斜角时，应有利于钻井、采气和修井作业。

设计造斜点的选择遵循如下原则。

①造斜点一般选在没有磁性干扰的井段。

②造斜点一般选在地层稳定、可钻性较均匀、无复杂情况的井段。

③造斜点尽可能靠上，可以降低设计造斜率和稳斜角，减少后期排采的偏磨。

2. 井眼轨迹设计优化

新疆煤层气开发矿区内地层倾角大，地层倾角 $30°\sim90°$。同时，开发的多个主力煤层间距大，如果采用常规的三段制井眼需控制入煤层的井斜角，为保证3个主力煤层的井网均匀分布，在某些沿地层倾向的井需要设计五段制井眼轨迹，如图5-11所示。

设计原则：稳斜角不大于 $20°$，造斜率不大于 $0.1°/m$。为了降低后期施工难度以及保证井身质量满足排采要求，入靶点稳定角控制在 $5°$ 以内。如果不能满足上述要求，井眼轨迹采用三段制。

3. 井身质量控制技术

煤层气开发井对井身质量要求高。排采周期长，排采过程中容易出煤粉，造成管杆偏磨现象比较普遍。常规的油气井评价标准是基于30m一个测点的测斜数据，不能完全反映井身质量的好坏。

对于造斜段的一30m段长，如图5-12所示，假设定向9m造斜率就可以满足设计造斜

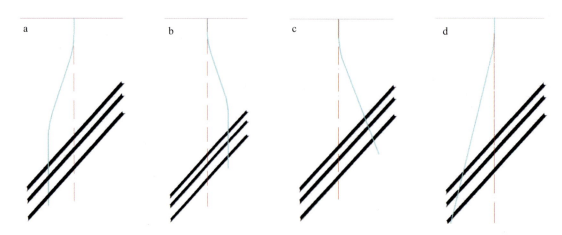

图 5-11 三段制（c、d）和五段制（a、b）井眼轨迹示意图

率要求。如红色轨迹所示，如果采用定向一整根（9m左右）与复合2根的定向模式，这样可以减少定向时间，缩短钻井周期，按30m一个测点进行评估也满足设计要求，而采用每10m一个测点，那么测点1和2之间井段的狗腿度肯定严重超标。如果按每根定向3m，剩余复合钻进的方式，如图5-12轨迹所示，那么每10m一个测点的狗腿度都能满足设计要求，这种定向方式的井眼轨迹更光滑，可以大幅提高井身质量。

以往井身质量评价注重单个指标的评估，忽略了对整个井眼轨迹的总体评价。虽然有的钻井设计中规定了定向方位偏差，但由于当井

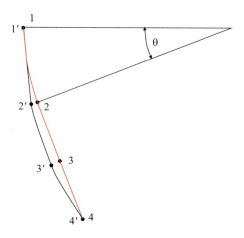

图 5-12 30m测点和10m测点对比示意图

斜小时方位偏差较大，因此对整个井段的方位偏差不好定量评价。如图5-13所示，在评价实钻轨迹1和实钻轨迹2时，如果按常规评价方法，两个轨迹可能都满足设计要求，但如果总体评价，即考虑定向方位偏差，轨迹1肯定比轨迹2更优，设计的二维轨迹成了三维轨迹。因此，在评价时应注重评价井眼轨迹与设计方位的偏移，增加可以定量评价的指标，即规定实钻轨迹偏离设计方位的距离，使实钻轨迹更加接近二维轨迹，以减少摩擦阻力。

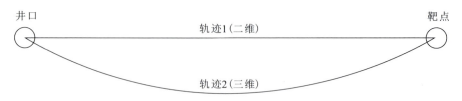

图 5-13 二维轨迹和三维轨迹对比示意图

根据以上研究成果，为了保障定向井的井身质量，白杨河矿区煤层气定向井井身质量控

制要求如下。

①定向井直井段井斜不大于1°，位移小于4m。

②造斜点井斜不大于0.5°，水平位移控制在2m以内。

③稳斜段井斜与设计井斜偏差控制在3°以内。

④直井段全角变化率不大于1.5°/30m，造斜段连续三点平均全角变化率不大于（设计造斜率+1)°/30m，稳斜段连续三点平均全角变化率不大于2.5°/30m。

⑤造斜段实钻方位和设计方位偏差控制在5°以内，靶点闭合方位偏差控制在2°以内。

⑥造斜点选择表套以下15m开始造斜，以保证测斜仪器不受表套磁干扰及尽量小的稳斜角。

⑦要求在进入目的煤层前50m进入最终稳斜段，避免在目的煤层造斜，稳斜钻穿目的煤层，以保证射孔段井眼轨迹的优化。

⑧根据地层造斜难易程度选择1.25°单弯螺杆钻具进行平滑增斜或降斜，优化井眼轨迹。

⑨同井场井架拖移方位具备防碰要求，拖移距5m，防碰安全距离4m，施工过程做好防碰监测。

⑩直井段轻压吊打，确保井斜不超标，为下一步造斜段施工创造良好的条件。

⑪总结区块钻井时方位漂移规律，充分考虑地层造斜力的影响，并在实钻轨迹控制时予以考虑，如地层造斜力与靶方位相同，定向时减小井斜角；反之则定向时增大井斜角，以此减少修正方位及井斜的定向施工，使井眼轨迹更加平滑。

（五）钻具组合优化

为了提高钻井速度，防斜打快，同时保证井身质量可靠且使用寿命更长，复合钻井技术得到广泛应用。其原因包括：一是高效PDC钻头对付某些地层的优势明显大于牙轮钻头；二是近年来螺杆钻具的质量不断提高，寿命大大加长，所以和PDC钻头匹配，可充分发挥PDC钻头的效能；三是在深井、小井眼中常规钻井的动力损耗很大，并且容易出现套管磨损及钻杆疲劳破坏，而复合钻进技术是利用井底马达直接驱动钻头，动力损耗很小，改善了钻具在井下的工作情况，从而提高了钻井的安全性。螺杆钻进的同时，启动转盘有以下目的：防止钻具被卡，减少钻具"偷压"；直井中防止井斜，维持钻头沿垂直方向钻进，在定向井中的稳斜段维持钻头沿原井斜和方位钻进（使用弯螺杆）；协助螺杆、辅助钻进。

白杨河矿区煤层气示范工程以丛式井居多，合理的钻具组合可以确保快速钻进、保障井身质量。钻具组合优选指导思想：白杨河矿区地层泥岩和砂岩互层，如果使用常规钻具组合的话，方位和井斜漂移比较大，因此要求全井段使用螺杆+PDC钻头复合钻井技术。复合钻井技术可使井下动力钻具的优点得到更好的发挥，可以提高机械钻速，缩短钻井周期，降低钻井成本，是一种高效经济的钻井方式。螺杆+PDC组合具有以下优点。

①利用螺杆+PDC钻头钻进，不仅能够大幅度提高机械钻速，而且可减少或避免钻具刺漏、断裂事故。

②利用螺杆+PDC钻头钻进，可明显降低转盘转速，降低钻机负荷。不仅能够降低油耗、减少设备磨损，而且还可以节约机修时间、提高生产时效。

（六）水平井关键技术

1. 水平井井身结构优化

1）井身结构优化目的与意义

井身结构设计是钻井设计的重要内容之一。合理的井身结构能最大限度地避免漏、塌、卡等工程事故的发生，保证钻井作业安全顺利进行，减少钻井费用，降低钻井成本。影响井身结构设计的因素很多，着重分析了钻井工程因素对井身结构设计的影响，为合理设计井身结构，降低钻井成本提供了有效途径。

L型井一般设计三开，下入技术套管的主要目的是封隔及稳固目的储层以上井段，保证水平段安全钻进。根据以往钻井资料、事故情况分析，储层以上井段未出现因地质因素而发生钻井事故。煤层气单分支L型井水平段较短，钻井周期较短，工程难度与工序较简单，但投入成本太高，可通过降低套管层次降低钻井成本，以此提高效益，如图5-14所示。

2）井身结构优化原则

①能有效地保护油气藏，尽量采用较低钻井液密度，减小产层污染。

②能避免喷、漏、塌、卡等井下复杂情况，保证L型井水平段安全钻进。

③当发生溢流时，具有压井处理溢流的能力，在井涌压井时不压漏地层。

④下套管过程中，井内钻井液液柱压力和地层压力之间的差值不致产生压差，卡住套管。

⑤尽可能提高机械钻速、减小成本。

⑥有利于井眼轨迹控制，有利于精确中靶。

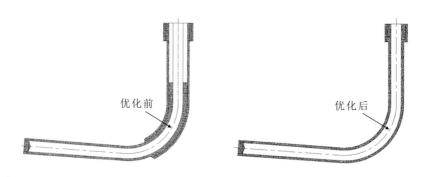

图5-14 井身结构优化示意图

2. 大倾角地层水平井定向与地质导向施工技术

L型井轨迹控制采用定向与地质导向技术，着陆点以上井段采用随钻测量系统控制井眼轨迹，着陆点以下井段采用随钻测井地质导向技术。所谓地质导向就是指对随钻测量得到的数据进行实时分析，并以人机对话的方式来控制井眼轨迹的技术。它是根据井下实际地质特征来确定和控制井眼轨迹的钻井，而不是按预先设计的井眼轨迹进行钻井。这一技术可以精确控制井下钻具钻中最佳地质目标，使井眼始终位于产层内。地质导向技术在对薄产层和高倾斜产层中钻L型井尤为重要。

1）地质特点与轨迹控制难点

煤田勘探地质资料掌握不够精确，一般未做三维地震，控制精度无法满足水平井钻遇率要求，存在两种不确定性因素，一是储层埋深的不确定性，二是产状的不确定性。因此，在储层水平段钻进时导致反复抽回侧钻，增加钻井事故、增加煤层浸泡时间、污染煤层，同时储层钻遇率达不到要求。

2) 解决方法

为解决两种不确定性可能导致的钻出煤层后无法判断触顶还是触底的问题，提出并试验了"井眼轨道控制原则"与"主动探顶技术与侧钻开分支技术"，以保证出煤后做出准确判断，制定准确侧钻方案。

3) 井眼轨迹控制原则与方法

(1) 标志层以上井段轨迹控制原则

L 型井采用双增轨迹，钻进至设计标志层井深与井斜未见标志层时，需调整轨迹，稳斜钻进，直至以设计的井斜与方位找到标志层。若标志层提前，则需通过调整狗腿度或者缩短稳斜段来合理调整轨迹保证下部井段轨迹在控制之中。

(2) 标志层至着陆点井段轨迹控制原则

设计轨迹在着陆点预留 20m 稳斜段，钻进至设计见煤点井深与井斜未入目的煤层时，需调整轨迹，稳斜钻进，直至以设计的井斜与方位找到目的煤层。若目的煤层提前，则需通过调整狗腿度或者缩短稳斜段来合理调整轨迹，预防触底。

(3) 水平段轨迹控制原则

在进入目的煤层后，在允许条件下可适当降低造斜强度，尽量使目的煤层内轨迹平滑。

(4) 预留排采放泵段

在实际施工过程按照设计要求必须预留放泵的稳斜段，稳斜段狗腿度不得超过 3°/30m，以满足泵筒运行要求。

3. 主动探顶与侧钻技术

对目的煤层产状（倾向与走向）不确定的地质情况，储层钻进过程中因实钻方位与实际方位存在偏差会导致轨迹钻出储层。根据区块井眼，一般储层设计走向与实际走向误差在 3°~8°左右，因此当按照设计轨迹钻进，若钻出煤层无法判断是触顶还是触底，重复侧钻，则会增加钻井难度，延长钻井周期，增大煤层浸泡时间与事故风险。

在施工过程中若发生储层埋深明显变化或钻进过程煤质变化与穿层现象时，表明地层走向与设计不一致。此时需采用实际施工方位偏顶板方向钻进，以保证当无法避免出煤层的情况下优先触顶，触顶也有利用悬空侧钻。钻出后通过调整轨迹，由顶板钻进至煤层，易发生卡钻事故。主动探顶悬空侧钻轨迹如图 5-15 所示。

水平段悬空侧钻技术的详细介绍如下。

1) 水平段悬空侧钻难点

水平段钻压传递困难，地面不易判断掌握；煤岩松软易垮塌，井径扩大率较大。

2) 制定侧钻方案

结合地质导向数据、钻遇地质工程情况进行顶、底板判断，根据判断情况设计出轨迹调整方案，可根据实际情况通过降斜和扭方位侧钻回煤层。

3) 悬空侧钻点的确定

针对轨迹情况，优选水平段上翘段，利用钻具自身质量和侧向力在水平段钻进时贴下井壁的规律，在上翘的井眼下方悬空侧钻出一个新井眼。

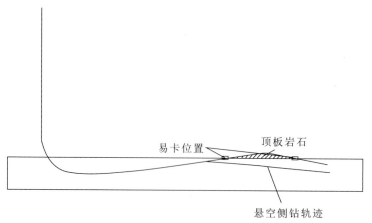

图 5-15 主动探顶悬空侧钻轨迹示意图

4)施工工艺

第一步,泥浆泵及设备工作正常,泥浆充分循环开,工具面摆置设计方位,确认钻头达到侧钻点。

第二步,反复定向划眼,在井斜突变位置制造一个侧钻台肩。工具面摆好开始滑槽:侧钻点上部10m井段滑槽30min,侧钻点上部10m井段滑15min。开始侧钻,第1米1.5h,第2米1h,第3米1h,之后根据捞取的砂样调整。

第三步,侧钻过程要求司钻操作平稳,禁止上提活动钻具。

第四步,每隔0.5h捞取一次砂样,清洗干净。

第五步,侧钻完成后,把侧钻井段复合扫孔,加大侧钻段环空间隙。

(七)高效低伤害钻井液体系

煤层钻井面临诸多问题,一方面煤岩强度低,钻进时容易出现垮塌、埋钻等井壁失稳问题,钻孔形成后,浸泡时间越长,煤层吸水膨胀或垮塌越厉害;另一方面,煤岩微米级(纳米级)的裂缝与孔隙、节理发育,加上储层孔隙压力低,容易发生漏失问题。在钻井液方面,清水携岩能力差,容易引起钻孔坍塌、掉块等问题,还会带来储层伤害等问题。传统的钻井液(泥浆)技术虽然有效地解决了孔壁失稳问题,但储层伤害严重。空气(天然气)钻进难以直接应用于不稳定的煤层,目前适用于埋深浅、储层压力系数低、地层较硬及裂缝发育的煤层。

前期,针对不同储层物理特性下钻井液的研究做了大量工作,形成了多项钻井液体系,但是,目前没有哪一种煤层气储层保护钻井液技术能够适用于所有的煤层气储层保护钻进。所以,针对具体的煤层气储层特征,还得研究与之相适应的储层保护钻井液技术。

1. 低固相低伤害强抑制水基钻井液体系

低固相钻井液体系目前在煤层气钻井液应用中属于最普遍的,相较于无固相钻井液体系,低固相钻井液体系应用条件要求较低,适用范围较广,对设备要求较低。

通过对钻井液体系进行钻井液基浆的性能评价、抗煤岩污染能力评价、煤岩稳定指数评价和钻井液对煤岩的渗透性伤害实验评价,得到以下结论。

①得到低伤害钻井液体系基本配方:1%膨润土(模拟现场土)+0.8%KYZ+2.2%

SS-3。

②该钻井液体系基本性能稳定,温度适应范围宽,在不同温度条件下各项性能满足现场要求。

③该钻井液体系具有优良的抗煤岩污染能力和极强的防塌能力。

④该钻井液体系对煤岩的稳定指数较好,不会造成垮塌现象。

⑤该钻井液体系对煤岩的渗透率降低较小,不会影响后期的采气过程。

2. 无固相高效低伤害钻井液体系

针对新疆大倾角低阶煤研发的无固相强抑制水基钻井液(HP)体系,主要由高性能流型调节剂 HP-VIS、高性能包被抑制剂 HP-HIB 以及降滤失剂 LV-CMC 等关键处理剂组成,该体系具有无固相侵入伤害、流变性能好、防塌性能佳等优点,能满足煤层气储层钻探对钻井液的性能要求。

1)无固相强抑制水基钻井液(HP)体系主要组分及主要技术指标

通过现场试验及室内实验,对钻井液体系进行了优选与研究,形成低伤害钻井液体系配方:400mL 自来水+0.1%NaOH+0.3%HP-HIB+0.5%HP-VIS+0.5%LV-CMC+0.5%润滑剂。

该体系中主要组分包括:高性能流型调节剂 HP-VIS、高性能包被抑制剂 HP-HIB 以及降滤失剂 LV-CMC 等关键处理剂。其中,高性能流型调节剂 HP-VIS 主要用于提高体系黏切作用,其在较低的加量(0.5%)下就能形成具有类似弱凝胶的结构,且该结构具有很强的剪切稀释性;高性能包被抑制剂 HP-HIB 主要用于提高体系的抑制性,其在很低的加量(0.3%)下能明显降低黏土的水化分散作用;降滤失剂 LV-CMC 主要用于改善体系的降滤失性能,提高体系的储层保护能力。

2)体系主要技术指标

①岩屑滚动回收率≥85%;②页岩膨胀率≤15%;③岩心渗透率恢复值≥85%;④抗温能力≥130℃;⑤抗土侵能力≥15%;⑥极压润滑系数≤0.095。

第三节 钻探队伍建设

新疆煤田地质局钻探队伍建设主要体现在两方面,一是完善用工分配机制,二是钻探施工、技术与管理队伍建设。施工队伍建设主要指钻井队建设,包含钻井队队长、技术员、司钻、机电大班以及其他操作工等;技术与管理队伍建设主要指钻探项目负责、技术人员、监督与后勤保障人员等。

新疆煤田地质局现有从事钻探工作的高级工程师 12 人,中、初级工程师 110 多人。钻探施工队伍主要有钻井队 7 支,修井队 2 支,定向队 1 支,钻探技术与管理队伍主要有各队的生产科、工程技术科、勘查院、钻井完井所等。

一、完善用工分配机制

在目前地质勘探发展中,新疆煤田地质局逐步摸索建立健全了"戴事业单位帽子,走企业化道路"的探矿管理体系,保持勘探从业人员的稳定。该体系取得了较好的效果,完善了用工分配体制,促进了钻探队伍建设。

1. 独立核算

新疆煤田地质局的钻探施工队伍分属于各下属主管单位管理，各单位实行独立核算，自负盈亏。各单位都实行了统一的固定工资和浮动工资的承包制，制定了工资标准和奖励标准，按钻探进尺定额完成情况提取绩效工资，及时兑现。适当提高了野外一线职工的野外补贴标准，提高了技术骨干、钻机班长的带班津贴标准，使职工收入逐年增加，因而鼓舞了士气，保证了施工队伍的相对稳定。工资标准和绩效工资标准由每年各单位召开的职工代表大会讨论通过，并逐年增加调整。职工的工资标准主要由固定工资（基础工资公休工资＋大队补贴）和绩效工资两大块组成。

2. 探索外部用工模式，稳定钻探队伍

由于项目的快速扩张，开动的钻机较多，钻探技术工人严重缺乏，从事钻探施工人员中，临时工占很大比例。为了稳定钻探队伍，加强临时工用工使用管理，各单位根据实际情况制定了一些政策与标准，保证临时工积极性与收入。

3. 加强技术培训，提高队伍素质

制定年度学习计划与目标，按照石油钻探队伍建设标准对本单位钻探队伍与技术人员进行岗前教育培训与业务技能考核等，组织形式丰富多样，组建学习班、公派学习交流、经验分享会、事故与案例讨论学习会等。

二、施工队伍建设

1. 淘汰成绩差的队伍，整合人员设备组建新队伍

要落实走出去战略，必须要有先进的设备、技术素养高的队伍。为保证钻探队在钻探领域的竞争力，首先淘汰成绩差的队伍，整合人员与设备，根据市场需求，组织能力强、技术过硬的钻探队伍，做到把设备利用起来，找准设备与技术配置、更新与发展方向。同时从管理层、技术支持、设备保障、现场施工方面着手完善钻探队伍。

近几年在煤田钻探施工队伍基础上组建了多支技术能力过硬的煤层气、工勘、大口径等钻井队伍，装备优良的钻探装备，达到了先进水平。

2. 配置标准化的石油钻机

学习转型走在前面的地勘单位，根据钻探队实际情况因地制宜地进行了设备的更新换代，淘汰老旧设备，添置标准化、系统化的全套设备，达到标准化建设，锻炼队伍，提高技术的目标。

3. 钻探技术与管理队伍建设

钻探施工需要一批懂设计、施工、技术指导、监督和管理团队。近年来新疆煤田地质局加大钻探人才的引进，逐步提高钻探技术与管理人员的学历与专业水平。建设一批高素质钻探技术与管理队伍是单位的核心竞争力，能更好地完成钻探项目的任务，利用技术团队制定各项钻探操作规程、技术规范、岗位职责等，使钻探事业稳定、良性与长期发展。

钻探业务是地勘单位的核心业务之一，如何保持钻探技术的先进性，提高钻探队伍的能力是新疆煤田地质局一直关注的重点工作，未来也将根据时代的变化不断变革与创新，保持在钻探行业的竞争力。

第六章　地球物理勘探

第一节　物探队简介

地球物理勘探是地质勘查不可缺少的工作手段，新疆煤田地质局所属队伍均有地球物理测井设备，对施工的各类煤、煤层气钻孔进行地球物理测井。除此之外，新疆煤田地质局拥有一支专业的物探队，物探队隶属新疆煤田地质局综合地质勘查队。物探队勘探手段有地震勘探、地面瞬变电磁、可控源大地音频电磁测深、大地音频电磁测深、高密度电法、电测深、磁法勘探、井下槽波地震勘探、井下超前探、地球物理测井、工程地球物理勘探等，具有地球物理甲级资质（图6-1）。物探队现有人员31名，其中工程技术人员23名，工程技术人员中具有高级职称的6名，具有中级职称的14名，重点业务为地震勘探。地震分队于1984年成立，期间因为地勘行业低谷，1996—2005年有10年时间暂停地震勘探业务。2003年起随着地勘行业逐渐回暖，新疆煤田地质局审时度势，决定重新启动地震勘探业务，并安排翟广庆同志回新疆煤田地质局综合地质勘查队主抓地震勘探业务，地震勘探业务取得了长足发展。

图6-1　地球物理甲级资质

第二节　地震勘探发展及成果

地震勘探于2006年开始重新启动，从合作开展到独立完成，截至2020年，合计承担各类二维、三维地震勘探项目 105 个,合计完成三维地震勘探面积 270.4km²,完成二维地震物理点 901 306 个,完成各类电磁勘探项目 96 个,合计完成电磁法勘探物理点 280 880 个。物探队拥有营业性爆破作业单位资质(图 6-2)。

图 6-2 爆破作业单位许可证

物探队现有 Sercel-428XL 数字地震仪 2 套,配备地震常规采集链 2000 道(配置 60Hz 检波器及 10Hz 检波器各 2000 道),数字采集链 2000 道。

一、2006—2007 年地震勘探工作

物探队与一六一煤田地质勘探队合作中标新疆广汇新能源有限责任公司淖毛湖盆地煤炭资源普查-详查项目,其中二维地震勘探为物探队承担,该项目为物探队重启地震勘探以来承担的首个项目。通过全队上下的精诚合作、团结奋进,圆满完成了该次项目,共完成物理点 11 597 个。通过二维地震工作,控制了勘查区的构造轮廓,控制了落差大于 100m 的断层,共控制断层 9 条,其中正断层 7 条,逆断层 2 条(图 6-3、图 6-4)。该项目获得了业主新疆广汇新能源有限责任公司的高度评价。

图 6-3 淖毛湖盆地普查-详查地震勘探施工现场

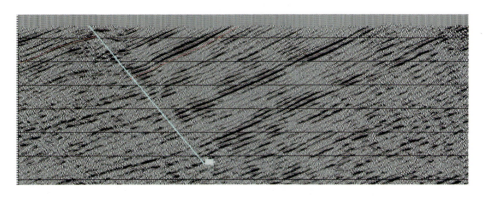

图 6-4 淖毛湖盆地普查-详查典型地震时间剖面

二、2009年地震勘探工作

2009年，物探队先后承担了"358"项目中新疆三塘湖盆地煤炭资源调查二维地震勘查、新疆吐哈盆地煤炭资源调查二维地震勘查及新疆伊犁盆地煤炭资源调查二维地震勘查等多个大型国资项目（图6-5、图6-6）。

图 6-5 "358"项目期间施工现场

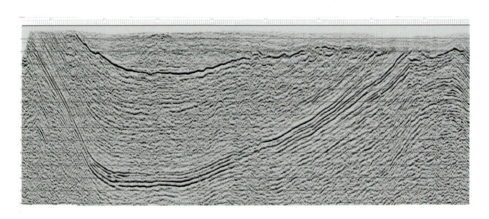

图 6-6 "358"项目典型地震时间剖面

三、2010 年地震勘探工作

2010 年，物探队首台自有 428XL 数字地震仪购置到位，配备采集链 1400 道，物探分队独立承担的首个二维地震勘探工作为富蕴广汇喀姆斯特项目，该项目共完成物理点 16 588 个，对主要煤层的底板进行了控制，共控制断层 9 条，控制孤立断点 9 个（图 6-7、图 6-8）。

图 6-7　独立承担首个地震项目野外施工

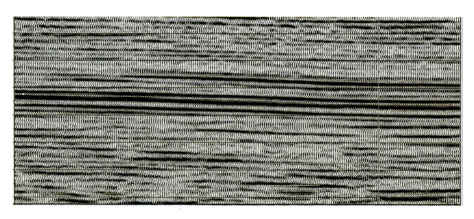

图 6-8　独立承担首个地震项目所得地震时间剖面

四、2011 年地震勘探工作

2011 年，物探队承担了新疆三塘湖盆地普查-详查二维地震勘探项目。通过二维地震及三维地震工作，在区内查明了断层 130 余条，总计为一六一队提供了建议孔位 220 多个，控制了主要煤层的埋藏深度和底板起伏形态，查明了主要煤层的隐伏露头位置。在该项目中物探队创造了煤田系统地震勘探日均 1550 个物理点的全国纪录（图 6-9、图 6-10）。

随后，物探队分别承担了新疆华电英格库勒一号井田、二号井田三维地震勘探，新疆三塘湖煤矿区石头梅一号井田三维地震勘探，条湖一号井田三维地震勘探，新疆国投库木苏一号井田、二号井田、三号井田、四号井田三维地震勘探等多个大型三维地震勘探项目，查明了这些勘探区的构造轮廓，控制了 5m 以上的断层（个别矿区查明了 3m 以上的断层），对煤层分叉合并及厚度变化情况也进行了解释，解释精度得到了钻探的高度验证，得到了业主的

图 6-9　三塘湖煤田普查-详查二维地震施工现场

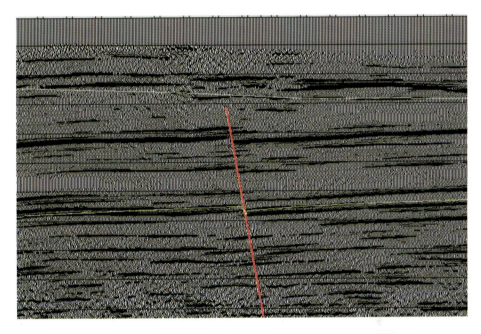

图 6-10　三塘湖煤田普查-详查二维地震典型地震时间剖面

认可。物探队先后承担各类三维地震15个，完成三维地震勘探面积270.5km²（图6-11、图6-12）。

图 6-11　三维地震勘探施工现场

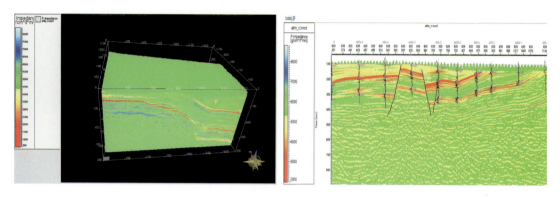

图 6-12　三维地震勘探典型报告图件

五、2012—2013 年地震勘探工作

2012—2013 年，物探队承担了新疆哈密三道岭南普查二维地震勘探工作，通过二维地震工作给出的 4 个建议孔见煤，在普查区最北部建议孔深 1300m，最终钻探在 1297m 处揭露煤层，证明了三道岭南地区存在大型整装煤田。通过二维地震工作控制了主采煤层的底板起伏形态，共查明断层 56 条（图 6-13、图 6-14）。

图 6-13　三道岭普查施工现场

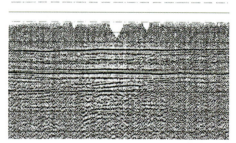

图 6-14　三道岭普查典型地震时间剖面

在常规三维地震勘探项目大力发展的同时，物探队积极拓展了多个山地三维地震勘探项目，通过精细化的野外施工组织，采用浮动基准面（图 6-15、图 6-16）、叠前偏移等措施，取得了良好的效果，物探队得到了业主的高度评价。

图 6-15　山地三维地震勘探施工现场

图 6-16　山地三维地震勘探典型地震时间剖面

第三节 地表电、磁法勘探发展经历及成果

地表电、磁法勘探是物探队的传统强项,现有手段包括瞬变电磁、可控源大地音频电磁测深、大地音频电磁测深、高密度电法、电测深、磁法勘探等。物探队拥有加拿大凤凰公司的 V8 采集系统一套、PMG-1 质子磁力仪 4 套、EREV-1+质子磁力仪 4 套、WDJD-4 高密度主机 1 套、WDFZ-5 T 大功率激电仪 1 套。从分队组建至今完成各类电、磁法勘探项目 96 个,合计完成电、磁法勘探物理点 280 880 个(图 6-17)。

图 6-17 电、磁法勘探现场

第四节 地球物理测井的发展

地球物理测井是煤田地质必备项目,物探队已开展测井工作 30 余年,测井参数主要有侧向电阻率、自然伽玛、人工放射性(长短源距)、自然电位、井斜及方位、井径、声速、闪烁伽玛(核工业定量专用参数)。建队至今共完成测井孔 2300 余口,合计完成测井米数 132 万余米。队员们既参加过三塘湖整装煤田勘探"大会战",也在南疆若羌、叶城、阿克陶等条件极为复杂的地区工作过,对物探队的煤田勘探事业有着重要的贡献(图 6-18)。

图 6-18 地球物理测井现场

第五节　取得荣誉及未来发展

物探队一直以来秉承着吃苦耐劳、精益求精的精神，立足本位，努力做好煤田地质事业中的服务角色，参与及主持的各类地球物理勘探项目 400 余个。物探队在工作过程中敢为人先、不计荣辱，努力完成上级下达的各项任务，积极参与市场拓展，由于工作中的突出表现，斩获了开发建设新疆奖章、全国能源化学系统先进集体等重要荣誉（图 6-19～图 6-21）。随着地勘经济越来越精细化，物探队也将随着时代发展的大潮与时俱进，成为一支素质更高、效率更高的专业勘探队伍。

图 6-19　开发建设新疆奖状

图 6-20　全国能源化学系统"工人先锋号"奖状

图 6-21 "新疆煤炭工业工人先锋号"奖状

第七章　测绘

第一节　测绘工作的发展

一、发展历程

测绘地理信息中心（新疆煤田地质局测量队）隶属于新疆煤田地质局综合地质勘查队，是一支专业技术过硬、能吃苦耐劳的测绘专业技术队伍。1956年10月，东北煤田第一地质勘探局测绘大队第三分队根据煤炭部煤矿地质勘探总局的决定，奉调来疆，成立乌鲁木齐煤矿基本建设局煤田地质测量队。后几经调整、更名，1986年划归一五六队管理，成立一五六队测量分队，共有职工28人，队长刘绍舜，支部书记马玉智。1990年经新疆煤田地质局队伍调整，测量分队划归水文队（现"新疆煤田地质局综合地质勘查队"）管理。通过几十年的发展，新疆煤田地质局测量队已经从以前的主要为地质勘查服务，发展为可以进行国家基础性测绘及地理信息工程测绘的地理信息中心。

二、资质建设

测绘地理信息中心具有土地规划乙级资质（图7-1），工程测量甲级资质（图7-2），测绘航空摄影、摄影测量与遥感、地理信息系统工程、地理信息系统开发、不动产测绘及房产测绘等乙级资质（图7-3）。长期服务于地质勘查、国家基础性建设及国家大型地理信息工程等公益性项目建设。

图7-1　土地规划乙级资质

第七章 测绘

图 7-2 工程测量甲级资质

图 7-3 测绘乙级资质

三、技术力量及仪器设备

测绘地理信息中心有专业技术人员 60 余人，高级工程师 8 人；该中心下设有无人机航测分院、工程测量分院、地理信息分院。拥有各类无人机 5 架，搭载红外热像仪、倾斜相机、高清数码相机，可以完成各类比例尺地形测图，能够获取数字立体模型，红外影像及数字正射影像等产品；拥有各类先进双频 GPS 接收机 26 台，电子水准仪 2 台，各类全站仪 10 台，手持测距仪 10 台，RIEGLVZ-2000i 激光扫描仪 1 台；拥有 ArcGIS、苍穹、吉威、EPS、CASS 等地理信息软件 60 余套；拥有磁盘阵列＋集群工作站，可以完成各类地理信息大数据处理任务。

第二节　测绘工作及成果

一、服务地质勘查

自 1986 年以来，测绘地理信息中心的足迹踏遍天山南北，为新疆的开发和经济建设谱写了辉煌篇章，为新疆煤田地质勘探提供了必要的地形图和测量控制成果，为煤田地质勘探打下了良好基础。

地质勘查工作的基础是测量工作，测量工作辅助地质勘探进行控制测量，定点、定线以及地形图测量。在 20 世纪 60 年代的地质勘探工作中，测量需提前好几个月甚至一年进入测区进行控制测量及地形图测量。随着时代的发展，测量仪器越来越先进，从起初的经纬仪到全站仪，再到现在的 GPS，测量工作的效率也越来越高。随着无人机航测以及激光扫描仪的兴起，地形图测绘已经进入高效率、大面积和高精度的时代。新疆煤田地质局目前拥有非常先进的测绘仪器设备，在服务地质勘查工作中发挥了巨大作用。

二、第一次全国地理国情普查

为贯彻落实新疆维吾尔自治区人民政府《关于做好第一次全国地理国情普查工作的通知》（新政发〔2013〕81 号）的要求，科学有效地组织实施第一次全国地理国情普查，确保自治区第一次全国地理国情普查项目顺利实施，自治区第一次全国地理国情普查领导小组办公室与新疆煤田地质局签署协议，由新疆煤田地质局综合地质勘查队负责完成乌鲁木齐市米东区行政区域、阜康市行政区域、吉木萨尔县行政区域、奇台县行政区域、木垒县行政区域普查任务（（图 7-4、图 7-5），总面积约为 50 414km^2，工作经费 2 070.98 万元，工期为 2014—2016 年。

地理国情普查就是利用高分辨率遥感正射影像数据、基础地理信息数据和其他专题数据，按照统一的标准和技术要求完成地表覆盖分类、地理国情要素采集、外业调查与核查、遥感解译样本采集与制作、内业数据整理等工作；然后开展普查数据标准时点核准和普查数据预处理；最终结合社会经济资料和普查成果，开展以县（市）为单位的普查成果基本统计，并编制县（市）基本统计成果报告。

在项目实施过程中，测绘地理信息中心深入开展地理国情普查劳动竞赛，组织开展地理国情普查"百日大会战"活动，以赛促学、以赛促练，争先创优、争创佳绩，最终涌现出了先进集体 1 个，先进班组 1 个，先进个人 3 名，其中 1 名同志获得了"自治区第一次全国地理国情普查党员示范岗"荣誉称号，有力促进了第一次全国地理国情普查工作的圆满完成。

通过开展地理国情普查工作，查清了区域地表自然和人文地理要素的现状及空间分布情况，为开展常态化地理国情监测奠定了基础，为经济社会发展和生态文明建设提供了依据，

图 7-4 第一次全国地理国情普查出征仪式

图 7-5 第一次全国地理国情普查作业区示意图

同时也提高了地理国情信息对政府、企业和公众的服务能力。

三、第三次全国国土调查

2019 年，新疆煤田地质局积极响应自然资源厅号召，组织专业技术人员进行国土调查培训，并且获得自治区土地学会颁发的自治区国土调查专业队伍资信评价证书，凭借过硬的实力和严格的质量把控体系，得到了吐鲁番市自然资源局及喀什地区自然资源局的认可，先后承接了吐鲁番市托克逊县、喀什地区英吉沙县的国土调查任务（图 7-6）。第三次全国国土调查作为一项重大的国情国力调查，目的是在第二次全国国土调查成果基础上，全面细化和完善县（市）国土利用基础数据，直接掌握翔实准确的国土利用现状和土地资源变化情况，进一步完善国土调查、监测和统计制度，实现成果信息化管理与共享，满足生态文明建设、空间规划编制、供给侧结构性改革、宏观调控、自然资源管理体制改革和统一确权登记、国土空间用途管制等各项工作的需要。

图 7-6　托克逊县第三次全国国土调查项目启动

新疆煤田地质局承揽了吐鲁番市托克逊县第三次全国国土调查工作，累计工作量 16 564km^2，45 000 个图斑，举证 9500 个图斑，工作经费 125 万。红色区域为工作区域（图 7-7）。

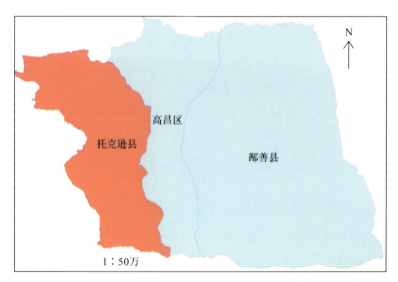

图 7-7　托克逊县第三次全国国土调查作业区

喀什地区英吉沙县第三次全国国土调查，工作量 3425 余平方千米，63 000 个图斑，举证 15 000 个图斑，工作经费 169 万元，红色区域为工作区域（图 7-8）。

基于内业对比分析技术和多源数据融合处理技术开展外业调查工作底图制作，基于"3S"一体化技术开展农村土地利用现状外业调查。采用"3S"一体化技术、"互联网+"

图 7-8 英吉沙县第三次全国国土调查作业区

技术，逐图斑开展实地调查，细化调查图斑的地类、范围、权属等信息。对地方实地调查地类与国家内业预判地类不一致的图斑，需实地拍摄带定位坐标的举证照片。根据自治区要求深入每个村逐图斑调查，保证走到、问到、看到，确保调查成果的真实性（图 7-9）。

图 7-9 国土调查外业举证

截至目前，测绘地理信息中心承揽的托克逊县、英吉沙县第三次全国国土调查项目最终数据库均通过自治区核查质检上交国家。并且各地区都属于成果质量扎实、数据差错率低的模范县（市）。县（市）自然资源局对测绘地理信息中心第三次全国国土调查项目的工作表示认可。

此次全国国土调查项目是推进国家治理体系和治理能力现代化、促进经济社会全面协调可持续发展的客观要求；是加快推进生态文明建设、夯实自然资源调查基础和推进统一确权登记的重要举措。

四、地籍调查及土地确权

为响应农业部关于农村集体土地确权登记颁证的政策，新疆维吾尔自治区常委强调，各级党委政府和职能部门要认真按照新疆维吾尔自治区总体要求，精心组织、强化措施，确保确权登记颁证整县推进试点工作积极稳妥，扎实有序推进。严禁借机违法调整或收回农户承包地，不允许和农民争利，要守住现有土地承包关系稳定这个底线，维护农村社会和谐稳定大局。

测绘地理信息中心先后承揽了 3 个确权项目，包括奇台县三个庄子镇、乔仁乡、五马场乡的确权工作共计 26 万亩（1 亩≈666.67m²）、3800 余户。阜康市九运街镇确权工作共计 9.6 万亩、3500 余户。阿勒泰市的确权工作共计 9.2 万亩、1300 余户。确权类总经费 470 万元，工期为 2016—2018 年。

土地确权工作是利用高清影像结合实测，采集农民地块边界，其中前期需入户调查确权户家庭信息，包括 1998 年以来确权的人员流转情况，如新增、去世、外嫁等，并且通过村委会确认，保证信息准确性。奇台和阜康项目采取全实测的工作方式，收集 2000 国家大地坐标系已知点，并且各乡镇区域布设 D 级控制网。采取 RTK 现场实测，村民现场指界确认签字，完成基础数据采集。阿勒泰确权工作方式采用实测加图解，图解法采用阿勒泰下发的高清正射影像，根据村民指界在影像图上采集地块边界，并且签字确认，最后根据地块边界进行内业矢量化，完成基础数据采集。第二阶段公示审核后对村民地块边界有异议处进行复测和修改，最终通过村委会和村民确认，确保最终数据库的准确性，保证颁证准确无误。图 7-10 为农村土地承包经营确权登记颁证现场。

测绘地理信息中心承揽的 3 个确权项目完成质量高、村民满意度高、最终成果通过自治区检查，数据库已经上交国家农业部，得到县市领导的高度赞扬。

通过土地确权工作，各乡镇村委会对于各自现有承包地、集体地和账外地都有了一个明确的数据，确保农户承包地权益，也为以后乡村土地规划结构调整提供信息平台。各县（市）掌握确权数据库信息后，方便农户土地流转，提高土地资源利用率，为政府相关部门更好分配和服务农民用地信息提供高效可靠的平台。

图 7-10　农村土地承包经营确权登记颁证现场

第八章 岩矿测试

新疆煤田地质局下属两个研究所,分别是新疆维吾尔自治区煤炭煤层气测试研究所(又称新疆维吾尔自治区煤炭产品质量检测中心,以下简称"测研所")和新疆维吾尔自治区煤炭科学研究所(以下简称"煤科所")。主要承担全疆煤炭、煤层气、油页岩、页岩气、非常规能源的检测检验及研究工作,从事岩石力学性能测试,焦炭、煤矿水质、瓦斯、煤焦油的检测分析,煤矿职业病卫生检测分析及评价,矿用产品安全检测,金属与非金属矿石检测等工作。

第一节 业务能力简介

一、测研所

测研所于1956年底筹建,1957年初成立,至2020年已有64年的历史。1960年测研所与煤科所短暂合并,成立新疆维吾尔自治区煤炭科学研究所,1961年6月,两所分离。1978年,新疆煤田地质公司成立,测研所归公司领导,成立时为经济独立的科级单位。2006年,调整为副处级单位,2017年升格为处级单位。

经过几代人的努力,测研所从最初的工业分析、发热量等8个检测项目,到现在能测试横跨煤炭、煤层气、岩石力学、瓦斯、水质、节能技术咨询评价、矿用产品安全检测、金属与非金属矿石检测等近400个参数,是新疆维吾尔自治区煤炭行业最大的综合性检测检验机构。

1980年7月11日,新疆维吾尔自治区煤炭管理局和新疆维吾尔自治区标准局联合下文,授权测研所为"新疆维吾尔自治区煤炭产品质量检测中心",为独立的第三方质量监督检验机构。1987年,在新疆各类众多实验室中测研所是首家通过新疆维吾尔自治区计量局计量认证的单位。2015年,测研所通过实验室认可。

经过多年的发展,测研所共取得资质10个,分别是实验室认可证书(CNAS)(图8-1)、资质认定计量认证证书(CMA)(图8-2)、资质认定授权证书(CAL)(图8-3)、地质实验测试(岩矿鉴定、岩矿测试)甲级、质量管理体系认证证书、环境管理体系认证证书、职业健康安全管理体系认证证书、安全生产检测检验机构资质证书、自治区第一批清洁生产审核咨询机构、自治区第一批节能技术服务机构。

测研所为事业单位独立法人,实行财务独立核算。现有办公楼1栋,建筑面积为$5000m^2$。现有职工32人,其中高级工程师9人,中级工程师10人,初级工程师13人,研究生4人,本科生24人,大专生4人,检测经验丰富,技术力量雄厚,质量保证体系健全。拥有电感耦合等离子体光谱仪(图8-4)、原子吸收光谱仪(图8-5)、X射线荧光光谱仪(图8-6)、X射线衍射仪(图8-7)、气相色谱仪(图8-8)、高温高压等温吸附仪(图8-9)、显微镜分析系统(图8-10)、压力试验机(图8-11)等高精度检测设备200多台。

第八章 岩矿测试

图 8-1 CNAS 证书

图 8-2 CMA 证书

图 8-3 CAL 证书

图 8-4 电感耦合等离子体光谱仪

图 8-5 原子吸收光谱仪

图 8-6 X 射线荧光光谱仪

图 8-7 X 射线衍射仪

作为全疆最完整且最具权威的煤及煤产品测试机构，测研所在煤层气、岩石力学性能测试、水质分析、矿用安全产品检测、节能技术咨询评价、金属与非金属矿石鉴定等方面也具有很强的检测实力。长期以来，测研所始终坚持质量第一的原则，公平、公正地为用户提供

图 8-8 气相色谱仪

图 8-9 高温高压等温吸附仪

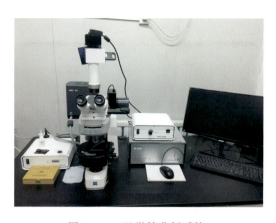

图 8-10 显微镜分析系统

图 8-11 压力试验机

最优质服务。测研所从成立至今向社会提供了数以百万计的数据，提供的数据均准确可靠。特别是近 20 年来，测研所承担了自治区大多数的煤田地质勘探项目中的煤质、岩矿鉴定、煤尘爆炸、煤的自燃倾向鉴定、瓦斯鉴定、水质分析等 6 万多批次测试。测研所在多起质量争议仲裁检验过程中，坚持原则，为裁决部门及时迅速地提供可靠依据，维护了法律的公正性。

从 1999 年开始，测研所被聘请为全国煤炭标准委员会成员单位之一。先后共撰写论文 30 余篇，部分已发表或被评为优秀论文；申请专利 8 个；编写专著 1 本，是完成"中国煤岩图鉴"的协作单位之一。测研所历年参加全国煤质检验质量统检均名列前茅，多次参加北方协作区统一检查合格率均大于 95%。在制定和修订国家标准方面也有诸多贡献。

为提升检验技术服务能力，积极拓展新领域、新项目。通过对检测市场需求的调查，对标准信息收集、检测方法研究等技术手段，测研所充分利用现有设备，克服各种困难，拓展新项目。新开项目包括土壤、水质及节能技术服务。这些新项目的开展，不仅填补了单位相关方向的空白，也为多元化发展提供了技术保障。

近年来，单位加快检测技术能力的建设，购置了很多新设备，为新项目的拓展提供强有力的硬件保障，真正使实验室能检且检得准、检得快，充分发挥在检测领域的技术保障作用。

二、煤科所

煤科所成立于1959年，是新疆唯一一所综合性科研事业法人单位。下辖煤化研究室于2006年通过新疆维吾尔自治区计量局计量认证，现有在册职工9名，其中高级工程师1名，工程师5名，助理工程师3名。主要从事煤炭化工研究、洁净煤技术研究，煤炭、焦炭、活性炭、炉渣、粉煤灰、油页岩和煤焦油的检测分析以及煤矿职业病卫生检测分析及评价。实验室拥有气相色谱仪、电感耦合等离子体光谱仪、原子荧光光谱分析仪、全自动数字煤岩分析仪、原子吸收分光光度计等大型实验仪器20多台及其他设备100多台（套）。可承担煤矿煤层大样筛分、浮沉试验；工业型煤、民用型煤的配方研制；炼焦配煤、改良质量、焦炭产品性能改进及测试；煤质活性炭系列产品（黄金吸附炭、净水炭、脱色炭、脱硫炭）开发研制；煤矸石的综合利用（分析测试建筑砌块、矸石砖、结晶氯化铝的提取）和各类煤质化验、检测专业技术人员的培训等。

第二节 实验测试成果

测研所和煤科所自成立以来，完成了新疆90%以上煤炭及煤田地质勘探的检测任务，具有新疆煤质司法仲裁检测能力，是全疆煤质检测项目最全、最具权威的单位，能独立承担地质检测任务，与疆内和疆外地质勘探单位都有合作，如疆内新疆地矿局第一地质大队、第八地质大队、第十一地质大队、第二区域地质调查大队等地矿局地质勘探单位，以及新疆有色地勘局七零一队、核工业二一六大队等其他地质勘探单位，都建立了业务联系。疆外主要合作地质勘探单位有山东省第一地质矿产勘查院、山东省地质测绘院、宁夏地质工程院、陕西省煤田地质局一三一队、陕西地矿局综合地质大队、湖北煤炭地质勘查院、湖南煤炭地质勘查院、中煤地质总局一二九队、江苏煤炭地质勘探二队、重庆一三六地质队等地质勘探单位。

通过与疆内和疆外地质勘探单位的合作，助推单位管理能力稳步提升，促使检测技术和检测能力提高。经过2011—2020年这10年的发展和积累，在原有的检测技术和检测能力上，积极拓展新的项目、新的领域，检测技术稳步提升，通过能力验证等说明，两所检测能力在同行内处于较高水平，得到了业界普遍认可。

一、三塘湖煤田项目

2011—2013年，新疆煤田地质局一六一地质勘探队开展三塘湖煤田勘探任务。三塘湖煤田勘探，两年共送检煤样超过15 000个，岩石力学样品超过1000组，瓦斯样品600多个，煤心煤样可选性样品超过300个。检测任务十分繁重，项目要求时间短。为了保证测试进度和检测质量，完成此次检测任务，全体职工付出艰辛的努力，采取多项措施，圆满完成了三塘湖煤田勘探的检测任务。

在三塘湖煤田检测任务下达的重要时刻，由于测研所处于新疆国际会展中心斜对面，2011年9月举办中国-亚欧博览会，按有关部门要求，白天不能正常上班。但是每位职工都会主动要求夜晚加班，将落下的检测任务补回来，保证测试成果及时报出。

根据乌鲁木齐市政府安排，七道湾工业园需拆迁，2011年12月底前测研所需要将办公地点搬迁至八道湾创业园内。为了不影响检测任务，每位职工都将搬迁当作"战役"来打，前期做了充分的准备，做到每个项目当天搬迁，当天安装，当天调试到位，当天形成生产力。没有因为搬迁而影响到检测工作的正常进行。在任务量比较大时，全所职工主动加班至晚上11点，甚至更晚。

就是有这样敢打敢拼的敬业精神，有这样可爱可敬的职工，测研所圆满完成了三塘湖煤田检测任务，并得到了新疆煤田地质局和一六一队充分的肯定和赞扬。

二、准东煤田、和什托洛盖煤田项目

2011—2015年，测研所与新疆地矿局第九地质大队签订长期检测合同，检测技术和检测能力得到了第九地质大队的认可。具体到第九地质大队准东煤田项目上，测研所承担的矿区包括准东煤田奇台县红沙泉矿区、西黑山矿区、大沙丘勘查区、将军庙煤矿露天勘探区、将军戈壁一号矿、五彩湾矿区芦草沟五号露天煤矿、南露天煤矿二采区、二道沙梁矿区、帐南东二井田勘探区、木垒县梧桐窝子煤矿等矿区。基本囊括了准东所有矿区，拥有准东煤田完善的煤质、瓦斯、岩石力学性能等资料。是较早发现准东煤具有高碱金属含量的单位之一。

和什托洛盖煤田是继准东煤田、三塘湖煤田后，新疆发现的第三个超大型整装煤田。2012—2013年，测研所承担了新疆地矿局第九地质大队委托的和什托洛盖煤田莫湖台西勘查区（详查）、新疆和什托洛盖白杨河矿区两个矿区的检测任务。

三、非煤检测任务

2013—2015年，新疆煤田地质局中标紫金矿业集团西北有限公司矿产地质勘查院的岩石力学性能测试、水质分析项目，并将新疆哈巴河县阿舍勒铜锌矿深边部勘探项目的测试任务交由测研所承担。此时测研所刚通过非煤项目计量认证，第一次从事铜锌项目检测，检测压力可想而知。为了完成任务，转变思维方式，测研所聘请了全国矿石检测专家进行现场指导，成功完成了该项目，并成功成为紫金矿业集团西北有限公司矿产地质勘查院新疆检测供应商。

2015年，测研所受阜康市华泽科技发展有限公司委托，对新疆阜康市大黄山油页岩矿勘探的油页岩进行检测。测研所通过派遣两名职工至东北煤田地质局沈阳测试研究中心学习《油页岩含油率测试方法（格金法）》和考察引进油页岩测试仪，经过各方努力，完成了阜康市华泽科技发展有限公司的项目，并与他们建立更紧密的关系。

第三节 检测技术能力

测研所经过60多年的发展，检测技术和检测能力取得了长足的进步。随着检测检验机构认证、认可，与国际接轨的步伐越来越快，管理工作越来越规范，通过不断实践与探索，在规范许可范围内采取许多有效措施提高检测质量，保障了地质勘探成果。

一、积极参加全国和地区协会及组织

国家标准、行业标准分别是由国家标准机构和国家的某个行业通过并公开发布，且在全

国范围内实施的标准。参与制订和修订国家标准、行业标准，就占据了该行业在国内的最高话语权，占领该行业技术制高点。参与国家标准和行业标准的制订、修订已经成为企业在经济、贸易、科技等方面竞争的重要方式，对单位的重要性已越来越凸显。

(一) 全国煤炭标准化技术委员会煤炭检测分技术委员会（SAC/TC42/SC1）

煤炭检测技术标准化工作是煤炭利用的重要技术基础，是推进煤炭利用技术进步、产业升级、提高煤炭利用效率的重要因素。通过参与制订、修订国家标准或行业标准，与全国煤炭检测权威专家沟通和交流，对于标准制定的意义和标准的理解更透彻，有力推动本单位检测技术的提升，并有效确定单位的技术水准处于较高水平以及检测质量在该行业内的权威地位，极大地提高单位知名度和市场竞争力，对提高单位的经济效益起到巨大的推动作用，也提升了新疆煤炭在全国范围内的话语权。

通过积极地争取和沟通，1999年，单位职工张焱正式成为全国煤炭标准化技术委员会煤炭检测分技术委员会委员，是新疆唯一一家委员单位。全国煤炭标准化技术委员会煤炭检测分技术委员会每五年改选一次，2014年，单位职工周剑被该委员会聘请为委员。测研所目前是检测分会资格最老的委员单位之一。单位参与了我国煤炭采样、制样和分析试验方法所有标准制（修）订工作。每年都需对国家标准、行业标准制订和修订的标准提案提出修改或修订意见，并积极参加审查国家标准及行业标准会议，积极参与煤炭分析试验方法标准化工作。参与修订和审查的国家标准（GB）达90多项，煤炭行业标准49项。

(二) 全国煤炭标准化技术委员会第五届选煤分技术委员会（SAC/TC42/SC3）

全国煤炭标准化技术委员会第五届选煤分技术委员会主要负责全国选煤、煤炭的洗选加工等专业领域标准化工作，秘书处挂靠在煤炭科学研究总院唐山分院。

2014年6月，单位职工胡博被全国煤炭标准化技术委员会选煤分技术委员会聘请为委员。自成为该标准委员会委员至今，胡博参与由全国煤炭标准化技术委员会选煤分技术委员会组织的《选煤试验方法一般规定》《选煤磁选设备工艺效果评定方法》《选煤厂浮选工艺效果评定方法》《选煤实验室分步释放浮选试验方法》《选煤厂洗水闭路循环等级》《卧式刮刀卸料煤泥离心机》《选煤用重介质旋流器工艺性能试验方法及判定规则》《选煤厂重介质旋流器悬浮液中磁性物含量的测定方法》等多项行业标准和国家标准的技术审查，有力地促进了单位在选煤领域技术的提升，并服务于新疆选煤行业的发展。

(三) 全国煤炭标准化技术委员会煤岩分技术委员会（SAC/TC42/SC4）

全国煤炭标准化技术委员会煤岩分技术委员会由18名委员组成，主要承担全国煤岩分类、术语、采样制样方法、测试方法和测试专用仪器设备等专业领域标准化工作，秘书处挂靠在中煤科工集团西安研究院有限公司。

2014年6月，测研所职工王春莲、苏玉娟两人被全国煤炭标准化技术委员会煤岩分技术委员会聘请为委员，体现了该单位在此领域有较强的影响力及测试水平。参与了《煤的镜质体随机反射率自动测定图像分析法》等多项国家及行业标准的技术审查工作，有力地推动了测研所煤岩检测水平的提升。

(四) 全国煤炭标准化技术委员会矿井水与废物资源化分技术委员会（SAC/TC42/SC5）

煤炭作为中国重要能源在经济建设中的地位无法取代，但煤矿开采和使用过程中会对环境造成污染，会对人民的生活造成影响。因此，需要建立一整套标准来规范煤矿开采企业及煤炭使用方的行为。全国煤炭标准化技术委员会矿井水与废物资源化分技术委员会主要负责全国矿井水质分析测试方法、矿井水质评价、煤炭废弃物治理与资源化等领域标准化工作。

2014年6月，测研所职工赵学道被全国煤炭标准化技术委员会矿井水与废物资源化分技术委员会聘请为委员。赵学道作为第三起草人参与起草并制定了行业标准《煤矸石中汞的测定》和《煤矸石中砷的测定》。2017年7月，他又作为第三起草人参加起草国家标准GB/T 35986—2018《煤矸石烧失量的测定》，并于2018年2月开始施行。自成为标准委员会委员至今，赵学道参与由全国煤炭标准化技术委员会组织的《煤矿水中钙离子和镁离子的测定》《煤中焦油含量分级》《煤中铝含量分级》《工业型煤耐磨强度测定方法》等多项行业标准和国家标准的技术审查。

（五）全国煤田地质测试协会

为了有效地提高检测技术和检验自身技术能力，测研所与全国煤田地质测试相关单位共同创建全国煤田地质测试协会，现有会员单位超过20家。全国煤田地质测试协会每年举办一次会议，是全国煤田地质测试相关单位最重要的技术交流平台。

会议首先分析上一年度各单位能力验证情况，存在的问题，各单位会根据集中出现的问题，分析原因、解决问题，并下达本年度能力验证；其次，各成员单位介绍本单位开展业务情况，分享各单位成功管理经验，探讨检测过程中遇到的技术难点，展示各单位检测技术新进展，讨论煤田地质勘探以及检测项目发展方向。

通过与全国煤田地质测试单位技术交流，包括能力验证结果的分析，补短板、找差距，提高自身煤质检测技术水平，推动单位检测技术能力的发展，促进单位全方位发展。

二、参与协同试验和定值协作试验

（一）协同试验

在分析测试工作中，协同试验是指实验室间为了一个特定的目的、按照预定的程序进行的合作研究活动。在标准化工作中，协同试验的目的是为了确定拟作为标准的分析方法在实际应用的条件下可以达到的精密度，制定实际应用中分析误差的允许界限，以作为方法选择、质量控制和分析结果判断的依据。

从2012年开始，测研所参与由煤炭科学技术研究院有限公司检测分院组织标准化工作的协同试验，尤其是制订新标准的协同试验。编制标准工作组为了避免选择技术水平太低的实验室，对参加协同试验的实验室要求都很高，会从有关实验室在地区和技术水平上选择具有代表性的单位参与。能参与协同试验，表明单位检测技术及检测能力得到了国家一级实验室的认可。在检测过程中也会得到标准工作组的悉心指导，对于参与协同试验的实验室，其能第一时间掌握即将发布的标准，对单位技术能力提升和新标准技术储备都是不小的收获。

（二）定值协作试验

通常情况下，标准物质和质量控制样在使用前，需经过不少于5个实验室按规定的试验方法进行协作试验定值，取得的定值试验数据，经过数理统计分析后，计算出认定值和不确定度。

参与定值协同实验室，首先要确定本实验室的检测技术处于较高水平，且对单位的管理要求也较高。定值协同实验室之间可以互相进行技术交流，尤其是测试细节，从而使测试人员深入理解标准、提高实际操作能力。

第四节　煤层气测试技术

一、煤层气测试发展历程

2006年，为适应产业发展，测研所领导抽调各部门专业技术骨干，组建了新疆维吾尔自治区唯一一支专业的煤层气测试队伍（煤层气室）。测研所的煤层气测试工作最初只开展煤层气含气量测试，2011年开始引入并开展煤层气试井、煤层气录井测试业务。这支队伍继承了老一辈地勘工作者勤奋好学、吃苦耐劳的精神，同时又在不断地提升自我。在测研所领导的带领下，他们积极转变思想，跟上时代步伐，走出了一条与时俱进、开拓创新的道路，为单位转型发展提供了新的动力。

煤层气室自成立以来，以强大的技术实力活跃在新疆维吾尔自治区煤层气勘探开发前沿，出色完成了百余口煤层气参数井的实验测试任务，足迹遍及乌鲁木齐河东矿区、阜康、艾维尔沟、吉木萨尔、玛纳斯呼图壁、庙尔沟、后峡、轮台阳峡、托克逊、鄯善七克台、哈密巴里坤、库车、拜城、阿克陶等地，几乎覆盖了新疆主要含煤矿区。在完成测试任务的同时，不仅丰富了自己的理论，提升了实际操作水平，而且积累了丰富的经验及大量的第一手资料，以质量和信誉赢得了国内外同行的赞誉。煤层气室不仅注重煤储层理论、煤层气实验测试及技术服务领域的研究和开发，还广泛开展与中国石油大学、中国地质大学（武汉）、中国矿业大学、新疆大学、新疆工程学院等高等院校专家及国内测试同行专家的技术交流和讨论，极大地提高了中心人员的专业理论水平及业务素质。

煤层气室现有各级研究人员15人。其中高级工程师4人，工程师11人。研究人员所涉及的专业涵盖了煤田地质、石油地质、油气勘探开发、钻探工程、水文地质、煤岩学、地球化学、化学分析、实验测试技术等。

二、业务范围

（一）煤层气、页岩气含量及分析化验

煤层气含量测试技术的实验分析项目主要包括气含量测试（自然解吸气含量、损失气含量、残余气含量、吸附时间）、气成分分析、同位素分析、煤岩分析（宏观描述、显微组分定量、镜质体反射率、裂隙统计）、工业分析、煤质化验（元素分析、视密度、真密度、孔隙度、灰成分分析、灰熔点等）、等温吸附、力学性质（抗拉、抗压、泊松比）分析、矿物性质分析（压汞、扫描电镜）等测试（图8-12、图8-13）。

页岩气实验分析项目主要包括含气量、气成分、有机炭含量、干酪根、成熟度、孔隙度、同位素、实验储层渗透率、含气饱和度、等温吸附性能、岩样宏观描述、显微组分、镜质体反射率、裂隙统计、力学性质（抗拉强度、抗压强度、泊松比）、压汞、扫描电镜、X射线、薄片鉴定等测试。

（二）煤层气裸眼井注入/压降和原地应力测试

煤层气试井测试技术是认识煤储层、进行储层评价和生产动态监测以及评估完井效率的

图8-12 煤层气气含量测试现场

图8-13 气体组分分析

重要手段。通过对目标煤层进行试井测试（图8-14），获取煤储层参数值，为煤层气生产潜能评价和开发试验提供可靠的参数依据。测研所目前有两支专业的煤层气试井队。

(a) 试井设备试压

(b) 调节注入压力

(c) 分隔器解封

(d) 拆卸油管

(e) 吊装试井设备

(f) 试井设备运输

图8-14 煤层气注入压降试井作业流程图

（三）煤层气录井

测研所目前拥有3支专业煤层气、页岩气录井队，主要开展煤层气地质录井（岩心录井、岩屑录井）、钻时录井、钻井液录井、煤层气气测录井（图8-15）。

(a) 煤层气测录井　　　　　　　　(b) 更换干燥剂

图 8-15　气测录井作业流程图

三、主要业绩

（一）完成工作量

自 2006 年以来，测研所煤层气室先后承担了新疆煤田地质局一五六煤田地质勘探队、新疆煤田地质局一六一煤田地质勘探队、新疆煤田地质局综合勘查队、新疆煤田地质局研究开发中心、新疆科林思德新能源有限责任公司、湖北煤炭地质勘查院、新疆地矿局第九地质大队等单位国家级、自治区级煤层气和页岩气重大项目的 60 余个基础研究测试工作，完成了 129 口煤层气参数井、2045 个煤层气解吸样品采样分析测试工作，74 口煤层气井、204 层煤的注入/压降试井测试工作量测试服务，完成了 117 口煤层气参数井煤层气录井测试工作，累计创造经济产值 4800 万元。

（二）科研成绩

为解决现有采样装置不能对瓦斯气体进行收集的问题，通过改进采样装置获得了实用新型专利"一种煤层气钻探用瓦斯取样装置"（专利号：ZL201720643376.3）；为了解决现有钻探不便对钻头进行清理的问题，设置了清洁层，方便对钻头进行擦拭、对钻头进行导向和进行地质勘查，该发明获得实用新型专利"一种煤田勘察用钻探导向机构"（专利号：ZL201720643310.4）。发表科技论文二十余篇，专利申请和授权量连年攀升，科技研发能力不断增强。与中国地质大学（武汉）、中国地质大学（北京）、中国矿业大学、新疆大学、西安科技大学、新疆工程学院等保持良好科研合作关系。

四、仪器设备

测研所设有专业的煤层气实验室，是煤层气研究及实验测试的专门机构，具有解吸、吸附、煤岩、煤质等测试功能，并于 2006 年通过国家认可委员会认证，获得国家实验室认可证书。多年来，该实验室完成了多项重大科研项目的研究与试验分析工作，在国内煤田地质、煤层气领域享有盛誉。实验室主要仪器设备及参数如表 8-1~表 8-3 所示。

表 8-1 煤层气实验室仪器设备一览表

名称	数量/个
解吸罐	350
解吸仪	5
恒温水浴	10
气相色谱仪	2
高压等温吸附系统	1
平衡水分测试装置	1
显微光度计	1
煤质分析设备	4
瓦斯放散初速度仪	1
比表面积分析仪	1

表 8-2 煤层气试井主要设备及规格

名称	数量/个
注水泵	2
水罐	2
高压注水管	20
钢丝绞车	3
关井工具	2
坐节	2
封隔器	10
电子压力计	3
油管	250
分析软件	2

表 8-3 煤层气录井主要设备及规格

名称	数量/个	名称	数量/个
ZSY2008 型气测综合录井仪	2	LH-ZLXⅢ红外全烃录井仪	1

五、技术革新

近年来，针对新疆煤储层特征，测研所在测试工艺、数据分析方面做了深入的研究，并取得了明显的成果，如高温快速解吸方法的引入，巨厚、超厚、大倾角煤层试井测试工艺及分析方法的改进，创新地运用了煤屑解吸含气量与气测录井资料回归煤层含气量相结合的办法较为准确地评价煤层含气性等，力争为甲方提供翔实、可靠的储层参数。

测研所煤层气室通过对新疆各主要产煤区块目标煤层及其顶底板采样测试、煤层气气测录井、煤层气注入压降试井，获取煤层气含量、气成分、吸附时间、吸附能力、顶底板岩石力学性质、气测曲线、煤储层渗透率等数据，为建成新疆阜康市白杨河矿区煤层气开发利用先导性示范工程、新疆库拜煤田拜城县煤层气开发利用先导性试验、新疆准南煤田乌鲁木齐矿区煤层气开发利用先导性试验项目、乌鲁木齐国盛汇东新能源有限公司米东区煤层气区块示范工程的煤层气开发利用及后续这些地区的煤层气开发建设提供了可靠的测试参数依据。目前阜康煤层气示范区、库拜煤层气示范区、米东区煤层气区块已建成了规模化的煤层气 CNG 集气站、煤层气排采标准化井场，为缓解乌鲁木齐用气紧张的局面，为库拜地区、阜康地区的可持续发展提供了清洁的非常规天然气，带来了巨大的经济效益和社会效益。

第九章　绿色勘查

绿色勘查即以绿色发展理念为引领，以科学管理和先进技术为手段，通过运用先进的勘查手段、方法、设备和工艺，实施勘查全过程环境影响最小化控制，最大限度地减少对生态环境的扰动，并对受扰动生态环境进行修复的勘查方式。新疆气候干旱，水资源相对短缺，山区、沙漠盐碱地、戈壁广泛分布，植被稀疏，绿洲分布有限，生态地质环境脆弱。因此，在新疆，通过绿色勘查手段，降低地质勘查对生态环境的影响，为生态系统更好地服务就显得尤为重要。

第一节　绿色勘查管理实施办法

为全面推进新疆煤田地质局绿色勘查工作，指导局属各单位积极践行绿色发展理念，有效促进地勘工作和生态保护的协调发展，新疆煤田地质局编制了绿色勘查管理实施办法。该办法规定了勘查工作中开展实践绿色勘查的总体要求、勘查设计、道路及场地建设、现场管理、环境保护、场地恢复及和谐勘查等相关内容。

一、总体要求

①提倡采用先进的技术、方法、工艺、设备和新材料，积极开展勘查科技与管理创新。
②勘查工作中，定期对绿色勘查工作进行检查评价，开展生产安全事故隐患的排查治理工作，对出现的动态问题及安全隐患及时处理。
③勘查过程中，责任主体应及时对绿色勘查工作进行动态监管，督促勘查施工单位认真执行绿色勘查设计要求及规范标准。
④勘查过程中，施工单位做好相关施工技术及管理工作资料的记录、收集、整理及编制归档工作，并做到真实、齐全、规范。
⑤勘查工作结束，应对勘查活动造成的环境影响及时开展环境恢复治理。
⑥员工进入作业现场，应经过相应的职业健康与安全培训、作业技术培训。
⑦结合日常安全环保质量检查，对绿色勘查工作一并检查、验收，并将绿色勘查纳入年底安全生产考核内容。

二、勘查设计

为了提高工作效率和有效地保护生态环境，落实各项生态保护工作措施，从源头上防止或减少生态环境保护事故的发生，要求在勘查设计阶段做到以下4点。
①在勘查设计书中增设环境保护、恢复治理等绿色勘查相关内容。
②在勘查设计前，应对施工区环境影响因素、危险源等进行调查识别，应对勘查活动可能造成的生态环境影响及程度有预判和分析。
③勘查设计中，要对施工过程各环节制定有效的技术及管理措施。

④将绿色勘查工作的组织管理、预防控制和恢复治理的技术措施进行落实。

三、道路及场地建设

（一）道路建设

①道路修筑应尽可能减少挖损，对保护对象能让则让、能绕则绕，在确保安全情况下，严格控制道路宽度。

②统筹规划勘查场地进入通道，充分利用已有可利用的公路、村道等。

③新修建道路设计，在满足项目勘查施工区、工程点基本需求的同时，兼顾项目后续勘查开采阶段施工及当地社会经济发展需要。

④在确保安全情况下，道路修筑尽可能减少土地占用、植物移植，以及减少对水环境和野生动物的影响。

（二）场地建设

1. 测量场地

测量场地在满足仪器安放及人员操作需求时，应选择在无植被或植被稀少的位置，尽可能不破坏表土、农作物和植被。

2. 物化探场地

物化探场地在满足施工设备、仪器的安装及操作时，其主要设备、仪器的安装操作位置尽量选择在施工道路旁的空旷区域，探测点及取样施工点宜选择在无植被或植被稀少的位置，最大限度地减少对土地、植被的破坏。

3. 探槽（剥土）场地

场地平整面积须满足探槽（剥土）安全施工及开挖土石的临时堆放需求，平整范围应按探槽（剥土）开挖顶宽和两侧临时堆放开挖土石的宽度控制，尽量减少破坏和压占不堆放土石的土地。

4. 钻探场地

钻探施工场地以方便、适用、安全文明、环保为原则，因地制宜，合理布局，应减少对土地、植被、景观的破坏和扰动。一般应按照现场施工设备、附属设施安装、施工操作、钻进液循环系统、材料物资存放、驻地等施工需要，依据现场地形条件进行分区布置。

机台驻地、施工场地使用围栏或者彩旗进行隔离，机台驻地应选择在地势平坦、植被稀疏或无植被地段搭建帐篷，在远离水源地点修建旱厕，建设垃圾集中堆放点，定期进行清理、掩埋。

5. 办公生活区场地

勘查工程项目部及生活驻地建设应在满足安全宿营的基础上，选择就近租用当地居民房屋或者公共建筑物。

新建办公生活营地应选择在对环境影响较小的区域、植被覆盖率最低的环境规范建设，宜采用活动板房，或者采用基桩架空建设，减少对表土破坏，并尽可能减少材料、设备、宿营地的占用面积。

(三) 交通运输

①强化车辆管理,把道路交通生态环境保护管理放在突出位置,车辆、机械设备通行时,预先勘查通行路线,选择影响生态环境轻微的路线,车辆行驶要尽量避开草原和植被生长区,车辆沿固定路线行驶,严禁随意开辟新路线和碾压毁坏草场。

②注意保护和有效利用土地资源,尽量利用已有道路。工地要避开或减少占用耕地、农田、林带。

四、现场管理

在现场管理中要保证施工现场安全文明及环保设施齐备可靠,相关管理制度、图表及标牌齐全、规范、醒目。

(一) 测量

提倡采用先进测量仪器、设备和方法开展测量工作,尽量避免测量工作砍伐树木及土地、植被的压占破坏。

(二) 物化探

①施工道路及场地应选择在环境影响小,容易恢复的地段,并严格控制占地面积。

②采用新型先进的设备仪器及施工方法。鼓励采用轻型物探施工,尽量避免采用重型物探方法,减少对环境造成较大的扰动和影响。

③施工油料及有害物质存储的地面铺设防渗布。预防油料、有害化学物质等发生滴漏、泼洒现象。生产及生活垃圾应分类回收处理,严禁任意丢放。

④施工中,应采取有效措施预防施工震动、噪声、放射性物质等对周边环境的影响。

(三) 探槽(剥土) 施工

①施工开挖的岩石和岩土应分别堆码于探槽两侧相对稳定的地方,探槽两端禁止堆放土石,预防开挖土石随意堆放形成滑塌或坡面泥石流。

②探槽(剥土)施工应自上而下按顺序开挖,并做好沟槽边坡安全管护,按规定放坡,及时清除松散土石,对不稳定边坡进行支护,预防发生滑塌事故。

③处于斜坡汇水面大或易受洪水冲刷的探槽(剥土) 工程,在槽头上部修筑截水沟,预防沟槽及其开挖土石遭受洪流冲蚀,形成泥石流灾害。

(四) 钻探施工

①钻探施工循环液使用泥浆时,应采用无固相或低固相的优质环保浆液。泥浆材料及处理剂具备无毒无害、可自然降解性能,符合环保标准要求。

②加强循环液的现场使用管理,做好施工中防渗、护壁及净化处理,在钻机现场的循环槽内及泥浆坑中铺设塑料布或用水泥直接隔离泥浆,预防浆液使用中造成地面及地下污染。

③在钻孔施工过程中,为杜绝将废浆、废液乱排乱放的现象,要合理设置泥浆坑和废浆坑,尽可能地减小泥浆在地表的过流面积,同时,在钻机现场的循环槽内及泥浆坑中铺设塑料布或用水泥直接隔离泥浆,防止泥浆废液下渗入土地之中影响今后植被生长。

④生产机台必须使用除砂器等固控设备,将泥浆进行固液分离,维护泥浆性能。

⑤按照水文观测要求及时观测孔内水位和冲洗液的消耗、及时对孔内漏失实施堵漏,采

用环保安全的泥浆材料,为防止钻孔为多层地下水提供串连通道。钻孔终孔后,根据水文观测资料,及时采取封孔措施,并保证封孔质量。

五、环境保护

(一)水资源保护

①在勘查施工中,应对使用过的废水、径流水和径流渗入水加以控制,防止淤泥沉淀和侵蚀。

②钻探或挖掘活动接触的承压水应进行控制,防止浪费和不同含水层间的交叉污染。

③油气表层钻井应使用空气钻或清水钻进方式,钻进过程中遇到水层,固井时应避开水层,防止地表水受到污染。

④油气钻进施工中,如出现孔内泥浆严重漏失及涌水现象,应快速穿越漏失及涌水地层后,及时对漏失及涌水地层孔段采用快干水泥基堵漏材料进行封堵,孔深较浅时,亦可采用套管隔离,预防泥浆对地下水造成污染和破坏。

(二)野生动植物保护

①勘查施工道路、场地平整、现场作业应充分考虑到野生动植物保护。

②施工中不随意踩踏植被及农作物,严禁非法砍伐树木、捕杀野生动物及采伐保护性植物。

③加强火源管理,在林区及草地严禁使用明火,不乱丢火种,管理好火源,预防发生森林、草地火灾事故。

(三)施工现场保护

①设备安装、搬运、运行中防止油料泄漏。使用油料、化学处理剂等应预防泼洒及倾倒污染地面。

②施工操作场地、材料物资堆放地等地面铺设防渗布隔离。油料存放地、循环沟、浆液池、垃圾池及厕所坑、槽等易发生渗漏污染的表面必须采用防渗布铺垫或采用水泥砂浆进行防渗处理,预防渗漏污染。

③施工废料、生活垃圾等必须分类存储管理,定期清理,按规定及时进行现场处理及外运处置。

④施工现场生活用燃煤必须采用低含硫的优质无烟煤,使用的炉具必须安放排烟管。

(四)废水、废气、废物及噪声管理

①勘查产生的废水可循环利用的应循环利用,对外排放应经沉淀和按规定进行技术处理。

②勘查过程中,柴油机动力设备应安装尾气净化装置,尾气排放执行国家环保排放标准,不同地区应符合勘查所在地相关标准要求。

③施工现场严禁燃烧易产生烟尘、废气污染的垃圾及其他物品。

④现场的垃圾、油污、废浆、废液、沉渣及其他固体废物必须清理,并按相关规定进行焚烧、沉淀、固化、回填掩埋等处理。

⑤勘查机械设备应安装消声装置或场地修隔音设施,降低施工噪声。

六、场地恢复

①勘查施工区（点）工作结束后，应及时拆除现场施工设备、物资和临时设施，清除现场各类杂物、垃圾及污染物。

②施工现场的坑、池、井洞、沟槽等，应采用平场开挖的土石进行回填，场地平整工作不应产生新的挖损破坏。

③钻探及其他施工现场场地平整中，应彻底清除场地上污染物。废浆、废液应进行固化处理，深埋于开挖的坑、池底部，上部回填无污染的土壤。结合现场情况，尽可能按原始地形地貌平整。

④钻探现场应严格按照地质设计要求认真做好封孔工作，保证封孔质量，孔口用水泥砂浆树立规范的标志桩。

七、和谐勘查

①勘查工作中，保持与当地政府及社区居民的联系沟通，处理好关系，避免产生矛盾。

②规范作业人员勘查活动，言行文明有礼，尊重当地宗教信仰及风俗习惯，遵守勘查区所在地的乡约民俗。

③接受社会监督，建立重大环境、健康、安全和社会风险事件申诉-回应机制。

第二节　绿色勘查在新疆煤田地质局的实际应用

一、自行式钻机应用

自行式钻机具有体积小、集成化程度高、可自行移动等特点，在新疆煤田煤层气勘探中都得到较好的应用。

（一）小口径履带式取心钻机

该钻机所有功能均为液压驱动，可通过液压驱动履带行走，行走速度可达到 2km/h，便于近距离钻机搬迁。钻机钻塔为两段式，中部可拆卸，方便运输，可通过液压驱动钻塔升降，便于拆、立塔。钻机动力头的行程为 3.5m，钻机单次进尺可以达 3m，减少倒杆次数、减少辅助时间、减少孔内事故，提高了工作效率。

在三塘湖煤田勘探开发中，该钻机承担了 32 个取心验证孔项目。项目施工过程中，生活区固定不动，履带式钻机完成施工一个钻孔，自行移动至下一孔位，泥浆罐、柴油机等设备撬装，通过装载机拖运，可以在短时间内完成钻孔搬迁及开钻，最终在 170 天施工时间完成钻探进尺 11 600m，创造了新疆煤田地质局取心钻探效率新纪录。这种施工模式，无须维修运输道路，降低了对周围植被的破坏，减少了设备占地面积，更有效地保护了施工现场环境。

（二）大口径煤层气钻机车

新疆煤田地质局积极开拓煤层气勘探市场，引进了大口径煤层气钻机车，用于施工煤层气生产井，配合大口径取心工具，可施工煤层气参数井。煤层气钻机车在阜康白杨河、库拜煤层气勘探开发中都取得了较好的应用。

煤层气钻机车属于液压缸-钢丝绳传动型主动加压钻机，相对于传统石油钻机不具有主动加压钻进功能，司钻可以通过加压减压钻进手轮控制钻压，在浅层钻进过程中，特别是刚开始钻进时，可实现稳定加压，机械钻速更快，效率更高。煤层气钻机车配备了液压钳和液压绞车，配合可摆动的动力头，实现了拧卸钻具以及起吊重物等工作，减少了其他辅助设备。煤层气钻机车没有高空钻台，避免了施工人员的高空作业，安全系数较高。煤层气钻机车具有体积小、可自行移动的特点，在一个平台施工多口钻井时，其安装简便，孔间搬迁的时间短。

在库拜煤层气施工过程中，由于施工区域位于地形复杂的山区，地形切割较为强烈，修路及场地建设成本高，而且在山区修建钻机平台场地有限，大型石油钻机设备无法进场安装。煤层气钻机车集成化程度高，钻井平台占地面积小，可解决修建场地时土石方的大量开挖或砍伐较多林木，减少对植被和环境的破坏。

二、煤层气开发应用

（一）泥浆循环系统

泥浆问题一直是地质勘查中的难题，特别是在生态优先的新形势下，如何解决钻井工程中的泥浆处理和循环利用问题成为绿色勘查工作的重中之重。在阜康白杨河煤层气勘探施工中，钻井施工队伍装配了两个泥浆罐。两个罐与罐之间、仓与仓之间既能隔开，又能联通，满足了钻井作业的需要。

泥浆罐上配备双联振动筛，具有振动强度高、筛分面积大、筛箱角度可调等特点。除泥除砂器是将除砂旋流器和除泥旋流器以及底流振动筛合三为一，实现了两级固控，具有结构紧凑、占用空间小、功能强大的特点。泥浆罐上还配备有加重混合装置，其由一台砂泵和一台射流式混合漏斗用管汇阀门联接安装在一个底座上组成，通过将钻井液材料和相应的化学添加剂投入循环罐中，有效改善钻井液的物理和化学性能。砂泵还可用来在上钻、下钻、下套管时向孔内或套管内灌浆，这就无需使用泥浆泵，避免了大泵量对孔壁的破坏。

在一个施工平台的多口钻井中，可以通过添加少量泥浆材料维持泥浆性能，实现了"浆不外排，循环使用"，达到了降低钻井成本，减少废液排放污染环境的目的。

新疆煤田地质局还将这套泥浆循环系统推广到煤田取心钻井中，因为煤田取心钻孔直径小，可将固控设备集中在一个泥浆罐上，杜绝泥浆落地污染地表。这种泥浆罐改变了传统钻井液自然沉降处理方法，减少了钻井液排放对环境的污染，满足清洁化生产的需要，符合绿色勘查、绿色钻探的要求，同时循环过程中的液相回收利用，在吐鲁番盆地等缺水地区取得了较好的经济效益。

（二）煤层气自动化排采技术

新疆煤田地质局承担的阜康白杨河矿区煤层气先导性示范工程，井场分布分散，而且井场间山路崎岖交通不便，极大地增加了煤层气的勘探开发和生产管理的难度。为此，新疆煤田地质局引入煤层气自动化排采技术，其主要由井场自动化设备、自动化信息传输设备和中控室硬软件设备组成。其工作原理为：井场自动化采集设备将采集的各种排采数据传输给中控室，中控室信息处理设备根据预设的程序，对数据进行判断，根据判断的结果反馈给井场执行设备,对抽油机的转速和气阀的开度进行调整(图9-1)。这些自动化设备形成了信息采集—判断—处理—采集的一个闭合环路,每口井都是一个独立的整体,相互之间互不干扰。

阜康白杨河煤层气勘探开发共引进57套自动化排采设备,实现了井底流压精度较高的自动控制,控制误差不大于0.002MPa/d,大大提高了煤层气井排采的精细化程度。通过实时数据自动汇总功能,可生成各种生产报表,如生产班报、生产日报、生产周报等,节约了人工成本。排采数据自动采集和远程控制的功能,可以实现井场无人值守,巡井次数也由一天4次降为1次,减少了巡井人员和车辆使用费用。

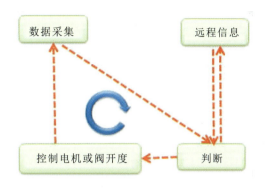

图9-1 煤层气自动化排采工作原理

绿色勘查是一个新生事物,需要不断探索、总结提升,形成管理制度体系。青山绿水、环境优美、和谐而可持续发展,是美丽中国的基本诉求。加快实现找矿突破,确保国家能源资源的安全,事关国家经济社会发展大局。新疆煤田地质局在绿色勘查探索示范的路上,通过制定绿色勘查管理实施办法和新设备、新技术的应用,在新疆地勘行业引领并带动了绿色勘查,促进了资源保障和生态保护双赢。

第三篇
科研工作

第十章 煤炭及其他固体矿产科研工作

第一节 新疆煤炭资源分质利用

煤炭分级利用，有人又称分质利用，主要是指煤炭经中低温干馏，取出挥发分，得到高价值煤气及煤焦油的一种煤炭利用理念。煤炭分质转化利用是在较低的温度下实现煤炭资源的分质与利用，并对各个分级产物进行梯级利用、"吃干榨尽"，这种转化方式和转化路线具有较好的节能减排优势。

煤炭分质清洁高效转化利用路线的龙头是煤炭中低温热解，核心是分质利用，途径是延伸发展煤基多联产，载体是由项目群与技术群集合而成的规模化大项目。对热解产物吃干榨尽，分质利用，资源利用率高，热能效率高，是一种清洁高效利用煤炭的转化方式。

煤炭分质清洁高效转化利用是一种高效清洁的低阶煤转化方式。根据低阶煤的物质构成及其物理化学性质，首先采用中低温热解技术对煤炭进行分质，将煤热解成气、液、固三相物质，然后再根据各类热解产物的物理化学性质有区别地进行利用，梯级延伸加工，生产大宗化工原料和各类精细化学品。

具体转化技术路线是一个梯级利用过程。先将煤炭经固体热载体催化热解技术处理，产出煤焦油、兰炭（块焦、粉焦）和焦炉煤气等初级产品，完成对原料煤炭的分质；从焦炉煤气中提取氢气用于精馏出酚等高附加值产品后的煤焦油加氢，产出石脑油、柴油、液化气等石油产品；将提氢后的焦炉煤气中的甲烷成分分离出来，用于生产压缩天然气或液化天然气，焦炉煤气中剩余的一氧化碳用于生产甲醇、合成氨，或作为工业燃料。对兰炭根据产品质量和粒度大小进行分质利用，块状兰炭用于生产电石、铁合金，粉状兰炭进行煤气化后生产甲醇、天然气、乙二醇、合成氨、合成油、石蜡等化工品，或作为高炉喷吹料、工业燃料，碳一基础化学品甲醇与石脑油用于耦合生产碳二基础化学品乙烯。

结合多联产，利用碳一、碳二基础产品，以及尿素等大宗化学品，按照多品种、差异化原则，进一步延伸发展种类数量繁多的煤化工下游深加工产品，使煤炭资源在更加广泛的化工领域替代原油。在高瓦斯煤矿周边区域适度补充利用煤层气，进行"煤气互补，碳氢平衡"的煤炭综合利用多联产路线。

在转化过程中按照节能减排的要求，对于生产过程中产生的气化炉渣、电石渣、粉煤灰等废弃物进行"无害化、资源化、减量化"处理利用，高铝粉煤灰用于生产氧化铝，其他的粉煤灰用于生产免烧砖、水泥等建筑材料。

一、项目背景

作为我国第十四个大型煤炭基地，新疆面临着新的机遇和挑战。凭借建设"三基地一通道"和建设"丝绸之路经济带"的新契机，在当今能源生产布局继续西移，煤炭开发"控制东部、稳定中部、发展西部"的总体要求，优化发展新疆基地的有利形势下，准噶尔、伊犁、吐哈、库拜四大煤田煤电一体化、煤液化、煤化工、煤焦化等深加工产业已全面开始建设，随着"西电东送""西煤东运"工程的实施和启动，新疆煤炭工业的发展将面临着大好机遇。同时，新疆煤炭资源储量大、品种多、易开采，多为低阶煤，具有低硫、低磷、低灰分、高发热量的特点，预测资源量约 1.9×10^{12} t，居全国第一位，适合建设大型煤炭生产和深加工基地。但是也存在着煤炭产业结构不合理、产能过剩、距内地用户市场远且煤炭外运通道建设滞后等问题。

目前，随着新时代国民经济的发展，新疆同全国一样开展煤炭资源分级分质洁净利用势在必行，符合国家相关产业政策，对推动地区煤炭开发、促进资源转化、探索分质利用路径、带动地方经济发展具有重要意义。

二、研究意义

新疆主要以长焰煤、不粘煤和弱粘煤等低阶煤为主，适合大规模开发低阶煤分质利用模式，探索煤炭经热解分解为煤焦油，煤气和半焦的气、液、固三相物质，实现对原料的分质，再根据各类产物性质及结构差异，梯级转化、区别加工、延伸产业链，生产化工原料和各类精细化学品，最终实现对煤炭转化全过程"分质转化、梯级利用、能化结合、集成联产"的新型利用方式。

三、"新疆煤田资源分质利用技术研究"项目实施

新疆各煤矿区开采的煤炭资源使用方式比较粗放，为提高煤炭经济价值，国务院《能源发展战略行动计划（2014—2020年）》明确要求"积极推进煤炭分级分质梯级利用"，2014年6月起，新疆煤田地质局承担了自治区中央返还两权价款资金出资的"新疆煤田资源分质利用技术研究"科研类项目，项目编号为Y14-5-LQ02，工作期限为2014年6月—2015年12月，协作单位为煤炭科学技术研究院有限公司，总预算400万元。2015年12月提交《新疆准东煤田煤炭资源分质利用技术研究》《新疆三塘湖煤田煤炭资源分质利用技术研究》两个研究报告。项目负责人：李瑞明，编写人：雍晓艰、阿布里提甫·肉孜、白向飞、丁华、李赛歌、王越、陈洪博、张宇宏、木沙江、杨恒新、苏航、邵徇、朱川、毋腾飞、吴康、张凝凝、周剑、杨峰、王敏辉、蔡志丹、武琳琳、张景、何毅聪、杨晓毓、高燕。

（一）项目概况

项目研究区范围是准东煤田和三塘湖煤田。项目承担单位新疆煤田地质局主要负责准东煤田及三塘湖煤田的样品采集测试及煤质数据库开发工作；项目协作单位煤炭科学技术研究院有限公司，主要负责准东煤田及三塘湖煤田的煤炭分质转化利用研究工作，包括准东煤中钠赋存状态研究，煤灰特性研究，三塘湖煤田高油含量特殊煤种研究，热解、气化、液化、提质等性能试验研究，以上两个煤田煤质变化规律、煤岩图鉴等。

（二）新疆准东煤田煤炭资源分质利用技术研究

项目主要针对准东煤田煤炭资源的煤质特性，尤其是煤中钠的赋存状态及煤灰特性开展研究，同时对准东煤田的特殊、稀缺煤炭资源特性进行评述；根据项目任务书要求，选取代表性样品进行提质、热解、气化等转化试验研究，项目研究成果为准东煤炭资源分质转化利用提供技术支撑。

第十章 煤炭及其他固体矿产科研工作

1. 目的任务

项目研究总体工作目标为：根据准东煤田各矿区总体规划确定的煤炭转化利用方向，收集准东煤田以往地质勘探资料的煤质分析成果，采集五彩湾神华露天矿等矿井煤样，进行基础煤质分析、煤岩分析、工艺性质分析、煤中碱金属分布研究、脱水提质试验、热解试验、气化试验等。结合以往地质工作成果，提出新疆准东煤田主要煤层的煤质特征，分析煤炭转化应用中可能存在的问题并提出相应对策，为新疆准东煤田煤炭资源的洁净、高效利用提供地质依据。

从以下几方面开展本项研究工作。

①针对准东煤田煤炭转化过程中出现的高钠煤沾污、结渣、腐蚀等关键技术问题进行研究。

②对采集的样品进行系统的煤质分析，查明煤中钠在煤层中的分布位置和赋存状态。

③利用浮沉试验等手段，获取煤岩组分和矿物富集样品，研究煤中矿物对煤灰成分及黏温特性的影响，以及煤岩组分对燃烧、气化工艺性能的影响，并建立相关模型。

④进行准东煤成浆性、热解试验及气化性能试验。

通过本次研究，深入系统地掌握了新疆准东煤田的煤质特征，针对准东煤炭资源禀赋及煤质特点，采取代表性样品，开展转化性能试验及煤炭分质转化技术研究，最大限度地发挥特殊煤源的潜在优势和价值，实现煤炭分质转化、梯级利用，为优化准东煤的利用提供决策和技术支撑，符合准东煤田总体规划中重点发展煤电及煤化工示范等转化利用的要求。

研究取得的成果可推动新疆准东煤田的大规模开发利用，实现资源优势向经济优势和产业优势转化，对提高新疆区域经济和社会效益有非常重要的意义。

2. 研究区范围

准东煤田北界山体为北西走向的克拉麦里山，南界山脉为东西向的东天山的博格达山，二者在木垒县城东北部胡乔克处交汇，西界由克拉麦里山西端的滴水泉沿216国道向南至吉木萨尔城西的三台镇，与准噶尔盆地中心相接；整体呈东窄西宽的三角形。行政区划大部隶属昌吉回族自治州吉木萨尔县、奇台县和木垒哈萨克自治县，西北角属阿勒泰地区富蕴县。范围极值地理坐标：东经 $88°15'09''\sim91°30'00''$，北纬 $43°35'00''\sim45°20'00''$；中心地理坐标：东经 $89°48'03''$，北纬 $44°18'57''$。东西长约226km，南北边界最宽处为126km，面积约 26 966 km^2。

3. 研究成果

本次研究工作根据准东煤田五彩湾矿区、大井矿区、西黑山矿区和将军庙矿区等总体规划确定的煤炭转化利用方向，系统收集整理并深入分析准东煤田已有地质勘探资料的煤质分析成果，以及煤田内相关企业分质利用技术成果与存在的问题，并通过五彩湾矿区三号露天矿等7个矿井的实采样品的转化试验研究，得到主要研究结论如下。

1) 准东煤田主要煤层的煤质特征

(1) 煤岩特征

准东煤的镜质体平均最大反射率介于 $0.38\%\sim0.48\%$ 之间；有机显微组分以惰质组为主，高达 $70\%\sim90\%$，镜质组和壳质组含量较低；无机组分含量低，以黏土矿物和脉状碳酸盐矿物为主。煤化程度和煤岩组成是决定矿区煤炭资源工艺性质和分质利用基本性能的最主要因素。

(2) 基础煤质特征

准东煤的全水分含量一般介于25%~30%之间，为高全水分煤；空干基水分一般介于8.5%~13%之间，水分含量较高。煤的灰分含量平均在10%左右，露天开采的矿田可控制商品煤的灰分低于10%，为特低灰煤，部分露天矿商品煤灰分可控制在5%左右，煤质优良；井工开采的井田在开采过程中会混入少量顶底板砂岩、泥岩，商品煤样灰分略高，但是也可控制在低灰煤范畴。煤的挥发分产率平均在34%左右，为中高挥发分煤，因显微组分含量差异而略有波动。煤的发热量一般高于24.5MJ/kg，为中高发热量煤到高发热量煤，与准东煤中较高的惰质组含量以及较低的灰分含量有关。

准东煤田煤质的区域变化特征明显。五彩湾矿区及大井矿区西部各井（矿）田煤的变质程度较低，镜质体平均最大反射率低于0.45%，惰质组含量高达80%以上，局部分层甚至高达90%以上；而准东煤田东部的西黑山矿区各井（矿）田煤的变质程度稍高，镜质体平均最大反射率一般在0.48%左右，煤中的惰质组含量一般介于70%~80%之间。相应的，准东煤田西部各井（矿）田煤的全水分含量及空干基水分含量较高，而准东煤田东部各井（矿）田煤的全水分含量及空干基水分含量相对较低。虽然准东煤的变质程度较低，但是煤中的惰质组含量较高，准东煤的挥发分产率低，煤种为不黏煤。

(3) 矿物及煤灰特征

准东煤中的矿物质含量较低，主要以黏土矿物、黄铁矿、方解石、菱铁矿和石英为主，煤灰成分以SiO_2、Al_2O_3、Fe_2O_3和CaO为主。黏土矿物主要为伊利石型黏土矿物，是煤灰成分中高硅低铝的主要原因。方解石的占比较高，且在煤中分布极不均匀，主要以充填裂隙状存在，导致煤灰中的CaO含量相对较高且波动较大。硫铁矿、菱铁矿及富铁黏土矿物是煤灰中Fe_2O_3主要来源。黄铁矿主要以充填裂隙状或结核状分布，菱铁矿主要以放射状或者同心圆状结核分布在基质镜质体中。虽然煤中的硫含量较低，但是由于煤灰中CaO固硫作用，煤灰中的SO_3含量相对较高，在今后煤化工项目灰渣处置和利用环节需加以重视。

(4) 工艺性质

准东煤的反应活性较高，CO_2的转化率在950℃或者1000℃时可以达到100%。煤的变质程度低、惰质组含量高以及碱金属含量高是导致准东煤的反应活性高的主要原因。煤的哈氏可磨性指数一般在95以上，为易磨煤到极易磨煤，这与准东煤高惰质组含量、低灰分含量密切相关。准东煤的结渣性整体上分布在弱结渣区和中等结渣区，因灰分含量及煤灰熔融性温度波动而变化，但由于煤灰中Na_2O含量较高，实际应用中结渣、积灰现象较严重。

2) 准东煤中钠的分布赋存状态及结渣、沾污、腐蚀关键问题

(1) 准东煤中钠的分布赋存特征

通过收集的准东煤田651个钻孔数据和113个商品煤样数据得到准东煤灰中Na_2O含量平均为4.35%，煤中钠含量平均为0.275%。钠在煤层中的分布规律不同，在准东煤田西部单层厚煤层区，煤中的钠含量随埋藏深度增加有降低趋势，而东部多煤层区钠含量在煤层中基本均匀分布，而在不同煤层间的分布较为复杂。

综合研究证实准东煤中的钠以水合离子形态为主，成因主要是地表土壤或岩石中的钠风化淋滤，随地下水进入煤层，以水溶态或者离子交换态与煤的有机质紧密结合。

(2) 准东高钠煤结渣、沾污、腐蚀关键问题

按照国内外常用的结渣倾向性和沾污倾向性判别指标，准东煤大多为高结渣倾向性和高

沾污倾向性煤。

准东煤中钠含量高是结渣沾污性严重的主要原因，钠在 500～800℃下释放，以气态形成凝结在较冷的水冷壁、过热器或再热器管面上，并与飞灰结合在一起沉积于管子上，对受热面造成沾污；此外，钠蒸汽与其他物质发生反应，形成熔融的高温黏结灰，沉积在锅炉的高温受热面上，形成结渣，并可与管壁反应造成腐蚀。

准东地区表土层到煤层的上覆岩层再到煤层中的钠含量依次递减。此规律在煤层埋深 300m 以浅较为明显，深部由于以往钻孔资料钠含量化验数据少，规律不明显，有待进一步补充工作。

3）准东煤的分质利用途径

（1）准东煤转化性能

1kg 热解试验焦油产率不超过 3%，制约了中低温热解提质技术的经济性；准东煤中惰质组含量高（>80%），不适宜煤炭直接液化；成浆浓度在 50%～54%之间，用作水煤浆气化时影响氧耗和气化效率。干燥温度选择 190℃左右可保证较高的干燥速率；常压及加压气化试验均表明准东煤的气化反应速率较快，气化工艺性能良好，但是仍需重视煤中碱金属的问题。

（2）准东煤分质利用技术路线

按照各个矿区总体规划，准东煤田四大矿区的定位均为煤电、煤化工基地，综合考虑准东煤田发展分质利用技术的优劣势，建议准东煤田分质利用技术路径如下。

煤电产业：近期以配煤为主，辅以锅炉技术改造和工况调节；中期新型高钠煤锅炉的研发和推广使用可以实现全烧高钠煤。目前国内技术可以实现大比例（90%）掺烧准东高钠煤并且连续安全可靠运行，随着技术进一步优化提升，可以实现全烧准东高钠煤。

煤化工产业：准东煤田适合发展以煤炭气化为龙头的煤制油、煤制天然气、煤基新材料等新型煤化工产业。准东煤的煤质优良、开采成本较低，发展现代煤化工项目有经济上的优势，但是也存在热稳定性偏低、煤灰熔融性温度波动大等问题，在生产中应加强煤质管理，将不利因素的影响降到最低。

根据准东煤对各种气化技术的适应性，以及准东煤电煤化工产业带功能布局总体规划，以准东煤为原料的现代煤化工项目，其气化技术可以选择固定床气化技术或者干煤粉气流床气化技术，对于部分成浆浓度较高的矿区，也可以选择水煤浆气流床气化技术。

4．创新点

①在全面、系统地收集并深入分析准东煤田已有地质勘探煤质分析成果的基础上，结合实采样品测试结果，归纳了准东煤田主要煤层的煤质特征，首次建立了准东煤田煤质数据库，编制了准东煤田煤岩图鉴，为准东煤炭资源的清洁高效利用提供了最基础的煤岩和煤质资料。

②构建了准东煤田煤质工艺指标的预测模型，并利用光学显微镜、扫描电子显微镜、低温灰化仪、高温热台、FactSage 热力学软件系统全面阐明了准东煤的矿物及煤灰特征，为准东煤的分质转化利用提供了理论支撑。

③综合运用显微组分富集、筛分试验、浮沉试验、逐级化学提取、淋滤试验等多种试验手段，结合表生风化作用和水文地球化学理论，提出了准东煤中钠以水溶态为主、主要以水合离子形式赋存于煤中孔隙和裂隙水中的新认识，初步建立了钠从表土层随地下水逐步进入

煤层的模式，在科学认识准东煤中钠的成因和富集机理方面前进了一大步。

④在系统研究准东煤工艺性能和转化特性的基础上，从矿区总体规划及发展实际出发，综合经济、环保、技术和最大限度利用资源等各方面因素，提出了适合准东煤炭资源分质利用的途径及其燃烧、气化技术。

5. 成果应用

本研究项目涵盖地质、煤质、煤化工等诸多领域，研究成果应用领域广泛。

1）为科学开发准东煤田提供基础数据和技术资料

本项目研究成果可以作为优化准东煤电煤化工产业带功能布局的基础资料，为准东煤田的科学开发提供基础数据支持。

2）为已入驻企业解决实际问题提供理论和技术支持

本项目研究成果对准东煤田入驻企业客观分析矿区煤质特性、科学配采、优化产品路线、加强质量监控、发展煤炭深加工提供了理论依据和技术支持。2014年项目立项以来，利用本项目研究成果，项目承担单位及协作单位先后为神华新疆矿业集团五彩湾露天矿、天池能源南露天矿优化商品煤煤质，以及为开展煤化工项目前期煤质研究提供了基础数据及技术咨询，达到了良好效果。

3）为未开发矿田及规划项目技术选择提供决策依据

本项目研究成果对尚未开发的矿田根据自身煤质特征确定发展方向、规避产品风险提供决策依据，节约大量的前期成本。

4）为攻关准东高钠煤应用难点提供数据、理论支撑

目前政府部门及相关企业均在为解决高钠煤应用难点进行技术攻关，本项目研究成果可以为上述项目开展提供数据及理论支撑。

6. 下一步工作建议

1）继续深化矿区煤质基础研究工作

本次研究在构建准东煤田煤质工艺指标的预测模型，在认识准东煤矿物和煤灰特征以及高钠煤分布赋存与富集机理方面做了大量工作。下一步工作应继续充实研究数据，在"大数据"基础上提高预测模型的精度和认识的深度。此外，本次研究中钠的数据主要集中在浅部，今后应加强深部煤中钠数据的收集和监控，进一步加强煤中钠分布赋存特性的研究。

2）煤化工项目前期原料煤代表性煤质数据和煤质均质化问题

目前，准东煤田分质开发利用项目建设（即运营过程）中存在的问题与煤质认识不够深入有关。下一步对尚未开发的煤田或者井田，应加强代表性煤质特征（数据）的研究工作，以项目前期较小的经济投入，规避项目后期较大的技术经济风险。

准东煤田的煤质特性优良，但是也存在个别指标波动较大的问题。应制订合理的开采计划，适度开展煤质均质化技术，确保煤炭产品质量稳定，为电厂和煤化工项目提供质量稳定的原料、燃料。

3）全疆主要煤田煤炭资源分质利用技术研究

新疆是国家第14个大型煤炭基地，煤炭资源丰富，含煤面积$7.6\times10^4 km^2$，查明煤炭资源储量$3809\times10^8 t$（截至2014年底），目前已初步形成了吐哈、准噶尔、伊犁、库拜四大区，36个矿区的煤炭开发和建设格局。

新疆的煤炭资源丰富，煤质特征变化较大，有大量的优质煤炭资源以及特殊、稀缺的煤炭资源，但是也存在一些特殊的煤质特征，与内地煤的煤质特征有较大差别。因而有必要对全疆主要煤田的煤质特征进行深入分析研究，认清优势，找到不足，并针对特殊的煤质特征进行研究，为保障新疆煤炭资源深度高效开发利用、优化煤炭资源开发与转化布局提供保障。

（三）新疆三塘湖煤田煤炭资源分质利用技术研究

研究主要针对新疆煤的资源禀赋特点开展煤炭分质转化技术研究，发挥特殊煤源的潜在优势和价值，最大限度地实现煤炭分质转化、梯级利用，为优化新疆煤的利用提供决策和技术支撑。

1. 目的任务

主要任务是研究三塘湖煤炭热解产物应用途径等关键技术问题，研究三塘湖煤田高油含量煤的分布及煤质特征，采集代表性样品，进行热解试验和液化试验。

2. 研究区范围

研究区范围主要包括三塘湖煤田、淖毛湖矿区。三塘湖煤田位于东天山北麓，北邻蒙古国中低山区，西南与巴里坤含煤盆地隔山相望，南部与哈密市相望，呈北西-南东向条带状展布，东西长约338.76km，南北平均宽约65.49km，面积约5 134.36km^2，行政区划属哈密地区管辖。地理坐标：东经91°38′56″~95°30′57″、北纬43°22′49″~44°57′59″。

3. 研究成果

通过本次科研项目，查明了高油煤的分布情况，并估算了三塘湖煤田工业干馏焦油量，完成了高油煤的性能评价，提出高油煤洁净高效利用的关键技术，获得了煤炭热解后的焦油产率、半焦及热解气产率、热解气中重要化学产品成分等信息。结果表明，三塘湖煤田煤炭资源在热解提质利用方面具有广阔的开发利用前景。

1）三塘湖煤田高油含量煤分布

三塘湖煤田含煤面积1107km^2，总资源量514×10^{8}t，焦油量估算值累计约59×10^{8}t，干馏焦油量估算值约29×10^{8}t（焦油量估算值按格金焦油产率50%提取率计算）。

三塘湖煤田含油率较高，在1.40%~26.80%之间，平均值为14.70%，仅石头梅区焦油产率小于7%，其他三个区中汉水泉及库木苏区为高油煤，条湖区为富油煤。

汉水泉区煤炭资源量302×10^{8}t，焦油量估算值41×10^{8}t，工业干馏焦油量约20.5×10^{8}t。库木苏区煤炭资源量59×10^{8}t，焦油量估算值8×10^{8}t，工业干馏焦油量约4×10^{8}t。条湖区属富油区，煤炭资源量93×10^{8}t，焦油量估算值13×10^{8}t，工业干馏焦油量约6.5×10^{8}t。石头梅区的含油率相对较低，平均值为5.42%。条湖区的含油率在2.12%~23.20%之间，平均值为8.03%。

淖毛湖区英格库勒一井田1号煤层焦油产率在3.4%~22.1%之间，平均为10.6%；2号煤层焦油产率在9.0%~11.4%之间，平均达11.1%。英格库勒二井田1号煤层焦油产率在8.7%~15.56%之间，平均为12.29%；2号煤层焦油产率在9.1%~13.9%之间，平均达11.14%。

白石湖勘查区煤层焦油产率在8.2%~19.11%之间。白石湖露天（扩大）煤矿区煤层焦油产率在1.8%~24.6%之间，平均为12.54%。白石湖二号露天矿煤层焦油产率在

2.00%～10.50%之间。淖毛湖煤田煤炭资源量约 130×10^8 t，其中富油—高油煤约 12.48×10^8 t。淖毛湖煤田工业干馏焦油量估算约 6.10×10^8 t。

巴里坤区黑眼泉原煤焦油产率平均为 3.2%～16.4%。别斯库都克 B2 全煤层原煤的焦油产率为 3.7%～16.6%，平均值为 10.70%，总体属富油煤。吉郎德西山窑组 B8、B7、B5、B4、B3、B2 煤层煤的焦油产率分别平均为 9.97%、7.28%、8.56%、9.90%、10.23%、12.77%，B2 煤层属高油煤，其余属富油煤。巴里坤煤田煤炭资源量约 $60\,505.53\times10^4$ t，巴里坤煤田工业干馏焦油量估算约 $2\,838.84\times10^4$ t。

2) 煤转化性能评价

热解实验结果表明，三塘湖煤田煤样的焦油产率均较高，白石湖一采区煤样的干基焦油产率达到了 13.1%，白石湖三采区煤样的干基焦油产率为 11.5%，英格库勒煤样的干基焦油产率为 9.6%，吉郎德煤样的干基焦油产率为 10.3%，别斯库都克煤样的干基焦油产率为 11.3%。三塘湖煤田部分煤炭的焦油产量高，半焦质量好，热解气体热值高，对于煤炭热解利用十分有利。煤炭在热解过程中产生的焦油，通过进一步深加工，可以获得丰富的化工产品；若通过焦油加氢技术，则可获得不同等级的油品，进一步提高煤焦油的综合价值。三塘湖煤田的煤炭资源，在热解提质利用方面具有广阔的开发利用前景。

对白石湖、三塘湖煤和吉郎德煤的加氢液化实验表明，加氢液化效果较好，高压釜液化实验油产率大于 70%，转化率大于 90%。如果该地区考虑直接液化项目，可利用该煤在优化条件下，在煤科院煤直接液化连续试验装置上进一步评价，为煤加氢液化的工程提供更加详实的基础数据。

成浆性浓度实验结果表明，白石湖煤制备高浓度水煤浆较困难。白石湖一采区和二采区煤成浆性指标为 14.95，属很难制浆煤。制备常规水煤浆，适宜的分散剂为萘系分散剂，用量为 0.9% 时，可以制备出浓度约为 54% 的水煤浆。白石湖三采区成浆性指标为 11.62，属很难制浆煤，制备常规水煤浆，适宜的分散剂为萘系分散剂，用量为 0.9% 时，可以制备出浓度约为 56% 的水煤浆。

热重气化试验表明该地区煤具有较好的气化反应性。

该地区煤的水分较高，在工业应用中，可进行炉前干燥，以满足煤化工用煤对原料煤水分的要求。

白石湖一采区和三采区煤属于高氯煤，高氯煤的应用对策目前应侧重于降低入炉煤中氯的含量，通过配煤、入炉煤预处理等方法减少高氯煤应用过程中对设备腐蚀和污染物排放。另外，采用镍基合金，可解决气化炉气化层内壁腐蚀问题。

总体而言，由于三塘湖煤的变质程度低、焦油产率高、挥发分高，比较适合热解提油项目和直接液化项目。

3) 分质利用技术途径

三塘湖和淖毛湖矿区煤的煤质特征是焦油产率高，若作为燃料用于火力发电项目，不能发挥其最大价值，三塘湖和淖毛湖矿区煤非常适合煤热解和煤焦油加氢项目，生产国内短缺的汽油、柴油、石脑油等产品，热解后的半焦用作发电，实现煤炭的分质高效利用。

基于新疆煤高焦油产率，以及距离内地市场较远的特点，新疆煤适宜选择以煤热解为龙头，煤焦油加氢精制、半焦作为燃烧发电原料的分质多联产技术路线。现将煤炭进行热解提油，得到煤焦油、半焦、焦炉煤气等初级产品，完成对原料煤的分质；半焦作为燃烧发电原料,也可作为气化原料,煤焦油进行深加工精制,煤气可作为民用气、可提氢、可作为发电原料。另外,也可适当考虑直接液化项目。

4. 创新点

①全面收集了三塘湖煤田各矿区的煤质资料并进行了代表性数据汇总,形成了煤质数据库。本项目研究分别收集了三塘湖煤田、淖毛湖矿区、巴里坤矿区3个矿区的煤质资料,数据所含钻孔数为978个,并对收集的煤质数据进行了整理,按钻孔号和煤层为单位统计了不同煤层不同钻孔的煤质数据,形成了煤质数据库。

②详细研究了三塘湖高油含量煤的分布特征。统计了三塘湖高油含量煤的分布情况,对工业开发焦油量进行了估算,绘制了主要煤层的焦油产率等值线图,分析了焦油产率和挥发分、显微组分含量、H/C等煤质指标的关系。

③对三塘湖的代表性样品进行转化性能试验研究,为工业化应用提供了技术基础数据。对三塘湖煤的代表性样品进行了干燥试验、热解实验、氯迁移试验、气化试验、直接加氢液化实验、水煤浆试验等工艺试验,试验结论为后续工作提供了基础试验数据。

④针对高油煤的特点推荐了三塘湖煤田煤分质利用技术途径。三塘湖煤的焦油产率较高,在分质利用途径上应重点考虑煤热解和煤焦油加氢技术,热解工艺重点推荐浙江大学的循环流化床煤分级转化多联产技术(ZDL工艺)和立式三段炉热解技术,煤焦油加氢技术重点推荐 BRICC 煤焦油非均相悬浮床加氢制清洁燃料技术。

5. 研究成果的应用

本研究项目涵盖地质、煤质、煤化工等诸多领域,研究成果应用领域广泛。

1) 为加大三塘湖煤田的开发强度和开发速度提供基础数据和技术参考

本项目研究成果可以作为优化三塘湖煤化工产业带功能布局的参考,为加大三塘湖煤田的开发强度和开发速度提供基础数据支持。

2) 为已入驻企业解决实际问题提供理论和技术支持

本项目研究成果对新疆广汇集团等入驻较早的企业确定企业煤质优势、科学配采、优化产品路线、加强质量监控、发展煤炭深加工提供理论依据和技术支持。

3) 为未开发矿田及规划项目技术选择提供决策依据

新疆三塘湖、淖毛湖矿区煤炭资源丰富,煤质的显著特征是高焦油产率,适宜开展以热解为龙头,热解焦油加氢精制、热解半焦发电的分质利用技术,三塘湖、淖毛湖矿区今后的煤炭转化项目应大力发展煤炭分质利用项目。

6. 下一步工作建议

1) 继续深化基础研究工作

本项目研究了三塘湖高油含量煤的分布特征,统计了三塘湖高油含量煤的分布情况,对工业开发焦油量进行了估算,绘制了主要煤层的焦油产率等值线图。下一步工作应继续充实研究数据,在"大数据"基础上提高预测模型的精度和认识的深度。

2) 代表性煤质数据和煤质均质化问题

目前开发利用过程中存在的问题与煤质认识不够深入有关。下一步对尚未开发的煤田或者井田,应加强代表性煤质特征(数据)的研究工作,以项目前期较小的经济投入,规避项目后期较大的技术经济风险。

三塘湖煤田的煤质特性优良，但是也存在个别指标波动较大的问题。应制订合理的开采计划，适度开展煤质均质化技术，确保煤炭产品质量稳定。

3）优化布局煤转化项目

目前三塘湖和淖毛湖矿区煤炭资源转化及深加工基础极为薄弱，也没有专门针对高油煤的开发利用项目。现有规划也是以电力产业和疆煤外送或疆电外送为主。

建议针对三塘湖、淖毛湖矿区煤高焦油产率的特点，科学规划以热解为龙头，热解焦油加氢精制、热解半焦发电的分质利用技术，充分发挥高油含量煤的利用价值，对未规划煤转化项目的井田今后可重点考虑以热解为龙头、热解焦油加氢精制、热解半焦发电的分质利用技术。

四、获奖情况

2016年，新疆煤炭资源分质利用技术研究（准东煤田和三塘湖煤田）获得新疆"358"地质找矿项目优秀成果三等奖。

第二节 新疆三塘湖煤田煤炭资源赋煤规律与勘查实践

一、项目背景

在三塘湖"大会战"之前，新疆煤田地质局在三塘湖仅开展过煤炭资源预测工作，发现了零星的煤层出露，此时的三塘湖作为一个煤炭勘查空白区，并不被许多地质界同仁认可，他们认为三塘湖即便是存在煤炭资源，也是埋藏深度超过1000m的、根本不具备开采价值的煤。

新疆煤田地质局一六一煤田地质勘探队认为：三塘湖是一个中新生代的沉积盆地，极为可能埋藏着储量丰厚的煤炭资源，按照同处三塘湖盆地的淖毛湖煤田的研究成果，三塘湖煤田地层沉积时代与沉积环境均符合成煤条件，如果确实存在具有开采价值的煤层，将会是巨大的资源。

2009年，三塘湖煤炭资源预查项目的成果成为东疆煤炭资源开发的引擎，为了加快"疆煤东运"战略的推进速度。2011年初，自治区要求在东疆煤炭资源预查的基础上，优选出区域位置佳、煤炭资源丰、开采技术条件简单的区域加快煤炭资源勘查开发，选择在煤层埋藏浅、构造简单、资源丰度大、有利于先期开采的区域开展详查工作，为三塘湖煤矿区远景发展规划提供地质依据。

对于自治区的要求，在 $6500km^2$ 的茫茫戈壁，如何高效地进行煤田勘探以及如何选区、怎么选区、哪些区域是勘探重点，是当时存在的主要困难，所以开展三塘湖盆地煤炭资源赋煤规律与勘查实践研究，可以有效地服务于三塘湖煤田勘探。

二、研究意义

前人针对三塘湖盆地的研究主要是在构造演化、物源分析等方面进行了较深入的研究，对三塘湖盆地物源与盆地演化有较一致的认识，对沉积环境也有一定的研究，如中下侏罗统为河流-湖泊相沉积环境，八道湾期和西山窑期为主要的聚煤期等。但由于该区构造较为复杂，后期南北方向剥蚀严重，且以往工作多进行的是一些煤矿点的地质勘查工作；石油部门在本区的钻井较少，受资料和勘探程度的限制，全区范围的岩相古地理、沉积环境、沉积展布特征等问题有待进一步的研究。

本研究专题以三塘湖盆地中、下侏罗统含煤地层为研究对象，对盆地进行岩相古地理背景重塑、利用层序地层学原理建立含煤层系等时层序地层格架，讨论整个三塘湖盆地的沉积环境与沉积展布特征，并对沉积演化及聚煤规律进行了研究，为合理确定三塘湖盆地聚煤规律和煤田有利区预测研究提供依据，为整装大型煤田的综合快速勘查，提供了有效的勘查技术手段及研究方法。

三、项目实施

为保障项目正常有序实施，服务于三塘湖煤田"大会战"，新疆煤田地质局一六一煤田地质勘探队联合新疆大学地质与勘查工程学院、新疆煤田地质局综合地质勘查队、新疆煤田地质局综合实验室等单位对三塘湖盆地煤炭资源赋煤规律与勘查实践开展研究。

三塘湖侏罗纪含煤盆地属隐伏煤田，煤系地层大都被新生界所覆盖。地形较平坦，含煤地层沉积较稳定，研究工作主要对钻探、测井、二维地震、地面地质调查、样品采集测试等综合技术方法资料，开展整理研究。

根据本课题研究目标和研究课题规定的主要研究内容，除了三塘湖盆地勘查资料，项目组成员又先后赴石油部门、地矿局等处收集资料和查阅文献，收集资料钻孔1112个、钻探总进尺68万余米，二维地震17万个物理点、样品数量1.6万组等，开展了三塘湖盆地中下侏罗统层序地层、沉积环境的综合研究，编制了反映三塘湖盆地中下侏罗统的层序地层、沉积环境的图件，圆满完成了项目所要求的研究内容和实际工作任务，取得了显著的成果。

四、取得的成果

该课题为大型整装煤田研究，采用了机械岩心钻探、二维地震、综合地质填图、地球物理测井、山地工程、样品采集测试等的综合勘查技术手段。本课题的研究在以下几个方面取得了重要突破。

①研究层序格架下的沉积体系和沉积相的时空配置关系，进行沉积充填演化阶段分析，恢复三塘湖盆地中下侏罗统沉积展布和充填过程。

②揭示了原型煤盆地经历多次构造运动改造后的现存面貌、煤系或煤层的现今构造格局和构造样式及煤炭资源聚集规律。

③估算出三塘湖煤田煤炭资源量，为三塘湖煤田的煤炭资源综合开发利用提供了科学依据。

④为整装大型煤田的综合快速勘查，提供了有效的勘查技术手段及研究方法。

五、成果及获奖情况

本次项目的成果及获奖情况如下。

①依据三塘湖盆地煤炭资源聚集规律研究，为三塘湖"大会战"优选出6个有利勘查区，包括4个详查区、2个勘探区。

②2012年，"三塘湖煤田煤炭资源赋煤规律及勘查实践"科研项目被国家能源局评选为

国家级科技能源进步二等奖。

第三节　新疆伊宁盆地中生代含煤地层

一、项目背景

新疆伊宁盆地，以储量巨大、煤质优良、煤层稳定、水资源丰富、矿井开采技术条件简单而闻名，具备建设大型矿井的优势和条件。

20世纪80年代末，伊宁盆地北缘的煤田地质勘探工作列入一六一队的"七五"计划，根据以前地质成果中存在的一些问题，进一步对伊宁盆地中生代含煤地层时代进行研究，为后面的煤炭普查提供地质依据和找煤方向。

二、研究意义

在20世纪80年代以前，前人针对伊宁盆地的研究主要是在构造演化、物源分析等方面进行了一定的研究，对伊犁盆地侏罗系的沉积演化有一定的认识，针对当前地质成果中存在的一些问题，进一步对伊宁盆地中生代含煤地层时代进行研究，建立地层层序，针对组段划分、聚煤作用、赋煤规律、岩相古地理和沉积环境等问题进行分析研究，对以后的煤田勘探、开发伊宁地区的煤炭资源、建设新的煤炭基地具有重要意义。

三、项目实施

为更好的完成本次科研项目，服务于伊宁盆地煤炭资源勘查，一六一队联合新疆煤田地质局、西安煤炭研究分院地质所（现西安煤探科学研究院）、新疆工程学院地质系等单位对伊宁盆地沉积的演化、地层时代划分及聚煤规律开展研究。

根据本课题研究目标和研究课题规定的主要研究内容，除了伊宁盆地勘查资料，课题组成员又先后赴新疆石油地调处、地矿局、核工业等处收集资料和查阅文献，收集各类地质报告20余件、钻孔百余个，以及当时的石油物探资料。此外，进行了全面综合分析研究，编制了伊宁盆地的构造图、地质图、煤层对比图、侏罗系界面等深图等20余种基础图件，圆满完成了课题项目所要求的研究内容和实际工作任务，取得了显著的成果。

四、取得的成果

该课题为大型盆地研究，采用了钻探、综合地质填图、地球物理测井、样品采集测试等综合勘查技术手段。通过课题研究工作，对伊宁盆地中生代含煤地层及其时代、组段划分、沉积相、地质构造和赋煤规律等方面有了较全面的了解。

①进一步建立了伊宁盆地中生代含煤地层层序，组段划分及时代归属，与准南、吐哈盆地对比，统一了地层命名。

②初步探讨了伊宁盆地的古构造、古地理及沉积环境。阐述了早、中侏罗世两期的聚煤作用及其赋煤规律，为后期的普查找煤和勘探提供了地质依据。

③通过生物地层研究，为盆地地层划分、大区对比提供了依据。

④伊宁盆地为中生代山间断陷盆地，通过古地理沉积环境、赋煤规律的研究，提出了进

一步找煤的方案。

第四节 南疆三地州聚煤盆地形成演化、赋煤规律及选区评价

一、勘查历程及工作背景

针对南疆三地州煤炭资源分布研究中存在的问题，围绕南疆三地州主要聚煤期岩相古地理环境、聚煤规律与赋煤构造演化控制作用这一关键问题，以经典层序地层学和现代沉积学的理论为指导，通过收集新疆煤田地质局、石油部门的钻井和物探资料，以及近年来各地勘单位新增的地质勘查、煤矿开采、物探、基础地质、煤炭地质勘查、区域和矿区物探、遥感等资料，在摸清新疆煤炭资源现状的基础上，充分运用层序地层学、现代沉积学、构造地质学、煤田地质学、地震解释等理论方法，还原三地州古沉积环境，分析层序地层格架下煤层聚集规律及富煤带分布，探讨富煤带的形成条件；分析盆地基底构造（古地形）、同沉积断裂、成煤盆地水下同生次级隆起、煤系和煤层的现今赋存状况及具有控制作用的构造样式等古构造因素对富煤带形成及其展布的控制作用；明确富煤带时空展布规律和煤炭资源的赋存规律，提出优质煤炭资源聚集模式，并揭示不同构造背景下煤炭资源的聚集和赋存规律；研究原型煤盆地经历多次构造运动改造后的现存面貌、煤系或煤层的现今构造格局和构造样式，揭示煤炭资源的赋存规律、揭示地质构造发育的规律、建立典型成煤构造模式、揭示不同构造背景下煤炭资源的聚集和赋存规律；最后，在上述基础上对其开发利用前景作出综合性评价。

二、项目实施

根据本课题研究目标和项目规定的主要研究内容，课题组成员先后赴塔里木油田勘探开发研究院、中石化西北石油局勘探开发研究院、地矿局、煤田地质局等处收集钻井、测井、地震资料和查阅文献。课题组 20 人左右于 2011 年 6 月—2011 年 9 月在南疆进行野外地质调查，并先后开展了中下侏罗统构造、层序地层、沉积环境、聚煤规律的综合研究和石炭系聚煤规律的综合研究，编制了反映中下侏罗统构造、层序地层、沉积环境、聚煤规律和石炭系聚煤规律的图件，完成了项目设计所要求的研究内容和实际工作任务。

三、取得的成果

取得的成果总结如下。

①根据油田山前断裂分布图、钻井资料、地震资料分析可知，塔西南地区主要受三排大断层所控制，总体上形成了自西南向东北方向的三排逆冲推覆构造。地震、钻井资料表明，山前侏罗纪地层埋藏较深，油田钻孔亦证实这点，煤田的勘探范围被限制在三排构造与苏盖特之间的范围。

②塔西南前陆盆地被巨厚的新生代地层覆盖，新生界底界最大埋深为 9000~10 000m，在西昆仑山山前最深，在喀什以南、莎车至墨玉之间分布有两个沉积中心，最深分别为 9000m 和 10 000m，围绕这两个沉积中心，古近系底界埋深大于 7000m 的范围约有 $6 \times 10^4 km^2$，在这一范围内不具有中生界的找煤勘探潜力。

③应用经典层序地层学原理，通过对勘探线、钻井、测井、古生物、野外露头剖面、地震反射等的分析，将南疆三地州中下侏罗统划分为 4 个三级层序，并以地层叠置样式、岩性、岩相的变化细分出低位、湖侵和高位体系域。

以此方案对南疆三地州 60 口钻井进行层序地层划分、沉积环境分析，在综合研究钻井、测井、露头、岩心及古生物资料的基础上，建立了中下侏罗统以四级层序为单元的等时层序地层对比格架，其中 SQ1 相当于沙里塔什组，SQ2 相当于康苏组，SQ3 相当于杨叶河组和塔尔尕组，SQ4 相当于库孜贡苏组，该层序划分方案可在全区的钻井剖面间进行良好的对比。

④现已发现的煤矿、煤点分布主要受沉积相带控制，通过钻井、测井、古生物、野外露头剖面等资料的分析识别出中下侏罗统主要发育扇三角洲、三角洲、湖泊、沼泽等主要相类型，并系统分析了南疆三地州沉积相的构成、演化与分布规律，指出河流三角洲、扇三角洲、辫状河三角洲内的分流河道间沼泽相是含煤的主要相带。

⑤新疆塔里木盆地西南缘侏罗纪含煤盆地具山前拗陷性质，下—中侏罗统叶尔羌群含煤岩系在其西南边缘沿乌泊尔-同由路克-棋盘（西南）-莫莫克-克里阳-杜瓦-皮西一线断续分布，总体呈一狭长的带状。含煤地层近东西向展布，布雅-皮西煤系沿盆地西部边缘总体呈北北东走向；西昆仑地区含煤岩系分布在北缘萨哥孜汗—乌依塔克—赛斯特盖—库斯拉甫—坎地里克一带。这些盆地成煤总特点：呈狭长的带状断续分布、煤层变化大、厚度变化大、稳定性差、储量一般、煤质一般、种类不全，一般为低变质程度的煤类。塔西南坳陷带内侏罗系北部尖灭线位于阿克陶西—齐姆根西—棋盘—柯克亚—玉力群北—克里扬北一线。

以莎车-叶城煤田为例，大地构造位处塔里木南缘莎车中新生代坳陷部分，构造线方向以北东-南西向为主；侏罗系形成于以二叠系为基底的山间凹陷中，成煤期后的构造运动使原沉积范围不广的煤系地层又遭到严重破坏，现存煤层范围有限，多处于相对孤立的山间小盆地。

⑥综合野外工作和各部门单位的地震、重力、钻井、文献资料、层序、沉积环境、聚煤规律的研究，对下一步的勘探方向进行分析，目前有利的勘探目标有 5 个有利预测区：预测区 1（玛南石炭系构造带）、预测区 2（苏盖特构造带）、预测区 3（浦沙构造带）、预测区 4（莫莫克地区）、预测区 5（桑株南地区）。

预测区 1（玛南石炭系构造带）面积 412km^2，由石油钻孔资料显示石炭纪地层中有煤层发育，主要分布于和 3 井和玛参 1 井周围，聚煤中心亦位于这 2 个井周围，向两侧具有变薄的趋势，而且沿东南方向逐渐加深，更不利于煤田的勘探。主要有利区即位于和 3 井和玛参 1 井井区，具有于 800m 以浅见煤的可能。

预测区 2（苏盖特构造带）面积 379 km^2，常见老基底卷入逆冲断层现象，老地层推覆体叠压在新地层之上，造成地层重复。由于逆冲推覆作用导致老地层推覆体叠覆在较新的地层之上，因此山前侏罗纪地层埋藏较深，后排推覆体下的侏罗纪地层较浅。油田所钻苏 1 井有侏罗系，苏 2 井未钻遇侏罗系，主要受到后期的剥蚀作用。该区有利的钻探目标为苏盖特地层之下的侏罗纪地层，有望在较浅的位置钻遇侏罗系。

预测区 3（莫莫克地区）面积 191km^2，野外填图在该区见煤，而且该区为矿权灭失区，故有希望找到 1m 以上的煤层。

预测区 4（浦沙构造带）面积 485km^2，甫沙构造带钻探的甫沙 2 井揭示该区存在较好的聚煤条件，甫沙2井钻遇侏罗纪煤层厚度达9m，玉参1井钻遇2套地层，下套侏罗纪地层钻遇2层煤，厚度4～5m。油田地震揭示在第一排推覆体之上有第四系覆盖的侏罗系残留，而且该区具有成煤前景，有望在较浅的位置钻遇侏罗系。

预测区5（桑株南地区）面积180 km²。桑株1井于4086m和4093m见2层煤，厚度4～5m。从过桑株1井的地震剖面可见，第一排构造推覆于桑株1井之上，而且这排构造靠近之前野外调查的康开地区，野外露头见侏罗纪地层，因此分析在桑株南地区具有寻找煤层的潜力。

第五节 新疆周边国家矿产资源调查研究

一、勘查历程及工作背景

（一）概况

新疆地处欧亚大陆的中心地带，约占中国疆土面积的1/6，自古以来就是中国向西开放的重要门户，与"中亚五国"、阿富汗、蒙古、印度等国家有着密切的地缘联系。"上海合作组织""缘西边境国际经济带""中亚经济合作区域"等都把新疆作为欧亚大陆的政治、经贸合作的桥梁。这些与新疆有关的"区域概念"和"经济合作带"，将新疆与新疆周边国家纳入到同一区域经济合作带中，有助于我国西部大开发战略中对外开放的整体推进。

新疆周边国家拥有世界上重要的成矿区域，拥有丰富的矿产资源。新疆按照国际惯例到周边的国家去探矿，开展风险勘查，促使中国与周边国家矿产资源合作尽快起步。以石油、天然气、铁、镍、铬、锰、铝、铜和钾盐等矿产为重点，在矿业领域的交流合作，实现互利共赢。

深化矿产资源勘查开发领域的国际合作，推进与其他国家矿产资源勘查开发技术交流与合作，是国家鼓励和积极推进的政策。加快实施"走出去"及"境外勘查"战略步伐也是新疆煤田地质局"十二五"发展的目标和方向之一。周边国家拥有丰富的矿产资源，我们不去合作开发，就会被其他国家抢占先机。应积极利用周边国家的优势资源作为当地优势资源转移战略的有机组成部分这个契机，利用双方资源、技术、资金实现优势互补，参与矿产资源开发，积极培育资源合作，把新疆打造成中国未来的能源基地。

实施"走出去"及"境外勘查"战略，基于新疆的地缘和国际能源格局的情况，新疆周边国家是新疆煤田地质局的首选之地，尤其是"中亚五国"。虽然周边国家矿产资源十分丰富，但如何在这些国家顺利开展矿业投资，则是每个投资者所面临的首要问题。首先必须了解这些国家政府对相关产业颁布的政策和法规，这是至关重要的问题，必须谨慎对待。我们必须采取的策略应是稳中求发展，其目的是更好地规避经营风险，减少企业在经营过程中由于不慎造成的经济损失。企业到国外投资开矿是一种纯粹的企业行为，主要是由市场需求引起的，目前也开始受到国家的重视。但随着国外开矿的项目数量大幅增加，企业如何避免其中的风险，需要引起重视。国外开矿要对矿产资源风险、政治环境风险、法律风险、经营风险等多种因素进行综合考虑。兵法云"知己知彼，百战不殆"，必须要认真研究新疆周边国家的矿产勘查开发的相关情况，这也是本次研究的目的和意义所在。

（二）项目背景

《新疆周边国家矿产资源勘查开发现状研究报告》在系统收集新疆周边国家地质、矿产、矿业、矿业投资、矿业法规等资料的基础上，概略研究了新疆周边国家的自然地理特征、经济社会状况、基本地质矿产条件，在介绍了各国的基本状况后，分国别提供了各国能源和矿产资源的成矿地质背景和成矿规律，地质工作程度和矿产资源状况资料；阐述了矿产开发前景；介绍了矿产勘查开发的法律法规，矿业投资政策、矿权管理、矿业税费及管理等信息；分析了各国重要矿种和优势矿种，对重要矿产的资源潜力进行了分析，提出了初步的勘查选区建议，为中国矿业企业和投资者在新疆周边国家开展矿业勘查开发提供基础信息资料。

（三）工作历程

本项目以新疆周边国家矿产勘查开发现状和提出新疆周边国家矿业勘查开发的方向、方式、地区、矿产类型等的建议及存在问题为研究目标和内容。应用基础资料的收集调研的方法形成初步认识，结合塔吉克斯坦进行实地矿业考察和调研，分析新疆周边国家政治、经济、区域地质矿产及矿产勘查开发现状，在此基础上提出在新疆周边国家矿业勘查开发的方向、方式、地区、矿产类型等的建议及存在问题。研究方法如下。

①通过多种渠道广泛收集尽可能全面的与新疆周边国家矿业勘查开发有关的政治、经济、法律、政策、矿产资源地质资料等的相关书籍，论文和新闻报道等；收集以往在新疆周边国家矿业勘查开发的考察调研、实际运作的资料，借鉴前人研究成果，进行纵向及横向的对比、归纳和整理，为本次研究报告的撰写提供充足的信息支撑。

②前往塔吉克斯坦进行实地矿业考察和调研，具体了解塔吉克斯坦的政治、经济、法律、区域地质及矿产勘查开发现状；并有针对性的与前往周边国家进行矿业考察调研的人员交流有关问题。同时结合当地的实际得出结论，从而为新疆煤田地质局在新疆周边国家的矿业勘查开发提出有价值的建议及对策。

③注意研究的系统性、整体性。要考虑到在新疆周边国家矿业勘查开发是复杂的系统，避免局限于某一方面产生偏差。

④本次研究通过对"中亚五国"重要矿产基地综合研究，扩大找矿空间和矿产资源储备，为新疆大规模矿产勘查和利用中亚邻国矿产资源提供技术支撑与导向；建立产学研联合、集成实施的项目工程化模式，加快发现对我国经济发展有支撑意义的大型—超大型矿床；为把新疆建设成为我国21世纪矿产资源战略储备基地提供资源保障。

二、项目实施

①完成塔吉克斯坦共和国交通图、地质图、矿产分布图制图，了解成矿地质背景和成矿规律以及地质工作程度和矿产资源状况。

②完成吉尔吉斯斯坦共和国交通图、地质图、矿产分布图制图，了解成矿地质背景和成矿规律以及地质工作程度和矿产资源状况。

③完成哈萨克斯坦共和国交通图、地质图、矿产分布图制图，了解成矿地质背景和成矿规律以及地质工作程度和矿产资源状况。

④完成阿富汗交通图、地质图、矿产分布图制图，了解成矿地质背景和成矿规律以及地质工作程度和矿产资源状况。

⑤完成巴基斯坦共和国交通图、地质图、矿产分布图制图,了解成矿地质背景和成矿规律以及地质工作程度和矿产资源状况。

⑥完成蒙古国交通图、地质图、矿产分布图制图,了解成矿地质背景和成矿规律以及地质工作程度和矿产资源状况。

⑦完成印度共和国交通图、地质图、矿产分布图制图,了解成矿地质背景和成矿规律以及地质工作程度和矿产资源状况。

⑧2011年11月12日—11月20日,由新疆煤田地质局尹淮新、虞海澎、尹宝强、覃星一行4人组成地质组,对塔吉克斯坦国赛都拜克黄金公司的资源矿权区块进行实地踏勘,收集相关资料、采集煤炭样品,并对各区块的基础设施及地形地貌进行调查研究,以满足地质勘查设计和后期勘探施工的需要。

三、取得的成果

新疆周边国家矿产资源调查项目取得的成果如下。

①论述了新疆周边国家矿产资源成矿地质背景和成矿规律以及地质工作程度和矿产资源状况。

②作为本次研究成果的中心内容,较全面、系统地提供了新疆周边国家矿产资源矿产地质特征、成矿规律及各国重要矿种和优势矿种的资料。

③对新疆周边国家矿产资源重要矿产的资源潜力进行了分析。

④收集了新疆周边国家交通位置图、地质图、矿产资源分布图。

⑤结合新疆周边国家(地区)地质矿产特点,提出了初步的勘查选区建议。

第十一章 煤层气科研工作

科研力量推动产业突破,新疆煤田地质局非常重视新疆煤层气基础理论研究和开发工艺技术的攻关工作,2015年积极申请了国家"十三五"科技重大专项"准噶尔和三塘湖盆地新疆中低煤阶煤层气资源与开发技术",2017—2020年承担了自治区重点研发专项"新疆准噶尔盆地南缘煤层气资源评价与勘查开发关键技术与示范",2018年以来根据勘查开发中的难题和遇到的实际问题,在局内设立三类科研项目,其中开展煤层气的三类科研项目9个。2010年以来,新疆煤田地质局开展的煤层气领域的科研成果共获得国家科技进步二等奖1项、中国煤炭工业协会科学技术一等奖1项、自治区科技进步一等奖2项,中国地质学会十大地质科技进展1项。

第一节 新疆准噶尔、三塘湖盆地中低煤阶煤层气资源与开发技术

国家科技重大专项是由中华人民共和国科技部、发展与改革委员会、财政部共同发起的,是为了实现国家目标,通过突破核心技术或资源集成,在一定时限内完成的重大战略产品、关键共性技术和重大工程,是我国科技发展的重中之重。"大型油气田与煤层气开发专项"是16个国家重大专项之一,自2008年开始,分"十一五""十二五""十三五"三个阶段。2015年在新疆煤田地质局的积极努力争取下,获批了"新疆准噶尔、三塘湖盆地中低煤阶煤层气资源与开发技术"作为"大型油气田与煤层气开发"专项的子项目,该项目周期为2016—2020年,是新疆地区首个煤层气领域的国家科技重大专项项目。

一、项目背景及研究意义

新疆煤层气资源丰富,约占全国预测资源量的30%,国家和自治区均非常重视新疆丰富的煤层气资源的勘探开发工作,但由于新疆煤层气地质条件复杂,同时具有低煤阶、高倾角、煤层厚度大、煤层层数多等特有地质特点,对现有的煤层气勘查开发技术提出了新的要求,适用于沁水盆地的高煤阶煤层气勘探开发技术体系难以满足新疆煤层气勘探开发的需要。为解决制约新疆煤层气规模开发的技术难题,2015—2016年新疆煤田地质局联合中联煤层气国家工程研究中心有限责任公司、中煤科工集团重庆研究院有限公司、新疆科林思德新能源有限责任公司、中国地质大学(北京)、中国地质大学(武汉)、中国矿业大学、中国煤炭地质总局地球物理勘探研究院、新疆焦煤(集团)有限责任公司、重庆大学9家国内煤层气(煤矿瓦斯)领域的领先企(事)业单位、高校、科研院所成功申报了"新疆准噶尔、三塘湖盆地中低煤阶煤层气资源与开发技术"(2016ZX05043),作为"大型油气田与煤层气开发"专项的子项目。新疆煤田地质局作为项目牵头单位,成为新疆乃至全国煤炭地勘行业首次承担国家科技重大专项的单位,标志着新疆煤田地质局向重大和前沿科技领域的迈进。

二、项目单位、目的任务及课题设置

该项目由新疆煤田地质局牵头实施，新疆煤田地质局煤层气研究开发中心、新疆煤田地质局一五六煤田地质勘探队、中联煤层气国家工程研究中心有限责任公司、中煤科工集团重庆研究院有限公司、新疆科林思德新能源有限责任公司、中国地质大学（北京）、中国地质大学（武汉）、中国矿业大学、中国煤炭地质总局地球物理勘探研究院、新疆焦煤（集团）有限责任公司、重庆大学共11个煤层气（煤矿瓦斯）领域的国内优势企事业单位、高校、科研院所共同参与。在项目长新疆煤田地质局总工程师李瑞明、副项目长中联煤层气国家工程中心科技部主任陈东以及中国地质大学（北京）煤层气领域知名专家汤达祯的领导下，在杨曙光、尹淮新、杨雪松、王一兵、孙东玲等课题长的组织实施下，该项目集中了国内所有在新疆地区从事煤层气（煤矿瓦斯）勘查、开发、科研的优势力量，汇聚了包含93名高级以上职称和133名硕士/博士学历在内的281名科研、管理人员，实现了项目43的科学立项与顺利实施。

项目主要研究内容是以准噶尔和三塘湖盆地为对象，在阜康煤矿区东部、西部进行煤层气开发先导试验，研发适应准噶尔、三塘湖盆地中低煤阶资源特点的煤层气资源评价与选区关键技术，完善与丰富煤层气勘探开发工程技术，形成适合新疆煤矿特点的瓦斯安全抽采关键技术。预期目标是通过项目实施，到2020年末将获得6项创新，优选与评价2个煤层气开发甜点区，研发适宜新疆准噶尔、三塘湖盆地煤层气规模化开发技术，为提交煤层气探明地质储量$200×10^8 m^3$、建成$1.5×10^8 m^3$的年产能提供技术支撑。

项目经费总计为40 252.28万元，其中，中央财政经费9 870.59万元，企业配套经费30 381.69万元。共设置5个课题，分别为"准噶尔、三塘湖盆地中低煤阶煤层气资源评价及选区""新疆准噶尔盆地南缘煤层气勘探开发工程技术研究""阜康东部砂沟煤层气开发先导试验""阜康西部四工河煤层气高效开发先导试验""新疆大倾角多煤组煤矿区煤层气开发利用技术"（图11-1）。

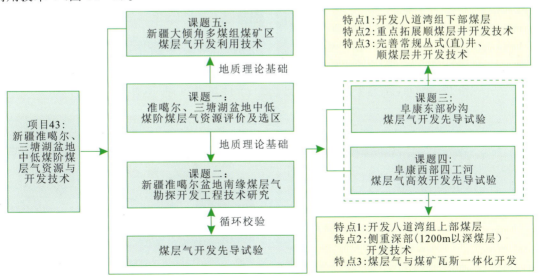

图11-1 项目43课题设置与衔接关系

三、项目实施

项目实施过程中,在大型油气田及煤层气开发重大专项实施管理办公室的指导下,新疆煤田地质局作为牵头单位,成立了项目43领导小组办公室,对项目的科学推进予以有效管理,每年不定期召开2~3次项目内部会议,就项目进展、取得成果、财务使用管理、项目工作安排等进行督促、论证,并组织项目人员多次到项目施工现场学习和进行检查、指导并督促工程施工,保证了项目的顺利开展。项目进展和所取得的成果、实施成效在项目年度成果检查、阶段性成果检查、中期评估、专家督导等工作中均得到了重大专项实施管理办公室及与会专家的认可和表扬(图11-2~图11-5)。

图11-2 项目年度总结与工作部署会(2017年2月,乌鲁木齐/阜康)

图11-3 项目现场考察及阶段成果汇报(2017年7—8月,乌鲁木齐/阜康)

图11-4 项目中期检查评估会(2018年6月,北京)　　图11-5 项目督导会(2019年7月,乌鲁木齐)

四、主要成果及实施成效

(一)主要成果

针对勘查开发工作中的问题和难题,通过自主创新和引进、消化吸收、再创新的方式,项目43成果丰硕。到2020年末,项目43已形成大量创新成果,申报国家发明专利32项、获得授权15项、申报实用新型专利4项、计算机软件著作权登记3项、出版专著4部、公开发表文章134篇(其中SCI 37篇),制定行业标准1项、企业标准2项,培养硕士毕业生28人、博士毕业生17人。

1. 建立标准

项目组首次建立了《新疆地区中低煤阶煤层气地质选区评价方法》标准。基于近年来新疆煤层气勘查、开发经验与创新理论成果,新疆煤田地质局联合中国地质大学(武汉)、中国地质大学(北京)共同提出《新疆地区中低煤阶煤层气地质选区评价方法(Q/XMDZ 001—2020)》,作为新疆煤层气领域的首个标准,该标准针对勘查、开发两个阶段的地质评价,在选区评价指标体系方面进行全面修订,确定合理的评价参数体系、取值方法及适用条件,指导了新疆煤层气勘查开发的精准选区。该标准经过国内煤层气领域专家的多次审阅,修改完善后定稿,并于2020年6月17日在企业标准信息公共服务平台发布。

2. 形成快优钻井技术方法

通过丛式井与水平井关键技术研究,形成一套适宜大倾角、多厚煤层地层的煤层气快优钻井技术方法。由于新疆主力含煤地层倾角大、多为砂泥岩互层使得井身质量难以控制,储层夹矸多,特殊的煤岩力学特点使得井壁易垮塌,孔裂隙发育易发生井漏、储层易受污染等原因,给煤层气钻完井技术带来了很大的挑战。通过近五年快优钻完井关键技术研究,形成了大倾角地层下的井型优选、丛式井井身质量控制技术、L型井钻完井技术、钻井液体系优选等一系列煤层气勘探开发技术。

1)新井型开发

提出适宜大倾角、多厚煤层的五段制和顺煤层井等新井型,探索试验出丛式井、顺煤层井、L型井多种井型相结合的开发模式,解决了多主力煤层、高倾角地层井网间距难以控制的难题。

2)L型井优化

L型井井身结构优化,由三开简化为二开,大幅降低钻井成本;创新形成大倾角煤层定向与地质导向施工技术,解决了深部煤层控制差的难题,提高成孔率和煤层钻遇率。具体描述如下。

①将常用的L型井三开结构优化为二开结构。依据井壁稳定性研究结果,易漏易塌的50~100m第四纪的不稳定地层,钻井液安全窗口较小,一开需用套管隔离,进入稳定基岩至完钻井深,井壁稳定性较好,钻井液安全窗口几乎重叠,属于同一坍塌与漏失压力梯度,舍去技术套管,井身结构由三开井改为二开井井身结构,缩短了钻井周期,降低了套管层次,每口井可节约成本约80万元。

②大倾角地层水平井定向与地质导向施工技术。提出并试验了"井眼轨道控制原则"与"主动探顶技术与侧钻开分支技术",以保证出煤后做出准确判断,制定准确侧钻方案,解决

了深部煤层控制差的难题，提高了煤层钻遇率。

3）钻井工艺优化

井身质量控制、优化钻具组合、低伤害防漏钻井液等钻井工艺大大减小了井下事故，大幅提高钻井质量，有效缩短钻井周期。具体描述如下。

①井眼轨迹设计优化。除了采用常规的三段制井型外，在某些沿地层倾向的井创新设计了五段制井眼轨迹。

②井身质量控制技术。在评价时注重评价井眼轨迹与设计方位的偏移，增加可以定量评价的指标，即规定实钻轨迹偏离设计方位的距离，以使实钻轨迹更加接近"二维"轨迹，从而减少摩阻，降低了管杆偏磨现象，更好地保障了连续、稳定的排采。

③钻具组合优化。广泛采用 PDC 钻头、螺杆钻具等复合钻井技术，提高了钻井速度，防斜打快，同时保证井身质量可靠且使用寿命加长。

4）钻井液体系的研究

研制了低固相钻井液体系、无固相高效低伤害钻井液体系，既保证了钻井成功率又降低了对储层的伤害且保护了储层；研究形成了低密度固井水泥浆，解决漏失井井筒抗压低、固井质量差等问题。

5）采空区钻井液漏失问题解决

利用固井"穿鞋带帽"的工艺方法解决了因采空区多造成的钻井液漏失严重甚至失返，从而导致报废挪孔，严重影响钻井成孔率和项目工期的问题，节约了大量成本。

3. 形成高效压裂技术

针对不同地质特点和储层改造要求，形成大倾角、多煤层煤层气井同井多层高效压裂技术。由于新疆煤储层具有倾角大、层数多、厚度大的特点，活性水常规压裂难以满足地质条件对压裂改造的要求，存在大倾角地层压裂裂缝上部支撑难、煤层厚度大，常规压裂方式难以保证对煤层的充分改造，目的煤层多、活性水光套管注入、填砂分层的方式对层间距要求高且施工周期长等问题。通过对煤层压裂力学性质及裂缝扩展规律研究，形成适用于大倾角、厚煤层的压裂配套施工技术。具体描述如下。

①针对不同井型和压裂主力煤层组合及特点，以"充分动用煤层，快速高效压裂"为目标，采用投球分层、速钻桥塞分层、连续油管拖动分层等不同分层工艺实现多目标层的快速压裂改造。

②首次在煤层气储层改造领域提出储层全切割概念，实现长、宽、高三维方向的全面改造，增大渗流面积及导流能力，提高初始产量和最终采收率；根据多年试验，在压裂参数的选取上，初步形成了针对高倾角、厚煤层、低煤阶煤储层的"大排量、大液量、大砂量"压裂工艺指导思想，提高了煤储层的改造程度。

③引进研发优化了 MEC 压裂液体系、超低密度支撑剂，提高加砂量和砂比，解决了因煤储层孔隙度大、割理发育、倾角大导致的常规压裂液抗滤失能力差、造缝效率低、携砂能力差、上部裂缝不能有效支撑等难题，促进了煤层的改造工作。

4. 形成大倾角、多煤层排采技术体系

①排采设备优选。根据新疆煤田的主要井型和完井方式，通过有杆泵、螺杆泵、水力无杆泵、电潜泵等的应用和对比，总结出杆泵排采工艺最适合于准南地区煤层气井井身条件和

生产状况。

②根据对大倾角储层渗流机理和控制因素的研究，提出了"五段双控排采法"，实现了气井高产和稳产。

③形成缓蚀剂防腐技术＋基于三维杆柱力学的综合防偏磨优化设计方法的排采防腐防偏磨技术及煤粉防控措施，解决杆管易发生偏磨、卡泵等问题，延长了检泵周期，保障了连续、稳定排采。

④研发了合层排采分层产能测试技术，在一定程度上解决了新疆主力煤层多，各层产能不清的问题。

⑤研发并应用"煤层气自动化排采管理系统 V1.0"，申报了知识产权，使得排采精度大大提高，实现了逐级平稳降压连续排采的目的，获得了稳定高产，降低了排采生产成本。

（二）实施成效

项目 43 所取得的理论认识、重大技术成果及软件研制成果，对新疆煤层气勘查部署、开发工艺优选及高效开发具有重要技术支撑作用。

1. 地质理论认识

依据新疆中低煤阶煤层气成因特征与赋存规律研究成果所优选的 7 处勘探有利区，为煤层气勘查开发部署指明重点区域。近年来所部署的勘查井、开发井效果显示良好，表明地质研究有力支持了勘探开发的科学部署。乌鲁木齐河东、阜康矿区目前已成为准噶尔盆地南缘煤层气产业化基地的增储上产核心区，获得未上表的煤层气探明地质储量 $150 \times 10^8 m^3$；水西沟矿区正在开展煤层气勘查及开发工作，即将见产；三塘湖煤田淖毛湖矿区、汉水泉矿区均开展了煤层气普查工作，通过有限的煤层气参数井钻探、测试发现，淖毛湖矿区的煤层含气量较高，有很好的勘查潜力。

2. 勘查开发技术

1）大倾角多厚煤层钻完井工艺技术应用

在本项目中，"丛式井与顺煤层井相结合"的开发模式得到较好的推广，水平井试验稳步开展。目前，多井型结合的开发模式已在阜康白杨河、阜康四工河、乌鲁木齐河东等开发区块进行试验、推广，3 个区块共有生产井 144 口，包括 130 口丛式定向井、4 口顺煤层井、9 口水平井和 3 组 U 型井。

通过优化钻具组合、应用低伤害防漏钻井液等钻井工艺，大幅提高了钻井质量，有效缩短了钻井周期。通过对钻具组合进行优化，对钻头进行优选，对丛式井、顺煤层井眼轨迹及完井参数优化，开展防漏高效钻完井技术试验，工程质量大幅提升、施工周期大幅缩短，大幅度提高了钻井效率。试验 11 口井，井身质量合格率由原来的平均 90%，提高到平均 93% 以上，钻井周期由原来的平均 15d 缩短到平均 12d。

创新形成的大倾角煤层定向与地质导向施工技术，提高成孔率和煤层钻遇率。应用大倾角煤层定向与地质导向施工技术，共计施工水平井 25 口，成孔率 100%，储层钻遇率不小于 90%，应用效果显著。

优化水平井井身结构，缩短钻井周期，节约工程成本。阜康白杨河区块在井身结构优化前施工 L 型井 3 口，均采用三开井身结构，完井方式分为筛管完井、套管固井完井，投入高，经济效益差。为降低 L 型井钻井工程成本，在乌鲁木齐河东等区块施工了二开井身结构的L型井，截至目前共计施工二开井身结构井25口井，节约成本1750万元。

穿越采空区钻井技术，缩短钻井周期，节约工程成本。乌鲁木齐河东区块钻遇采空或严重漏失19口井，采用"穿鞋带帽"工艺方法钻井15口，单井缩短钻井周期10d，共计节约成本300万元，为煤矿区煤层气开发工作提供了重要技术支持。

2）大倾角、多厚煤层井及顺煤层井的高效分层压裂技术应用

L型井水力喷砂射孔＋连续油管底封拖动分段快速压裂工艺，大幅缩短施工周期。乌鲁木齐河东矿区选取了7口顺煤层走向的L型井，进行了35层的水力喷砂射孔＋连续油管底封拖动分段快速压裂工艺试验，单井压裂施工周期大幅缩短。

压裂液试验采取提高加砂量和砂比的措施，确保裂缝有效支撑。开展了2口井的压裂液现场试验，单井加砂量（由$50m^3$提高到$92m^3$）和平均砂比（由10.8%提高到17.2%）均得到大幅提高。

老井重复压裂试验，提高了施工成功率。阜康区块CS18-X5井前4次压裂均失败，重复压裂通过优选层段、优化参数，重复压裂一次成功。

深部压裂工艺，实现深部多厚煤层的高效改造。连续油管压裂技术应用于阜康四工河CS18深部井组7口井，主力煤层中部埋深均超过1000m，属于深部煤层气。采用连续油管高效储层改造技术，单井压裂2~4层，用时13~23h，比常规压裂耗时短，压裂时效大大提高。

3）大倾角、多厚煤层排采工艺技术应用

排采控制方法及智能排采系统现场应用效果好。在阜康白杨河区块、乌鲁木齐河东区块选择丛式井和顺煤层井开展"五段双控排采法"排采控制方法试验，气井均能保持高产稳产，与前期小井组常规排采控制方法试验时稳产效果差的情况相比，新排采控制方法实施下的煤层气井生产效果好、稳产时间长。

利用"煤层气自动化排采管理系统V1.0"，数据采集间隔由8h压缩至2min，排采精度大大提高，排采制度调整更加及时，煤层气井井底流压、套压等方面也能控制得更为合理，因此产气效果较好。

大倾角井身结构排采设备优化技术能有效延长检泵周期。针对新疆煤层气井的井身结构特点和影响排采连续性的主要因素，采用排采设备优选与配套工艺优化技术，优化设计管杆柱结构，并结合防腐、防偏磨等手段，很大程度地延长了检泵周期。防煤粉方面，初步形成智能软件井下煤粉监测分析报警、巡井人员现场确认、智能软件控制注水设备与抽油机联动高精度洗井模式，保证了排采的连续性。

阴极保护防腐技术能够有效延长检泵周期。在CSD23井组2口井开展1年期技术试验时，作业过程中未发现油管及抽油杆、泵体发生腐蚀现象，防腐效果显著。

多层合排流体参数监测获得了合采井分层产能贡献。对阜康白杨河矿区FS-4井和FS-23井两口合层排采井，应用排采探测设备进行了现场试验，根据气泡数量成功判断了上下主产气层产气贡献之比。

五、推广应用

项目43获取的技术体系广泛应用于阜康白杨河矿区、阜康四工河矿区、乌鲁木齐河东矿区、库拜煤田拜城矿区、吉木萨尔水西沟瓦斯气综合治理等煤层气开发先导试验工作中，

工程成本明显降低，单井产量较前期有较大提高，初步建成的先导试验区稳定日产气在 3 万至二十几万立方米，实现了新疆煤层气的小规模开发利用，为实现新疆丰富煤层气资源的高效开发利用奠定基础。

1. 新疆阜康市白杨河矿区煤层气开发利用先导性示范工程（二期）

2014 年在自治区地勘基金的支持下，阜康市白杨河矿区建立了新疆第一个煤层气开发利用先导性示范工程，并于 2015 年投产，煤层气年产能达 $3000 \times 10^4 m^3$。2016—2017 年新疆煤田地质局一五六队在阜康白杨河矿区进行了煤层气开发利用先导试验二期产能扩大建设，该工程建设是本套技术体系形成的孵化地，新增施工排采井 14 口，建设标准化井场 5 座，铺设管线 8km，到 2017 年二期共建成煤层气年产能 $750 \times 10^4 m^3$。二期最高日产量 $2.5 \times 10^4 m^3$，稳定日产量 $2.2 \times 10^4 m^3$，平均单井日产量 $1571 m^3$，单井最高日产量可达 $6200 m^3$。煤层气利用方式一部分以 CNG 形式供汽车加气站，另一部分以管道形式供工业园区使用。

2. 新疆准南煤田乌鲁木齐矿区煤层气开发利用先导试验

乌鲁木齐米东煤层气开发利用先导试验，是本套技术体系依托的第二个建设工程。自 2017 年开始建设，共施工排采井 17 口，建设日处理能力 $5 \times 10^4 m^3$ 煤层气集气站一座，铺设输气管线 13.45km，2018 年底达到煤层气年产能 $1000 \times 10^4 m^3$，于 2018 年 12 月 10 日向当地城镇燃气管网输气。最高日产量 $2.9 \times 10^4 m^3$，稳定日产量 $2.5 \times 10^4 m^3$，平均单井日产量 $1470 m^3$，最大单井日产量大于 $5000 m^3$，全部供当地居民使用。

3. 新疆准南煤田阜康西部四工河煤层气高效开发先导试验

阜康西部四工河煤层气开发先导试验是深部煤层气高效开发理论和技术形成所依托的工程，由新疆科林思德新能源有限责任公司建设，施工煤层气生产井 47 口（45 口丛式井 + 2 口多分支水平井），建成煤层气排、采、集、储、运、销的完整产业链，铺设集输管道 4.2km，建成日处理能力 $30 \times 10^4 m^3$ 煤层气 CNG 处理厂 1 座，完成 $0.8 \times 10^8 m^3/a$ 产能建设。2017 年峰值日产量合计 $17.68 \times 10^4 m^3$，年产煤层气 $5616 \times 10^4 m^3$；2019 年由于产量控制，年产量有所减少，年产气量在 $4000 \times 10^4 m^3$ 左右。

以上项目产生了很好的社会效益，也具有较好的经济效益，起到了令人鼓舞的先导示范效应，充分利用了新疆丰富的煤层气资源，保障了煤矿的安全生产。生产的煤层气用于居民生活、工业园区和瓦斯发电，增加了清洁能源供应，保障了民生，减少了煤炭资源的使用和煤矿瓦斯的排空，对保障生态环境起到了积极的作用。同时，也带动了相关产业的发展，助力地方经济建设。

第二节　新疆准噶尔盆地南缘煤层气资源评价与勘查开发关键技术与示范

一、背景

新疆地区中低煤阶煤层普遍具有煤层层数多、厚度大、倾角大、煤层露头浅部火烧等特点（图 11-6、图 11-7），导致其煤层气的赋存机制、富集规律与主控因素与其他地区有很大区别，其地质评价标准及相应的开发工程技术也不一样，基于提高地质-工程间的匹配性、着力突破现有工程技术瓶颈目的，新疆煤田地质局一五六队积极向自治区科学技术厅申报煤层气重点研发专项，力求突破理论与技术瓶颈。通过专家评审，2017年度自治区重点研发专项——"新疆准噶尔盆地南缘煤层气资源评价与勘查开发关键技术与示范"最终获得立项。

图 11-6 研究区火烧现象　　　　　　图 11-7 研究区大倾角煤层出露

依照2017年度自治区重点研发专项"煤层气资源评价与勘查开发关键技术与示范"指南要求，瞄准新疆准噶尔盆地南缘（准南）中低煤阶煤层普遍具有煤层层数多、厚度大、倾角大、煤层露头浅部火烧等特点，研究煤层气的赋存机制、富集规律与主控因素，建立准南地质评价标准及适用于新疆煤层气开发的关键技术集成体系。

二、项目实施

该项目是自治区科学技术厅组织申报的新疆首个煤层气重点研发项目，新疆煤田地质局一五六队为责任单位，联合新疆自然资源与生态环境研究中心、中国地质大学（北京）等科研院校共同攻关。新疆煤田地质局一五六队高级工程师黄建明与中国地质大学（北京）教授姚艳斌联合负责。集合新疆煤田地质局一五六队煤层气钻井、压裂、排采技术骨干与中国地质大学（北京）专业博士、硕士研究生成立专门项目组，按专项统一设计，分任务实施原则，勘探单位和研究院校紧密结合，做到产学研结合，开展理论、技术和目标"三位一体"的联合攻关，形成技术理论与技术方法，直接用于煤层气勘探实践。

2017年8月30日，自治区重点研发项目"新疆准噶尔盆地南缘煤层气资源评价与勘查开发关键技术与示范"在乌鲁木齐米东区W9-L1井场正式启动，队长韦波在启动大会上说道："该项目将地质与开发技术有机结合，形成适宜新疆规模化煤层气勘探开发关键技术，推动新疆煤层气产业进入规模化商业化的快车道，最终将破解新疆煤层气开发的瓶颈。"

2017年8月期间，项目负责人黄建明与姚艳斌教授带领项目组成员在准噶尔盆地南缘阜康、吉木萨尔、玛纳斯等地区开展了为期6天的野外地质勘察。通过对研究区主要成煤地层进行实地踏勘，掌握了研究区煤层分布规律，尤其是对河东矿区八道湾向斜、七道湾背斜以及北单斜进行了重点勘察，深入钻井现场，对河东矿区整体的煤层气开发现状以及开发前景有了更深层次的认识。

新疆的8月正是天气灼热难耐之时，野外踏勘地段几乎没有绿植，皮肤都是发烫的，到了午餐时间，只能开车寻找有树荫的地方简单进食，午餐是提前准备好的西瓜和馕，西瓜配馕在新疆的夏季是野外踏勘的绝对美食，新疆夏季的树荫底下就像空调房，这也让同行的北京人体验了新疆的独特之处，不时感叹新疆是个好地方。

三、成果及应用

本专项属于自主研发技术的示范，通过自治区科技政策引导和经费支持，逐步完善优化了新疆中低煤阶地质特点的煤层气评价标准及开发关键技术与示范。

钻井技术剖析了 L 型井施工难点与其井壁稳定性、优化 L 型井井身结构。形成低伤害钻井液配方：1％膨润土（模拟现场土）＋0.8％KYZ＋2.2％SS-3，此钻井液配方基本性能稳定、温度适应范围宽、抗煤岩污染、防塌能力强，对煤岩渗透率影响小；钻井井身结构依据井壁稳定性研究表明 L 型井一开套管"鞋"至着陆点以上井段井壁稳定性较好，属于同一坍塌与漏失压力梯度，可舍去技术套管，证实三开井井身结构简化为二开井井身结构的可行性；为解决两种不确定性可能导致的钻出煤层后无法判断触顶还是触底，保证出煤后作出准确判断，制定准确侧钻方案，提出并试验了"井眼轨道控制原则"与"主动探顶技术与侧钻开分支技术"，现场应用情况表明，技术方法合理可行，储层钻遇率、优质率提高到了 85％，合格率为 100％；井眼轨迹满足排采及后续作业要求；对比研究区同级别物性条件下洞穴完井、筛管完井、套管射孔完井 3 种不同完井方式下的产气效果表明，套管射孔完井更适宜低煤阶低渗透煤储层。

针对 L 型井储层改造试验了水力喷砂射孔＋连续油管底封拖动分段快速压裂工艺，此工艺施工周期短，单层储层改造充分。对比常规火攻射孔，能更有效减少近井地带的污染，有效沟通储层与井筒。对比乌鲁木齐矿区 4 口 L 型井 21 层储层改造，引进 MEC 压裂液试验与 14 层储层改造沿用活性水压裂液（图11-8），其平均砂比、平均排量和平均施工压力表明 MEC 压裂液具有较好的携砂性能以及降摩阻和降滤失效果。

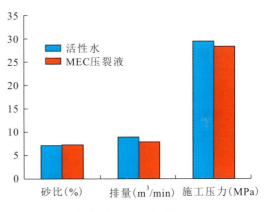

图 11-8　活性水压裂液与 MEC 压裂液对比

基于开发储层资源丰度及开发储层过水过气能力与煤层气井的产气效果呈正相关、开发储层补水强度与煤层气井产气效果呈负相关的结果，提出开发储层资源丰度、开发储层过水过气能力、开发储层补水强度为煤层气开发井产气效果三要素。对准南地区 103 口煤层气排采井深入分析研究发现，伴随井底流压的下降，排采产水会不断增加。在井底流压控制相当稳定的情况下（通过煤层气排采软件控制，保证井底流压长期、连续、稳定、缓慢下降），日产水量 Q 与排采压降 ΔP 呈明显线性关系，日产水量 Q 与排采压降 ΔP 的比值是一个定值。初步提出这个定值为排采线性降压系数，用字母 M 表示。依据影响排采产气效果的三要素针对性地开展了地面负压抽采、近井地带解堵、封堵异常含水层 3 种低产井增产试验，取得较好效果。本次低产井综合治理 5 口试验井中有 4 口低产井增产效果明显，为低产井的治理和新井选区及工程改造提供了新思路和新方法。

第三节 新疆地区煤与煤层气资源聚集规律及勘查评价

一、背景

2005—2010年，由新疆煤田地质局牵头，联合中国煤炭地质总局、新疆大学、西安科技大学、中国矿业大学等单位及高校共同开展"新疆地区煤与煤层气资源聚集规律及勘查评价"系列课题研究，所属子课题通过国家发展与改革委员会、科学技术部、国土资源部、中国煤炭工业协会、自治区国土资源厅等上级国家机关申报立项，并投入近亿元配套资金，取得了丰硕成果。

新疆煤炭及煤层气资源丰富，未来将成为国家的煤与煤层气工业接续基地，但煤与煤层气地质研究和勘探程度均较低，亟需开展相关地质理论与资源评价的系统性研究。《国务院关于进一步促进新疆经济社会发展的若干意见》（国发〔2007〕32号）文件中强调了加强能源基地建设，在煤炭方面，提出"稳步建设大型煤炭基地，提升新疆煤炭战略地位，积极推进煤层气勘探开发、加工转化和煤层气产业的有序发展"的重要任务；在煤层气方面，国家《煤层气（煤矿瓦斯）开发利用"十二五"规划》中明确提出"力争在新疆等西北地区低阶煤煤层气勘探取得突破"。同时，2010年5月，中央召开新疆工作座谈会，把加快推动新疆资源优势向经济优势转变摆在了十分突出的位置，明确新疆要"以准南、库拜、准东、吐哈等煤田为主，加大煤层气勘查开发和综合利用力度，建设2~3个煤层气开发利用示范工程"。

二、主要研究方法和内内容

该课题以地球动力学和煤田地质理论为指导，以聚煤作用与构造控煤研究为核心，以煤与煤层气资源评价为主线，以煤炭资源勘查和寻找新的煤炭资源区为目的。通过对新疆侏罗纪煤田的野外地质调查、资料信息提取和综合分析，分别剖析聚煤前古构造对聚煤盆地时空分布、同沉积构造对聚煤强度时空变化、聚煤后构造变动对煤炭资源赋存状况的控制作用，系统地分析研究了新疆侏罗纪煤田构造发育及其演化规律，在此基础上，研究总结新疆侏罗纪煤田构造控煤模式和煤田构造样式。

三、成果及应用

经过课题实施，重点获取了以下创新成果。

①构建了新疆侏罗纪含煤岩系的沉积模式及层序地层格架，实现了全疆境内含煤盆地侏罗系的系统划分与统一对比。

②揭示了新疆煤田构造发育规律、建立了新疆侏罗纪构造单元的划分方案和控煤构造样式。

③总结了新疆煤炭资源聚集规律，建立了煤炭资源评价体系，提出了煤与煤层气开发有利区，估算了全疆煤与煤层气资源。

④建立了新疆低煤阶煤储层三相介质与三元结构系统地质模型，提出了低煤阶煤储层三相态含气量预测的理论与方法。

项目完成单位充分发挥"产""学""研""用"互相结合的优势，精心组织，密切配合，所有项目全部按照计划任务书要求完成，通过一批专题研究和综合勘查项目的实施，其工程应用有效指导了三塘湖煤炭资源勘探，喀木斯特煤田喀拉萨依西井田勘探以及准噶尔盆地南缘乌鲁木齐河东矿区、阜康矿区、硫磺沟矿区、后峡矿区、吐哈盆地艾丁湖地区、托克逊地区的煤层气勘查等重大勘查工程，为我国煤炭工业战略西移、中低煤阶煤层气勘查探索，建设新疆煤炭工业基地和煤层气产业起步做出了重大贡献。

此外，该系列课题汇总的研究成果《新疆地区煤与煤层气资源聚集规律及勘查评价》获得2013年度新疆维吾尔自治区科学技术进步奖一等奖。

第四节 新疆北部煤层气富集规律与勘探开发技术

一、背景

2012—2017年，由新疆煤田地质局一五六队牵头，联合新疆大学、河南理工大学、新疆地质勘查基金项目管理中心等单位共同开展"新疆北部煤层气富集规律与勘探开发技术"系列课题研究，所属子课题通过国家科学技术部、国土资源部、自治区国土资源厅等上级国家机关申报立项，并投入近亿元配套资金，取得了丰硕成果。

新疆中低煤阶煤层气资源丰富，全国煤层气地质资源量大于$1×10^{12} m^3$的含气盆地有9个，新疆北部地区占了3个，但受控于其独特的构造-沉积背景及独特的水文地质条件，亟需开展煤层气地质理论与勘探开发技术的系统性研究。开展新疆北部煤层气富集规律与勘探开发技术研究，进一步丰富和深化我国煤层气资源赋存规律与勘探开发的研究内容，同时为新疆侏罗纪煤层气资源的勘查和开发提供理论指导，具有重要的理论意义和实际应用价值。

二、成果及应用

经过课题实施，重点获取了以下创新成果。

①揭示了新疆北部煤储层主要发育在辫状河三角洲平原环境中，在三角洲平原—前缘过渡带的分流间湾中煤层最厚，在坝后沼泽中煤层厚度较小且连续性差。

②提出了新疆北部煤体结构对煤吸附甲烷性能具有重要影响，揭示了不同温压条件下强韧性构造煤吸附甲烷性能明显高于脆性构造煤，同时指出随着温度的增加，温度对煤吸附甲烷能力影响起主导作用，煤体结构的影响不再明显。

③揭示出新疆北部煤层随变质程度增强，煤微观表面平均粗糙度逐渐减小，纳米级变质气孔更加发育；随构造变形强度的增加，煤表面形貌中凸起逐渐被挤压磨平，纳米级表面网状栅格结构向蠕动状结构转化。煤中封闭孔隙体积随变形程度增大而增大，但其占总孔隙体积的比例逐渐减小，同时封闭孔体积主要分布在$10\sim50$nm之间。

④识别出双侧向测井显示为负异常、补偿中子平均值较高、井径测井幅度差较小为新疆北部煤层气高产井测井响应标志，建立了高产井测井评价模型，优选出煤层气井的压裂改造层段。

⑤揭示了急倾斜煤层火烧区滞水层、煤储层非均质性、煤储层超压对煤层气成藏的控制作用，建立了新疆北部急倾斜煤层火烧区滞水层煤层气成藏模式。

⑥利用地质块段法、体积法和丰度法，预测了新疆北部1000m以浅煤层气资源量为22 768.58×10^8m³，2000m以浅煤层气资源量为71 174.82×10^8m³。

⑦形成了顺倾向钻进的顺煤层L型井钻完井技术和超大排量（≥10m³/min）、高砂比（10%～14%）、低摩阻压裂液压裂技术，解决了新疆北部大倾角煤层的增产问题。此外为提高单井压裂改造效率，缩短压裂周期，形成了连续油管底封分层＋喷砂射孔＋油套环空压裂技术。

⑧开展了煤储层应力敏感性研究，形成了新疆北部负压抽采增产技术和激励性排采模式。

项目完成单位充分发挥"产""学""研""用"优势，通过一批专题研究和综合勘查项目的实施，其工程应用有效指导了准噶尔盆地南缘乌鲁木齐河东矿区、阜康矿区、后峡矿区的煤层气勘查工程及阜康白杨河矿区煤层气开发利用先导性示范工程的建设，以"阜康白杨河煤层气示范工程"为代表的重大地质成果入选2016年度"中国十大地质科技进展"。本系列课题的研究成果为新疆煤层气产业发展做出了重大贡献。

此外，该系列课题汇总的研究成果《新疆北部煤层气富集规律与勘探开发技术》获得2018年度新疆维吾尔自治区科学技术进步奖一等奖。

第五节　新疆阜康区块构造节理填图、煤储层岩石物理与煤层气藏地质研究

一、背景

煤储层裂隙系统发育特征是控制煤储层原始渗透性高低的关键因素，对煤层气的钻井、压裂、排采有重要影响。由构造作用产生的煤储层裂隙的非均质性对煤层气井产量具有控制作用，国外学者通过对San Juan Basin和Blackwarrior Basin煤层气井产气特征的研究，发现产量与地质构造具有较好的匹配性。Pashin将产量差异主要因素归结为渗透率非均质性，而工程技术方面如钻完井技术等不是主要因素。多位学者研究发现裂隙发育特征与煤层气井的产量具有较大的相关性。多年的煤层气勘探开发实践表明，煤层气运移、产出的通道是煤储层裂隙系统，包括孔隙、微裂隙、内生裂隙、外生裂隙和人工裂隙。庞大复杂的裂隙网络构建了煤层气解吸—扩散—渗流的通道，通道的畅通与否和覆盖范围决定了煤层气井的产能高低。从地质到工程的所有工作都是围绕"通道"来开展的，因此煤层气勘探开发的关键科学问题是"寻找、建立、维护煤层气运移产出的通道"。

基于以上的研究背景，2014年在新疆首个煤层气开发利用示范工程启动之初，新疆煤田地质局一五六队为更深入认识阜康白杨河矿区煤储层裂隙发育特征与分布规律，有效指导阜康白杨河矿区煤层气开发利用，与中国地质大学（武汉）王生维教授带领的科研团队联合开展了新疆阜康区块构造节理填图、煤储层岩石物理与煤层气藏地质研究。

此科研课题分析了地质构造应力期次，建立构造应力场；通过详细的地面高精度构造节理裂隙填图，深入研究了外生节理的力学性质、交切关系、空间位态，量化密度和规模（长度与宽度），确定了节理的期次及各期次最大主应力的方位。结合已有的地质调查资料，特别是能够反映本区构造应力场的宏观构造结构面的特征，恢复了研究区的构造应力演化史。

查明了矿区煤储层裂隙系统及煤体结构发育特征；通过井下观测解剖，收集了外生节理的高度、宽度、空间形态、裂缝宽度、充填物等特征；气胀节理与内生裂隙的高度、密度、裂缝宽度、充填物等特征；对比煤系围岩露头节理与煤层中节理的关系，查明了煤储层裂隙系统的发育特征。井下观测煤体结构特征，包括煤体结构的完整与破碎、软分层厚度与内部特征、一定规模的密集裂隙破碎带、原始煤粉富集特征等。在此基础上对煤层气产出通道的大裂隙系统发育特征、渗透性以及煤储层的工程属性进行了评价。

二、项目实施

项目组织单位新疆煤田地质局一五六队在煤层气勘探开发方面具有技术力量强、人员配置合理、设备先进的优势，从理论研究与实际应用结合密切的原则出发，联合中国地质大学（武汉）以及国内长期从事煤层气研究的优势单位和核心力量，合作单位掌握煤层气及相关领域的国际学科前沿，对于我国煤层气基本地质情况、勘探和开发现状及煤层气排采过程中存在的技术问题有深刻的认识、有丰厚的科研和资料积累。产学结合共同攻关"煤层气通道"瓶颈。

2014年5月，项目组织单位项目负责人谢相军带领仲劼与祁斌两位技术骨干，联合王生维教授带领张洲、侯光久等数十名博士、硕士研究生，在阜康白杨河矿区15.8km²的面积上开展填图工作，总计完成388个观测点，68个加密点，每一个点都进行观测、记录、拍照等工作，描述记录报告点号、点位、坐标、地层产状、岩性、岩层产状、构造节理产状、切割关系、运动方式、密度、充填物等。共完成8个节理等密图统计点（每个位置测量100条节理的产状）、3条剖面线的测量（图11-9）。

图11-9 节理观测点

项目组白天主要在白杨河矿区获取野外地质资料，记录坐标，测量地层产状，观察岩性、岩层产状、构造节理产状、切割关系、运动方式、密度、充填物，针对特殊的或者具有代表性的地质现象现场绘制草图。晚上乘车回到阜康煤层气开发利用先导性示范工程项目部后，整理当天的地质记录，归类采集样品。项目组在阜康矿区构造节理填图为期1个月，早出晚归，每日背着馕、黄瓜、水，简单的早餐后便是一整天的高负荷填图工作，项目组填图人员在这样的高强度工作状态下，人均体重下降7~8kg。5月中下旬，项目组在阜康白杨河矿区东部大黄山煤矿七号井井下观测39#、41#、42#、43#主力煤储层的宏观煤岩类型、煤体结构、大裂隙发育特征等（图11-10、图11-11），采集煤样28个。

三、成果及应用

利用构造裂隙填图技术，在新疆阜康白杨河矿区地表围岩中实测了388个观测点，根据观测点构造裂隙的发育特征来划分破碎的等级，预测了地下煤储层构造裂隙的优势方向和发

图 11-10　井下观测 39#煤储层内生裂隙系统发育特征　　　图 11-11　井下观测 42#煤储层气胀节理发育特征

育特征,并利用 6 口煤层气井的产量数据、压裂曲线和井径扩大率进行验证。验证结果表明地表围岩中观测点破碎等级较高地区,煤储层内构造裂隙系统发育,天然裂隙联通情况良好,渗透率较高,煤层气产气量较高,压裂曲线的形态以先高后低型和波浪型为主,井径扩大率一般大于 15%；观测点破碎等级低的区块,煤储层内构造裂隙系统发育不足或严重不足,天然裂隙联通情况较差,渗透率较低,煤层气产量为中产或低产,压裂曲线的形态为上升型,井径扩大率一般小于 7%。

煤储层裂隙系统的研究和预测具有工程应用价值。裂隙系统发育程度与钻井的井眼稳定性、钻井液的污染、井壁垮塌、扩径等有较大的相关性；对压裂液在煤层中的运动状态、压裂曲线、压裂液滤失等有重要影响；对煤层气井的产能高低有决定性作用。通过采用地表构造裂隙填图和煤储层观察解剖相结合的方法对预测煤储层裂隙发育特征的有效性和可行性进行评估,为煤层气勘探开发寻找高渗富集带提供了一种新方法。

第六节　新疆库拜煤区煤层气藏地质研究

一、背景

库拜煤田具有南疆地区典型的中低煤阶近直立、多煤层、厚煤层的地质特点,与国内及疆内其他煤层气开发区块存在着很大的差异。该区煤层气地质研究薄弱,地质评价标准和开发工程技术相对于其他煤层气区块也存在一定的差异,为了制定适合南疆库拜地区的煤层气开发地质选区评价标准,新疆煤田地质局一六一队提出了此次课题研究。

依托于 2014 年库拜煤田煤层气靶区优选项目,结合"库拜煤区煤层气藏地质研究"的目的要求,针对库拜煤田中低煤阶近直立、多煤层、厚煤层地区的地质特点,一六一队研究了煤层气孔隙、微裂隙系统、构造应力场特征、赋存规律与富集特征、储层物性与开发响应特征、煤层气资源潜力与可采性特征,并制定了库拜煤田煤层气开发地质选区评价标准,该标准适应南疆独有地质特征的"钻、压、排"煤层气开发技术体系,最终优选了煤层气开发甜点区,指导库拜煤区中后期的煤层气开发工作部署,助力实现南疆煤层气高效勘探开发的目标。

二、项目实施

为保障项目正常有序实施，服务于库拜煤田的煤层气开发，新疆煤田地质局一六一队联合中国地质大学（武汉）煤层瓦斯与煤层气开发研究所对库拜煤田中区温州煤矿、顺发煤矿开展煤层气填图、节理裂隙等研究。

2014年，项目组织单位负责人吴斌带领技术骨干人员和联合单位相关研究人员，在拜城矿区27km²的面积上开展地面填图和井下观测工作，总计完成149个观测点，366个节理测量数据，每个测量点处测量内容包括了测量点号、坐标、岩性、岩层产状、构造节理密度、节理充填特征、构造节理的形态、节理间的相互切割关系等。同时完成了5个节理密度测量点，每个点测得100条节理产状，实测具有代表意义的剖面2条。开展了拜城矿区煤层气的综合研究，编制了构造节理图13幅、煤体结构解剖图4幅、裂隙系统解剖图4幅、剖面测量图2幅、节理分期配套及最大主应力方位图6幅、物性测试图12幅，圆满完成了项目所要求的研究内容和实际工作任务。

三、成果及应用

对拜城温州矿区、顺发矿区的构造节理裂隙填图，经过对测量数据统计、分析、煤层气地质综合研究，得到了以下结论。

①煤层中节理裂隙的主要优势方向和围岩中的节理裂隙的优势方向基本一致。

②通过孔隙测量发现该区基质孔隙发育，但是可见部分丝质体孢腔被方解石充填的情况，这在一定程度上限制了煤层气的储集能力。

③孔隙测量发现该区煤储层储气空间比较好，镜下微裂隙的观察发现微裂隙还有错动现象，错动的位置煤岩较为破碎，这就构成了煤粉的来源之一，对后期排采有一定的影响。

④通过此次课题研究，优选了3个煤层气开发甜点区：库拜煤田东部明矾沟一带、库拜煤田西部顺发煤矿一带、库拜煤田中部拜城矿区一带。

⑤通过此次课题研究优选的甜点区，新疆煤田地质局一六一队在2015—2016年通过"中央返还两权价款"国家资金申请了3个煤层气勘查项目和1个煤层气开发利用先导性试验项目，总投入资金3.3亿元。

⑥库拜煤田拜城县煤层气开发利用先导性试验项目已建成南疆地区第一个煤层气$1500\times10^4 m^3/a$液化天然气产能示范基地。

第十二章 测绘科研工作

第一节 无人机搭载红外热像仪获取煤田火区红外正射影像服务煤田灭火项目

2016年,国家发展与改革委员会以发改能源〔2016〕1459号文批准《新疆煤田火区治理规划(修编)(2016—2025)》(以下简称规划),《规划》中鄯善沙尔湖火区属于新生火区,发火时间2010年,火区面积500 524m²,为一般火区。为了按照《规划》做好新疆煤田火区治理工作,保护煤炭资源和生态环境,消除煤田火灾隐患,2019年6月11日确定由新疆煤田地质局综合地质勘查队承担潞安新疆煤化工(集团)沙尔湖煤业有限公司灭火工程勘查设计工作。本次详细勘查工作主要目的是查明潞安新疆煤化工(集团)沙尔湖煤业有限公司火区现状和灭火条件等,为煤田火灾灭火工程可行性研究和初步设计提供依据。本次工作利用航空摄影手段在火区获取地表温度等要素,为后期治理提供依据,具体任务如下。

①通过无人机航空摄影了解火区自然地理、气象条件、第四系地质、地貌特征及水文地质情况(图12-1、图12-2)。

 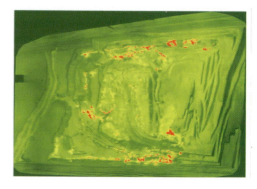

图12-1 沙尔湖矿区正射影像　　　　　图12-2 沙尔湖矿区红外热成像正射影像

②通过DOM详细了解火区地质构造、含煤地层及其煤类和煤质。

③通过DOM查明火区平面分布位置、面积、燃烧深度、发火原因、燃烧历史及燃烧损失煤量。

④通过无人机红外航空摄影查明火区地表温度,绘制等温线图,布置勘探线,计算火区煤岩储热量。

⑤通过无人机红外摄影手段为火区治理提供物探、地质施工依据。

技术方案具体如下。

工作方法主要有航空摄影、红外航空摄影、地表测温验证等手段。

首先开展勘查区的控制测量工作,在完成控制测量工作后,采用平行施工的方法,同时开展无人机航摄、无人机红外航测,遵循由浅入深、由已知到未知的原则。

在此次科研项目中,利用红外影像、等温线图结合正射影像对煤田火区进行分析应用,在全国属于首创。相比以往传统工作手段,火区勘查精度更高,火区划定手段更为详细,现场人员作业更安全,效率得到了极大地提高。同时利用两种手段对比可以方便快捷地确定火区地表温度异常区的分布情况,对火区地表测温、勘探线的布设等起指导性作用。通过高分辨率航空摄影了解火区自然地理、气象条件、地貌特征及水文地质情况、火区地质构造、含煤地层及其煤类和煤质。本项目结合 DOM 及红外正射影像,查明火区平面分布位置、面积、燃烧深度、发火原因、燃烧历史及燃烧损失煤量,同时查明火区地表温度,绘制等温线图,布置勘探线,计算火区煤岩储热量。更好地为详勘工作后的火区治理恢复工作中的物探、地质、土方施工、植被恢复工作提供依据,按照《新疆煤田火区治理规划(修编)(2016—2025)》做好新疆煤田火区治理工作,保护煤炭资源和生态环境,消除煤田火灾隐患。

第二节 地理信息平台建设服务政府职能部门

2019 年,新疆煤田地质局并入新疆维吾尔自治区自然资源厅,为了加快融入自然资源系统,新疆煤田地质局大力发展地理信息建设,测绘地理信息中心响应新疆煤田地质局号召,大力拓展地理信息业务,在参与第一次地理国情普查、第三次全国国土调查等国家地理信息项目后,在地理信息平台建设方面也有突破。

乌鲁木齐县是突发事件易发多发地区。地震、地质灾害、洪涝、干旱、极端天气事件、森林草原火灾等重特大自然灾害隐患分布地域广、救灾难度大;生产安全事故总量偏大,道路交通、煤矿等矿产开采、危险化学品等重点行业领域重大事故时有发生,城区建筑、生命线工程、地下管网等基础设施随着使用年限增长,事故隐患逐步显现,突发环境污染事件多发,危及公众生命、健康和财产安全,威胁生态环境,造成重大社会影响。为了有效开展落实安全生产、应急管理、防灾减灾三大任务,统筹应急力量建设和物资储备管理并在救灾时统一调度,统一发布灾情信息,组织灾害救助体系建设,指导安全生产、自然灾害类应急救援,指导火灾、水旱灾害、地质灾害等防治;在乌鲁木齐县党委、政府的高度重视下,乌鲁木齐县应急管理局根据实际工作需要,提出开发乌鲁木齐县应急管理信息平台的要求。

乌鲁木齐县应急管理平台的建设,实现了乌鲁木齐县基础信息与专题数据的收集、整理、清洗及入库的目的。具备了信息存储与管理、信息综合查询检索、统计与分析、应急路径规划、信息发布与共享等功能,为决策部门提供空间信息服务及辅助决策支持,节约了管理成本,提高了工作效率与应急反应时间;同时应急管理平台是全新的地理信息类综合性平台,解决了信息孤岛和多源异构数据的问题,具有很高的社会效益和经济效益,平台作为高新技术架构的产物,是当前各类灾害预测与评价的强有力工具,值得大力推广(图 12-3、图 12-4)。

乌鲁木齐县应急管理平台基于 HTML5、CSS3 及 WebGL 技术开发。属性数据库采用 SQL 存储,空间数据通过 ArcSDE 的空间数据库存入 SQL 关系型数据库。HTML5 是新一代网络标准。CSS3 是层叠样式表(英文全称:Cascading Style Sheets,CSS)升级版,WebGL(英文全称:Web Graphics Library)是一种 3D 绘图协议,WebGL 可以为 HTML5

图 12-3　乌鲁木齐县应急管理平台登录界面　　图 12-4　乌鲁木齐县应急管理平台功能界面

Canvas 提供硬件 3D 加速渲染，在浏览器里更流畅地展示 3D 场景和模型，还能创建复杂的导航和数据视觉化。SQL（Structured Query Language）是结构化查询语言；ArcSDE 是 ArcGIS 的空间数据引擎。新技术的出现为抢险救灾提供了新的思路，解决了很多棘手的技术难题，将新技术应用到抢险救灾中一直是国家鼓励的发展方向。最近几年，"3S"（GIS、GPS、RS）技术在灾害的防治、调查、监测、应急、广播应用中的优势得到了广泛认可。

乌鲁木齐县应急管理信息平台，实现了信息收集与整理、数据清洗及入库，信息存储与管理、信息动态查询检索与统计、空间操作与分析、应急路径规划、信息发布与共享的目的，为突发应急事件处置、应急资源管理、监测预警、应急救援及指挥调度等提供空间信息服务和辅助决策支持。

乌鲁木齐县应急管理信息平台具有如下创新点。

①平台有效地解决了海量地理信息数据及应急专题数据的组织管理和集成难题，实现了多源数据无缝集成建库。

②大数据技术、云服务技术在应急管理上的应用，为事故多发区和存在险情隐患的区域提供更精准的辅助决策支撑。

③解决没有专门的应急管理平台的问题。结合电子地图，实现关注点、管控区域、各类资源分布等与应急相关的数据进行一张图管理，填补了管理部门空白。

④将原有分散的应急救灾资源在应急管理平台进行统一管理，做到统一指挥、统一部署、统一协调，节省了大量的社会资源，提高了应急管理部门的效率。

目前已完成乌鲁木齐县应急管理信息平台建设，且该项目已投入使用。

第十三章 矿山服务科研工作

第一节 瓦斯治理与高效抽采技术

一、典型矿区煤层瓦斯赋存与运移规律研究

依托煤科所主持的自治区重大专项科技项目,根据多个矿井工作面现场瓦斯涌出量实测、数值模拟、实验室测试及理论分析,建立了矿井采掘工作面瓦斯涌出量的动态预测模型;运用因子分析法研究矿井瓦斯涌出量影响因素,将"煤层厚度、日产量、煤层底板标高"等原始变量优化降维为4个指标,并根据各个指标占原始变量的权重将指标命名为"开采层特征、开采强度、邻近层特征及煤层倾角",构建了由BP(Back Propagation)神经网络与卡尔曼滤波相结合的瓦斯涌出量预测模型。该模型对多个矿井工作面瓦斯涌出量进行了预测,为矿井制定瓦斯治理措施提供了数据支持。

二、瓦斯安全高效抽采技术研究与示范

(一)大倾角、多煤组煤矿区煤层气的采动区地面井抽采技术

以示范矿井为研究对象,通过现场观测、数值模拟及物理相似材料模拟等方法(图13-1),获得煤层开采覆岩采动裂隙演化规律。

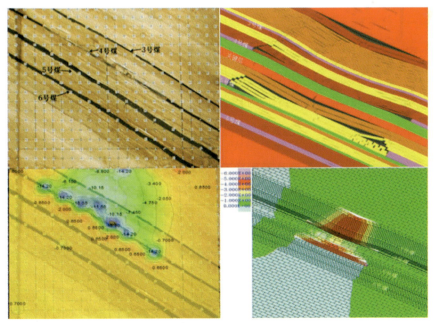

图 13-1 大倾角多煤组数值与相似模拟实验

利用三轴渗流试验机,进行了阶梯循环加卸载、逐级增大循环加卸载和交叉循环加卸载3种路径下原煤的瓦斯渗流实验(图13-2)。研究结果为多重采动下保护层卸压保护范围的数值模拟提供了基础参数。

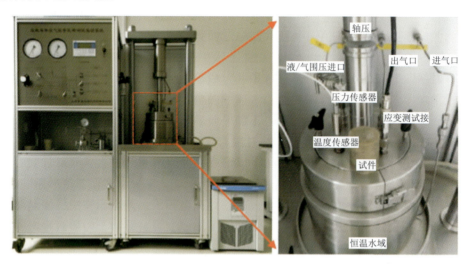

图13-2 煤体渗流实验装置

(二)首采煤层井下区域化抽采煤层气技术

新疆焦煤集团2130煤矿24 223工作面运输巷施工了4个顺层走向长钻孔,钻孔深度最大550m,钻孔施工完毕后进行了水力压裂增渗和封孔提浓。压裂后单孔抽采浓度平均提升了3倍,抽采纯量提高了5倍,每日抽采纯量1000m³。图13-3为顺层长钻孔压裂增渗提浓试验实测数据变化曲线。

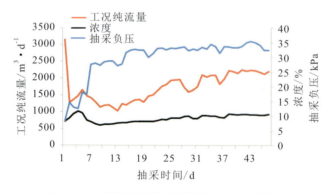

图13-3 顺层长钻孔压裂增渗提浓试验效果

三、瓦斯高效液化技术——煤层气液化循环用小型透平膨胀机

针对撬装式煤层气液化装置小型化、流程压降大、可靠性要求高的特点,设计小型静压气体轴承透平膨胀机喷嘴和叶轮部分(图13-4)。该煤层气液化流程透平膨胀机运行膨胀比在5左右,该透平采用12mm主轴静压气体轴承,叶轮直径24mm。

图 13-4　小型透平膨胀机（样机）

透平膨胀机本身具有效率高、冷量大/流量大、寿命长、体积小/重量轻、稳定可靠的优点，在 -80℃ 以下的温区具有非常好的制冷性能和经济性。采用气体轴承的透平膨胀机，能够适应不同气体工质，保证系统不受污染，同时自身气体润滑能够保证超高速透平膨胀机本身稳定和可靠运转，且高速运转时能够实现无磨损。

第二节　煤矿充填保水开采技术

新疆伊犁煤炭资源和水资源的优势是该地区经济迅速发展的基石，伊犁已成为我国七大煤化工基地之一，但煤矿的大规模开采会造成地表沉陷，原有水系平衡状态遭到破坏，地表水和地下水过量流失，极易引起一系列问题：①导致绿洲荒漠化；②制约煤化工（含煤制气、煤制油、煤焦化等）这类用水量巨大的项目建设和发展；③引起周边邻国因水资源和环境问题而产生的国际纷争。因此，缓解伊犁绿洲煤炭开采与水资源破坏这一矛盾迫在眉睫，必须加快深入开展适合该矿区含水层下保水采煤技术的理论与技术研究，从而尽可能减轻煤炭资源大规模开采对水资源的破坏，实现经济与生态效益协调发展。

充填采煤技术作为一种能够与环境相容的绿色开采技术，旨在将充填物（矸石、粉煤灰等工业废料）充填至井下采空区，从而控制采场上覆岩层移动及地表沉陷，达到保护含水层、地表水或地面建筑设施不被破坏的目的。针对伊犁煤矿煤层赋存条件特点及矿井周边可利用的工业废弃物资源（图 13-5、图 13-6），煤科所开展了以矿渣-粉煤灰为胶凝材料、矸石为骨料的胶结充填保水技术研究，内容简介如下。

一、矿渣-粉煤灰胶凝材料配比实验

粉煤灰在常温下与 $Ca(OH)_2$ 之间能发生火山灰反应，即粉煤灰在石灰侵蚀作用下其内部玻璃体结构被破坏发生水解，这种火山灰反应能获得具有一定强度的水化产物。本实验考虑到不同种类激发剂成本及材料来源的充足性，利用 $Na_2SiO_3 \cdot 9H_2O$（水玻璃）、CaO（石灰）作为碱性激发剂。在研究 CaO、$Na_2SiO_3 \cdot 9H_2O$ 单掺及复掺实验对矿渣-粉煤灰胶凝材料试样的抗压强度影响的实验基础上（图 13-7），得出 CaO、$Na_2SiO_3 \cdot 9H_2O$ 的掺量分别

图13-5 伊犁钢厂高炉矿渣堆放场

图13-6 尼勒克焦化厂粉煤灰储仓

为5%及2%时激发效果最佳。

在胶凝材料中,矿渣、粉煤灰掺量也会影响水化后的产物结构,对胶凝体不同龄期的强度影响有一定区别。为便于比较,首先固定碱性激活剂（CaO、$Na_2SiO_3 \cdot 9H_2O$）的掺量分别为2%～5%,矿渣掺量50%～80%、粉煤灰掺量15%～50%,得到不同配比试件强度变化曲线（图13-7）。从图中可以看出,随着矿渣掺量的增加,3d龄期胶凝试块强度逐渐增加;但当矿渣掺量多于60%时,胶凝材料28d龄期的试件强度没有大幅度的增加,部分试件还出现相对减少的趋势。通过对不同龄期胶凝试块X射线衍射（XRD）实验及电镜扫描结果分析,产生这种趋势的原因在于：在碱激发条件下,矿渣比粉煤灰更加迅速参与水化反应,产生水化硅酸钙、氢氧化钙及钙矾石等产物,对胶凝材料早期强度影响明显;而粉煤灰

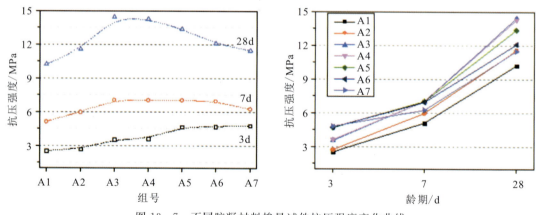
图13-7 不同胶凝材料掺量试件抗压强度变化曲线

的火山灰效应很缓慢,在初期基本上还未开始水化,所以随矿渣掺量增多胶凝材料强度呈现逐渐增长的趋势;但随着试件养护龄期的增长这种趋势不再存在,因为在碱性激发剂数量一定的条件下,随着水化时间延长,过量的矿渣消耗大多数碱性激发剂,导致粉煤灰活性不能被完全激发,不能与矿渣实现"优势互补",另外,未参与水化的矿渣沉淀在水化产物表面,对体系进一步水化起到阻碍作用,从而使7d、28d龄期试件强度朝下降方向发展。这种变化趋势表明,矿渣的合理掺量应该在60%～65%之间,相应的粉煤灰的合理掺量在28%～33%之间,矿渣-粉煤灰胶凝材料较佳的配比为：60(矿渣)：33(粉煤灰)：5(CaO)：2(水

玻璃)。

从图 13-8 中 XRD 衍射实验结果可知,矿渣-粉煤灰混合胶凝体系在常温常压条件下养护时其水化物的主要组成是水化硅酸钙(C-S-H 凝胶)、钙矾石(AFt)、Ca(OH)$_2$ 以及 SiO$_2$ 与沸石类水化产物等。随着水化龄期的增加,体系中的 Ca(OH)$_2$、SiO$_2$ 的衍射峰逐渐减弱,而钙矾石(AFt)、水化硅酸钙(C-S-H 凝胶)和沸石类衍射峰不断增强,说明体系在不断地进行着水化反应,这是试件强度不断提高的保障条件。从图 13-9 中养护 28d 龄期试件扫描电子显微镜(SEM)结果可以看出,试件中的空洞明显减少,絮状 C-S-H 凝胶及针棒状 AFt 结构相互交织,使硬化浆体的结构更加致密。

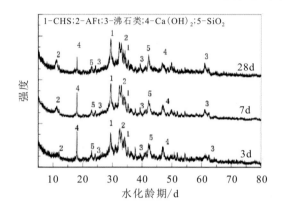 

图 13-8 不同龄期试件 XRD 分析图　　图 13-9 28d 龄期试件电镜扫描图像

二、矸石-矿渣-粉煤灰胶结充填材料性能指标实验研究

随着质量浓度的增加,充填料浆的坍落度、泌水率均呈减小的趋势,按照充填材料性能对坍落度及泌水率指标的要求,通过实验,满足坍落度及泌水率等指标要求的料浆浓度为 72%、74%、76%、78%。

在满足充填材料坍落度及泌水率的基础上,配制浓度为 72%、74%、76%、78%的料浆,制成料浆试块,按照养护规范进行养护,得出不同龄期试块抗压强度。实验结果表明,随着养护龄期的增加,充填体试块的抗压强度随着充填料浆质量浓度的增加而增大。当质量浓度为 76%～78%时,试块 3d、7d、28d 龄期的抗压强度达到最大,分别为 1.22MPa、3.10MPa、4.25MPa。

在固定充填料浆质量浓度为 76%的条件下,调节胶凝材料∶矸石∶水的比值从 15∶61∶24～36∶40∶24 变化,对不同掺量胶凝材料的料浆及其制成的各养护龄期的试块进行测试。实验结果表明,随着胶凝材料的增加,料浆坍落度从 229mm 增加到 266mm,泌水率从 7.1%逐渐减少到 4.3%。料浆试件抗压强度随胶凝材料增大而增大,当增大到一定程度,胶结材料强度不再明显变化。最理想的实验结果为 N7,其料浆配比为 30(胶凝材料)∶46(矸石)∶24(水),如图 13-10 所示。

三、含水层下充填模拟实验研究

伊犁一矿位于新疆察布查尔县琼博乐乡,矿井主采煤层为 5# 煤层,其顶板上方 40m 位

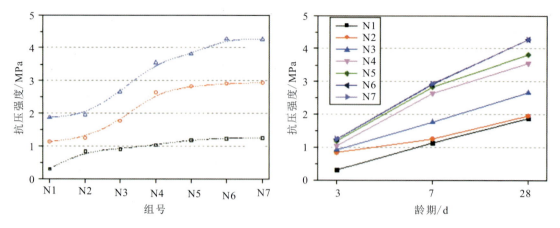

图 13-10　不同胶凝材料及矸石掺量试件强度变化曲线

置赋存第四系含水层，5#煤层的开采引起上覆岩层垮落破断，当形成导水通道时含水层遭到破坏而流失，同时采煤工作面也可能发生突水事故。为了验证胶结充填材料控制覆岩裂隙效果，利用前文矿渣-粉煤灰-矸石作为胶结充填材料，设计了垮落法及充填法采煤相似模拟实验进行对比分析。实验结果如图 13-11 所示。从结果可以看出，垮落法开采覆岩裂隙带高度达到 55.5m，大于 5#煤层与第四系含水层距离，含水层遭到破坏；采用矿渣-粉煤灰-矸石胶结充填采煤，覆岩裂隙高度仅 14.3m，远远小于 5#煤与第四系含水层之间基岩的距离，含水层保持稳定，可以实现保水采煤。

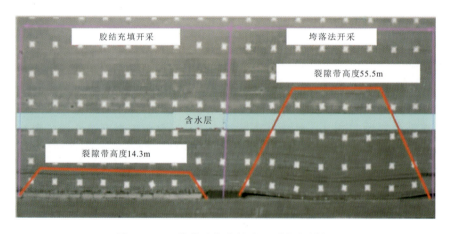

图 13-11　垮落法与充填法开采相似模拟

第三节　塌陷区地表治理与土地再利用研究

随着我国西部大开发战略的实施，我国矿产资源开采重点西移，煤炭资源开采已成为西部地区区域经济发展的重要支柱。煤矿开采塌陷引发了许多地表的建（构）筑物、水体、耕地、铁路、桥梁破坏以及环境破坏等，并导致了许多灾害性后果。加强对开采塌陷变形机理的研究，有利于探索其内部固有的客观规律，为地表塌陷的预计、控制、治理、复垦、恢复提供理论依据,对我国煤炭工业的发展、社会的稳定和谐、生态环境的保护具有重大的现实意义和深远的社会意义,也是保证我国西部能源战略实施、煤炭工业可持续发展不容忽视的重大研究课题。

位于乌鲁木齐市西郊西山地区清泉村 104 团的闭坑矿井 5#井、7#井,经过多年开采,中间经历多次矿井技术改造升级,煤炭开采规模逐渐增大,形成了多处采空区,地表塌陷现状如图 13-12 所示。近几年,煤科所在乌鲁木齐 104 团 5#井、7#井煤矿采空区稳定性评估、地表塌陷区治理等方面做了一些研究。

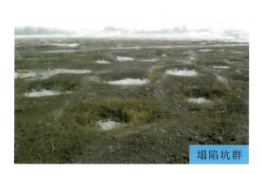
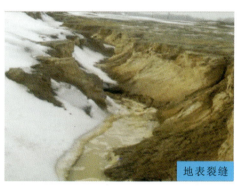

图 13-12 采空区地表塌陷现状

一、塌陷地表稳定性划分

项目通过物理相似模拟、数值模拟、现场窥视钻孔等手段,5#井、7#井煤层开采覆岩裂隙发育特征对比验证,确定了采空区裂隙带高度及其对地表的影响范围,图 13-13 为实测岩层裂隙部分钻孔窥视影像。根据 5#井、7#井采空区特征,将影响塌陷地表稳定性的主

图 13-13 地表钻孔窥视勘探部分影像

要因素归纳为10个,并建立塌陷区地质工程质量评价指标体系及分级标准,将塌陷地表分为3类:稳定区、次稳定区、不稳定区,并圈定了各类塌陷地表位置范围,如图13-14所示。

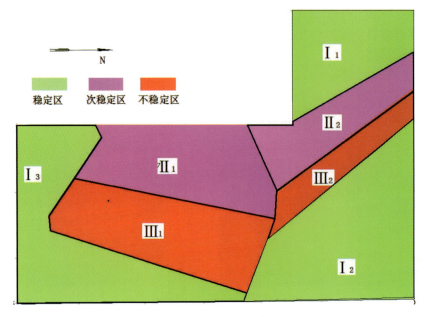

图 13-14 塌陷区地表稳定性划分示意图

二、5#井、7#井地表塌陷区分区治理方案

(一) 强夯恢复治理

根据图13-14,稳定区的地表下方没有采空区,地表整体稳定,仅在稳定区 I_1、I_2 区域小范围有斜井、开拓大巷及硐室分布,废弃的井硐在多年未经维护的情况下,已经遭到破坏,在地表形成小面积塌陷空洞,塌陷空洞直径1~3m,深度2m左右。稳定区 I_3 为山前缓坡地带,地形较为复杂,其下方有一暗斜井埋深在200m以下,对地表影响不大,地表未受到破坏,整体稳定性较好,仅需要对山体进行适当加固,防止山体滑坡。

稳定区 I_3 地形较为平坦,对该段的治理措施,主要是进行塌陷空洞回填,采取强夯整平治理。其方法主要是分层回填,逐层夯实,回填高度填至略高于坑口或与坑口平齐即可。回填后的坑口表面要进行强夯处理。回填材料可采用黏土、砾石混合料,砾石起骨料作用,可增强回填土体的强度,黏土起固结和胶合剂作用,可提高回填土体的黏聚力和回填土体与塌陷坑、槽壁之间的摩擦力,增强回填土体与塌陷坑、槽周围未塌陷土体的整体强度,使其稳定性能整体加强。

(二) 采空区注浆治理

不稳定区 $Ⅲ_2$,该区域面积 0.22km²,大部分属于山前缓坡地带。靠近山脚地带地表呈现台阶下沉现象,地形变化较大;远离山脚地带较为平坦,地表分布有少量塌陷坑。

该区域采空区裂隙带距地表仅 30~50m,地表在承受较大荷载扰动时,极易发生"活化"再次失稳。台阶下沉地带地形复杂,不宜作为建筑物地基,因地制宜设计成为阶梯式绿化景观区；地表平坦地带若规划为建筑物地基，可采用地面注浆加固治理，由于采空区裂隙带距离地表较近，可大大减少注浆钻孔工程量，减少注浆成本。

（三）挖深垫浅治理

不稳定区Ⅲ$_1$，由于地表有多处裂缝及塌陷坑群存在，地形起伏较大。该区域煤层开采范围较大，面积0.65km^2，煤层埋深100~160m，采空区裂隙带距地表60~80m，地表稳定性较差。由于地下采空区及地表塌陷坑群面积较大，各塌陷坑深浅不一。进行采空区注浆或地面夯土回填治理，工程量大、成本高。因此，该区域的治理方案是利用塌陷坑群与周围地表的相对高差，采取"挖深垫浅"的方式，从塌陷坑群中取土方，垫周围地表裂缝或浅洼地。这样，一方面可以将各塌陷坑连成一体，初步形成深度均匀的人工湖雏形；另一方面，可以直接从塌陷坑取土方，大大减少回填成本。

（四）高压喷射注浆治理

区内的塌陷坑和地表裂缝，从20世纪90年代开始，已经在利用建筑垃圾回填，之后，又将生活垃圾倾倒其上，与周围形成明显的对比。建筑垃圾及生活垃圾成分非常复杂，没有规整的形态且无法自行胶结，强度极差，回填一般用翻斗车自卸堆填，未经任何其他处理。而且回填垃圾各种成分之间和垃圾与塌陷坑、槽壁之间接触不实，没有亲合力，黏聚力非常小，回填后稳定性很差，在受到地震或较大工程扰动后，可能产生大规模的地面塌陷坑，危害极大。对这种情况的治理，可采用水泥浆液进行高压喷射注浆，使松散的建筑垃圾及生活垃圾之间胶结固化，增加整体强度。

三、塌陷区人居环境规划设计

104团煤矿5$^\#$井、7$^\#$井塌陷区人居环境规划构想是在充分利用区划特点的基础上，尊重基地原有的环境特征，强化基地原有的、有特色的环境特征，因地制宜，尽量少破坏地形地貌，形成生态自然的住区环境，力图创造一个生态和谐的山水社区。在规划中，充分利用稳定区，安排公共服务建筑和居住组团，建筑相对紧凑，布局灵活，住区道路顺应区划形态，结合山势、地形地貌，减少土方开挖。利用非稳定区发展山林，作为居住区生态背景，成为居住区绿色制高点。将塌陷坑群整体设计，打造成人工湖休闲地带。利用次稳定区设计为居住区的别墅区，以山坡为背景，依山而建。打造人工湖景观-山地公园-区域绿化带-高层住宅-低层住宅于一体的生态社区，形成高低错落、富有节奏和韵律的空间界面。

总之，5$^\#$井、7$^\#$井塌陷区人居环境建设规划以稳定区建筑群为基础，以次稳定区中低层住宅为亮点，以非稳定区生态绿地及人工湖为点衬托，使3个区域的建设格局遥相呼应，相辅相成，浑为一体，既具有各自特点，又相互紧密联系，充分展示和体现出现代化的采煤塌陷区人居环境是一个安全、和谐、低碳、可持续发展的社会主义新型社区。5$^\#$井采煤塌陷区规划设计如图13-15所示。

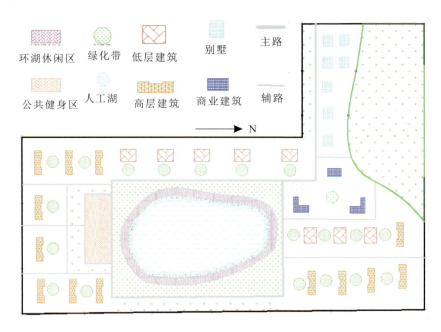

图 13-15　5#井采煤塌陷区规划示意图

第十四章 岩矿测试科研工作

测研所和煤科所在自治区长期从事煤炭检测和煤炭科学方面的研究，具有很强的检测技术优势，科研经验丰富，尤其是拥有全疆煤质数据库这座宝库，为开展科研工作提供数据支撑。现将科研工作作以下总结。

第一节 新疆煤质数据管理、查询与分析系统

由于新疆煤矿地质资料具有存放时间长、查询困难、数据量大等特点，2007年12月—2010年5月由测研所自筹资金，研究和开发了新疆煤质数据管理、查询与分析系统（又名煤质数据综合分析系统），该软件通过国家版权局登记计算机软件著作权。该系统于2010年8月通过新疆维吾尔自治区科学技术厅的成果鉴定。其功能为利用煤炭资源勘查信息化技术，进行煤炭资料现代化管理。

本项目集方法、技术、理论研究于一体，内容涉及的领域广泛、综合性强。通过编写的专用软件程序，利用Java和Jsp工具结合Mysql数据库等技术，对煤质报告数据按多条件各种指标的快速查询、查表、计算、打印等处理；对查询出来的指定的数据生成柱状图、点分布图，可以进行煤质数据的综合分析；对查询出来的报告数据指标进行线性回归及正态分布分析。地理信息系统（Geographic Information Systems，简称GIS）是一种采集、存储、管理、分析、显示与应用地理信息的计算机系统，是分析和处理海量地理数据的通用技术，使用GPS设备采集煤矿的坐标点，录入系统；系统在数字地图中显示煤矿所在的位置；按照查询条件选择煤矿，并在地图中显示相对的位置；可以直观显示煤矿历年的煤质数据。极大推动了新疆煤炭资源基础资料信息化管理。

软件系统的开发和应用，取代了传统人工查询、数据人工处理、记录纸质版归档，极大提高了工作效率，且计算结果准确可靠，并可实现煤质报告数据的网络共享。软件中的图表绘制功能使得查询结果表达更直观，查询煤矿的地理位置及对应的煤质统计数据在地图中显示更具体。该系统的研发能为自治区政府职能部门和自治区行业管理部门提供翔实的煤质数据库；为自治区煤炭工业布局提供决策依据，使之更加科学和规范；为自治区有关的企业和工业部门提供煤炭综合利用的煤质数据依据。该煤质数据综合分析系统的开发与应用填补了自治区在该领域的空白。

第二节 煤质综合评价分析系统

新疆煤质数据管理、查询与分析系统将多年煤质报告数据数字化存储，并提供查询、数理统计等功能。随着技术的日益发展，企业对煤质实验数据的要求逐步提高，仅仅提供原始数据存储、查询功能已经不能满足客户的需求。因此，2011年10月—2012年3月，在原系统的基础上进行再次开发，增加分析评价功能，分析煤质数据，生成评价报告，直观显示

煤质特征，以便更加迅速、准确、方便地了解煤炭市场信息，有效地利用矿区自身的信息资源，使各级管理部门决策更加科学、及时。

在原系统上主要增加采样坐标、煤层厚度等指标，使得查询结果更加符合实际应用的需要。此次开发还提供采样点汇总表、煤层分析统计表、煤层化验结果汇总表和煤层煤质质量分级汇总表，将数据按照单个采样点、单个煤层及多个煤层汇总分析，并按照煤质标准，生成评价结果。系统还可以预先设定报告模板，为各类客户提供文字性的评价报告，供客户查询使用。本次开发完成后，系统不仅能够存储、查询实验数据，还能够提供数据分析、汇总的功能，按照客户要求提供分析报告，以更直观的方式展示实验数据。

在使用系统前，实验室人员利用系统查询实验数据后，对照煤质评价标准作出煤质评价，通常采用人工制作煤质评价报告的方法。以前人工处理方法会花费大量时间，很容易出现数据记录错误和遗漏的情况，最终影响评价报告的准确性。现在使用煤质综合评价分析系统，数据的查询、计算、煤质评价、煤质报告都是由计算机自动完成，提高了煤质数据处理速度和准确性，提高了工作效率，减轻了查询工作人员的操作复杂度和劳动强度。本系统可为煤炭工业管理局及国土资源厅等政府部门提供翔实的查询数据。

第三节　新疆煤炭资源分质利用技术研究

2012年，测研所职工周剑，通过软件"煤质综合评价分析系统"检索统计发现，淖毛湖、卡姆斯特等煤矿区具有富焦油含量特性，在新疆工程学院赵建章以及中国矿业大学相关专家的帮助下，向煤炭工业管理局提交了"淖毛湖矿区煤低温热解液态产物（煤焦油）的产率和组成规律"科研课题，并首先提出按热解产物梯级利用为主要途径的解决方案。2011年开始，测研所受特变电工股份有限公司委托，对准噶尔地区东缘（准东）的新疆天池能源有限责任公司的二矿和南露天煤矿的煤高碱金属含量进行测试，并对电厂锅炉采集的样品进行测试。在此基础上，周剑等通过"煤质综合评价分析系统"检索统计发现，准东矿区碱金属含量普遍较高，遂提出了准东矿区高碱金属含量研究的科研课题。这两个科研课题得到了新疆煤田地质局和煤炭工业管理局领导的高度重视。考虑到测研所科研能力薄弱，新疆煤田地质局重新组建项目组，将两个课题合二为一，并与煤炭科学技术研究院有限公司合作，向国土资源厅申报了科研项目"新疆煤炭资源分质利用技术研究（准东煤田、三塘湖煤田）"。测研所在本课题中主要承担煤炭样品的采集、检测及煤质研究等工作。

第四节　改善准东高碱煤结焦特性的技术试验研究

新疆目前发电总装机容量为6000×10^4 kW，准东煤田是"新电东送""西气东输""新煤东运"最主要的能源保障基地，也是新疆煤电煤化工最主要的煤炭供应来源。神华、鲁能、紫金矿业、大唐、中煤等众多特大型企业纷纷投资准东，国内五大电力龙头企业以及神华、潞安、鲁能等43家国内煤炭行业重点企业聚集昌吉准东从事煤炭开发。2010年准东煤田新开工12个煤电煤化工项目，其中包括4个煤矿项目、3个煤电建设项目、5个煤化工项目，煤炭总产量将突破3000×10^4 t。准东煤田五彩湾矿区、西黑山矿区、大井矿区的总体规划已经得到国家批复。目前准东煤矿各矿区所产煤炭主要用于动力发电，煤炭价格非常便宜，普遍在 100 元/t 以下（甚至更低）。新疆部分电厂已经开始掺烧部分准东煤，有的电厂甚至开始全部试烧准东煤，并相应地做了锅炉改造。但是，准东煤质高水分、高结焦性、严重沾污性极大地限制了该煤种在电厂的大量使用，造成了准东大量煤资源不能很好地应用在煤电工业，极大地限制了煤电工业的发展，造成了大量煤炭资源不能很好有效地利用。目前，为了确保锅炉的安全正常运行，准东地区电厂基本上都停止了完全燃烧准东煤的试验，同时他们对煤质里面碱金属 Na、K 的含量有着相当明确的要求。这种现象给准东地区煤矿的应用带来了很大的难题，同样也给煤电产业发展带来了极大的阻力。

为了尽快解决准东煤极大比例接近全烧的技术，提高煤炭经济价值，煤科所 2016 年向新疆维吾尔自治区科技厅申报了"改善准东高碱煤结焦特性的技术试验"研究课题，课题立项后煤研所从准东煤高碱煤结焦相关的机理研究入手，分析准东煤的物化指标，并与国内开发较为成熟的火电用褐煤及烟煤的相关特性进行对比，分析出准东高碱煤结焦的成因及特点。在实验室分析结果及相关已知理论的基础上选择了一种添加剂原料，通过研究的烧结比例试验方法对不同的添加剂配方进行了试验，最终确定了一种防止结焦效果明确、经济成本可行的添加剂配方。为了验证添加剂配方的可靠性，煤科所委托西安热工研究院进行了"一维炉结焦试验"及"200kW 结焦试验平台试验"。经试验，准东煤高碱煤添加 1%本课题研究的改性剂后，结焦情况明显得到了改善，具备了实炉应用的技术条件。

第五节　新疆煤焦油检测实验室建设

新疆煤化工产业近几年发展迅速，其副产品煤焦油的产量逐年递增，到 2013 年底，仅焦化行业（包括兰炭在内）焦油产量就达到 130×10^4 t 左右，煤焦油的生产、使用、加工和销售企业都对焦油质量检测的需求十分迫切，而疆内市场目前没有一家具有资质的煤焦油检测机构，疆内客户只能送到疆外进行检测且外送检测的周期长。因此建立疆内煤焦油检测实验室，构建科研技术平台十分必要。

2012 年煤科所在新疆维吾尔自治区科技厅的支持下，建立了新疆煤焦油检测实验室，2015 年进行了煤焦油实验室二期建设。煤焦油检测实验室建设填补了疆内的空白，向广大煤焦油生产、加工和消费企业提供了煤焦油的理化特性分析、馏程分析、有害元素分析、闪点、显微组分等项目的检测服务。新疆煤焦油检测实验室的建立，既解决了客户的检测需求，也拓宽了科研单位的业务服务范围，创建了新疆集科研、检测和咨询为一体的高水平煤焦油服务平台。

第六节　叶城县乌夏巴什镇土壤分析及适应性农作物研究

党的十八大特别是第二次中央新疆工作座谈会以来，在以习近平同志为核心的党中央治疆方略的指引下，紧紧围绕社会稳定和长治久安总目标，目标更加明确，定位更加清晰，重点更加突出，措施更加精准，工作成效持续提升，有力助推了新疆社会大局稳定、精准脱贫攻坚和经济持续健康发展。

本项目符合国家农业部《关于加快西部地区特色农业发展的意见》的精神，符合国家关于退耕还林还草、发展生态农业、改善西部生态环境的方针。因此，本项目的实施对带动叶城县经济的发展、开发大西北建设、自治区的社会发展和社会稳定和生态环境的建设都具有深远的意义。

随着我国经济较高速度的增长，社会安定，全体国民在解决温饱步入小康生活之后，特别是大中城市中等收入阶层人数和比例的增长，并伴随着市民文化素质的提高，消费需求多元化趋势的出现，将带来健康食品与休闲食品消费群体的扩大。我国最近已成为新的开心果进口国家。2003年进口突破 5×10^4 t，几乎相当于世界开心果总产量的1/8。但我国至今市场上销售的开心果，基本依赖国外进口，花费了大量的外汇。

本项目立足于南疆，开发农村荒地，研究荒地的具体情况，根据土地的特点，找到可以开发利用的方法，解决农村现存的问题并利于农村经济的发展。

在该地区，寻找合适的荒地，平整土地，改造土地，针对当地土壤的特点，改造为适合植物生长的土壤。煤科所人员现场采集土壤样品，根据不同土壤类型，对背景土壤、园地土壤分别采样，通过分析土壤成分，发现存在的问题，形成调查意见，并对污染的土壤进行修复，特别针对目前耕地普遍存在的重金属污染，重点检测铅、砷、汞、铬等重金属组分，根据实际情况，进行针对性治理。在此基础上，根据气候、土壤、水资源具体情况，研究开心果作为经济作物的可行性。

第七节　煤样制备减灰器

目前国内在煤质分析实验中，关于煤样制备的减灰过程，还是采用标准《煤样的制备方法》（GB 474—2008）中提及的使用抽滤机和尼龙滤布配合人工冲洗的方法，该方法具有步骤繁杂、劳动强度大、资源浪费、消耗时间长等多种缺陷。虽然国家已多次更新标准《煤样的制备方法》（GB 474—2008）中的内容和方法，但目前关于煤样减灰这部分要求，还是一直采用1983年版标准的内容。将近40年时间过去了，国家在经济发展和生产加工等各领域都发生了翻天覆地的变化，各种自动化程度高、智能操控简易的分析实验仪开始在煤质分析领域中大显身手。但是，直至今日国内大部分的实验室甚至甲级实验室都依然还在采用这种原始的人工冲洗煤样减灰的方法。因此，发明一种快速、便捷、智能自动化煤样洗选减灰器迫在眉睫。

理论测试表明，标准《煤样的制备方法》（GB 474—2008）中提及的使用抽滤机和尼龙滤布配合人工冲洗的减灰方法，人工洗选一个煤样至少需要20min，而采用该项目应用的全自动煤样制备减灰器洗选一个煤样最多需要10min，洗选完成时间可减少一半，且可设置多台减灰器同时工作，由单人操作，可极大地缩短煤样洗选时间。且在人工洗选过程中，需要作业人员付出较大的体力劳动，长时间站立，注意力集中，也易造成人员疲惫，差错率增加，也易造成机器事故，不利于企业的安全生产。同时，人工洗选煤样，由于洗选方式单一，翻转搅拌不均匀，需反复不断冲洗，易造成大量水资源浪费。全自动煤样制备减灰器的应用可有效提高工作效率，减少劳动强度，消除安全隐患，节能减排，使煤样洗选工作变得简单快捷。

第八节 浮沉煤样自动清洗装置

煤中会夹杂矸石或其他杂质，按标准要求浮选，浮选产物浮煤上会残留氯化锌，必须用水淋洗干净，在实际操作中，劳动强度大，工作效率低。为了减轻操作者的劳动强度，提高工作效率，测研所自筹资金研发了浮沉煤样自动清洗装置。

该清洗装置为整体框架结构，由自动进水装置、热水系统、循环真空系统、清洗系统和控制系统等组成。清洗系统采用PLC集中控制系统，操作界面简洁，操作方便。热水系统、真空系统是全自动控制，接通总电源后将旋钮旋至工作位置，热水系统、真空系统即可自动进入工作状态。清洗装置有6个清洗桶，最多可以同时清洗6个煤样。热水喷淋时间、静置时间、清洗次数可以根据实际情况自由设定。

放入煤样后按下启动按钮，即可按工作要求自动加入热水淋洗，然后再利用真空系统将淋洗过的水吸走，如此反复，直至煤样表面的氯化锌被淋洗干净，清洗工作完成后清洗装置自动进入待机状态。该装置的成功研发，减轻了洗煤工作劳动强度，提高了浮选工作效率。

第九节 专利及专著

专利蕴含丰富的技术、法律及经济信息，它是当今知识经济时代最重要的战略资源。对测研所科技创新、经济利益和检测技术的提高具有极其宝贵的价值。现将测研所近10年获得专利（专著）情况简单介绍。

一、一种煤炭检测装置

申请人：赵学道；实用新型专利，专利号：ZL201621496173.8。主要作用：该煤炭检测装置，通过催化装置的改良，以及透气网板、置物板、伸缩杆、过滤箱、通气网板和导管的配合使用，避免了由于气体流通速率过大而导致部分煤炭未经燃烧而随着气体流出的问题，减小了检测装置的检测误差。

二、一种外壁带凹槽的玻璃漏斗

申请人：赵学道、周磊；实用新型专利，专利号：ZL201720260467.9。主要作用：在玻璃漏斗基础上进行的改进，成为一种新的玻璃漏斗，不影响漏斗的所有功能。其优点在于省时省力、提高工作效率、导流效果好，是实验理想的外壁带凹槽的玻璃漏斗。

三、一种用于煤矿的研磨力度测试装置

申请人：王春莲；实用新型专利，专利号：ZL201820414031.5。本实用新型涉及煤矿检测技术领域，且公开了一种用于煤矿的研磨力度测试装置，包括支杆和磨盘，所述支杆的底端固定连接有连接块，所述连接块的底端固定连接有压力板，所述压力板的底端固定连接有减压板，所述压力板的底端两侧均固定连接有卡块，所述压力板的底端固定连接有合块，所述压力板的顶端位于连接块的左侧开设有圆孔，所述压力板的顶端对应圆孔处固定安装有气压泵。该装置用于煤矿的研磨力度测试，通过重力传感器能保证所测试煤的重量一致，减

少因质量差异所造成测试值不准的后果,每个减压板的通孔密度依次递减,使每个煤槽内部的测试煤所受的压力依次递增,一次测试多个压力结果,能够有效地提升工作人员的工作效率。

四、一种套管式丝杆风表固定装置

申请人:罗杰;实用新型专利,专利号:ZL201521052686.2。本实用新型公开了一种套管式丝杆风表固定装置,包括微调丝杆、外套管、风表卡座、风速传感器、定位螺栓、内套管,所述微调丝杠安装在外套管顶端,所述外套管通过定位螺栓固定在内套管上,所述内套管和外套管上安装有多个风表卡座,所述风速传感器安装在风表卡座上。该套管式丝杆风表固定装置,缩短了检测时间,提高了工作效率,巷道平面内的测点布置均匀、稳固,从而对风量测试数据的准确性和可靠性起到有力保证,能适用于任何煤矿的通风机测试,不受天气、温度、季节等其他因素的影响,可轻松安设在巷道内的任何平面,且拆装简单,伸缩灵活,携带方便,结构简单、设计合理和易于推广使用,为通风机设备检测检验工作带来了很大的便利。

五、一种球磨机

申请人:罗杰;专利号:ZL201521105049.X。本实用新型提供一种球磨机,包括机架、固设于机架上的研磨机构及传动机构。所述研磨机构包括研磨罐和填充进研磨罐的研磨体,所述传动机构包括若干间隔设置的滚轴、驱动滚轴旋转的驱动装置;所述研磨罐支撑于两个滚轴之间,研磨罐抵触的两个滚轴同向旋转;所述研磨罐在滚轴的摩擦力作用下转动。与现有技术相比,本实用新型的有益效果为:相对市场上的大型球磨机本实用新型体积小,占用场地有限,成本低,操作简单,同时减少了大型机械加工时产生的灰尘与噪声污染,研磨罐的钢球使得产品的研磨更加精细。

六、一种矿山提升机尾绳断绳保护装置

申请人:罗杰;专利号:ZL201720735488.1。本实用新型的目的是为了解决现有技术中存在的缺点,而提出的一种矿山提升机尾绳断绳保护装置。摩擦式提升机圆尾绳通过圆尾绳悬挂装置直接与容器底部相连。安装圆尾绳悬挂装置时,尾绳端部需要酸洗;井筒内环境恶劣,尾绳酸洗处容易腐蚀、断裂;一旦尾绳落入井筒内,将严重损坏井筒设施,并使尾绳报废,为此提出了一种矿山提升机尾绳断绳保护装置,用来解决上述问题。

七、一种煤样浮选冲洗装置

申请人:罗杰;专利号:ZL201721749708.2。本实用新型的目的是为了解决现有技术中存在的缺点,而提出的一种煤样浮选冲洗装置。依据《煤粉(泥)实验室单元浮选试验方法》(GB/T 4757—2013)中的规定,采用浮选剂进行样品浮选后,必须将样品上的浮选剂冲洗干净。重复单一的工作性质、危险有害的化学毒物、繁杂的劳动强度,让样品浮选冲洗工作变得异常艰辛痛苦,通过对该装置的研究及应用,可大大减少工作人员在样品浮选过程中的劳动强度,提高工作效率,增加样品冲洗洁净度,减少在冲洗过程中四氯化碳、氯化锌等毒害浮选剂对人体的伤害,为此,提出了一种煤样浮选冲洗装置来解决上述问题。

八、专著《矿山机电工程与设备管理》

随着国民经济的发展，我国矿山的建设规模、开采规模以及开采技术都得到了很大程度的提高，矿山开采离不开相应配套的机电设施设备，因此矿山机电相关工程及其设备管理也日益受到人们的广泛关注。

专著《矿山机电工程与设备管理》以机电一体化技术及其在矿山的应用为引，分矿山机电安装工程、矿山动力系统自动化控制、矿山机电工程管理、矿山机电设备管理、采掘机械设备管理、煤矿机电设备管理系统以及井下大型装备故障诊断与运行管理七部分共八章内容进行阐述说明，可以为广大矿山机电方面研究人员提供参考与帮助。

第四篇
多元化经济发展

第十五章　多元化经济

第一节　多元经济发展沿革

20世纪90年代，全国地勘行业出现严重困难，国家投入不足，社会地勘项目偏少，好不容易揽承到的社会项目，往往都是合同价低，而施工难度大、成本高的项目。各队生产经营出现困难，很多职工待岗，还有一部分职工成为停薪留职人员。

在这种严峻的形势下，新疆煤田地质局党委号召各单位"融入市场经济，发展多种经营"，要建立"自主经营、自负盈亏、自我约束、自我发展"多种经营的经济实体，以达到减轻主业负担，安置待岗职工的目的。在2000年之前，由于全局的多经企业调研论证不足，市场分析局限，没有经营经验，对信息的把握不充分，导致成立的企业多数规模小，经营范围狭窄，与市场经济融入度不高，如皮鞋厂、铸造厂、宝丽板厂等。随后，新疆煤田地质局专门成立多种经营处实验室，各队也都成立了多种经营办公室，负责多种经营项目的市场调研、项目论证、组织实施等工作。局领导亲自带队，组织全局多经行业负责人赴外地考察，学习其他省局多种经营发展方面的好经验、好做法，这一做法让大家开拓了眼界，解放了思想，树立了信心。随后几年，全局在多种经营方面取得很大进步。以一六一队西山热力和一五六队加油站为代表的多种经营企业顺利建成并取得良好经济效益，一五六队和一六一队两队机修厂和新疆天山预混合饲料厂也在发展中增强了实力，提高了效益，随后又涌现出建筑装潢、汽车修理、木工家具、煤炭销售、旅游、塑钢窗、煤矿安全检测及服务等诸多实体，安置了大量富余职工，极大地缓解了主业生产资金压力，保障和支持了主业发展。

多种经营企业在20世纪90年代中后期及2000年左右为新疆煤田地质局整体发展起到了举足轻重的作用，在那段时期主业生产严重不景气的情况下，多种经营企业在局队两级领导的支持下取得了突飞猛进的发展，解决了大量职工安置问题并且取得了一定的经济效益，这其中又以一六一队热力公司、一五六队加油加气站、天山预混合饲料厂为突出代表，这些企业初具规模，在当时的市场可以达到自负盈亏且有盈余的局面。随着2006年以后煤田地质勘探市场大环境的回暖，新疆煤田地质局主业取得爆发式发展，服务于主业的实体企业也得到了长足的发展，在产业链上得到了延伸和拓新。

进入"十三五"规划后，我国的地勘行业不断地深入改革，地勘单位的发展面临着更多的挑战，地质勘查投入发生结构性变化。面对严峻形势，新疆煤田地质局党委于2017年9月30日及时召开了发展改革（市场拓展）工作会议，成立了新疆煤田地质局发展改革（市场拓展）领导小组，印发了《地勘主业经济发展改革（市场拓展）方案》《非主业经济发展改革（市场拓展）方案》，加强了主业及多种经营三产拓展力度，明确了新疆煤田地质局非主业经济发展改革的基本原则、目标和工作任务。目的是在立足现状的基础上，通过补短板积极融入自治区"十三五"发展规划及"一带一路"倡议核心区建设，积极发展优势产业，探索新疆煤田地质局非主业经济发展的新模式和新机制，为新疆煤田地质局非主业经济提供新的发展思路。

按照《非主业经济发展改革（市场拓展）方案》的指导思想，2019年又相继成立了供应链公司、布草洗涤公司、抽油机本地化生产合作项目等，涉足新的经济领域。为了更好地融入市场，把后勤工作推向市场化，一六一队、综合地质勘查队、一五六队相继成立了物业公司。2019年将地勘主业以外的经济统称为多元化经济。

截至2020年，新疆煤田地质局多元经济实体经过转型发展、拓新，运营实体20个，安置就业人员500多人，2019年经营收入达到2.9亿元，占全局经济总量的40%。经营范围涉及集中供热、地质工程、饲料生产、机械加工制造、塑钢门窗、煤层气加气站、砂石料厂、建筑装饰装潢、布草洗涤、物业服务、煤矿安全检测及服务等，多头发展的格局基本形成。以西山热力公司、天山地质工程公司、天山预混合饲料厂等为代表的多种经营企业实现了"自主经营、自负盈亏、自我约束、自我发展"的模式，多元化经济综合实力显著增强，抗风险能力显著提升。

第二节　在融入地方经济中发展壮大

一、乌鲁木齐市西山热力有限责任公司

乌鲁木齐市西山热力有限责任公司（以下简称西山热力）于2000年成立（图15-1），经历20年风雨。在市人民政府、供热行业办公室的关怀指引下，在新疆煤田地质局的正确领导下，三代领导班子及广大干部员工同心同德、艰苦奋斗，排除万难，始终践行"辛苦我一人，温暖千万家"的热力精神，让西山热力从无到有、由弱到强，逐步发展壮大，取得了一个又一个攻坚性的胜利，将温暖送到千家万户，为保卫城市的蓝天做出了积极的贡献。西山热力有限责任公司得

图15-1　乌鲁木齐市西山热力有限责任公司外景图

到了政府和社会的认可，先后荣获了乌鲁木齐市人民政府"城市供热保障工作先进单位"、市人民政府"污染减排工作先进单位"、自治区总工会"工人先锋号"、全国职工职业道德建设"百佳班组"、中华全国总工会"模范职工小家"、中华全国总工会"工人先锋号"等数十项荣誉。

（一）艰苦奋斗、开拓创新

1999年以前，乌鲁木齐市还未施行大规模的集中供热，小型燃煤锅炉遍及整个城市，每到冬季供暖时期，城市上空的大气污染问题极其严重。

1999年，乌鲁木齐市政府启动第一轮大气污染治理"蓝天工程"。新疆煤田地质局一六

一队把握机遇迎难而上,成立热力公司筹建处。历史从来不会因为创业者的艰难而给予任何眷顾,时任一六一队副队长张相同志带领筹建处的同志们跑立项、办手续、谈拆迁、铺管网、建热源,克服了诸多难以想象的困难,坚定的推进项目的进展(图15-2)。

a.拆迁前原址

b.开工仪式

c.奠基仪式

d.厂房施工

图15-2 西山热力公司原址原貌、开工典礼及建设图

建设初期的西山热力,资金极度匮乏,基础设施建设相对薄弱,片区供热入网工作极其困难。公司第一届领导班子及广大员工,团结一心,艰苦创业,没有节假日,不分昼夜,奔赴在建设的路上,突破了一个个的技术难关,解决了一个个建设进程中的难题,胜利完成了现代化的集中供热系统工程,实现了当年建设、当年供暖、当年受益的目标,结束了西山片区老百姓使用燃煤小锅炉取暖的历史,开辟了新疆煤田地质局多元化经营的成功道路。

(二) 励精图治、扩容升级

"蓝天工程"启动后的5年里,乌鲁木齐市陆续成立了40多家供热企业,此时集中供热在全市已实现全面规模化和产业化。为了进一步改善大气环境质量,乌鲁木齐市政府启动了第二轮大气污染治理工程,供热企业开始安装更加先进和专业的除尘脱硫设施。

同时"十一五"时期,是新疆迎来大建设、大开放、大发展的时期,上级单位地质主业经济飞速发展,西山热力也经历了快速扩张、由小到大、由弱到强的过程。

为了满足日趋扩大的供暖面积,西山热力在第二届领导班子的带领下及全体员工的共同努力下,锅炉吨位继续增大,管网继续扩张(图15-3),脱硫除尘设施达到当时最先进的水平(图15-4),综合实力显著增强。

图 15-3 换热站

图 15-4 脱硫除尘设备

（三）与时俱进、变革转型

为了根治城市大气污染，从 2012 年起，乌鲁木齐市政府开始大力实施集中供热"煤改气"工程，使乌鲁木齐成为全国首个供热气化城市。

西山热力抓住机遇，变革转型，改变供热方式，提升管理模式。在第三届领导班子的带领下，在广大员工的共同努力下，积极响应政府"煤改气"工程号召，投资 6000 万元全力实施燃煤供热锅炉天然气改造工程（图 15-5），6 个月的时间完成了新厂房、2 台 70 兆瓦、3 台 29 兆瓦燃气锅炉的建设，并投入运行。全面实现了清洁能源供热，让乌鲁木齐市政府"还市民一片蓝天"的承诺变成现实（图 15-6）。同时获得"煤改气"工程政府补贴资金 4489 万元。

转型后的西山热力今非昔比，技术更加前沿，管理更加规范，服务更加专业，效益更加显著，文化更加升华。如今的西山热力供热能力达到 $450 \times 10^4 m^2$，公司总资产已超过 2 亿元，年产值达到 8000 万元以上，综合实力达到同行业先进水平。

2018—2019 年，西山热力公司坚持多元化发展的道路，积极拓展跨领域的布草洗涤多种经营项目。西山热力党支部书记王晶琼同志带领项目组同志从项目调研到建成投产，历时 1 年 3 个月，于 2019 年 11 月 9 日，新疆洁倍佳洗涤服务有限公司正式开业运营（图 15-7）。新疆洁倍佳洗涤服务有限公司的成立，不仅是西山热力公司深入践行企业多元化发展战略的重要举措，也是带领企业由供热服务型领域向市场经济领域拓展的重要一步。

（四）领导关怀、巨大鼓舞

多年来，西山热力公司得到了自治区、市、煤炭工业管理局、煤田地质局及一六一队领导的关心与支持（图 15-8）。

来自各级领导的深切关怀、殷切勉励，像春风一样在严寒时刻送来了温暖，像细雨一样在干涸时分带来了滋润。

领导一次次的关怀与鼓励，给西山热力带来了巨大的精神动力，时刻鼓舞着西山热力人奋发有为，锐意进取，不断向着更高、更新的目标迈进……

（五）文化精神、和谐共进

企业愿景：面向未来，我们以科技进步为引领，以政府导向为依托，以产业报国为己任，保障企业安全稳步发展，以实际行动践行绿色低碳经济，为保卫城市蓝天做出积极的贡

第十五章　多元化经济

a. 新建燃气锅炉厂房开工典礼

b. 新建燃气锅炉厂房开工奠基仪式

c. 建设中的燃气锅炉

d. 建成后的燃气锅炉厂房外景

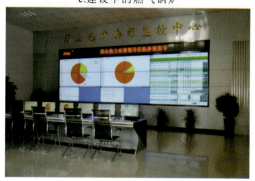
e. 现代化热源热网一体监测系统平台

f. 现代化的燃气锅炉操作间

图 15-5　新建燃气锅炉系统

献，为社会的发展担当一份使命，让老百姓度过温暖的冬季。

企业精神：团结拼搏、严谨创新、开拓进取、敬业奉献。

管理理念：弘扬正气、厉行节约、规范管理。

服务理念：辛苦我一人，温暖千万家。

团队理念：鹰一样的个体，雁一样的团队。

用人理念：公司重视您的学识和才能，更重视您的忠诚、正直与勤奋。

发展理念：持续创新和发展，做大做强，形成支柱产业，为社会创造价值，为员工营造良好的环境。

风雨兼程，奋斗者为本。二十年的拼搏与成长，二十年的成绩与荣耀，伴随着光阴的记

图15-6 "煤改气"后的乌鲁木齐

a.洗涤区

b.烘干区

图15-7 新疆洁倍佳洗涤服务有限公司工作区

忆凝聚成册。西山热力二十年的发展,是新疆煤田地质局、一六一队的正确领导与大力支持的结果,是西山热力抢抓机遇、顺应新时代的成果,是西山热力三届领导班子及广大员工团结拼搏、艰苦创业、开拓奉献的结晶。

供暖是关系民生的"温度计",蓝天是人类共享的"营养源",党的十九大报告中提出"增进民生福祉是发展的根本目的""要打赢蓝天保卫战",为我们指明了前进的方向。行走在历史的道路上,西山热力人将不忘初心,牢记使命,顺应社会发展的需求,把握时代飞跃的脉搏,不断创新和创造出更多的经济价值和社会价值。

西山热力将站在新的高度上,迈上新的征途,走向更远的未来。

二、新疆天山地质工程公司

1985年,一六一队家属连和一六一队知情社联合组建煤炭厅五·四第十四建筑队,1992年更名为新疆煤田地质局西疆建筑公司。2003年,新疆煤田地质局西疆建筑公司与原新疆天山地质工程公司合并,主营业务以建筑工程为主。公司注册资本为910.6万元,基本以钻探地质相关为主营业务。公司主要经营:各类矿产、水文地质、工程地质勘察,200m以内水钻井,直径0.5m以内桩基工程,13m以内软地基基础处理工程。公司具有房屋建筑

a.时任自治区煤田地质局局长何深伟陪同中国煤田地质总局局长张世奎（右二）在西山热力考察

b.乌鲁木齐市委副书记薛斌、副市长樊新和在西山热力考察

c.时任乌鲁木齐市副市长王新华（右二）参加由西山热力牵头举办的供热企业迎新年联欢会

d.时任自治区煤田地质局局长李风义陪同自治区巡视组领导在西山热力考察

e.时任自治区煤田地质局党委书记张旗（左一）为流化床锅炉点火

f.时任自治区煤田地质局党委书记任玉桃视察

g.自治区煤田地质局党委书记王荣、党委副书记石建视察西山热力

h.自治区煤田地质局副局长赵力视察洁倍佳公司建设

i.自治区煤田地质局副局长张相视察西山热力公司

j.一六一队队长黄涛、时任一六一队党委书记侯洪河与西山热力全体职工共度新春佳节

图15-8 各级领导对西山热力公司的关怀

工程施工总承包三级、地基与基础工程专业承包三级资质。

2016年10月，新疆天山地质工程公司经过转型改革，归属于新疆煤田地质局一五六煤田地质勘探队，除传统基本以钻探地质相关为主营业务外，目前公司主要以建筑施工为主营业务。自2019年9月开始，新疆天山地质工程公司实行法人独立、单独核算、自负盈亏的经营模式。

近年来,新疆天山地质工程公司在队领导的带领及支持下,全体员工积极努力,热情拼搏,不断开拓新的业务领域,公司不断发展壮大,业务范围越来越广,赢得了社会的认可和肯定。

三、新疆天山预混合饲料厂

新疆天山预混合饲料厂成立于1991年,由原新疆煤田地质勘探公司综合实验室发起成立,注册资本60万元。原厂址位于乌鲁木齐市西山路71号附1号,占地约4亩,经过不断努力,近年来产值已达到2000万元左右。

1994年,新疆天山预混合饲料厂归属为新疆煤田地质局直管三产企业。

2010年,因城市建设规划和企业的发展需要,将厂整体搬迁至乌鲁木齐市沙依巴克区大浦沟北路东一巷17号(图15-9)。新厂区占地面积约20亩,建筑面积近6000m²,设有1个复合预混合饲料生产车间,1个浓缩饲料生产车间,1座原料库,1栋办公楼(图15-10),1栋宿舍楼,以及锅炉房和职工食堂等配套建筑。

图15-9　厂房

图15-10　办公楼

2012年8月,根据新疆煤田地质局产业结构调整规划,新疆天山预混合饲料厂划归新疆煤田地质局综合地质勘查队。为进一步提升企业的经营能力,综合地质勘查队斥资近500万元,新装1条"牧羊"牌复合预混合饲料生产线,1台舔砖生产设备,配置原子吸收仪等检化验设施设备,并进一步完善基础设施建设。

(一)初创阶段(1991—1997年)

1. 建厂背景

20世纪90年代,由于地勘行业进行结构性调整改革,地质勘探工作量萎缩,地勘队伍人员富余,政策上鼓励创业创收,实现富余人员的转岗分流。为此,新疆煤田地质局大力创办第三产业。结合当时局属单位的现状以及可持续发展的需要,决定以局中心化验室牵头,与浙江省煤田地质局三产开展合作,引进他们新开发的项目"预混合饲料的生产技术",并成立组建新疆天山预混合饲料厂。

2. 艰辛创业

新疆天山预混合饲料厂成立伊始,吴玲同志担任第一任厂长,在厂房、设备、技术、资金、市场、销售经验都不具备的条件下,仅用筹集到的3万元启动资金,带领十几名职工自力更生、艰苦创业,在1年时间内完成了新厂房建设、设备采购、安装和调试,并通过不懈的努力,成功开拓市场,实现当年投产,当年见效。

3. 产品结构初步形成

依托新疆农业大学专家、教授,结合市场需求,新疆天山预混合饲料厂不断研发产品配方,通过反复实证,实现产品定型;制定严格的生产工艺流程,根据订单量产,投放市场,取得良好的市场反馈。这个阶段的主打产品为畜禽和水产复合预混合饲料,兼营添加剂产品。时值国内饲料产业繁荣期,1994年以后本厂产品产销两旺,企业得以快速发展。

(二)稳定发展阶段(1998—2010年)

1. 产品结构进一步完善

以新疆农业大学为技术依托,加大技术实验(图15-11),逐步完善复合预混合饲料产品结构,形成畜禽、水产大类产品及其对应的细分产品系列,共计8个系列、80多个品种,满足全疆各地区不同畜种、不同特定环境、不同用户的饲料需求。

2. 多元化经营创造良好效益

在主打饲料产品的同时,饲料厂积极开展与饲料关联密切的饲料原料贸易。通过该

图15-11 实验设备

子项目的运营,降低了产品成本,拓宽了收益渠道,解决了客户的原料采购困难问题,赢得了广大客户的信赖。

3. 建立良好的销售网络

面对竞争日益增强的市场格局,企业主动布局销售渠道,打造营销团队,产品在疆内市场得以迅速推广、畅销,企业因此具有一定知名度和品牌美誉度。

4. 经济效益

建厂初期企业仅有3万元启动资金,截至2010年,企业资产总额850多万元;1993—2010年连续18年实现了销售收入、利税年28.5%以上的增长,累计实现销售收入2.145亿元,实现利润382.4万元,实现利税88万元。

5. 企业荣誉

1997年获得新疆煤炭工业管理局颁发的"年度多种经营效益管理效益年"先进单位。1998年吴玲同志获全国煤田地质系统"两个文明建设"标兵称号。2004年与新疆农业大学联合,研究开发了"马鹿预混合饲料添加剂"项目,并取得自治区科技成果转化专项资金。

(三)竞争加剧阶段(2011—2017年)

1. 新厂区建设与运营

2010年,因城市建设规划和企业的发展需要,新疆煤田地质局投资700万元,将饲料厂整体搬迁至乌鲁木齐市沙依巴克区大浦沟北路东一巷17号。同年厂长吴玲退休,孙永刚

同志接任第二任厂长。

孙永刚同志上任伊始，就接手新厂区的建设工作，全厂上下克服重重困难，在既定的计划时间内圆满完成新厂区的建设和老厂区搬迁工作，并同时投入运营。

2. 企业改革与发展探索

1) 饲料行业大变局

（1）集中度不断提升

2010年，全国饲料生产企业10 843家，比2005年减少4675家，年产$50×10^4$t以上的饲料企业或企业集团30家，饲料产量占全国总产量的42%，分别比2005年增加13家和17个百分点。一批大型饲料企业向养殖、屠宰、加工等环节延伸产业链，成为养殖业产业化发展的骨干力量。

（2）质量安全要求越来越高

随着新的饲料和饲料添加剂管理条例的实施，对饲料质量的要求越来越高。

（3）环保压力下的饲料及养殖企业的整合

国家一方面从源头狠抓食品安全，另一方面对养殖企业提出更高要求，导致的结果是饲料产能过剩，养殖企业发生规模化、集约化的整合。

2) 在改革中求生存、谋发展

（1）产业升级、战略转型

走出去，学习交流，饲料厂与行业龙头开展合作，完善实验设备，提升技术水平，转换经营思路。2013年通过与江苏长江生物原料贸易合作，企业的经营管理理念有了一个质的转变。

（2）新产品开发

与新疆农业大学合作研发生产草食动物复合营养舔砖（图15-12），取得良好效果。

（3）装备升级

2015年新购1台舔砖生产设备（图15-13），更换预混料生产线。

图15-12　舔砖　　　　　　　　　　图15-13　舔砖生产设备

（4）了解行业动态

积极与行业组织和主管部门对接，及时了解行业动态，为企业争取更大的话语权。自2012年开始，企业成为自治区饲料工业协会理事单位。

（四）立足市场、持续发展

新疆天山预混合饲料厂自建厂以来，坚持以复合预混合饲料的研发生产为立厂之本，一直以畜禽饲料为主销产品，侧重北疆市场销售。为应对市场竞争，确保企业生存发展，自2018年开始调整产品销售结构和市场拓展方向，确立以牛羊饲料销售为重心、大力拓展南疆市场的经营策略，积极提升技术服务营销能力。与南疆企业达成合作（图15-14），在技术团队为各大现代化养殖场提供技术服务的同时，占领饲料销售市场。

图15-14　合作养殖场

2019年饲料厂生产饲料达3606t，销售各种饲料3 497.5t（其中销售猪饲料1 114.6t，牛羊饲料1 304.69t，鸡饲料1 078.1t），完成产值1902万元，利润100.3万元。

2020年饲料厂成功拓展叶城县扶贫项目，在当地承包场地进行肥羊养殖，依托技术团队，全程管理，预计年出栏量4000只，年产值550万元。

第三节　以市场为导向，继续推动实体经济可持续发展

在经营管理上，非主业经济要规范市场经营，一是推进企业化经营机制建设，做到改革瘦身、主辅分开，多种经营后勤"四自"管理，以适当补助的方式与主业全面分开；二是发展要以需求为导向，加强服务经济社会能力建设，把握新业态，积极培植新的经济增长点；三是改革要以问题为导向，破解发展中的瓶颈和障碍，逐步建立局属单位内部、局属单位之间、局属单位以外等合作、股份制等经营机制，探索现行体制下以资本为纽带、以资产管理模式用活机制的发展道路，实现提质增效的目的；四是工作方法要以规则为导向，按照现代企业制度标准健全规章、制度，建立健全议事规则和决策机制，加强内控管理，做好成本控制，规范经营行为。

在产业结构调整上，通过优化存量、引导增量、主动减量激发活力和提升非主业经济，在提质增效的基础上，实现经济总量扩大，不断着力提高自身竞争力，走良性循环的可持续发展道路。

加强调研，瞄准市场，持续发展，一五六队供应链公司通过开展兰炭代加工业务成功进入了煤化工产业链，通源公司成功推进移动式压力容器充装（CNG）业务。一五六队和综合地质勘查队两个砂石料场项目实现了一年建成、一年投产、一年见效的成绩。一六一队西

山热力公司的洁倍佳布草洗涤公司5个月建成投入运营,机修厂合作抽油机本地化生产项目进入正常生产阶段。饲料厂等实体公司有序拓展生产经营业务。

从自身条件来看,"十三五"期间新疆煤田地质局多元化经营取得了一定成绩,为今后发展奠定了一定的基础。今后将继续巩固煤田地质和煤层气传统优势,调整产业布局结构,拓展产业链上下游空间,完善基层管理,打造地勘经济和多元化经济共同发展模式。

第十六章 矿业合作公司

第一节 矿业合作公司概述

2011年底,中国加入世界贸易组织(WTO),经济发展进入新的高速增长期。与此同时,随着工业化、城镇化步伐的加快,直接拉动对矿产资源需求的大幅增长,从2003年起中国矿业发展进入迅猛发展的10年黄金期(2003—2013年)。尤其是《国务院关于加强地质工作的决定》(国发〔2006〕4号)等相关文件的出台,多项利好政策刺激,使地质找矿的热情空前高涨,矿业市场欣欣向荣,地勘行业生机盎然,全国地质勘查投入到2012年达到了历史最高峰1 296.75亿元。发现矿产达到172种,探明储量的矿种从新中国成立初期的十几种增至159种,矿产资源储量大幅增长,成为世界上少数几个矿种齐全、矿产资源总量丰富的大国之一。矿产品产量增长迅速,为国家经济建设和社会发展提供了95%的能源资源和80%的原材料,煤炭、钢铁、10种有色金属、水泥、玻璃等主要矿产品产量跃居世界前列,成为世界最大矿产品生产国。与此同时,我国积极实施对外开放,已成为世界最大的矿产品贸易国,为世界矿业发展做出了巨大贡献。

在矿业迅速发展的大环境下,新疆煤田地质局紧跟时代步伐,大力推进地质勘查管理体制和运行机制转变,切实加强重要矿产资源勘查,努力实现地质找矿新的重大突破,为全面建设小康社会提供更加有力的资源保障和基础支撑。

为了盘活国有资产,抓住矿业发展的黄金时期,促进全局经济健康持续发展,从2002年起,局属一五六煤田地质勘探队、一六一煤田地质勘探队、综合地质勘查队以探矿权及勘查成果作为合作资本,先后与大企业大集团合作,成立合作公司共同勘查开发矿山。至2020年,全局共成立合作公司23家,合作区块23块。合作区块以煤矿为主,其中已经获得采矿权6家(7个采矿证)。合作区块主要分布在吐鲁番市、昌吉州、哈密市、和田地区等处。

第二节 矿业公司发展目标

近几年,经过矿业发展周期的高峰阶段,地勘行业整体严重下滑。而国家对地勘单位企业化改革的要求一刻也没有停止,企业化经营的改革任务远没有完成。国务院《关于加强地质工作的决定》明确规定:"深化国有地质勘查单位改革。进一步落实国务院关于地质勘查队伍管理体制改革的方案,按照事企分开的原则,推进国有地质勘查单位的改革",成立矿业公司是地勘单位改革的较好选择。地勘队伍进行属地化、企业化的体制改革是为了促进地勘队伍更好地运用市场机制,更紧密地与地方经济发展相结合,更有效地发挥地质工作为经济、社会发展全方位服务的多种功能。对确保企业经济发展,有着积极的作用。

地质勘查是地勘队伍的优势,在地质勘查领域拥有自己的核心技术,有过硬的勘查实力,但作为国有地勘单位来说,矿业开发缺少资金,缺少矿山管理经验,缺少矿山技术人才的培养,很多方面都是"短板"。无论思想意识、人员状况,还是工作经验,都还不适应。因此,从实现经济"裂变式"发展的要求出发,加大推进矿业开发的工作力度。勘查只能解决生存问题,勘查是"打工经济",开发才能"裂变"。要改变思维定式,真正树立"勘查立业""开发富业"的观念,加速从以勘查业为主导向以开发为主、勘查业为辅的产业结构转变,确保企业发展稳定增长。

矿业权是单位多年来积累的财富,如何使国有资产保值增值,如何运作好,这是摆在我们面前的实际问题。一是对于合作开发前景不景气的矿业权,要有针对性的方案,不能一味地进行无效投资,适当的时候要舍得放弃;二是对于勘查程度较低的合作探矿权应加快勘查成果的提交,尽早办理探矿权保留,为探转采做好基础工作;三是已取得采矿权证的合作公司,应发挥地勘队伍自身优势,积极参与合作公司各项管理,做好矿山科学化开发,使矿山早日产生利润。当前需要做的是规范管理,严格按照《公司法》《公司章程》及议事规则规定,按要求召开股东会、董事会及监事会等会议,规范公司管理,及时解决合作公司面临的种种问题,做好矿山开发的规划,选派懂管理、懂技术、懂财务的人员到合作公司参与管理、生产、经营,维护自身权益。或按照法律法规评估作价进行股权转让,总之,探索一条适应矿业合作开发的发展之路任重而道远。

结语与展望

进入21世纪以来,新疆煤田地质局紧跟时代步伐,从一个专门从事煤田地质勘查的专业队伍,逐渐发展为集煤田勘查、煤层气勘查开发、地质环境、煤田灭火、地理信息等为一体的综合性地勘队伍,在各业务板块均取得了傲人的成绩。

作为老牌且具有实力担当的煤田地质勘查队伍,煤炭勘查是新疆煤田地质局永恒不变的主业。四次新疆煤炭资源评价,摸清了新疆煤炭资源家底,为新疆煤炭勘查部署奠定了基础;大南湖、三塘湖、三道岭、卡姆斯特、艾丁湖、伊犁等一个个大型煤田或煤矿区的发现,为新疆各大中型矿山建设提供了资源保障,对推动新疆煤炭工业发展贡献了重要力量,同时,也彰显了新疆煤田地质局的煤炭勘查实力。时任新疆维吾尔自治区书记张春贤在三塘湖"大会战"检查时说,"这是一支特别能吃苦、特别能战斗、特别能克服困难的队伍,是一支铁军"。

作为新疆煤层气勘查开发的积极推动者,新疆煤田地质局提交了新疆第一个煤层气资源评价报告,并先后5次开展了全疆级别的煤层气(煤矿瓦斯)资源评价工作,使得新疆煤层气资源家底越来越清晰可靠;施工了新疆第一口煤层气参数井、第一口获得工业气流的排采试验井、第一个煤层气开发小井组,开展了新疆第一个煤层气勘查项目,并承担了自治区90%以上的煤层气勘查项目,掌握了新疆煤层气资源分布和特征;建设了新疆第一个煤层气开发利用示范工程,之后又相继建设了乌鲁木齐和拜城县两个煤层气先导试验地,取得较好开发效果,实现了新疆丰富煤层气资源的开发利用,使得新疆煤层气引起了国家和自治区政府以及国内专家学者的重视,是煤层气事业从无到有、从小到大的见证者和有力推动者,也使得自身发展成为自治区煤层气勘查开发领域的领跑者和主力军。

特别是进入"十三五"规划以来,面对传统地勘市场严重萎缩的形势,在局党委的正确领导下,全局上下积极应对市场变化,确定了"稳煤、强气、拓新"的发展战略,上下齐心,卯足干劲,从资质提升、装备建设、技术人才培养、质量管理、项目管理等多方面努力提升综合能力,积极对接、持续跟踪,在激烈的市场竞争中奋力争取、获取项目。地质环境资质等级不断提升,地质环境市场份额在稳步增长,2017年以来开展了地质灾害调查评价、勘查、设计、治理等项目10多个,资金总额近3000万元,为保障自治区人民生命财产安全及环境保护贡献了力量;两个大队已获取煤田灭火资质,是国内为数不多的具有煤田灭火资质的单位,在新疆煤田灭火领域占有重要的地位,拥有现阶段最先进的勘查、设计和施工的软件及设备。先后开展煤田灭火勘查、设计、施工等项目17个,项目资金总额约1.3亿元,项目遍布天山南北,拯救了大量的煤炭资源,为自治区环境保护做出了积极的贡献。

工程技术水平和能力建设是承揽项目的底气。近20年来,随着业务的开展,新疆煤田地质局的钻探技术、物探技术、地理信息技术、岩矿测试技术在不断积累与发展,专业人才队伍在不断壮大,设备和装备水平在不断提高,技术手段在不断创新与增加;科技是国家强盛之基,创新是民族进步之魂,科学研究是一切的引擎。新疆煤田地质局始终非常重视科研工作,以问题为导向,不间断地开展局三类科研项目,积极申请自然科学基金项目、重大专项项目。值得肯定的是，作为国家"十三五"规划重大专项的牵头单位，新疆煤田地质局有力证明了其综合科研实力。

近年来，多元化经济发展规模和效益在不断提升，行业领域越来越广，在全局产值中占有重要比重，为全局发展带来了活力。

未来，新疆煤田地质局将按照"稳煤、强气、拓新"发展战略，紧紧围绕国家能源战略规划和国民经济及社会发展需要，践行新发展理念，展现新作为，坚持稳字当头总基调，坚持高质量转型发展目标任务，以面向市场为导向，重视多元化经济的发展，优化多元化发展格局，实现净资产、营业收入、利润总额齐增长，逐步成长为在国内具有较大知名度和影响力的综合性地质勘查单位。"稳煤"是稳定器，稳住传统煤炭勘查业务，加快矿山探边摸底和重点煤炭矿区补充勘查，加大与大型煤矿企业开展上下游产业链对接力度，继续推动南疆煤炭资源勘查工作；"强气"是推进器，巩固已有煤层气勘查成果，协助推进煤层气矿权设置工作，积极融入地方经济发展，努力提升单井产量，大力降低煤层气开发成本，争取早日建成准噶尔盆地南缘煤层气产业化基地，做大做强煤层气产业，实现新疆丰富煤层气资源的转化利用；"拓新"是加速器，重点在"拓"、关键在"新"，坚持生态环境、煤田灭火、城市地质、地热勘查、地理信息等大地质业务培育和发展，巩固已有成效，积极争取和拓展相关业务，实现在相关领域影响力和知名度的双提升。地勘主业与多元化经济发展形成"两翼齐飞"发展模式，大力推进CNG充装、布草洗涤、抽油机生产销售、供应链、砂石料、桩基等新拓展项目投产运营，实现预期效益。盘活现有矿业权，探索推进矿业合作开发可行模式，争取早日见效。

我们坚信只有努力才能发展，我们更坚信在广大干部职工的共同努力下，新疆煤田地质局将实现煤田地质人的辉煌，为新疆"社会稳定、长治久安"和实现中华民族伟大复兴的中国梦添砖加瓦。

主要参考文献

范立民,马雄德,冀瑞君,2015. 西部生态脆弱矿区保水采煤研究与实践进展[J]. 煤炭学报,40(8):1711-1717.

贾永勇,娄芳,2016. 阿艾矿区瓦斯地质规律研究[J]. 煤矿安全,47(7):14-17.

贾永勇,娄芳,2016. 阿艾矿区瓦斯分布特征分析及区域预测[J]. 煤炭技术,(12):183-185.

卢前明,王震,张瑞林,2018. 化学外加剂对粉煤灰-矿渣-水泥胶凝体系的激发作用[J]. 硅酸盐通报,37(8):2516-2521.

卢前明,张瑞林,王震,等,2018. 煅烧温度及冷却条件对造纸污泥灰火山灰活性的影响[J]. 环境工程学报,12(9):213-219.

毛志新,谢相军,汤建江,2016. 白杨河矿区煤层气丛式井钻井难点及对策研究[J]. 探矿工程(岩土钻掘工程),43(12):37-40.

祁斌,刘蒙蒙,2019. 乌鲁木齐矿区大倾角地层煤层气水平井技术研究[J]. 探矿工程(岩土钻掘工程),46(10):27-33.

邵振鲁,2017. 煤田火灾磁、电异常演变特征及综合探测方法研究[D]. 徐州:中国矿业大学.

申立,2012. 浅议煤田钻探技术[J]. 中国石油和化工标准与质量,33(11):76.

孙景龙,郎海亮,贾超,2018. 托克逊乌尊布拉克火区综合勘查技术应用[J]. 煤炭与化工,41(6):47-51.

汤建江,黄建明,刘蒙蒙,2018. 定向钻井技术在阜康煤层气示范工程中的应用[J]. 探矿工程(岩土钻掘工程),45(1):28-30.

王震,李晓疆,娄芳,等,2018. 富水特厚砂砾岩下采煤覆岩破断特征及采高确定[J]. 矿业安全与环保,45(6):28-32.

王震,娄芳,金士魁,2018. 特厚承压含水砂砾岩下综放开采安全采高确定[J]. 煤矿安全,49(10):202-205.

王震,娄芳,王刚,等,2020. 极近距离煤层采空区下回采巷道位置及围岩控制研究[J]. 煤炭工程,52(2):1-4.

徐永亮,王兰云,褚廷湘,等,2013. 煤田火灾扩散机理与煤岩裂隙发育规律研究进展[J]. 河南理工大学学报,32(6):668-672.

张东升,刘洪林,范钢伟,2013. 新疆伊犁矿区保水开采内涵及其应用研究展望[J]. 新疆大学学报,30(1):13-18.

张慧,2008. 水平井完井方式与参数优选[D]. 北京:中国石油大学(北京).

LU Q M, WANG Z, 2017. Impact analysis of filling ratio on the overlaying strata during backfill mining[J]. Electronic Journal of Geotechnical Engineering(22.13):5221-5231.

内部资料

阿布都力江·居玛洪,豆龙辉,王彦钧,等,2019. 新疆莎车县喀拉吐孜煤矿外围煤炭资源普查报告[R]. 新疆煤田地质局综合地质勘查队.

包兴东,白边疆,陈龙,等,2019. 新疆维吾尔自治区第五次煤田火区普查报告[R]. 新疆煤田灭火工程局.

柴参军,李宏强,张国强,等,2016. 新疆伊吾县淖毛湖矿区东部勘查区(一区)详查报告[R]. 新疆煤田地质局一六一煤田地质勘探队.

柴参军,张国强,张仁坪,等,2016. 新疆伊吾县淖毛湖矿区东部勘查区二区煤炭详查报告[R]. 新疆煤田地质局一六一煤田地质勘探队.

陈超,孙景龙,杨秋江,等,2018.新疆乌鲁木齐泰和通达煤业有限责任公司煤矿火区及生态修复一期工程初步设计(代可研)[R].新疆煤田地质局综合地质勘查队.

陈超,王鹏,孙景龙,等,2016.新疆米泉三道坝重点火区详细勘查报告[R].新疆煤田地质局综合地质勘查队.

程虹,黄小兵,廖方兴,等.2015.新疆哈密市了墩中部勘查区煤炭详查报告[R].新疆煤田地质局一六一煤田地质勘探队.

程虹,廖方兴,2013.新疆哈密市三道岭矿区煤炭地质勘查总结报告[R].新疆煤田地质局一六一煤田地质勘探队.

程虹,廖方兴,张仁平,等,2015.新疆哈密市三道岭南勘查区煤炭资源普查报告[R].新疆煤田地质局一六一煤田地质勘探队.

崔德广,贾新民,李成,等,2017.新新疆哈密市三道岭煤矿区砂墩子井田勘探报告[R].新疆煤田地质局一五六煤田地质勘探队.

单彬,黄海峰,吴斌,等,2012.新疆巴里坤哈萨克自治县三塘湖矿区石头梅勘查区煤炭详查报告[R].新疆煤田地质局一六一煤田地质勘探队.

单彬,廖方兴,唐晓敏,等,2016.新疆哈密市三道岭南勘查区(西一区)煤炭详查报告[R].新疆煤田地质局一六一煤田地质勘探队.

单彬,邵云,黄小兵,等,2015.新疆哈密市三道岭南勘查区(东一区)煤炭资源调查评价报告[R].新疆煤田地质局一六一煤田地质勘探队.

单彬,王学坚,吴斌,等,2018.新疆库拜煤田拜城县煤层气开发利用先导性试验建设成果报告[R].新疆煤田地质局一六一煤田地质勘探队.

豆龙辉,赵宏峰,阿布都力江·居玛洪,等,2019.新疆叶城县乌夏巴什—杜瓦煤矿一带煤炭资源调查报告[R].新疆煤田地质局综合地质勘查队.

豆龙辉,赵宏峰,王俊辉,等,2017.新疆阿克陶县克孜勒陶煤矿区地质勘查总结报告[R].新疆煤田地质局综合地质勘查队.

付小虎,王新华,蒲青,等,2019.吐鲁番景胜矿业塔尔朗沟三维地震勘探报告[R].新疆煤田地质局综合地质勘查队.

高志军,李晓峰,黄小川,等.1996.新疆维吾尔自治区煤层气资源评价[R].新疆煤田地质局.

胡永,姜林,黄建明,2012.新疆尼勒克煤田尼勒克县胡吉尔台南部勘查区详查报告[R].新疆煤田地质局一五六煤田地质勘探队.

黄宇,王学坚,杜世涛,等,2018.新疆昌吉市头屯河一带煤层气资源普查报告[R].新疆煤田地质局一六一煤田地质勘探队.

贾新明,任毅,2016.新疆吐哈煤田吐鲁番市艾丁湖一勘查区煤炭勘探报告[R].新疆煤田地质局一五六煤田地质勘探队.

贾永勇,娄芳,何兴华,等,2015.阿艾矿区瓦斯地质规律研究与瓦斯预测研究报告[R].新疆维吾尔自治区煤炭科学研究所.

郎海亮,夏威威,2016.新疆鄯善县艾丁湖四区煤炭详查报告[R].新疆煤田地质局一五六煤田地质勘探队.

雷冠华,张运中,王俊民,等.1994.新疆维吾尔自治区第三次煤田预测[R].新疆维吾尔自治区煤田地质局.

李全,廖方兴,白帅,等,2018.新疆库拜煤田西部煤层气资源预探报告[R].新疆煤田地质局一六一煤田地质勘探队.

李瑞明,刘天庆,叶兰,等,2002.新疆乌鲁木齐河东、河西矿区煤层气资源评价[R].新疆煤田地质局一五六煤田地质勘探队.

李万军,李雁,吴斌,等,2012.新疆巴里坤哈萨克自治县三塘湖矿区汉水泉勘查区煤炭详查报告[R].新疆煤田地质局一六一煤田地质勘探队.

李玺,丛光华,2012.新疆吐哈煤田吐鲁番市艾丁湖二区煤炭勘探报告[R].新疆煤田地质局一五六煤田地质勘探队.

李玺,丛光华,2015.新疆吐哈煤田托克逊县干沟勘查区煤炭详查报告[R].新疆煤田地质局一五六煤田地质勘探队.

李玺,郎海亮,2013.新疆吐鲁番艾丁湖矿区煤炭地质勘查总结报告[R].新疆煤田地质局一五六煤田地质勘探队.

李祥,唐晓敏,吴斌,等,2018.新疆巴里坤-伊吾县三塘湖盆地煤层气资源普查报告[R].新疆煤田地质局一六一煤田地质勘探队.

李祥,唐晓敏,吴斌,等,2018.新疆伊吾县淖毛湖矿区东部勘查区二区DF1断层北翼煤炭勘探报告(煤层气部分)[R].新疆煤田地质局一六一煤田地质勘探队.

李祥,吴斌,唐晓敏,等,2017.新疆三塘湖盆地煤层气资源调查评价报告[R].新疆煤田地质局一六一煤田地质勘探队.

李晓疆,贾永勇,娄芳,等,2017.新疆煤及煤层气工程技术研究中心建设(一期)研究报告[R].新疆维吾尔自治区煤炭科学研究所.

柳顺彬,樊利强,甘辉敏,等,2017.新疆三塘湖煤田淖毛湖详查区详查报告[R].新疆地质矿产勘查开发局第九地质大队.

娄芳,贾永勇,金士魁,等,2017.库拜煤田低阶煤煤层气吸附解吸特征研究报告[R].新疆维吾尔自治区煤炭科学研究所.新疆维吾尔自治区煤炭科学研究所.

娄芳,金士魁,王震,等,2016.新疆典型矿区巨厚煤层分层开采覆岩移动规律研究报告[R].新疆维吾尔自治区煤炭科学研究所.

娄芳,金士魁,王震,等,2018.大倾角厚煤层综放工作面沿空掘巷窄煤柱合理尺寸研究报告[R].新疆维吾尔自治区煤炭科学研究所.

潘晓飞,常智泰,2014.新疆巴里坤县长虫梁勘查区油页岩预查报告[R].新疆煤田地质局一六一煤田地质勘探队.

潘晓飞,黄海峰,常智泰,等,2019.新疆哈密市三道岭煤矿区二矿井田勘探报告[R].新疆煤田地质局一六一煤田地质勘探队.

潘晓飞,张新亚,闫连群,等,2012.新疆巴里坤哈萨克自治县三塘湖矿区库木苏勘查区煤炭详查报告[R].新疆煤田地质局一六一煤田地质勘探队.

庞晓明,冷西,付小虎,等,2018.新疆吉木萨尔水西沟煤田火区详细勘查报告[R].新疆煤田地质局综合地质勘查队.

庞晓明,阮宝军,冷西,等,2015.博尔塔拉页岩气调查物探报告[R].新疆煤田地质局综合地质勘查队.

唐晓敏,李祥,王小雨,等,2018.新疆巴里坤县三塘湖煤田汉水泉区块煤层气资源预探报告[R].新疆煤田地质局一六一煤田地质勘探队.

唐晓敏,王小雨,2019.新疆三塘湖盆地油页岩(页岩气)资源潜力评价报告[R].新疆煤田地质局一六一煤田地质勘探队.

唐晓敏,王小雨,2019.新疆乌鲁木齐市水磨沟-八道湾断裂带地热资源勘查报告[R].新疆煤田地质局一六一煤田地质勘探队.

王宝成,张国庆,2003.新疆哈密市大南湖煤矿区普查地质报告[R].新疆煤田地质局一六一煤田地质勘探队.

王宝成,张国庆,2003.新疆哈密市大南湖煤田一区详查地质报告[R].新疆煤田地质局一六一煤田地质勘探队.

王宝成,张国庆,侯水平,等,2004.新疆哈密市大南湖煤田一井田勘探(精查)地质报告[R].新疆煤田地质局一六一煤田地质勘探队.

王军礼,李玺,2015.新疆吐哈煤田吐鲁番市艾丁湖三勘查区煤炭详查报告[R].新疆煤田地质局一五六煤田地质勘探队.

王俊民,李瑞明,阿布里提甫·肉孜,等.2010.新疆煤炭资源潜力评价报告[R].新疆维吾尔自治区煤田地质局.

王学坚,单彬,吴斌,等.2017.新疆库拜煤田煤层气资源勘查报告[R].新疆煤田地质局一六一煤田地质勘探队.

王学坚,吴斌,李文斌,等,2016.新疆库拜煤田煤层气评价及靶区优选报告[R].新疆煤田地质局一六一煤田地质勘探队.

王震,娄芳,金士魁,等,2017.伊犁典型矿井含水层下采煤固液耦合相似模拟实验研究报告[R].新疆维吾尔自治区煤炭科学研究所.

王震,娄芳,金士魁,等,2019.极近距离煤层采空区下工作面巷道布置及围岩控制技术研究报告[R].新疆维吾尔自治区煤炭科学研究所.

吴斌,李万军,赵正威,等,2012.新疆巴里坤县三塘湖煤炭矿区地质勘查总结报告[R].新疆煤田地质局一六一煤田地质勘探队.

夏文龙,高小伟,杨秋江,等,2019.新疆乌鲁木齐县苏拉布拉克2火区详细勘查报告[R].新疆煤田地质局综合地质勘查队.

谢相军,汤建江,黄建明,等,2015,新疆阜康市白杨河矿区煤层气开发利用先导性示范工程建设成果报告[R].新疆煤田地质局一五六煤田地质勘探队.

杨曙光,邵洪文,周梓欣,等,2010.新疆准噶尔盆地南缘煤层气选区评价[R].新疆煤田地质局煤层气研究开发中心.

杨曙光,邵洪文,周梓欣,等,2010.准噶尔盆地煤层气勘查选区评价[R].新疆煤田地质局煤层气研究开发中心.

杨曙光,王德利,周梓欣,等,2012.1∶125万新疆维吾尔自治区煤矿瓦斯地质图说明书[R].新疆煤田地质局煤层气研究开发中心.

杨曙光,周梓欣,2018.新疆博乐盆地页岩气资源潜力评价报告[R].新疆煤田地质局煤层气研发中心.

杨曙光,周梓欣,王德利,等,2012.新疆煤层气勘查开采特定区域选区研究[R].新疆煤田地质局煤层气研究开发中心.

杨永明,付小虎,刘迪新,等,2010.新疆富蕴广汇喀姆斯特煤田预查二维地震勘探报告[R].新疆煤田地质局综合地质勘查队.

杨永明,付小虎,刘迪新,等,2011.新疆三塘湖煤田三塘湖勘查区普查-详查二维地震勘探报告[R].新疆煤田地质局综合地质勘查队.

杨永明,付小虎,叶尔肯别克,等,2014.新疆哈密市三道岭南煤矿详查二维地震勘探报告[R].新疆煤田地质局综合地质勘查队.

杨永明,付小虎,叶尔肯别克,等,2016.石头梅一号井田、库木苏三号、四号井田勘探三维地震勘探报告[R].新疆煤田地质局综合地质勘查队.

杨永明,刘迪新,叶尔肯别克,等,2009.新疆东疆地区三塘湖盆地煤炭资源预查二维地震勘查报告[R].新疆煤田地质局综合地质勘查队.

尹怀新,江林,2019.新疆焉耆回族自治县千间房-种马场断裂带地热资源勘查[R].新疆煤田地质局一五六煤田地质勘探队.

尹淮新,孙兆勇,张希新,2013.新疆维吾尔自治区铀矿资源潜力评价及战略选区[R].新疆维吾尔自治区煤田地质局.

翟广庆,刘迪新,杨永明,等,2006.新疆伊吾县淖毛湖煤田淖毛湖勘查区普查二维地震勘探报告[R].新疆煤田地质局综合地质勘查队.

张俊涛,夏文龙,吴明东,等,2015.新疆乌恰县沙克斯汉—托云一带煤炭资源调查报告[R].新疆煤田地质局综合地质勘查队.

张伟,崔德广,2010.新疆卡姆斯特煤田富蕴县阿勒安道西井田勘探报告[R].新疆煤田地质局一五六煤田地质勘探队.

张伟,崔德广,2011.新疆卡姆斯特煤田富蕴县巴斯他乌勘查区普查报告[R].新疆煤田地质局一五六煤田地质勘探队.

张伟,崔德广,2012.新疆卡姆斯特煤田富蕴县克里克-克巴依勘查区详查报告[R].新疆煤田地质局一五六煤田地质勘探队.

张伟,李洪波,崔英,等,2012.新疆伊犁盆地煤炭资源调查总报告[R].新疆煤田地质局综合地质勘查队.

张伟,马何龙,2010.新疆富蕴县卡姆斯特煤田阿勒安道矿区总归地质报告[R].新疆煤田地质局一五六煤田地质勘探队.

张伟,马何龙,2011.新疆富蕴县卡姆斯特中部勘查区煤炭详查报告[R].新疆煤田地质局一五六煤田地质勘探队.

张伟,马何龙,2013.新疆卡姆斯特煤田富蕴县金斯格库木勘查区普查报告[R].新疆煤田地质局一五六煤田地质勘探队.

张伟,马何龙,2010.新疆卡姆斯特煤田富蕴县阿勒安道勘查区详查报告[R].新疆煤田地质局一五六煤田地质勘探队.

张小兵,廖方兴,李文斌,等,2018.新疆库拜煤田东部煤层气资源预探报告[R].新疆煤田地质局一六一煤田地质勘探队.

赵刚,付小虎,蒋新虎,等,2009.新疆东疆地区吐哈煤田伊拉湖-艾丁湖煤炭资源预查二维地震勘查报告[R].新疆煤田地质局综合地质勘查队.

赵正威,安庆,邵云,等,2020.新疆伊吾县淖毛湖煤炭矿区地质勘查总结报告(修编)报告[R].新疆煤田地质局一六一煤田地质勘探队.

赵正威,黄小兵,单彬,等,2016.新疆伊吾县淖毛湖煤炭矿区地质勘查总结报告[R].新疆煤田地质局一六一煤田地质勘探队.

赵正威,吴斌,李全,等,2012.新疆巴里坤哈萨克自治县三塘湖矿区条湖勘查区煤炭详查报告[R].新疆煤田地质局一六一煤田地质勘探队.

仲劼,胡永,张军,等,2018,新疆准南煤田乌鲁木齐矿区煤层气开发利用先导性试验建设工程报告[R].新疆煤田地质局一五六煤田地质勘探队.

周梓欣,杨曙光,张娜,等,2013.新疆地区煤层气资源动态评价[R].新疆煤田地质局煤层气研究开发中心.